Licht und Farbe in Natur und Alltag

Hans Joachim Schlichting

Licht und Farbe in Natur und Alltag

Faszinierende optische Phänomene entdecken

Hans Joachim Schlichting
Institut für Didaktik der Physik
University of Münster
Münster, Deutschland

ISBN 978-3-662-70445-5   ISBN 978-3-662-70446-2 (eBook)
https://doi.org/10.1007/978-3-662-70446-2

Die Deutsche Nationalbibliothek verzeichnet diese Publikation in der Deutschen Nationalbibliografie; detaillierte bibliografische Daten sind im Internet über https://portal.dnb.de abrufbar.

© Der/die Herausgeber bzw. der/die Autor(en), exklusiv lizenziert an Springer-Verlag GmbH, DE, ein Teil von Springer Nature 2025, korrigierte Publikation 2025

Das Werk einschließlich aller seiner Teile ist urheberrechtlich geschützt. Jede Verwertung, die nicht ausdrücklich vom Urheberrechtsgesetz zugelassen ist, bedarf der vorherigen Zustimmung des Verlags. Das gilt insbesondere für Vervielfältigungen, Bearbeitungen, Übersetzungen, Mikroverfilmungen und die Einspeicherung und Verarbeitung in elektronischen Systemen.
Die Wiedergabe von allgemein beschreibenden Bezeichnungen, Marken, Unternehmensnamen etc. in diesem Werk bedeutet nicht, dass diese frei durch jede Person benutzt werden dürfen. Die Berechtigung zur Benutzung unterliegt, auch ohne gesonderten Hinweis hierzu, den Regeln des Markenrechts. Die Rechte des/der jeweiligen Zeicheninhaber*in sind zu beachten.
Der Verlag, die Autor*innen und die Herausgeber*innen gehen davon aus, dass die Angaben und Informationen in diesem Werk zum Zeitpunkt der Veröffentlichung vollständig und korrekt sind. Weder der Verlag noch die Autor*innen oder die Herausgeber*innen übernehmen, ausdrücklich oder implizit, Gewähr für den Inhalt des Werkes, etwaige Fehler oder Äußerungen. Der Verlag bleibt im Hinblick auf geografische Zuordnungen und Gebietsbezeichnungen in veröffentlichten Karten und Institutionsadressen neutral.

Planung/Lektorat: Caroline Strunz
Springer ist ein Imprint der eingetragenen Gesellschaft Springer-Verlag GmbH, DE und ist ein Teil von Springer Nature.
Die Anschrift der Gesellschaft ist: Heidelberger Platz 3, 14197 Berlin, Germany

Wenn Sie dieses Produkt entsorgen, geben Sie das Papier bitte zum Recycling.

Vorbemerkung

Neues im Alten sehen: das Ungewöhnliche im Gewöhnlichen entdecken

> Ich suchte nach einer neuen Welt
> jenseits der schalen Patina, die alles überzog,
> ich spähte nach jedem Anzeichen, jedem Schimmer...
>
> Italo Calvino

Physik zeigt uns nicht nur das, was wir noch nicht kennen, sondern auch das, was wir kennen, wie wir es nicht kennen. In diesem Sinne möchte die vorliegende Sammlung von Alltags- und Naturphänomenen dazu beitragen, Alltägliches unter physikalischer Perspektive sehen zu lernen. Denn das Physikalische ist dem Alltäglichen nicht gleichsam ablesbar einbeschrieben: Weder sieht man dem Licht direkt an, dass es eine elektromagnetische Welle ist, noch weisen die Farben in einer unmittelbar sichtbaren Weise eine Wellenlänge auf.

Wenn von Alltagsphysik die Rede ist, wird oft stillschweigend unterstellt, dass es sich gewissermaßen um *Physik light* handelt, weil man ja mit den Gegenständen des Alltags bereits vertraut ist. Doch darin liegt gerade das Problem. „Wir wollen etwas verstehen, was schon offen vor unsern Augen liegt. Denn das scheinen wir, in irgendeinem Sinne, nicht zu verstehen" (Wittgenstein 2001, S. 801). Das vermeintlich Einfache entpuppt sich bei näherem Hinsehen als etwas „Unfassbares". Denn die Alltagsgegenstände gehören wie eine vertraute Tapete zu unserer Lebenswelt, sodass sie meist unhinterfragt akzeptiert werden. Vertrautes gibt weder Anlass zu Neugier (worauf auch?), noch fordert es zu Fragen heraus. Diese Einsicht ist nicht neu. Schon Leibniz umschrieb sie mit folgenden Worten: „Wir sind fortwährend von Gegenständen umgeben, die auf unsere Augen und Ohren einwirken [...]; wir geben jedoch, weil unsere Aufmerksamkeit von den anderen Gegenständen in Anspruch genommen ist, auf sie nicht früher acht, als bis der Gegenstand durch eine Steigerung seiner Wirksamkeit oder durch irgendeine andere Ursache stark genug wird, die Aufmerksamkeit auf sich zu ziehen" (Leibniz 1873, S. 87).

Indem wir mit ausgewählten fotografisch dokumentierten Situationen versuchen, das Vertraute in einem unvertrauten Zusammenhang zu zeigen, möchten wir die Neugier wecken und mit physikalischen Beschreibungen das Neue im Alten bzw. Ungewöhnliches im Gewöhnlichen sichtbar werden lassen. Dabei wird versucht, die Beschreibungen so einfach wie möglich zu halten, aber nicht einfacher, wie es Albert Einstein einmal ausgedrückt hat. Wir folgen ihm auch in der folgenden Ansicht: „Ich halte es für besonders wichtig, dass sich ein junger Geist zunächst seinen Weg in der Welt der Phänomene sucht und ihm Formeln ganz und gar erspart bleiben". Die physikalischen Beschreibungen sind daher durchweg qualitativ, auf Formeln wird weitgehend verzichtet und für quantitative Vertiefungen auf die entsprechende Fachliteratur verwiesen (z. B. Vollmer 2023). Gleichwohl wird ein physikalisches Grundverständnis in geometrischer Optik und in einigen Fällen in Wellenoptik vorausgesetzt.

Der Physik wird oft vorgeworfen, die Welt zu entzaubern, so als würde eine physikalische Beschreibung den erklärten Sachverhalten etwas nehmen. Wir versuchen zumindest implizit zu zeigen, dass die Entdeckung von faszinierenden Aspekten alltäglicher Erscheinungen mit Hilfe der Physik auch als eine Art Wiederverzauberung gesehen werden kann. Kein Geringerer als Johann Wolfgang von Goethe stellt in diesem Zusammenhang klar: „Das Schöne ist eine Manifestation geheimer Naturgesetze, die uns ohne dessen Erscheinung ewig wären verborgen geblieben"(Goethe 1960, S. 502). Und wenn Marie von Ebner-Eschenbach sagt: „Was uns an der sichtbaren Schönheit entzückt, /ist ewig nur die unsichtbare" (Ebner-Eschenbach 2021, S. 5), dann weist auch sie darauf hin, dass man sich die Schönheit der Dinge und Geschehnisse „erarbeiten" muss (Abb. 1).

Mit Hilfe von Bezügen zu anderen Lebensbereichen wie der Kunst und der Literatur soll in den einzelnen Beiträgen darüber hinaus angedeutet werden, dass Alltagsphänomene auch faszinierende außerphysikalische Aspekte aufweisen. Viele Schriftsteller haben sich von Alltagsphänomenen beeindrucken und inspirieren lassen. Sie haben die Phänomene genutzt, um Stimmungen zu erzeugen oder Gefühle und Seelenzustände metaphorisch zu umschreiben. Und manchmal genügt die Betrachtung alltäglicher Dinge, um Menschen zu erfreuen. Das Wissen um den physikalischen Hintergrund muss dabei in keiner Weise störend sein: „Ich ging eines Tages an den Ufern der Aisne entlang, und eine Qual ohne Maß und ohne Grund hatte mich gepackt. Mir schien,

Vorbemerkung VII

Abb. 1 Spinnen tragen nicht selten zur Verschönerung des Alltags bei und fordern uns gleichzeitig heraus, ihren farbenprächtigen, naturschönen Phänomenen auf den Grund zu gehen

als könnte ich nie wieder fröhlich werden. Das Bild einer Brücke im Wasser gab mir plötzlich Vertrauen zu mir selbst und führte zur Freude zurück. Es war doch eigentlich nur ein Reflex im Wasser, aber glaubt niemals denen, die euch sagen werden, daß es nur ein Reflex war." (Duhamel 1922, S. 168).

Bei der Auswahl der Beiträge haben wir – wenn möglich – ästhetisch ansprechende Motive bevorzugt und uns damit dem Physiker Hermann Weyl angeschlossen, der von seiner eigenen Arbeit sagte, er habe „immer versucht, das Wahre mit dem Schönen in Einklang zu bringen; aber wenn ich mich für eines von beiden zu entscheiden hatte, dann habe ich gewöhnlich das Schöne gewählt" (Weyl 2001, S. 211).

Darüber hinaus wurden Sachverhalte in den Vordergrund gestellt, die weder als Naturphänomen allgemein bekannt sind, noch zum üblichen Kanon der Physikausbildung gehören. Vieles von dem haben die meisten Menschen zwar bereits gesehen in dem Sinne, dass ihre Netzhäute davon belichtet wurden, aber nicht in der Weise, dass sie verständnisvoll und interessiert hinter den Netzhäuten gestanden und versucht hätten herauszufinden, was sie sahen. Einiges wird daher neu sein, auch wenn die Physik oft erstaunlich einfach und bekannt sein dürfte.

Der physikalischen Fachsystematik nach stehen optische Phänomene im Vordergrund. Geordnet wurden sie nach Kontexten. Damit sind inhaltliche Zusammenhänge gemeint, die sich aus der jeweiligen lebensweltlichen Situation ergeben und nicht rein fachwissenschaftlich bestimmt sind.

Die einzelnen Beiträge entstammen zum großen Teil früheren Publikationen, die in unterschiedlichen Zeitschriften erschienen sind und oft nur noch schwer zugänglich sind. Daraus erklären sich die teilweise uneinheitliche Diktion und Darstellung der Phänomene sowie Wiederholungen in den einzelnen Kapiteln. Als Vorteil ergibt sich daraus aber auch, dass die einzelnen Kapitel für sich verständlich sein sollten und bei der Lektüre nicht explizit auf Wissen aus vorangegangenen Kapiteln zurückgegriffen werden muss. Die Leserin und der Leser haben daher die Freiheit, an irgendeiner Stelle „einzusteigen" und sich vielleicht zunächst von den Bildern leiten zu lassen.

Die Fotos stammen überwiegend vom Autor; sie wurden in der Regel mit einer einfachen Digitalkamera aufgenommen. Ganz abgesehen davon, dass viele Aufnahmen Schnappschüsse sind und kaum oder nur mit Verlust an Authentizität hätten nachgestellt werden können, geht es auch darum, die Phänomene so zu zeigen, wie man sie in Natur und Alltag unmittelbar erfahren kann. Auf diese Weise sollen zumindest indirekt auch Anregungen gegeben werden, selbst vor Ort zu beobachten und zu dokumentieren.

Ich hoffe, dass Sie beim Lesen, Schmökern, Betrachten Spaß haben werden und sich vielleicht inspirieren lassen, eigene Entdeckungen im Alltag und in der Natur zu machen.

H. Joachim Schlichting

Literatur

Duhamel G. (1922). Besitz der Welt. Zürich.
Ebner-Eschenbach, M. v. (2021). Es gibt kein Wunder für den, der sich nicht wundern kann. Aphorismen. Ditzingen: Reclam.
Goethe, J. W. v. (1960). Goethe-BA Bd. 18.
G. W. Leibniz (1873). Neue Abhandlungen über den menschlichen Verstand. Berlin 1873.
Vollmer, M. (2024). Optik und ihre Phänomene. SpringerSpektrum.
Weyl, H. (2001). zit. In: Cole, K. C. Das Universum in der Teetasse. Berlin, 2001. S. 211.
Wittgenstein, L. (2001). Philosophische Untersuchungen. Frankfurt: Suhrkamp.

Die Originalversion des Buchs wurde revidiert. Ein Erratum ist verfügbar unter https://doi.org/10.1007/978-3-662-70446-2_42

Inhaltsverzeichnis

Teil I Alles dreht sich um die Sonne

1 Immer der Sonne entgegen — 5
  1.1 Ein ehrgeiziges Unternehmen — 5
  1.2 Wir starten gen Osten — 6
  1.3 Auf das Datum kommt es an — 7
  Literatur — 11

2 Sonnentaler – Abbilder der Sonne — 13
  2.1 Sonnentaler unter dem Blätterdach von Bäumen — 13
  2.2 Zur Rolle der Sonnentaler in der neuzeitlichen Physik — 15
  2.3 Sonnentaler in unterschiedlichen Kontexten — 18
  2.4 Sonnentaler verweisen auf die Randverdunklung der Sonne — 31
  Literatur — 36

3 Sonnenlicht – gestreut, reflektiert, gebrochen — 37
  3.1 Der blaue Himmel und der Sonnenaufgang in einem Opal — 37
  3.2 Rote Sonne am helllichten Tage — 41
  3.3 Ein langer verlustreicher Weg durch die Atmosphäre — 42
  3.4 Himmelblaue Augen — 43
  3.5 Erhabener Sonnenuntergang mit erhobener Sonne — 43
  3.6 Wenn die Luft zum Spiegel wird — 45

3.7	Der grüne Strahl	48
3.8	Die blaue Stunde	51
3.9	Geheimnisvoller blauer Strahl	54
Literatur		58

4 Das „Schwert der Sonne" – eine bewegliche Lichtbahn — 59

4.1	Reflexionen an rauen Oberflächen	59
4.2	Bewegliche Lichtbahnen auf unbeweglichen Flächen	64
4.3	Ein Baum mit runden Zweigen?	68
4.4	Das Sonnenkreuz am Berliner Fernsehturm	70
4.5	Seltsame Schattenlinien	71
Literatur		73

5 Polarisiertes Licht im Alltag — 75

5.1	Kann man polarisiertes Licht sehen?	75
5.2	Transparente Blumenfolie verschafft Durchblick	79
5.3	Ein transparenter Plastikbecher erstrahlt in Farben	81
5.4	Polarisationsfarben einer Eisscholle	82
Literatur		83

6 Mondbegegnungen im Alltag — 85

6.1	Mondphasen im Apfelbaum	85
6.2	Schielt der Mond?	90
Literatur		94

Teil II Fenster – Einblick, Ausblick, Durchblick

7 Fenster zwischen Transmission und Reflexion — 99

7.1	Beobachten und beobachtet werden	99
7.2	Verwirrende Fensterspiegelungen	101
7.3	Dominierende Reflexionen	103
7.4	Reale und virtuelle Einblicke können verwirren	104

8 Lichtkreuze in Lichtkreisen — 107

8.1	Gekrümmte Scheiben	107
8.2	Ein einfaches Modell einer Doppelglasscheibe	110

8.3	Getönte Scheiben geben Aufschluss	111
8.4	Die Doppelglasscheibe als „Barometer"	112
8.5	Lichtkreuz im Quadrat	113
8.6	Sternförmige Lichtkreise	114
8.7	Deformierte Spiegelungen	115
Literatur		118

9 Wenn Fenster auf Kipp stehen — 119
- 9.1 Fenster als Sonnenstrahlteiler — 119
- 9.2 Die gespiegelte Sonne schaut aus dem falschen Fenster — 120
- 9.3 Ein Fenster – zwei Abbildungen — 124

10 Fensterglasfarben — 127
- 10.1 Die grüne Unendlichkeit — 127
- 10.2 Farben in der Spiegelwelt — 129
- 10.3 Lichtspiele auf der Rollladenrückseite — 132
- 10.4 Bunte Schlieren am Fenster — 136
- 10.5 Hinter farbigen Gardinen — 138
- Literatur — 140

11 Physik am Flugzeugfenster — 141
- 11.1 Strukturen und Farben — 141
- 11.2 Fenstergitter, die man nicht sieht — 144
- 11.3 Kratzer um die Sonne — 149
- Literatur — 150

12 Tropfnasse Fensterscheiben — 151
- 12.1 Regentropfen am Fenster — 151
- 12.2 Optische Tropfenexplosion — 152

Teil III Wasser und Licht

13 Farben des Wassers — 157
- 13.1 Blau wie das Meer — 157
- 13.2 Zum Horizont hin wird es heller — 161

14 Welliges Wasser — 165
14.1 Lichtbahnen über den Wellen — 165
14.2 Farbige Netzwerke im Wasser – aus Licht geknüpft — 168
14.3 Ringwellen auf dem Wasser — 171
14.4 Moiré-Muster im welligen Wasser — 173
Literatur — 177

15 Schatten im Wasser — 179
15.1 Farbige Schattensäume im schmutzigen Wasser — 179
15.2 Bizarre Unterwasserschatten — 181
15.3 Schatten und Spiegelung im Wasser — 184
15.4 Ein Lichtblick im Schatten — 185
Literatur — 186

16 Brechungen im Wasser — 187
16.1 Schwankende Unterwasserwelt — 187
16.2 Das weiche Wasser bricht den Stein — 191
16.3 Transparenz durch Nässe — 192
Literatur — 196

17 Reflexionen im Wasser — 197
17.1 Moderne Kunst im Hafenbecken — 197
17.2 Reflexionen in und über eine gewöhnliche Wasserpfütze — 200
Literatur — 202

18 Halbblasen auf dem Wasser — 203
18.1 Platzende Blasen und ihre optischen Spuren — 203
18.2 Ein gefrorener Teich mit blauen Augen — 205
18.3 Blasen im Eis kopieren Gegenstände in leuchtend hellen Farben — 206
18.4 Himmelblaue Blasen auf dem Teich — 207
Literatur — 208

19 Unscheinbare Grenze im Fluss — 209
Literatur — 213

Teil IV Lichtbilder – zwischen Reflexion und Schatten

20 Die Welt der Schatten   219
   20.1 Erst der Schatten vermittelt die Bodenhaftung …   219
   20.2 Orientierung an Schatten   220
   20.3 Schattentheater am Himmel   225
   20.4 Schatten ermöglichen Durchblick   227
   20.5 Transparenz durch Schatten   228
   20.6 Schatten ermöglichen Spiegelungen   229
   Literatur   231

21 Schattenspiele   233
   21.1 Lange Schatten   233
   21.2 Flüchtige Schatten   234
   21.3 Luftige Schatten   235
   21.4 Ein Schatten dominiert seinen Werfer   237
   21.5 Auch Kondensstreifen werfen Schatten   238
   21.6 Schattenpuzzle vor einer Fensterscheibe   239
   21.7 Schatten durch Wasser auslöschen   241

22 Spiegelungen   243
   22.1 Spiegelung und Symmetrie   243
   22.2 Zugleich diffus und spiegelnd   244
   Literatur   245

23 Schatten und Spiegelung   247
   23.1 Doppelschatten   247
   23.2 Der zweite Schatten steht kopf   250
   23.3 Schatten in mehreren Ebenen   252
   23.4 Spiegelsonne und Spiegelschatten   253

24 Schatten, Bild und Spiegelung   255
   24.1 Zwei Abbilder   255
   24.2 Eine Spiegelwelt unter dem Fußboden   256
   24.3 Die Spiegelwelt und ihr Schatten   260
   24.4 Fallende Tropfen und ihre Schatten   262
   24.5 Eine Hand als Reflektor   263

25 Spiegelnde Reflexionen 265
25.1 Mobile Schönheiten bei Licht besehen 265
25.2 Die Karosserie als Projektionswand und Spiegel 267
25.3 Wozu sind diese Spiegel zu gebrauchen? 269
25.4 Kugelleuchte mit schwebender Lichtkugel 270
Literatur 272

26 Farbige Schatten 273
26.1 Blauer Schatten bei Sonnenuntergang 273
26.2 Farbige Doppelschatten am Abend 274
26.3 Die hellen Schatten der Dunkelheit 276

27 Licht im Schatten 279
27.1 Abgeschnürte Schatten 279
27.2 Ein Ball mit drei Unterwasserschatten 281
27.3 Das Leonardo Kreuz im flachen Wasser 282
27.4 Im Schatten einer Kerzenflamme 284
Literatur 289

Teil V Vom Regenbogen zum Heiligenschein

28 Von Tropfen und Bögen 293
28.1 Die Jagd auf den Regenbogen 293
28.2 Lichtbrechung und Reflexion im Wassertropfen 294
28.3 Ein Regenbogen verfängt sich in der Spinnwebe 297
28.4 Regenbögen im Nebel 298
28.5 Verdopplung des Regenbogens durch die reflektierte Sonne 300
28.6 Der Schatz am Ende des Regenbogens 302
28.7 Ein Regenbogen ohne Regentropfen 304
28.8 Eine Trinkflasche mit Regenbogenfarben 306
Literatur 308

29 Glitzernde Tautropfen in der Morgensonne 309
Literatur 312

30 Irdische Heiligenscheine — 313
- 30.1 Der Heiligenschein auf der grünen Wiese — 313
- 30.2 Der technische Heiligenschein — 316
- 30.3 Heiligenschein und Taubogen — 318
- 30.4 Künstlicher Heiligenschein oder Regenbogen? — 320
- 30.5 Der Strahlenkranz im sonnigen Wasser — 321
- 30.6 Der Heiligenschein im ungetrübten Wasser — 324
- Literatur — 325

31 Hinter Gittern — 327

Teil VI Strukturfarben

32 Dünne Schichten und satte Farben — 333
- 32.1 Lebendige Juwelen — 333
- 32.2 Wie man sich unsichtbar macht — 338
- Literatur — 341

33 Farben auf einer Seifenhaut — 343
- 33.1 Zur Entstehung von Seifenlamellen — 343
- 33.2 Farbenprächtige Wirbel auf einer Seifenblase — 347
- 33.3 Brillanter Schaum in der Kaffeetasse — 348
- 33.4 Die irisierende Schönheit einer Schleimspur — 349
- 33.5 Irisierende Farben durch große Hitze — 350
- 33.6 Die Welt des Kleinen und Hässlichen – ganz groß und schön — 352
- 33.7 Ein irisierender Biofilm im Eis — 353
- 33.8 Irisierende Spalten — 354
- Literatur — 356

34 Strukturfarben durch gebeugtes Licht — 357
- 34.1 Vom farbenschillernden Nebel zur Korona — 357
- 34.2 Korona einer Straßenlaterne — 362
- 34.3 Schwarze Punkte machen farbige Ringe — 363
- 34.4 Ein bunter Schmutzeffekt — 364
- 34.5 Queteletsche Spielereien durch Spiegeleien — 368
- Literatur — 370

35 Umkränzte Kopfschatten — 371
35.1 Farbringe auf dem Wasser — 371
35.2 Wenn der Heiligenschein zur Glorie wird — 376
Literatur — 377

36 Strukturfarben einer Compact Disc — 379
36.1 Eine CD im Sonnenlicht — 379
36.2 Das durchdringende Licht einer transparenten CD — 382
Literatur — 385

37 Weitere Strukturfarben in der Natur — 387
37.1 Schillernde Spinnennetze — 387
37.2 Reflexion und Lichtbeugung in den Haarbüscheln der Distelsamen — 393
37.3 Nebel mit Baumkorona — 394
Literatur — 396

Teil VII Täuschung und Enttäuschung

38 Die vielen Gesichter der Täuschung — 401
38.1 Täuschung in der Malerei — 401
38.2 Täuschende Perspektiven — 403
38.3 Mehr Schein als Sein — 406
38.4 Wenn spiegelnde Flächen Realität vortäuschen — 408
38.5 Bilder wie aus dem Nichts geschöpft — 410
38.6 Täuschungen der Täuschungen — 412
38.7 Reale Kippfiguren im Alltag — 415
38.8 Hohlköpfe mit stechendem Blick — 417
38.9 Die lange Leitung — 420
38.10 Schau nicht so genau hin — 423
Literatur — 427

39 Eingebildete Farben — 429
39.1 Schönheit im Auge des Betrachters — 429
39.2 Mangelnde Farbechtheit — 433
39.3 Die ausgetricksten Augen — 436

	39.4	Mischung und Entmischung von Licht durch große Nähe	438
	39.5	Mischung und Entmischung von farbigem Licht durch Bewegung	440
	39.6	Warum die Sonne (k)ein Loch in die Welt brennt	445
	39.7	Sonne und Vollmond in trauter Eintracht	447
	39.8	Schneeflocken mal hell, mal dunkel	448
	Literatur		450
40	**Ein tiefer Blick ins Glas**		**451**
	40.1	Der an Trinkgläsern gebrochene Blick	451
	40.2	Aus eins mach drei	455
	40.3	Schatten eines transparenten Weinglases	457
	40.4	Spiegelnde Trinkgläser	458
	Literatur		459
41	**Der Blick in die Kugel**		**461**
Publisher Erratum Zu: Licht und Farbe in Natur und Alltag			**E1**

Teil I

Alles dreht sich um die Sonne

Alles dreht sich um die Sonne

Alles nimmt beim Sonnenlicht seinen Anfang (Abb. 1). Das gilt nicht nur für das Leben auf der Erde als solches, sondern insbesondere für optische Natur- und Alltagsphänomene. Daher gehen wir erst einmal der Sonne entgegen und schauen, was uns dabei widerfährt. Auch wenn unsere Augen einem Wort Goethes zufolge sonnenhaft sind, müssen wir uns dabei allerdings davor schützen, direkt in die hochstehende Sonne zu blicken.

Wir beschränken uns zunächst darauf, nur den Weg der Sonne zu verfolgen, indem wir ihr vom Aufgang bis zum Untergang (hauptsächlich gedanklich folgen, um uns im Anschluss daran einige der Phänomene anzuschauen, die die Sonne auf ihrem täglichen Weg hervorruft.

Dazu betrachten wir als erstes die sogenannten Sonnentaler, jene kreis- oder meist ellipsenförmigen Abbilder, in denen die Sonne ihre Allgegenwart zum Ausdruck bringt. Sie sind vornehmlich unter dem Blätterdach von Bäumen, aber auch hinter anderen sonnenbeschienenen Öffnungen zu beobachten. Sie kommen im Alltag so häufig vor und sind daher so selbstverständlich, dass viele Menschen sich daran gewöhnt haben und in ihnen nichts Besonderes sehen. Erst wenn sie darauf aufmerksam werden und die Sonnenbilder bewusst wahrnehmen, sehen sie das Phänomen oft wie zum ersten Mal. Dabei wurden Sonnentaler bereits von Aristoteles beobachtet und beschrieben, auch wenn sie damals noch nicht so hießen. Ihr Zustandekommen konnte aber erst circa 2000 Jahre später von Johannes Kepler im Sinne der neuzeitlichen Physik erklärt werden.

Abb. 1 Sonnenaufgang im Winter. Die in dieser Jahreszeit meist tief stehende und auch nicht besonders lange ausdauernde Sonne muss einen langen Weg durch die Atmosphäre zurücklegen und erscheint daher häufig in gelb und rot getönter Umgebung

Wenn man die Sonnentaler etwas allgemeiner fasst und das Phänomen auch auf künstliche Lichtquellen bezieht, so ergeben sich zahlreiche weitere Alltags- und Naturphänomene, denen dieses Phänomen einer speziellen Lochkameraabbildung zugrunde liegt.

Bevor die Sonnenstrahlen die Erdoberfläche erreichen, müssen sie die Erdatmosphäre durchdringen. Das geht nicht ohne Wechselwirkungen mit der Atmosphäre einher. Vom Sonnenaufgang bis zum Sonnenuntergang führen sie zu einer Vielzahl eindrucksvoller Erscheinungen, von denen im Folgenden einige beschrieben werden.

Wir beginnen mit dem Tageslicht. Es ist den meisten Menschen so vertraut, dass ihnen gar nicht klar ist, es mit den Ergebnissen komplexer und subtiler Wechselwirkungen des Sonnenlichts vor allem mit der Atmosphäre zu tun zu haben. Das Tageslicht stellt nämlich eine Art indirekter Beleuchtung dar, die uns davor bewahrt, dass es – ähnlich wie auf dem Mond – dunkel wird, sobald die Sonne hinter irgendeinem Hindernis verschwindet. Selbst der Mond als solcher ist auf das Sonnenlicht angewiesen, auch wenn es manchmal so scheint, als würde er an der Sonne „vorbeiblicken".

Das Sonnenlicht hinterlässt seine Spuren in und an vielen Gegenständen in der natürlichen und wissenschaftlich-technischen Welt. Es wird u. A. reflektiert, absorbiert und gebrochen und dabei so verändert, dass man den dadurch hervorgebrachten Phänomenen nicht auf Anhieb ihren solaren Ursprung ansieht. Solchen meist gar nicht bewusst wahrgenommenen Erscheinungen sind wir im Folgenden auf der Spur. Ihre Zahl ist so groß, dass allein die Wechselwirkungen des Lichts mit Glasfenstern und ähnlichen Objekten in einem eigenen Kapitel untergebracht werden mussten.

1

Immer der Sonne entgegen

„Wo käm' man da eigentlich hin? Wenn man immerfort ‚Der Sonn' entgegen' ginge?" „Von morgens an? – Na, da würd's'De abends wieder am Ausgangspunkt sein."

Arno Schmidt

1.1 Ein ehrgeiziges Unternehmen

So einfach ist es dann doch nicht, wie auch die Freunde in Arno Schmidts Erzählung „Der Sonn' entgegen" (Schmidt 1970) bei näherer Betrachtung schnell feststellen. Die Probleme beginnen schon an der Haustür: Sieht man von dort aus überhaupt, wo am Morgen die Sonne aufgeht? Und wenn ja: Wie kommt man über die Hindernisse hinweg, die sich beim direkten Weg in Richtung Sonne in den Weg stellen? (siehe Abb. 1.1)

Abb. 1.1 Die Sonne geht auf und wir gehen auf die Sonne zu. Allerdings stellen sich zuweilen Hindernisse in den Weg

1.2 Wir starten gen Osten

Es zeigt sich sehr bald, dass wegen der materiellen Hürden das Unternehmen wohl vor allem gedanklich und mit dem Finger auf der Landkarte durchgeführt werden kann. Wir starten also in Gedanken bei Sonnenaufgang von Arno Schmidts langjährigem Haus im Heidedorf Bargfeld und gehen mit konstantem Tempo immer in Richtung Sonne. Da wir auch in der Wahl des Tages frei sind, wählen wir zunächst den 21. März 2013 (siehe Abb. 1.2).

Zuerst gehen wir also nach Osten, holen dann nach Süden aus und wandern schließlich nach Westen. Das klingt zunächst nach einem Halbkreis. Aber die Krümmung des Wegs ist nicht stets dieselbe, obwohl sich die Sonne gleichmäßig auf ihrer Bahn bewegt. Während sie am Morgen aufsteigt, ändert sie ihre Richtung nur wenig. Gegen Mittag, wenn sie nahezu horizontal zu ihrer südlichsten Position wandert, ist ihre Richtungsänderung pro Zeiteinheit am größten. Schließlich, während sie genau im Süden ihren höchsten Punkt einnimmt, erreichen wir den östlichsten Punkt unserer Wanderung. Ab jetzt sinkt die Sonne dem westlichen Untergangspunkt zu. Entsprechend krümmt sich unser Weg nach Westen zurück, erst stärker und dann immer schwächer. Wir laufen also keinen Halbkreis ab, sondern ein halbes Oval.

1 Immer der Sonne entgegen

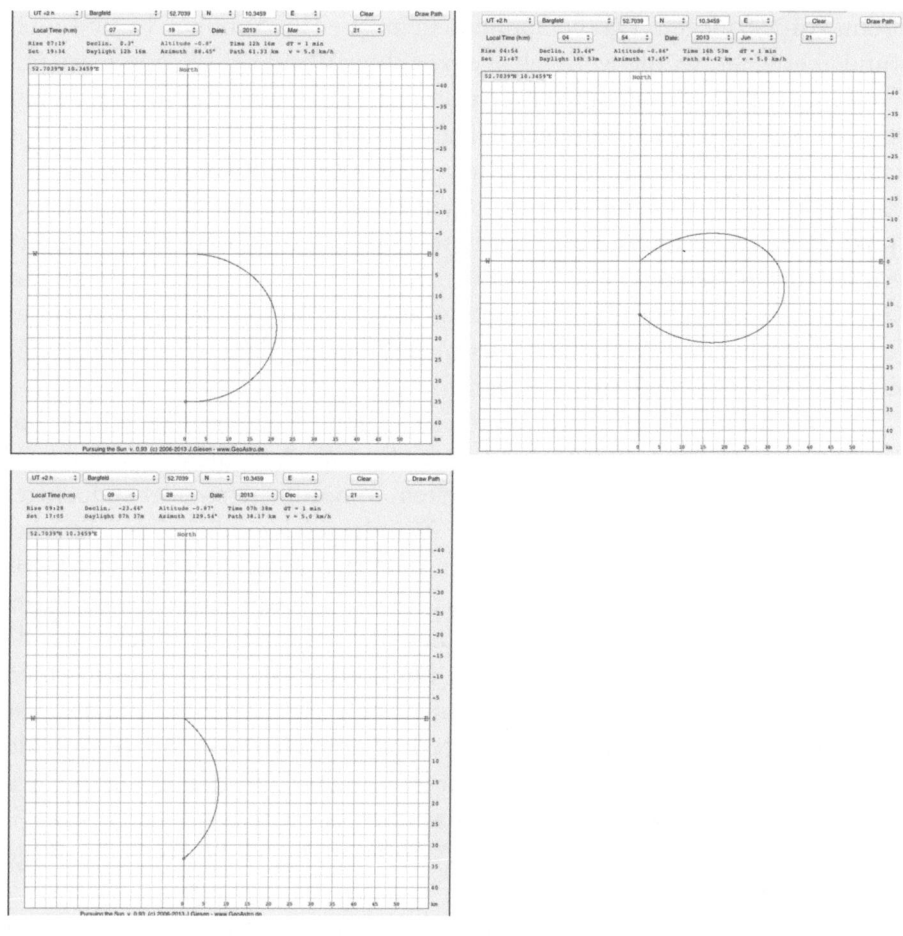

Abb. 1.2 Es macht einen erheblichen Unterschied, ob man im Frühling, Sommer oder Winter der Sonne entgegengeht. Die zu laufenden Bögen unterscheiden sich deutlich in ihrer Länge und Form

1.3 Auf das Datum kommt es an

Es ist leicht zu erkennen, dass im Sommer – selbst wenn man wollte – der Plan, die Wanderung wirklich durchzuführen, schon aufgrund der langen Zeitspanne zwischen Sonnenauf- und -untergang unrealistisch ist. Bereits zu Frühlingsbeginn am 20. März wäre man von Bargfeld aus genau zwölf Stunden unterwegs und hätte bei einer für sportliche Wanderer typischen Geschwindigkeit von fünf Kilometern pro Stunde einen Weg von insgesamt

60 km zurückzulegen. Da die Sonnenscheindauer im Sommer 16 und mehr Stunden erreicht, würde wohl selbst ein geübter Wanderer schlapp machen.

Will man einen Sonnenpfad nachzeichnen, muss man aber so oder so raus ins Freie und sich einen sonnigen Platz mit freien Horizonten suchen. Dort richtet man eine Wanderkarte (Maßstab 1:50.000) nach Norden aus, hält den Startpunkt auf ihr fest und markiert schließlich zu jeder vollen Stunde den Punkt, den man wandernd erreicht hätte. Dieser lässt sich mit einem dünnen Stift feststellen, den man in einem Zentimeter Entfernung entsprechend fünf Kilometern senkrecht aufstellt – und zwar genau so, dass sein Schatten auf den vorhergehenden Punkt fällt. Der neue Punkt ist dann wieder Ausgangspunkt für den nächsten Streckenabschnitt.

Aber auch diese Arbeit kann man sich sparen. Programme wie jenes von Jürgen Giesen (Giesen 2026) erledigen das für uns. Außerdem berechnen sie, wie der Sonnenweg zu anderen Jahreszeiten, in nördlicheren oder südlicheren Gefilden und bei unterschiedlichen Wandergeschwindigkeiten aussehen würde. Was sie quantitativ leisten, kann man sich jedoch auch einfach selbst überlegen. Zum Frühlingsanfang beispielsweise startet man genau gegen Osten (Abb. 1.2 oben links). Im Verlauf des Frühlings verschiebt sich die Startrichtung dann immer mehr nach Nordosten. Man geht also in einem stark gerundeten Bogen, der nach Süden ausholt und schließlich in nordwestliche Richtung weist (Abb. 1.2 oben rechts). Zu Herbstbeginn verläuft der Weg wie am Frühlingsanfang. Noch später im Jahr läuft man immer mehr in südöstlicher Richtung los und geht nachmittags dem Sonnenuntergang in südwestlicher Richtung entgegen. Bei Winteranfang ist die Form des Weges am flachsten (Abb. 1.2 unten).

Übrigens könnte man sich jeweils die halbe Strecke sparen, wollte man nur deren Form wissen. Denn natürlich überträgt sich die Symmetrie der Sonnenbahn mit der Kulmination am Mittag auf den Wanderweg, der nachmittägliche Weg ist also genau spiegelbildlich zu dem am Vormittag.

Je weiter man sich zu einer Sommersonnenwanderung in südliche Breiten begibt, desto steiler steht die Sonne mittags am Südhimmel. Wer eine entsprechende Tour am Äquator durchführt, erblickt die Sonne aber schon im Norden. Dazwischen muss es also einen Breitenkreis geben, wo die Sonne im Lauf des Vormittags senkrecht nach oben steigt, bis sie mittags im Zenit genau über uns steht.

Doch dies gilt nur an einem Tag des Jahres, denn die Sonne bewegt sich unaufhörlich weiter, je nach Jahreszeit in Richtung Norden oder Süden.

Sonst könnte man an diesem Tag in exakt gerader Linie auf die Sonne zulaufen – und auf demselben Weg wieder zurückgehen. Tatsächlich verläuft der Weg keineswegs so linear. Startet man am 21. Juni auf dem nördlichen

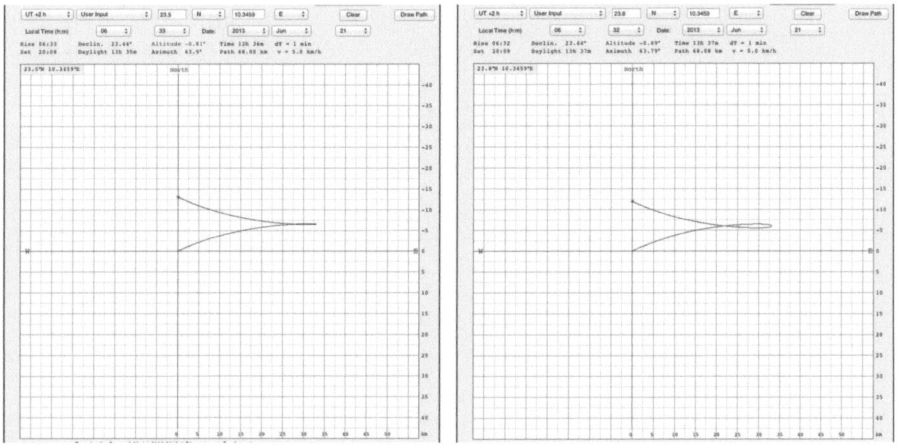

Abb. 1.3 Auf dem nördlichen Wendekreis kehrt man mittags zunächst auf demselben Weg zurück, dann laufen die Wege auseinander (links). Knapp nördlich des Wendekreises wandert man auf einer Schleife (rechts)

Wendekreis, der auf der Breite 23,5° liegt, so kehrt man nachmittags zunächst auf etwa demselben Weg zurück; mit der Zeit laufen die Wege dann aber doch auseinander (Abb. 1.3 links). Zwischen Start- und Zielpunkt liegen schließlich rund 13 km. Noch kurioser wird es, wenn wir am 21. Juni etwas nördlich des Wendekreises starten und der Weg zu einer Art Schleife entartet: Während wir am späten Nachmittag in nordwestliche Richtung zurückgehen, kreuzen wir den Weg, den wir am Vormittag gegangen sind (Abb. 1.3, rechts).

Schon aus praktischen Gründen drängt sich die folgende Frage auf: Gibt es Möglichkeiten, die Wanderung dort zu beenden, wo man morgens losgelaufen ist? Wer etwas nördlich des Wendekreises startet, kommt noch weiter im Norden an. Wer in unseren Breiten losläuft, kommt südlicher an. Dazwischen muss es also einen Weg geben, auf dem wir genau zu unserem Startpunkt zurückkämen. Seine Breite liegt am 21. Juni bei 30,4° (Abb. 1.4 links). Im hohen Norden tritt das Phänomen ebenfalls auf: Bei etwa 65°, also nahe dem Polarkreis, ist man abends wieder da, wo man morgens aufgebrochen ist (Abb. 1.4 rechts).

Bislang haben wir uns bei unseren virtuellen Wanderungen auf Geschwindigkeiten beschränkt, die sich zu Fuß bewältigen lassen. Steigen wir aber ins Flugzeug, ergeben sich ganz neue Perspektiven, denn dann schlagen die Veränderungen von geografischer Länge und Breite, die wir bei einem Fußmarsch näherungsweise als konstant ansehen konnten, voll zu Buche. Da sich das Flugzeug der Sonne noch etwas schneller „entgegendreht" als die Erde selbst, würde sich beim Flug nach Osten der Aufstieg der Sonne zum

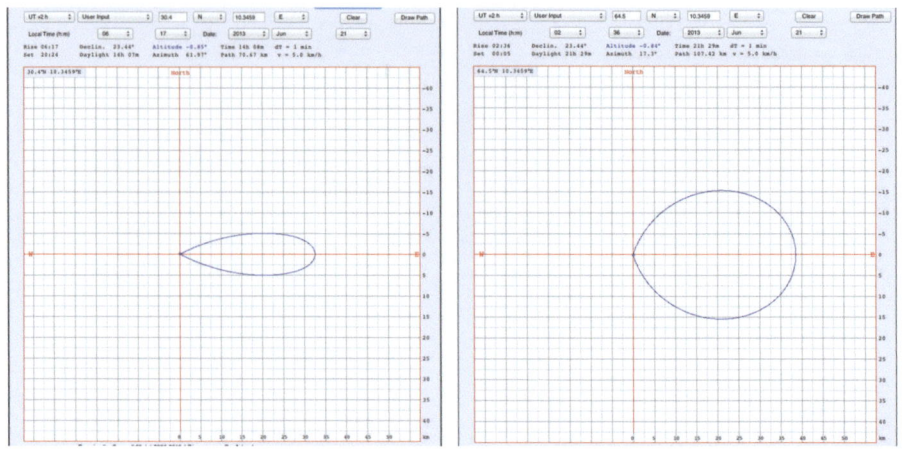

Abb. 1.4 Wer an seinen Ausgangsort zurückkommen möchte, muss bei 30,4 oder 64,5° losgehen. Man kann auch schneller laufen, dann holt man aber nur weiter aus (Abb. 1.5)

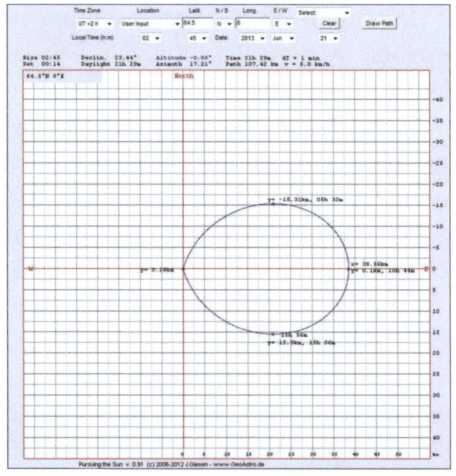

Abb. 1.5 Schneller zu laufen, bringt keine Vorteile, weil man dadurch nur weiter ausholt

Zenit spürbar beschleunigen, während sich in Gegenrichtung der Sonnenuntergang entsprechend verzögerte.

Richtig kompliziert wird der Sonnenweg dadurch, dass sich in der Zwischenzeit auch der jeweils überflogene Breitengrad ganz erheblich verändern würde. Der Sonn' „immerfort" entgegenzuwandern, erweist sich also mehr als intellektuelle Tätigkeit denn als romantische. Schon Arno Schmidt sah bei näherer Betrachtung erhebliche Probleme voraus, weil „astronomischerseits … Begriffe wie exakter Sonnenauf- und -untergang; Morgen- beziehungsweise Abendweite reichlich ins Spiel (kommen); von Azimut, Höhe, MEZ, Zeitgleichung … ganz zu schweigen" (Schmidt 1970).

Literatur

Giesen, J. (2026). Der Sonn' entgegen. www.jgiesen.de/pursuit.
Schmidt, A. (1970). Der Sonn' entgegen. In: Schmidt, A. Orpheus. Erzählungen (95ff). Frankfurt: Fischer.

2

Sonnentaler – Abbilder der Sonne

2.1 Sonnentaler unter dem Blätterdach von Bäumen

Viele Menschen, die an einem strahlenden Sonnentag unter dem Blätterdach von Bäumen spazieren gehen oder sich im Schatten eines Baumes ausruhen, entdecken normalerweise nichts Besonderes in den ineinander verwobenen Licht- und Schattenstrukturen, die den Boden und andere Gegenstände bedecken (Abb. 2.1).

Ein Phänomen wird daraus meist erst dann, wenn die Lichtquelle ihre Form ändert, wie bei der teilweise bedeckten Sonne während einer Sonnenfinsternis oder wenn sich eine Wolke vor die Sonne schiebt und sie teilweise verdeckt. Man erkennt halbmondförmige Lichtgebilde im Schattenbereich der Bäume und wird sich vielleicht über diesen Umweg der normalerweise zu sehenden Kreis- bzw. Ellipsenform bewusst.

Abb. 2.1 Sonnentaler: Kleine Lücken im Blattwerk von Bäumen werfen zahlreiche Bilder der Sonnenscheibe auf den Boden

2.2 Zur Rolle der Sonnentaler in der neuzeitlichen Physik

Sonnentaler sind wie andere Licht- und Schattenphänomene seit dem Altertum Gegenstand geometrischer Überlegungen. Sie widerstanden lange einer im heutigen Verständnis konsistenten physikalischen Beschreibung. Dazu war es notwendig, das schon früh unterstellte Prinzip einer geradlinigen Lichtausbreitung in Einklang zu bringen mit den hinter beliebig geformten Öffnungen auftretenden runden Abbildern. Die Lösung dieses Problems gelang schließlich Johannes Kepler (1571–1630), der an sich eher mit der Astronomie in Verbindung gebracht wird als mit der Optik.

Die drei Keplerschen Gesetze gelten zu Recht als revolutionär. Indem Johannes Kepler für die Bewegungen der Planeten physikalische Ursachen annahm, deren Ursprung in der Sonne liegt, lieferte er entscheidende Argumente für das heliozentrische Weltbild. Die Planetengesetze wiederum waren eine wesentliche Voraussetzung für eine quantitative Naturbeschreibung, auf der Isaac Newton (1642–1726) die klassische Physik begründen konnte. Seitdem gibt es keinen Unterschied mehr zwischen himmlischer und irdischer Physik.

Diese neuzeitliche Auffassung der Physik ist vermutlich entscheidend dafür gewesen, dass Kepler das Sonnentalerproblem lösen und damit die geometrische Optik zu einem bis heute gültigen Abschluss bringen konnte (sieht man einmal von der späteren quantitativen Formulierung des Brechungsgesetzes ab).

Wie kam Kepler zu den Sonnentalern? Seit Mitte des 16. Jahrhunderts wurde als Beobachtungstechnik für Sonnenfinsternisse vorgeschlagen, den gefährlichen direkten Blick in die Sonne zu vermeiden, indem man ein Lochkamerabild des Vorgangs auf einer Leinwand beobachtet. Denn schon lange vor Kepler war bekannt: Fällt Licht eines hellen Objekts durch eine wie auch immer geformte kleine Öffnung, entsteht hinter dieser eine Abbildung von der Form der Lichtquelle (Abb. 2.2).

Das genaue Prinzip dahinter blieb aber rätselhaft. Bereits in der pseudoaristotelischen Schrift *Problemata Physica* fragt sich der Autor zum einen: „Warum erzeugt die Sonne, wenn sie durch viereckige Gebilde dringt, nicht rechteckig gebildete Formen, sondern Kreise?", und zum anderen: „Warum treten bei Sonnenfinsternis, wenn man durch ein Sieb oder durch Blätterlücken sieht, oder wenn man die Finger der einen Hand mit denen der anderen verflechtet, die Sonnenstrahlen auf der Erde halbmondförmig in Erscheinung?" (Aristoteles 1962).

Abb. 2.2 Sichelförmige Sonnentaler im Schatten eines Baumes bei einer partiellen Sonnenfinsternis

Letztlich geht es dabei um das Problem, wie sich die geradlinige Ausbreitung des Sonnenlichts mit dem Befund vereinbaren lässt, dass es sich selbst beim Durchgang etwa durch ein rechteckiges Loch zu einem kreisförmigen Fleck krümmt. Bemühungen um eine Lösung ziehen sich wie ein roter Faden durch die zweitausendjährige Geschichte der Strahlenoptik. Die Kepler vorliegenden Arbeiten des Mittelalters hinterlassen den Eindruck, Schuld seien die Unzulänglichkeit des Auges und die Art und Weise des Sehens. Der bereits in wesentlichen Aspekten neuzeitlich denkende Kepler erkannte in derartig „ungehörigen und in der Optik nicht anerkannten" Begründungen keine erhellenden Erklärungen und befasste sich intensiver mit der Problematik (Kepler 1922).

Man könnte sich fragen, warum Kepler das Problem für so wichtig hielt. Er hätte ja wie seine Kollegen die erfolgreiche Beobachtungsmethode von Sonnenfinsternissen einfach akzeptieren können, ohne sie bis ins Detail verstehen zu müssen. Doch er wurde von dem Astronomen Tycho Brahe (1546–1601) mit einem merkwürdigen Problem konfrontiert. Bei der Sonnenfinsternis am 25. Februar 1598 erschien der Neumond „nicht in der Größe, die er zu anderen Zeiten bei Vollmond hat" (zit. nach Schlichting 1995). Für Kepler, der zutiefst von der Gültigkeit der Himmelsmechanik überzeugt war und insbesondere die Bahnen und Größen der Himmelkörper für unveränderlich hielt, waren Ansätze völlig inakzeptabel, die zum Beispiel einen bei Sonnenfinsternissen schrumpfenden oder sich entfernenden Mond voraussetzten.

2 Sonnentaler – Abbilder der Sonne

Kepler suchte stattdessen den Fehler in der Beobachtungsmethode und entwickelte ein einfaches Modell, mit dem sich die Abbildung physikalisch rekonstruieren und anschaulich verstehen lässt. Auf der bewährten Grundlage des Strahlenmodells der geometrischen Optik nahm er an: Eine punktförmige Quelle sendet Strahlen radial in alle Richtungen aus. Fällt ihr Licht durch eine Öffnung, so erscheint diese in ihrer Form unverändert auf eine dahinter aufgestellte Leinwand projiziert – eine eckige Blende als ebenso kantige, helle Fläche. Doch die Sonne ist nicht punktförmig. Ein kreativer Gedanke bringt Kepler auf die Lösung. Er fasst eine ausgedehnte Lichtquelle als Ensemble unendlich vieler Punktquellen auf.

Lässt man davon ausgehend in einem Gedankenexperiment beispielsweise eine dreieckige Lichtquelle durch ein rundes Loch strahlen, so liegt die Lösung des Sonnentalerproblems auf der Hand (siehe Abb. 2.3). Anhand einiger ausgewählter Punkte wird erkennbar: Die auf der Leinwand abgebildeten runden Löcher überlagern sich zu der dreieckigen Form des leuchtenden Objekts.

Diese Modellierung dürfte zu Keplers Zeiten recht kühn gewirkt haben. Denn einerseits war das unendlich Kleine noch nicht vertraut – die später von Newton und Gottfried Wilhelm Leibniz entwickelte Infinitesimalrechnung zeigte die damit verbundenen Vorstellungsschwierigkeiten. Andererseits wird eine ungestörte gegenseitige Durchdringung der Lichtstrahlen unterstellt, und das dürfte ebenso nicht selbstverständlich gewesen sein.

Die Lichtquelle zeigt ihren Umriss auf dem Schirm umso präziser, je kleiner das Loch ist. Dasselbe erreicht man mit zunehmendem Abstand zwischen

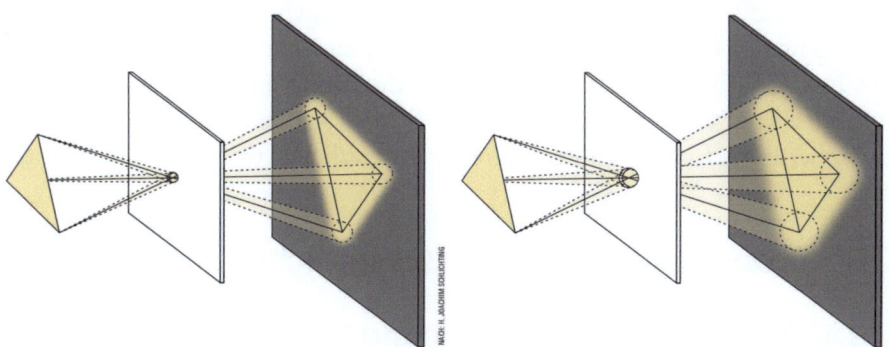

Abb. 2.3 Eine von einer dreieckigen leuchtenden Lichtquelle durchstrahlte Lochblende ruft auf einem dahinterliegenden Schirm eine hybride Abbildung hervor. Sie ähnelt umso mehr der eigentlichen Lichtquelle, je kleiner das Loch ist (links). Und sie nimmt umso mehr die Form des Loches an, je größer dieses ist, und/oder je näher der Schirm dem Loch ist. Hier wird das Dreieck gewissermaßen aus unendlich vielen Lichtflecken erzeugt. (Zur besseren Erkennbarkeit sind nur die Eckpunkte hervorgehoben.)

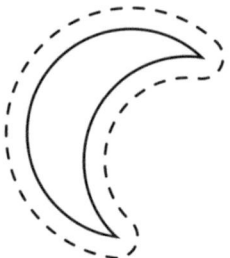

Abb. 2.4 Die Projektion einer Sonnenfinsternis wird am Rand vom Bild des Lochs überlagert. Dadurch wirkt der verdeckende Mond kleiner

Blende und Projektionswand, weil die Größe der Abbildung dabei schneller wächst als die von der Lochgröße bestimmte Randunschärfe.

So konnte Kepler die beobachtete Mondverkleinerung von 20 % als einen Beobachtungsfehler erklären (Abb. 2.4). Er beruhte darauf, dass der Schirm zu dicht hinter dem Loch angebracht und/oder dieses zu groß war. In Keplers Vorstellung der unendlich vielen Punktlichtquellen trat die Unschärfe zahlloser Bilder des Lochs so weit über den Rand der eigentlichen Sonnenprojektion, dass die Abbildung des Mondes teilweise überdeckt wurde und dieser daher kleiner erschien, als er ansonsten gemessen wurde. Ein leicht verwaschener Eindruck kann nie vollständig beseitigt werden, doch nach dieser Einsicht wurde es möglich, den Effekt zu beziffern und durch kleinere Löcher und weitere Abstände zu minimieren.

Heute mag uns die Lösung des Problems einfach erscheinen, aber sie war damals alles andere als selbstverständlich. Kepler musste eine völlig neue Herangehensweise entwickeln und die optischen Regeln seiner Vorgänger entsprechend überarbeiten. Später kam zwar heraus, dass Francesco Maurolico (1494–1575) bereits 1521 eine korrekte Erklärung gegeben hatte, allerdings konnte Kepler von ihr nichts wissen. Außerdem handelte es sich um eine relativ isolierte Beschreibung außerhalb eines einheitlichen theoretischen Rahmens.

2.3 Sonnentaler in unterschiedlichen Kontexten

2.3.1 Sonnentaler in der Wohnung

Manchmal findet man die Sonnentaler nicht nur unter dem Blätterdach der Bäume, sondern in der Wohnung (Abb. 2.5 links). Wenn man nämlich bei starker Sonneneinstrahlung die Jalousien herunterzieht, fällt Sonnenlicht durch die rechteckigen Schlitze und reiht ganze Perlenketten ovaler Lichtflecken auf dem Boden und anderswo auf (Abb. 2.5 rechts).

2 Sonnentaler – Abbilder der Sonne

Abb. 2.5 Das durch die Jalousieschlitze (rechts) fallende Sonnenlicht entwirft zahlreiche Sonnentaler auf die Wand und den Boden (links)

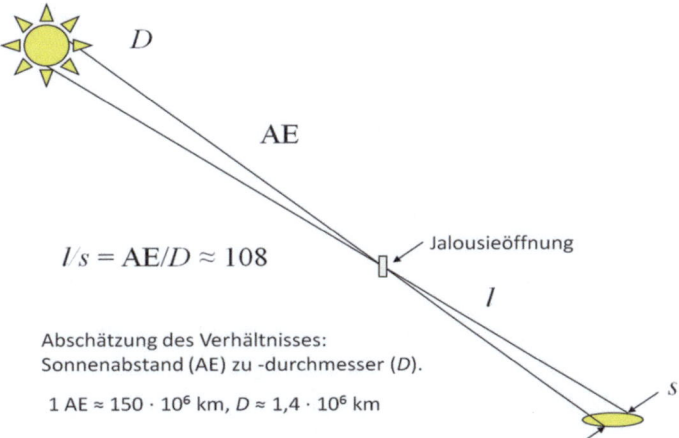

Abb. 2.6 Mit Hilfe des Strahlensatzes lässt sich zeigen, dass das Verhältnis des Abstands l des Sonnentalers von der Jalousieöffnung zum (kleinen) Durchmesser des Sonnentalers s gleich dem Verhältnis des Abstands der Sonne von der Erde AE zum Durchmesser D der Sonne ist

Dies ist eine gute Gelegenheit, sich die kosmische Dimension dieser unscheinbaren Lichtflecken vor Augen zu führen. Denn wie man sich anhand von Abb. 2.6 klarmachen kann, ist das Verhältnis des Sonnentalerabstands l von der Jalousieöffnung zum kleinen Durchmesser des Sonnentalers s gleich dem Abstandsverhältnis von Sonnenentfernung AE und Sonnendurchmesser D. Das kann ich messend erfassen, ohne das abgedunkelte Zimmer zu verlassen.

Mit einem Blatt Druckerpapier kann man sich die Verwandlung eines durch einen Jalousieschlitz geformten rechteckigen Lichtbündels in eine kreisrunde oder elliptische Form vor Augen führen. Wenn man das Papier zunächst unmittelbar hinter die Öffnung hält, sieht man die rechteckige Form des Schlitzes durch das Papier durchschimmern. Dann bewegt man das Papier dem Strahlenbündel entlang zum Ort des Sonnentalers und erlebt, wie die Form allmählich vom Rechteck zur Ellipse mutiert. Die Ellipsenform auf dem Boden ergibt sich dadurch, dass diese senkrecht zum Lichtbündel orientierte kreisförmige Abbildung der Sonne bei der Projektion schräg angeschnitten wird.

Wenn man das Verhältnis von Sonnenentfernung zu Sonnendurchmesser näherungsweise durch den Faktor 100 ersetzt, kommt man ganz einfach zu groben Abschätzungen: Der Abstand vom Sonntaler zum Loch in Metern ist dann gleich dem in Zentimetern gemessenen (kleinen) Durchmesser des Sonnentalers.

2.3.2 Sonnentaler im Wald

Als ich gegen Mittag gemächlich mit dem Fahrrad unter diesem kathedralenartig hohen Gewölbe entlangfahre (Abb. 2.7), frage ich mich, wie hoch dieses

Abb. 2.7 Aus den Durchmessern der Ellipse der Sonnentaler schätzt man die Höhe des Blätterdachs und damit die Baumhöhe ab

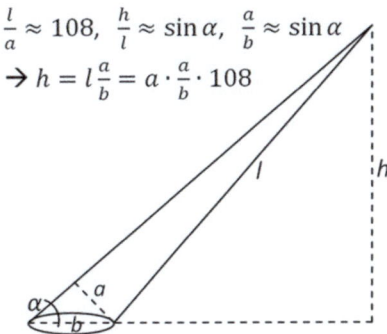

Abb. 2.8 Einfache Abschätzung der Baumhöhe durch die Höhe eines Sonnentalers

Abb. 2.9 Riesensonnentaler bei nahezu horizontaler Sonneneinstrahlung

lichtdurchflutete grüne Dach der Buchen wohl sein mag: 10 m, 15 m oder noch höher? Wozu lange herumraten. Die großen Sonnentaler auf der Straße fordern geradezu dazu auf, ausgemessen zu werden, um daraus mit einer kleinen Rechnung die Höhe des jeweiligen Baumes abzuschätzen (siehe Abb. 2.8 und 2.9):

Das Verhältnis der Entfernung l von der Öffnung B im Blätterdach zum kleinen Durchmesser a der Ellipse des Sonnentalers ist nach dem Strahlensatz gleich dem Verhältnis vom Abstand zur Sonne zum Durchmesser der Sonne und beträgt etwa 108. Das Verhältnis der Höhe h von B zur Entfernung l des Sonnentalers h/l ist etwa gleich dem Sinus des Winkels, unter dem der Sonnentaler gesehen wird. Entsprechendes gilt für das Verhältnis des kleinen a zum großen Durchmesser b, der durch den Sonnentaler auf den Boden projizierten Ellipse.

Fasst man diese Ergebnisse zusammen, so ergibt sich für die Höhe h von B und damit in etwa die des Baumes: $h = a^2/b \cdot 108$. Im vorliegenden Fall beträgt der kleine Durchmesser der Sonnentalerellipse etwa a = 30 cm und der große b = 40 cm und damit kommt man auf einen Wert h von circa 24 m. Das ist doch wesentlich mehr, als ich ursprünglich geschätzt habe.

2.3.3 Riesensonnentaler an der Hauswand

So große Sonnentaler (mit einem Durchmesser von etwa 50 cm) sieht man selten. Der Kontext, in dem sie hier erscheinen, ist zwar nicht besonders „naturschön", aber alles kann man nicht haben. Mein bisheriger Rekord lag bei einem Durchmesser von etwa 30 cm.

Der Durchmesser in Metern ausgedrückt ergibt nach der obigen Abschätzung eine Entfernung zwischen Sonnentaler und Loch von 50 m. Ich drehe mich um und erkenne auch sehr schnell den Urheber der Sonnentaler – ein fast horizontal von der tief stehenden Sonne durchleuchteter Baum. Wegen der großen Entfernung zwischen Sonnentaler und Löchern reichen die relativ großen Öffnungen zwischen den Zweigen aus, gut gerundete Taler hervorzurufen (Abb. 2.10).

Die ungewöhnliche Größe der Sonnentaler ist der besonderen Situation zu verdanken. Aufmerksam geworden bin ich auf diese völlig untypischen Sonnentaler durch den einen, der sich so richtig harmonisch auf den ebenfalls runden Busch platziert hat (Abb. 2.9). Hier fügt sich Rundes zu Rundem.

2.3.4 Sonnentaler durch Reflexion

Lange bevor ich wusste, was Sonnentaler sind, hatte ich bereits mit ihnen zu tun. Als Schüler besaß ich nämlich eine rechteckige Armbanduhr, mit der ich manchmal im Sonnenlicht spielte. Es machte mir Spaß, das reflektierte Licht an der im Schatten liegenden Wand entlang zu bewegen.

Bei diesen Spielereien fiel mir irgendwann einmal auf, dass der Reflex trotz des rechteckigen Glases, an dem das Sonnenlicht reflektiert wurde, stets

Abb. 2.10 Wenn die Projektionswand der Sonnentaler weit genug entfernt ist, können die erzeugenden Löcher auch etwas größer sein

kreisrund oder – wenn es schräg auf die Wand auftraf – ellipsenförmig war. Obwohl mich dieser Befund sehr interessierte, kam ich nicht auf die Idee, meinen Physiklehrer zu fragen. Ich konnte mir nicht vorstellen, dass er diese Spielerei gutgeheißen, geschweige denn ernst genommen hätte. Das Phänomen geriet in Vergessenheit, nachdem die Uhr das Zeitliche gesegnet hatte. Danach waren meine Armbanduhren rund.

Später traf ich dieses Phänomen auf der Straße an (siehe Abb. 2.11). Die „Spiegel" bestanden aus kleinen – schätzungsweise 20 mal 20 cm großen – Fensterscheiben in entsprechenden Sprossenfenstern. Offenbar reichte die große Entfernung aus, um auch bei dieser Größe der Spiegel auf dem Asphalt die umgekehrte Quadratur des Kreises vorzuführen. Die Fenster waren also hinreichend klein, um in größerer Entfernung Sonnentaler zu entwerfen.

Dass die Sonnentaler hier nicht ordentlich aufgereiht erscheinen, wie die Fensterelemente, liegt vermutlich daran, dass letztere nicht völlig plan eingebaut wurden, und die große Entfernung zu entsprechenden Verschiebungen der Abbilder auf dem Asphalt führen.

Abb. 2.11 Das an kleinen quadratischen Fensterscheiben reflektierte Licht zeigt sich auf der Fahrbahn als nahezu kreisförmige Sonnentaler. Die geometrische Anordnung der Scheiben ging vermutlich durch mangelnde Planparallelität der einzelnen Scheiben verloren

2.3.5 Weihnachtsstern mit Lichtfusseln

Über dem Bett meines Enkels befand sich dieser Stern (Abb. 2.12). Er hat viele kleine runde Löcher, durch die das Licht einer klassischen Glühlampe hindurch auf die Wand gestrahlt wird. Statt der erwarteten Lichtpunkte wurde die Wand jedoch mit so vielen Lichtfusseln beleuchtet, wie Löcher im Stern vorhanden sind.

Egal welche Form die Löcher haben, wenn sie nur klein genug sind, wirken sie wie eine Lochkamera. Die Löcher einer Lochkamera entsprechen den Löchern im Blätterdach der Bäume, sodass man hier „technische" Sonnentaler in Form von Lichtfusseln bestaunen kann. Da Sonnentaler Abbilder der Sonne sind, sind die Lichtfussel Abbilder der Glühwendel der Lampe. Jedenfalls steckt dasselbe physikalische Prinzip dahinter. Und da die glühende Wendel in Richtung zur Wand die Form einer Fussel hat, bildet sie eine entsprechende Lichtspur auf der Wand ab.

Abb. 2.12 Ein von innen beleuchteter Stern, der das Licht einer Glühlampe außerdem durch eine Vielzahl winziger Löcher ausstrahlt, die wie winzige Lochkameras wirken

2.3.6 Schattentaler – inverse Sonnentaler

Ich freue mich immer wieder, wenn ich unter dem Blätterdach von Bäumen Sonnentaler zu sehen bekomme. Die Freude ist eher noch größer, wenn unter einem Baum das Gegenteil von Sonnentalern zu sehen ist, von mir sogenannte *Schattentaler*. Von – im Prinzip – beliebig geformten Schattengebern, meist hervorstehenden Blättern eines Baumes, werden isolierte, gerundete (in unseren Breiten meist elliptische) Schatten auf eine ebene Fläche projiziert.

Diese Schattentaler kann man sich wie Sonnentaler entstanden denken, wenn man nicht mit Lichtstrahlen argumentiert, sondern mit Schattenstrahlen, die die Rolle der Sonnenstrahlen übernehmen, und dunkle Abbilder der Schattengeber (hier der Blätter) auf einer von der Sonne beleuchteten Projektionsfläche entwerfen (Abb. 2.13). In beiden Fällen handelt es sich um eine Idealisierung eines physikalischen Phänomens, der geradlinigen Ausbreitung des Lichts, wie es beispielsweise an den geradlinigen Schattengrenzen eines beliebigen Schattengebers beobachtet werden kann.

Abb. 2.13 Im Sonnenlicht nehmen Schatten der weitgehend freistehenden Blätter eines Baumes umso deutlicher die Form der Sonne an, je kleiner sie sind, und je weiter der Boden entfernt ist

2.3.7 Ein Blumenstrauß und sein Schatten

Zuweilen lassen sich Schattentaler auch innerhalb einer Wohnung im Lichte einer Lampe beobachten. In Abb. 2.14 wird ein Strauß Tulpen von einer kugelförmigen Mattglaslampe angestrahlt und die Schatten werden auf eine weiße Wand projiziert. Da die Form des Schattens nicht nur von der Form des Schattengebers, also des Blumenstraußes abhängt, sondern auch von der der Lichtquelle, runden sich hier die Schatten der Tulpen umso mehr zur Kreisform, je größer der Abstand der Blüten von der Wand ist.

Daher dominiert die Form der Tulpenblüten, wenn diese sich dicht vor der Projektionswand befinden (hinterer Blütenschatten in Abb. 2.14). Je weiter die Blüten von der Wand entfernt sind, desto mehr setzt sich die Form der Lichtquelle durch. Das ist andeutungsweise am Schatten der vorderen Blüte zu erkennen.

Abb. 2.14 Von der Wand weiter entfernte Blüten tendieren dazu, die Kugelform der Lichtquelle anzunehmen

2.3.8 Sonnentaler – am Ende des Lichtstrahls

Das durch ein Loch im Blätterdach von Bäumen hindurchgehende Licht ist normalerweise erst dann zu sehen, wenn es auf einer Projektionswand auftrifft, und das dort diffus reflektiert Licht in unsere Augen trifft. Bei leichtem Nebel wird ein Teil des Lichts auf dem Weg zur Projektionswand an den Wassertröpfchen reflektiert und auf diese Weise indirekt sichtbar.

Eine solche Situation ist in Abb. 2.15 zu sehen. Auf dem verhältnismäßig langen Weg zum Boden entsteht ein nahezu perfekter Sonnentaler. Von der Form des Lochs ist nichts mehr zu erkennen. Es zeigt sich hier, dass Sonnentaler das Ende von Lichtsäulen sind, innerhalb derer die Lochform in die Form der Sonne übergegangen ist. Dieser Übergang ist dem Lichtstrahl jedoch nicht direkt anzusehen.

Abb. 2.15 Ein zufällig vereinzeltes kleines Loch im Blätterdach der Bäume lässt Sonnenlicht hindurch, das im Schatten auf dem Waldboden einen vereinzelten Sonnentaler entstehen lässt. Die Streuung des Lichts an Dunstteilchen zeigt den Weg des Lichts an

2.3.9 Farbige Sonnentaler

Als ich das in Abb. 2.16 links dargestellte Glasmobile ins Fenster hängte, ahnte ich noch nicht, dass es mich in der folgenden Zeit nicht nur ästhetisch ansprechen, sondern auch physikalisch herausfordern würde. Denn Tage darauf, als Sonnenlicht durch das Fenster fiel, liefen farbige Kreise über die gegenüberliegende Wand – mal schnell, mal langsam, mal weiter oben, mal unten und sogar über den Fußboden.

Die runden Lichtfiguren legten die Vermutung nahe, dass das durch das Glas hindurchgehende Licht in einigen Metern Abstand von der Projektionswand Sonnentaler hervorruft. Doch auf welche Weise werden dabei begrenzte Lichtbündel aus dem einfallenden Sonnenlicht herausgeschnitten? Geht man von dem einfachen Fall aus, dass das Sonnenlicht senkrecht auf das Mobile auftrifft, so geht es im mittleren Teil zwar hindurch, wird allerdings wegen

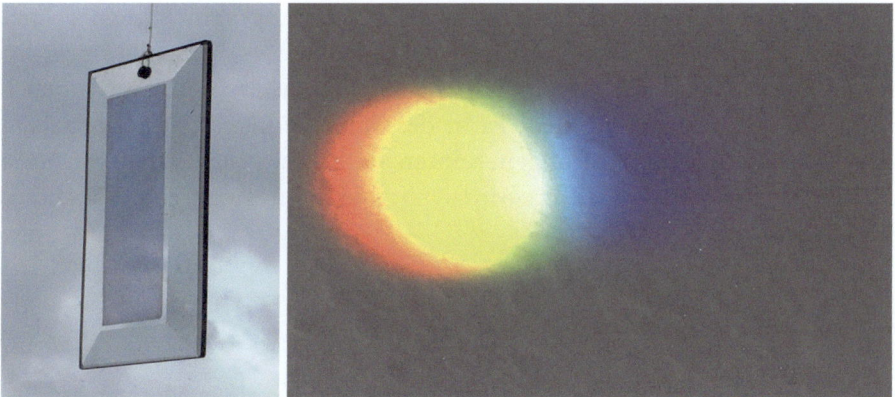

Abb. 2.16 Links: Glasmobile im Fenster hängend. Rechts: Eine typische Figur, die das Mobile auf die Raufasertapete der Wand projiziert

Abb. 2.17 Hält man ein Blatt Druckerpapier in das Lichtbündel, so lassen sich die durchscheinenden Lichttrapeze verfolgen (Abbildungen von links nach rechts betrachtet). Die Abbildung der spitz zulaufenden Seiten des Glases werden dabei zu den entgegengesetzten Seiten hin abgelenkt und dabei immer mehr abgerundet, bis sie kreisförmig und damit zu Sonnentalern werden

dessen matter Oberfläche gestreut, also in alle Richtungen ausgesendet. Es kommt daher als Ursache für ein Abbild auf den Wänden nicht in Frage.

Das auf die vier keilförmigen Glastrapeze am Rand auftreffende Licht wird beim Durchgang durch das Glas gebrochen und zu den Seiten hin abgelenkt. Anschließend laufen diese zunächst trapezförmigen und mit zunehmendem Abstand immer runder werdenden Lichtbündel paarweise auseinander, bis sie völlig gerundet als Sonnentaler auf dem Fußboden oder an der Wand abgebildet erscheinen.

Diesen Vorgang kann man leicht visualisieren, indem man ein Blatt Druckerpapier hinter das von der Sonne beleuchtete Mobile hält und dieses langsam in Richtung gegenüberliegender Wand entfernt (Abb. 2.17). Verfolgt man so ein einzelnes Lichttrapez, so sieht man, wie dieses sich allmählich jeweils zu einem Sonnentaler rundet.

Dabei fällt auf, dass sich entgegen der Erwartung kein einzelner kreisförmiger Sonnentaler bildet, sondern eine Serie von verschiedenfarbigen, sich partiell überlappenden Sonnentalern entsteht. Diese Zerlegung in Farben ist darauf zurückzuführen, dass jede Farbe des weißen Sonnenlichts unterschiedlich stark an den trapezförmigen Kanten des Glases in geringfügig unterschiedliche Richtung abgelenkt wird – so, wie man es von einem regulären Prisma kennt.

2.3.10 Farbige Sonnentaler in der Kirche

Wenn man die Projektion von Kirchenfenstern mit farbigen Motiven auf dem Boden sieht, erscheint der Anblick zunächst wenig erstaunlich. Erst auf den zweiten Blick wird man sich vielleicht darüber wundern, dass die ursprünglichen Motive kaum zu erkennen sind, weil ihre Details in einem Ensemble runder Farbflecken verschwinden. Alte Kirchenfenster bestehen meist aus kleinen bleigefassten Glaselementen unterschiedlicher Farbe, die mosaikartig zu Bildern zusammengefügt sind. Jedes dieser Minifensterchen hat also eine dem darzustellenden Motiv entsprechend besondere Form. Wenn jedoch das Sonnenlicht durch diese verglasten Öffnungen geht und diese in größerer Entfernung auf dem Boden der Kirche abgebildet werden, erkennt man die ursprüngliche Form der Öffnungen nicht wieder: Alle Abbildungen stellen runde Lichtflecken dar. Wer diesen Unterschied zwischen Urbild und Abbild bemerkt, wird sich vielleicht darüber wundern. Es sei denn er erkennt, dass es sich um Sonnentaler handelt (Abb. 2.18).

Sich zu fragen, ob die damaligen Architekten diesen Effekt eingeplant haben oder nicht, ist müßig, sie wären eh nicht zu verhindern gewesen und tragen auf ihre Weise zur Verschönerung des Kircheninneren bei. Im Winter, wenn die Bäume ihr Laub verloren haben und die Sonne keine großen Höhen erreicht, ruft das somit überwiegend waagerecht einfallende Sonnenlicht nahezu kreisrunde bzw. elliptische farbige Sonnentaler auf dem Boden und an den Wänden hervor. Es übt durch die mit der Abrundung der kleinen Elemente einhergehenden Abstraktion des ursprünglichen Motivs des Fensters einen besonderen Reiz aus. In dieser Verschiebung des Stils von der gegenständlichen zur abstrakten Kunst könnte man eine naturschöne Attraktion aus dem Geiste der Physik sehen.

Abb. 2.18 Die auf den Boden projizierten farbigen Lichtflecken der einzelnen Glaselemente des Fensters sind durchweg rund, weil sich das hindurchgehende Licht in dieser Entfernung zu Sonnentalern gerundet hat

2.4 Sonnentaler verweisen auf die Randverdunklung der Sonne

Wer sich die Schatten von gitterartigen Strukturen, die von der Sonne beleuchtet werden, etwas genauer anschaut, wird feststellen, dass mit zunehmender Entfernung von der Projektionsfläche eine allmähliche Veränderung der zugehörigen Abbilder einhergeht. In Abb. 2.19 erkennt man, dass die quadratischen Muster mit wachsendem Abstand immer mehr eine Kreis- bzw. Ellipsenform annehmen.

Das ist auch zu erwarten, weil wir es hier mit Sonnentalern zu tun haben, also Lochkameraabbildungen der Sonne, die bei kleinen Öffnungen oder großen Abständen der jeweiligen Projektionswand zu beobachten sind. Die besondere Situation besteht in diesem Fall darin, dass in der Enge des Gitters die Sonnentaler sich immer mehr zu einem subtilen Muster aus Licht und Schatten entwickeln. Dabei geht ab einem bestimmten Abstand das System aus Sonnentalern in ein System von Schattentalern über.

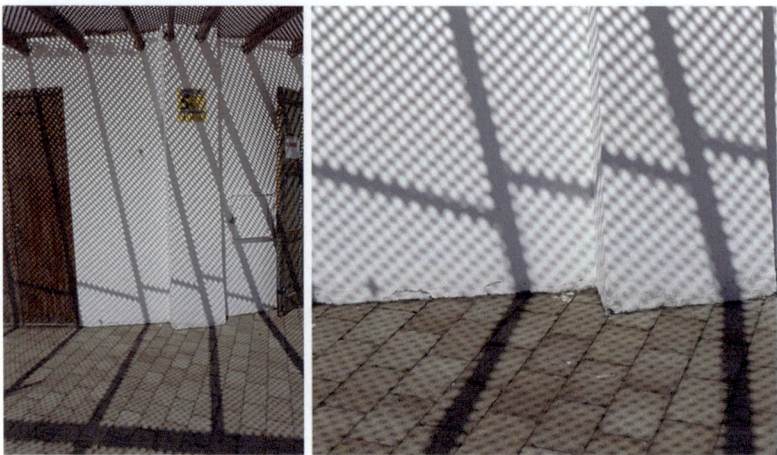

Abb. 2.19 Links: Mit zunehmendem Abstand zu den quadratischen Öffnungen des Holzgitters vertauschen Licht- und Schattenfiguren schließlich ihre Rolle. Rechts: Ausschnittvergrößerung

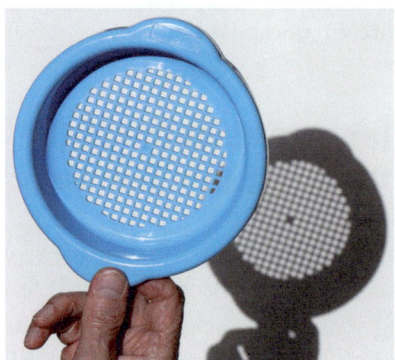

Abb. 2.20 Das Lochmuster wird durch Sonnenlicht auf eine weiße Projektionswand abgebildet. (Foto: Wilfried Suhr)

Stellt man eine solche Situation mit einem leicht handhabbaren Spielzeugsieb nach, indem man es mit Sonnenlicht senkrecht auf eine Projektionsfläche abbildet (Abb. 2.20), so kann man durch Variation des Abstands zwischen Sieb und Projektionsfläche feststellen, dass in bestimmten Abständen farbige Muster auftreten. Dies ist im vorliegenden Fall in einem Abstand von etwa 86 cm besonders auffällig. Neben grauen Elementen treten solche mit Blau- und Brauntönen auf (Abb. 2.21). Wilfried Suhr (2017) hat diesen Befund genauer untersucht und sieht darin einen direkten Hinweis auf die Randverdunklung der Sonne.

Um diesen Zusammenhang aufzuklären, blicken wir gedanklich von der Projektionsfläche aus durch das Gitter auf die Sonne und zeichnen den Grad

2 Sonnentaler – Abbilder der Sonne

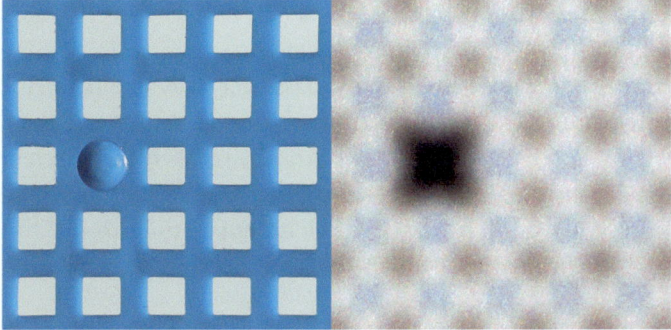

Abb. 2.21 In einer bestimmten Entfernung vom Sieb (links: Ausschnitt) und der Projektionsfläche beobachtet man ein regelmäßiges Muster aus braunen, blauen und grauen Elementen. (Foto: Wilfried Suhr)

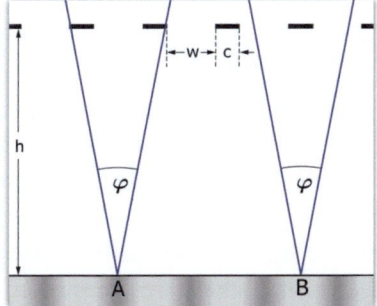

Abb. 2.22 Querschnitt durch das Lochgitter, das dadurch zu einer unterbrochenen Linie wird, wobei w die Lochweite und c die Stegweite bezeichnen. Die Sonne erscheint unter dem Winkel φ. Durch das Graustufenmuster wird die jeweilige Helligkeit visualisiert

der Verdeckung der Sonne durch die Stege des Gitters auf. Dabei zeigt sich, dass die Helligkeit am größten ist, wenn von dort aus die gesamte Sonnenscheibe durch ein Loch im Gitter hindurch zu sehen ist. Sie wird umso geringer, je mehr die Sonne von Stegelementen verdeckt wird.

Die gesamte Sonnenscheibe ist dann sichtbar, wenn der Lichtkegel, dessen Raumwinkel sich aus dem Abstand s und dem Durchmesser der Sonne d ergibt, in Höhe des Gitters gerade durch ein Gitterloch passt. Um die Verhältnisse zu veranschaulichen, betrachten wir den Querschnitt durch das Gitter, eine unterbrochene Linie, die im Abstand h über der Projektionsfläche liegt (Abb. 2.22).

Von den Punkten A und B aus gesehen erscheint die Sonne unter dem Sehwinkel φ. Von A aus wird sie von zwei Stegen verdeckt, von B aus nur von einem. Daher ist die Helligkeit bei B am größten und bei A am kleinsten. Von allen anderen Stellen aus gesehen ergeben sich Zwischenwerte, die durch entsprechende Grauwerte veranschaulicht werden.

Die Entfernung h wurde so gewählt, dass hier, wie bereits in Abb. 2.19 gezeigt, die Licht- und Schattenfiguren ihre Rolle vertauschen. Die Bedingung für die Inversion lässt sich mit Hilfe des Strahlensatzes rechnerisch bestimmen. Demnach ist das durch den Sehwinkel φ gegebene Verhältnis von Sonnenentfernung s und Sonnendurchmesser d gleich dem Verhältnis der Entfernung h zur Länge des Lochgitterabschnitts $w + 2c$:

$$\frac{h}{w+2c} = \frac{s}{d} = \frac{150 \cdot 10^6 \, km}{1{,}4 \cdot 10^6 \, km} \approx 108.$$

Daraus ergibt sich mit den Werten $w = 4$ mm und $c = 2$ mm eine Inversionshöhe $h = (w + 2c) \cdot 108 = 86{,}4$ cm.

Das Ergebnis lässt sich unmittelbar auf das dreidimensionale Gitter übertragen, indem man sich das zweidimensionale Modell längs der Normalen verschoben denkt (Abb. 2.23). Dabei hatten wir festgestellt, dass die Inversion bei etwa 86 cm Höhe über der Projektionsfläche auftritt. Dieser Wert stimmt recht gut mit dem für das zweidimensionale Schnittmodell berechneten Abstand von 86,4 cm überein.

Die in der Inversionshöhe auftretenden Farben lassen sich ganz bestimmten Kombinationen von Stegen und Löchern des Siebs zuordnen. Dabei entsprechen die bräunlichen Elemente einer kreuzförmigen Abdeckung der Sonne und es

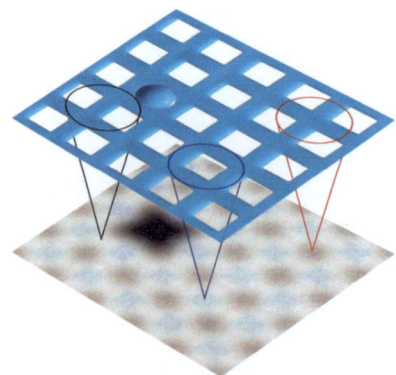

Abb. 2.23 Ordnet man das in der Inversionshöhe auftretende Muster dem Gitter des Sandsiebs zu, so erkennt man, dass die jeweiligen Farben ganz bestimmten Kombinationen von Stegen und Löchern entsprechen. Die bräunlichen Elemente werden durch Licht aus den Randbereichen, die blauen durch Licht aus dem zentralen Bereich der Sonne hervorgebracht

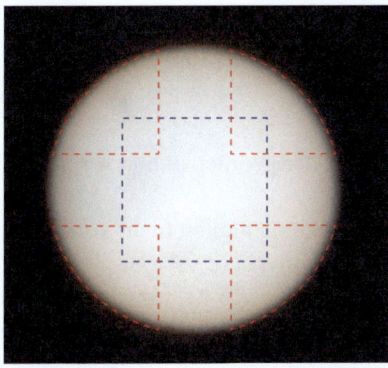

Abb. 2.24 Bei einer genauen Betrachtung eines Sonnentalers lässt sich die Randverdunklung der Sonne feststellen und eine Zuordnung der bläulichen (blau gestricheltes Quadrat) und bräunlichen Schattenelemente (rot gestrichelte Segmente) zur hellen Sonnenmitte und zum dunklen Sonnenrand treffen

wird vor allem Licht durchgelassen, das aus dem Randbereich der Sonne stammt. Die blauen Elemente entsprechen Löchern, bei denen der Randbereich durch ein Quadrat aus Stegen abgedeckt ist. Sie werden vor allem von Licht aus dem zentralen Bereich der Sonne hervorgebracht. Die hellgrauen Elemente ergeben sich aus einer Mischung von Licht aus allen Bereichen der Sonne (Abb. 2.24).

Daraus lässt sich schließen, dass die Sonne keine farblich einheitliche Lichtquelle ist: Die spektrale Zusammensetzung des Lichts vom Zentrum der Sonne unterscheidet sich von der des Rands.

Bringt man diese Beobachtung mit der Verdunklung der Ränder von Sonnentalern in Verbindung, so geben die unterschiedlichen Farben bei der Betrachtung der Siebabbildungen im Abstand der Inversion (Abb. 2.21) einen indirekten Hinweis auf die unterschiedliche Farbtemperatur des Sonnenlichts.

Obwohl die Randverdunklung der Sonne vermutlich durch die Betrachtung von Sonnentalern bzw. Lochkameraaufnahmen der Sonne schon früher aufgefallen sein muss und die erste Fotografie (Daguerreotypie) des Phänomens 1845 von Léon Foucault und Hippolyte Fizeau hergestellt wurde, erfolgte eine physikalische Erklärung erst wesentlich später.

1906 erklärte der Astrophysiker Karl Schwarzschild (Schwarzschild 1906), dass die kugelförmige Sonne ebenso wie andere Fixsterne aus Gas bestehen, dessen Temperatur zur Oberfläche hin abnimmt. Da man zum Rand hin auf höhere und damit weniger heiße Bereiche blickt, ist dort die Helligkeit geringer als in der Mitte, aus der man Licht aus tieferen und damit heißeren Regionen empfängt. Eine genauere Untersuchung der Randverdunklung liefert Informationen über den Druck- und Temperaturverlauf im oberen Bereich der Sternatmosphäre.

Ist es nicht erstaunlich, dass Sonnentaler so tief blicken lassen?

Literatur

Aristoteles. (1962). Problemata Physica. Buch XV, Probl. 6 und 11. Berlin Akademie- Verlag. 1962, S 138–142.

Kepler, J. (1922). Grundlagen der geometrischen Optik. Leipzig: Akademische Verlagsgesellschaft M.B.H. S. 14.

Schlichting, H. J. (1995). Sonnentaler fallen nicht vom Himmel. Der mathematische und naturwissenschaftliche Unterricht (48/4), 199–206.

Schwarzschild, K.(1906). Nachr. Ges. Wiss. Göttingen, Math.-Phys. Kl.1, 41.

Suhr, W. (2017). Gesiebtes Licht. Physik in unserer Zeit (48/5), 243ff.

3

Sonnenlicht – gestreut, reflektiert, gebrochen

3.1 Der blaue Himmel und der Sonnenaufgang in einem Opal

Das Alpenglühen ist vom Namen her eigentlich der Bergwelt vorbehalten. Während die Täler bei Sonnenaufgang *noch* und bei Sonnenuntergang *schon* im Dunkeln liegen, reflektieren insbesondere helle Felswände und Schneeflächen das rötliche Sonnenlicht und schaffen eine einzigartige Stimmung. Diesem Naturphänomen begegnet man häufiger, als man denkt. Man muss nicht einmal in den Bergen sein, um es zu erleben.

Moderne Städte mit ihren Hochhäusern tun es auch, wie das Foto (Abb. 3.1) belegt. Indessen fällt auf diesem Bild, das frühmorgens beim Landeanflug auf das südafrikanische Johannesburg entstanden ist, nicht nur die rötliche Färbung der in der aufgehenden Sonne stehenden Wolkenkratzer auf, sondern auch der Blauschimmer, der auf den im Schatten liegenden Gebäudeteilen zu sehen ist. Es versteht sich fast von selbst, dass die nicht vom weißen Sonnenlicht, sondern nur vom blauen Licht der Atmosphäre beleuchteten Gebäudeteile vorwiegend blau erscheinen. Aber wie kommt es zum Gelb und Rot des Lichts der tief stehenden Sonne beim Sonnenauf- und -untergang?

Wenn wir vom Mond aus in das Weltall blickten, wäre vieles anders: Der „Himmel" erschiene schwarz wie die Nacht, und stünde man im Schatten eines Mondkraters, wäre es dort ebenfalls stockfinster. Allenfalls im Streulicht der hell beleuchteten Mondoberfläche sähe man die Umgebung schwach aufgehellt.

Abb. 3.1 Das Phänomen des „Alpenglühens" lässt sich manchmal auch in einer Großstadt bewundern

Der schon sprichwörtlichen Frage „Warum ist der Himmel blau?" wäre demzufolge eine viel wichtigere voranzustellen: Warum ist der Himmel hell? Denn anders als auf dem Mond darf von der Erde aus gesehen die Sonne schon mal verdeckt sein, ohne dass es dunkel wird. Das Tageslicht sorgt allenthalben für gute Sicht. Das verdanken wir der Atmosphäre, jener unter anderem aus Stickstoff und Sauerstoff bestehenden Gasschicht, in der das Licht der Sonne gestreut wird, sodass es uns auch aus anderen Richtungen erreicht.

Die Situation ist ähnlich wie bei der indirekten Beleuchtung in einem Zimmer. Das von meist verdeckten Leuchten ausgehende Licht fällt beispielsweise auf eine weiße Wand und wird von dort diffus ins Zimmer reflektiert. Aber anders als das von der weißen Wand gestreute Licht, wird das Sonnenlicht an den Luftmolekülen je nach Farbe und das heißt je nach Wellenlänge unterschiedlich stark gestreut: Violett und Blau am kurzwelligen Ende des Sonnenspektrums werden am stärksten gestreut, das langwellige Rot am schwächsten. Formelmäßig erfasst hat diesen Zusammenhang schon 1873 der Brite Lord Rayleigh: Die Intensität der Streustrahlung nimmt mit der 4. Potenz der Wellenlänge ab.

Da die Wellenlänge von rotem Licht, zur Veranschaulichung grob vereinfacht, zweimal so groß ist wie die des blauen Lichts, ist die Intensität des blauen Lichts also $2^4 = 16$-mal so groß wie die des roten. Im Streulicht ist der Blauanteil darum entsprechend größer als im direkten, weißen Sonnenlicht.

Doch violettes Licht ist noch kurzwelliger als blaues. Da liegt die Frage nahe, warum der Himmel nicht eher violett erscheint? Dafür gibt es mehrere Gründe. Zum einen nimmt der Wellenlängenbereich, den unser Gehirn zu einer violetten Farbwahrnehmung verarbeitet, nur einen relativ kleinen Anteil im Spektrum des Sonnenlichts ein. Auch ist unser Auge für die entsprechenden Wellenlängen weniger empfindlich als für jene, die der Farbe Blau entsprechen. Zum anderen tragen ja auch alle anderen Farben über Grün und Gelb bis zum Rot (wenn auch mit geringerer Intensität) zur Farbgebung bei. Was wir als charakteristisches Himmelblau wahrnehmen, ist also eine Mischfarbe, die sich von Weiß vor allem dadurch unterscheidet, dass die kurzen Wellenlängen wesentlich stärker als die langen vertreten sind.

Die himmelblaue „Färbung" der Luft ist jedoch äußerst gering. Wäre sie dies nicht, müsste jeder Gegenstand, der nicht im direkten Sonnenlicht betrachtet wird, blau schimmern. Erst der Blick durch eine kilometerdicke Luftschicht, etwa auf ferne Berge oder hinauf zum dunklen Weltall, führt dazu, dass wir das Blau als solches erkennen. Außerdem kommt bei der menschlichen Farbeinschätzung ein physiologischer Effekt hinzu. Demnach tendiert unsere Wahrnehmung dazu, die jeweils überwiegende Farbe als weiß wahrzunehmen (chromatische Adaptation). Die kann aber in bestimmten Situationen zu Irritationen führen.

Die Rayleigh-Streuung in der Atmosphäre hat auch eine Konsequenz für die Farbe des direkten Sonnenlichts. Denn diesem gehen beim Durchgang durch die Atmosphäre vor allem kurzwellige Anteile verloren. Das legt die Frage nahe, ob uns das direkte Sonnenlicht im kurzwelligen Bereich nicht stärker „ausgedünnt" und wegen der resultierenden Dominanz langwelliger Anteile nicht noch etwas gelblicher erscheinen müsste.

Dies ist in der Tat der Fall. Bei hochstehender Sonne merken wir davon zwar wenig, weil der Weg des Sonnenlichts durch die Atmosphäre kurz und daher die Streuverluste gering sind. Befindet sich die Sonne aber am Horizont, also bei Sonnenauf- und -untergang, so legt die Strahlung einen sehr langen Weg durch dichte Atmosphärenschichten zurück. Bevor es unsere Augen erreicht, hat das weiße Sonnenlicht so viel an kurzwelligen Anteilen verloren – Violett, Blau und Grün –, dass die Gelb- und Rottöne dominieren (Abb. 3.2).

Einer kilometerdicken Luftschicht bedarf es indessen gar nicht, um all diese Lichteffekte vorzuführen. Schon ein Opal erinnert uns unweigerlich an Himmelblau und Alpenglühen. Im weißen Sonnenlicht schimmert der Schmuckstein bläulich, streut also verstärkt blaues Licht nach allen Seiten. Hält man ihn hingegen vor eine weiße Lichtquelle und schaut durch ihn hindurch, erscheint er je nach Dicke gelb, orange oder rot. Das hindurchgegangene Licht kann man aber auch auffangen (siehe Abb. 3.3): Dann herrscht das „kalte Feuer" einer Rotfärbung vor, die jedem farbenprächtigen Sonnenuntergang zur Ehre gereicht.

Die Ähnlichkeit der Effekte ist nicht zufällig. Auch die Farben, die uns der Opal sehen lässt, sind zurückzuführen auf die Rayleigh-Streuung des Lichts.

Abb. 3.2 Auf dem langen Weg des Lichts der horizontnahen Sonne durch die dichte Atmosphäre gehen vor allem kurzwellige Anteile verloren. Gelb und Rot dominieren

Abb. 3.3 Dem Augenschein nach hat dieses Opalglas wenig mit einer kilometerdicken Luftschicht zu tun. Doch bei beiden offenbart sich dieselbe physikalische Gesetzmäßigkeit: die Rayleigh-Streuung

In diesem Fall wird es an winzigen Kügelchen aus Cristobalit gestreut. (Dieses Molekül, das dieselbe Summenformel wie Siliziumdioxid, SiO_2, besitzt, ist in die amorphe Kieselsäurematrix des Opals eingelagert.) Weil die Konzentration der Streuteilchen im Stein wesentlich höher ist als in der Luft, genügt schon ein relativ kleines Volumen, um die Wirkung der Rayleigh-Streuung bereits auf diesen kleinen Entfernungen sichtbar werden zu lassen.

An diesem Beispiel des Vergleichs eines kleinen Steins mit einem großen Luftvolumen sieht man einmal mehr, dass sich Ähnlichkeiten zwischen völlig verschiedenen Gegenständen als Ausdruck desselben physikalischen Gesetzes erweisen können.

3.2 Rote Sonne am helllichten Tage

Den Zusammenhang zwischen Himmelsbläue und Farbenlehre hat auch Johann Wolfgang von Goethe – der Dichterfürst, der sich eher als Naturforscher betrachtete – schon gesehen:

„Wenn der Blick an heitern Tagen/Sich zur Himmelsbläue lenkt,/Beim Siroc der Sonnenwagen/Purpurrot sich niedersenkt,/Da gebt der Natur die Ehre/Froh, an Aug' und Herz gesund,/Und erkennt der Farbenlehre/Allgemeinen ewigen Grund (Goethe 1963)."

Der vom Schirokko (Sirocco) aus den nordafrikanischen Wüsten nach Europa gewehte und oft sehr feine Sandstaub kann in der Tat die Lichtstreuung verstärken und für purpurrote Sonnenuntergänge sorgen, wie man sie bei klarer Luft nicht kennt. Rayleigh hat quantifiziert, was Goethe wohl schon erahnte (Kap. 3).

So kommt es immer mal wieder vor, dass die Sonne am helllichten Tage in ähnlich orangeroter Färbung wie beim Sonnenuntergang auftritt (Abb. 3.4). Die Streuung des Sonnenlichts kann ähnlich stark sein wie beim Sonnenuntergang.

Abb. 3.4 Die orangefarbene Sonne am frühen Nachmittag lässt auf Saharastaub in der Atmosphäre schließen. Um die Farbe der Sonne in etwa so wiederzugeben, wie ich sie sah, habe ich beim Fotografieren die Belichtung ein wenig herabgesetzt. Dadurch wirkt die Umgebung auf dem Foto unnatürlich dunkel

3.3 Ein langer verlustreicher Weg durch die Atmosphäre

Ein längerer Flug über eine dichte Wolkendecke endet manchmal mit einem freien Blick auf das Meer. Wie die kompakte Form des Sonnenreflexes auf dem Wasser verrät, steht die Sonne noch hoch am Himmel. Doch erstaunlicherweise nimmt das Licht eine gelborange Färbung an, wie man sie normalerweise nur vom Sonnenauf- oder -untergang kennt (Abb. 3.5).

Daraus kann geschlossen werden, dass das Sonnenlicht einen langen Weg durch die dichten Teile der Atmosphäre zurückgelegt haben muss: Die Ursache dafür ist in der ungewöhnlichen Beobachterposition zu sehen. Wir befinden uns in 10 km Höhe. Das auf dem Wasser reflektierte Sonnenlicht muss die dichte untere Luftschicht zweimal durchlaufen, bevor es unser Auge bzw. den Chip der Kamera erreicht. Dabei treten ähnlich viele Streuvorgänge auf, wie wenn die Sonne am Horizont steht.

Wie man an den Eisschollen auf dem Wasser erkennen kann, wurde die Aufnahme über dem Nordpolarmeer gemacht. Nicht nur das Wasser, sondern auch die Eisflächen reflektieren vor allem Himmelslicht, sodass auch das Eis einen leichten Blauton annimmt.

Abb. 3.5 Blick aus dem Flugzeug auf eine Wolkendecke und auf das darunterliegende mit Packeis bedeckte Meer

3.4 Himmelblaue Augen

Nur ein relativ kleiner Teil der Menschen hat blaue Augen. Damit ist gemeint, dass bei ihnen die Ringblenden (Iris) um die Pupillen blau erscheinen, während beim weitaus überwiegenden Teil der Weltbevölkerung Brauntöne dominieren. Von den Blauäugigen leben die meisten Menschen im Ostseeraum.

Entscheidend für die Seltenheit der blauen Augen ist, dass Blau rezessiv vererbt wird. Denn eigentlich ist das Blau der Augen gar keine Farbe. Jedenfalls gibt es im Auge keine blauen Pigmente. Der Effekt, der zu blauen Augen führt, tritt bei allen Menschen auf. Er wird allerdings meistens von den braunen Pigmenten überstrahlt, sodass er bei braunen Augen nicht zu sehen ist. Blaue Augen kommen daher nur dadurch zustande, dass sie kaum über braune Pigmente verfügen.

Dieser Blaueffekt fällt zwar nicht vom Himmel, hat aber mehr mit dem Himmelblau zu tun, als man vielleicht vermutet. Dabei denke ich gar nicht so sehr an poetische Vergleiche, sondern knallharte physikalische Fakten. In der Iris bzw. der Regenbogenhaut unserer Augen sind zahlreiche winzige Streuteilchen enthalten. Diese bewirken ähnlich wie die Luftmoleküle in der Erdatmosphäre, dass vor allem kurzwelliges Licht gestreut wird und zu einer himmelblauen Färbung führt. Das restliche Licht dringt indessen weiter ein und wird absorbiert. Mit anderen Worten: Die Ähnlichkeit blauer Augen mit dem Himmelblau betrifft nicht nur den vergleichbaren Farbton, sondern auch den physikalischen Mechanismus seiner Entstehung.

3.5 Erhabener Sonnenuntergang mit erhobener Sonne

Wer die Sonne bei einem Sonnenuntergang betrachtet, dem scheint sie weit davon entfernt kugelförmig zu sein (Abb. 3.6 und 3.8). Viele Menschen haben sich daran gewöhnt und sind nicht selten überrascht, wenn sie auf die ovale Gestalt der Sonne aufmerksam gemacht werden. Sie haben es vorher nicht bewusst wahrgenommen. Natürlich wird kaum jemand das Phänomen als Deformation der Sonne selbst ansehen, sondern die von der Sonne ausgehenden Lichtstrahlen dafür verantwortlich machen. Denn geradlinig breitet sich das Licht in der Luft nur dann aus, wenn die Temperatur und der Druck und damit die Dichte der Luft konstant sind. Dies ist aber im Allgemeinen nicht der Fall.

Abb. 3.6 Stark übertriebene Darstellung der Hebung und scheinbaren Abplattung der Sonne

Weil die Atmosphäre nach oben hin dünner wird, ändert sich auch der Brechungsindex der Luft und damit die Richtung der von der Sonne ausgehenden Lichtstrahlen, die die Luftschicht durchqueren. Sie werden durch Lichtbrechung nach unten gekrümmt, bevor sie unser Auge erreichen. Diese Krümmung sieht man nicht direkt, weil Lichtstrahlen stets in Verlängerung der Richtung wahrgenommen werden, aus der sie ins Auge eintreten. Daher scheint die Sonne gehoben, und zwar etwa so hoch, dass sie gerade noch über dem Horizont erscheint, wenn sie geometrisch bereits unter dem Horizont verschwunden ist (Abb. 3.6). Diese Hebung ist allerdings direkt gar nicht wahrnehmbar.

Da die Lichtstrahlen vom unteren Rand der Sonne größere Luftschichten mit größeren Dichteunterschieden durchlaufen als die vom oberen Rand kommenden, werden die unteren stärker als die oberen gebrochen, sodass die Hebung im unteren Bereich größer als im oberen ausfällt. Die Sonne erscheint daher nicht nur insgesamt gehoben, sondern auch noch abgeflacht (Abb. 3.6). Um diese Abweichung vom perfekten Kreis zu bemerken, empfiehlt es sich, ein Foto der untergehenden Sonne mit einem solchen zu vergleichen, das um 90° gedreht wird. Die vermeintliche Abplattung tritt dann ganz deutlich zu Tage (Abb. 3.7).

Wenn die Sonne im Meer untergeht und man den Vorgang durch eine sehr warme Luftschicht über dem kalten Meerwasser verfolgt, kann zusätzlich zu diesen beiden Hebungsphänomenen auch noch eine untere Luftspiegelung ähnlich jener auf dem heißen Asphalt hinzukommen. Dann sieht es so aus, als hätte die Sonne einen Fuß. Man spricht manchmal auch von „Etruskischer Vase", einer Bezeichnung, die wegen der Ähnlichkeit mit einer Vase in den ersten Beschreibungen dieses Phänomens auftaucht (Abb. 3.8).

Abb. 3.7 Weil die vom unteren Rand ausgehenden Lichtstrahlen durch dichtere Luftschichten gehen, werden sie stärker gehoben. Mit einem Vergleich eines Fotos der Sonne mit einem um 90° gedrehten lässt sich dieser Effekt eindrucksvoll visualisieren

Abb. 3.8 Eine Sonne mit „Fuß" aufgrund einer unteren Luftspiegelung in sehr warmer Luft über dem kalten Meerwasser

3.6 Wenn die Luft zum Spiegel wird

Wer an einem heißen trockenen Tag tümpelartige Pfützen auf einer Straße zu sehen glaubt, in der sich die Fahrzeuge wie auf einer Wasseroberfläche spiegeln, wird vermutlich von einer Luftspiegelung genarrt. Diese unfreiwilligen optischen Täuschungsmanöver, deren komplexeren Varianten auch mit dem geheimnisvoll klingenden Begriff der *Fata Morgana* bezeichnet werden, sind im Sommer ein fast alltägliches Phänomen (Abb. 3.9). Besonders eindrucksvoll erscheinen Luftspiegelungen, wenn Personen in einem solchen Vorgang involviert sind (Abb. 3.10).

Abb. 3.9 In der heißen Luft über dem Asphalt scheinen sich die Autos an manchen Stellen zu spiegeln

Abb. 3.10 Deutliche „Mehrfachspiegelungen" am Rand einer heißen Asphaltstraße

Wie bei der Verzerrung der untergehenden Sonne wird das Phänomen durch eine starke lokale Änderung des Brechungsindex der Luft hervorgebracht. Während jedoch die scheinbar abgeflachte Sonne durch die schwerkraftsbedingte Änderung der Dichte der Luft in Abhängigkeit von der Höhe entsteht, findet auf der Straße eine lokale Erwärmung einer relativ dünnen Luftschicht durch den von der Sonne aufgeheizten Straßenbelag statt. Diese heiße Luftschicht hat eine entsprechend geringere Dichte als die angrenzende kühlere Luft der Umgebung. Daher wird das Licht beim Übergang von einer Schicht zur anderen gebrochen und damit aus seiner ursprünglichen Richtung abgelenkt.

Wenn wir Gegenstände dadurch wahrnehmen, dass sie Licht in unsere Augen strahlen, gehen wir unbewusst davon aus, dass sich der Gegenstand in geradliniger Verlängerung der Richtung befindet, aus der wir das Licht empfangen. Daher können Änderungen des Lichtwegs nicht wahrgenommen werden. Vielmehr erscheint der Gegenstand diesen Änderungen entsprechend in Lage und/oder Form verändert.

Schauen wir uns das etwas genauer an: Der Einfachheit halber kann man sich die Luft über einer erhitzten Straße aus parallelen Schichten zusammengesetzt denken, an deren jeweiligen Grenzen das einfallende Licht gebrochen wird (siehe Abb. 3.11). Wenn beispielsweise das von einem Auto ausgehende Licht auf eine heiße Luftschicht fällt, so wird es wegen des kleiner werdenden Brechungsindex an den Schichtgrenzen jeweils vom Einfallslot weggebrochen. Dadurch fällt es immer flacher ein und durchläuft schließlich erneut den Weg durch die heiße Luftschicht in umgekehrter Richtung. Dann wird es mit wieder zunehmendem Brechungsindex zum Einfallslot hingebrochen, bis es

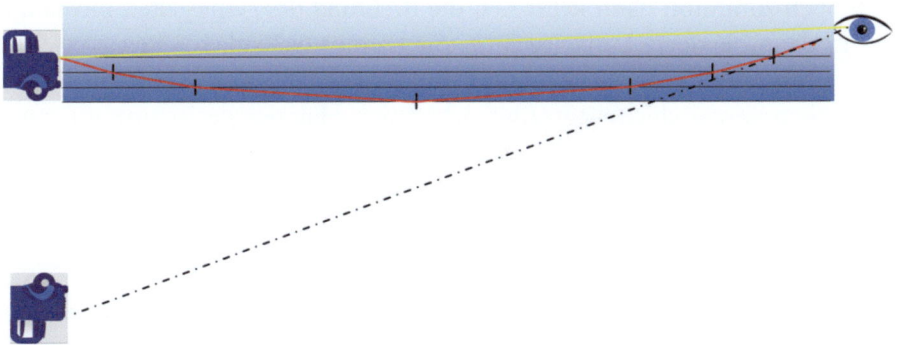

Abb. 3.11 Schematische Darstellung des von einem durch eine heiße Luftschicht fahrenden Auto ausgehenden Lichts. Man sieht das Auto bzw. Teile desselben auf einem direkten Wege (gelbe Gerade) und einem indirekten Weg. Die eingezeichneten Geraden markieren die Grenze zwischen Schichten unterschiedlicher Temperatur. So kann beispielsweise die unterste Schicht eine Temperatur von 40 °C, die darüberliegenden von 35 °C und 30 °C sowie die angrenzende ungestörte Luft 25 °C haben (nicht maßstabsgerecht)

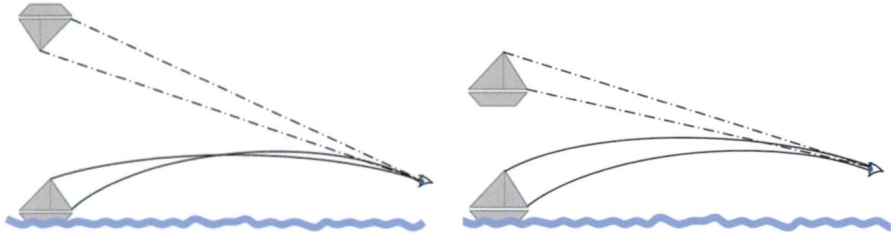

Abb. 3.12 Links: Obere Luftspiegelung, die von einer wärmeren Luftschicht über dem kälteren Wasser herrührt. Rechts: Bei kleineren Temperaturunterschieden können auch obere Luftspiegelungen ohne Spiegelverkehrung auftreten

schließlich im Auge der betrachtenden Person bzw. auf dem Chip der Kamera landet (Abb. 3.11, rot eingezeichneter Lichtweg). Auf diese Weise wird das Auto nicht nur direkt durch die normale Luftschicht hindurchgesehen (Abb. 3.11, gelbe Linie), sondern zusätzlich so, als würde es gespiegelt wahrgenommen und sich unterhalb der Straße befinden (Abb. 3.11, gestrichelte Linie). Natürlich ist der Lichtverlauf in Wirklichkeit komplizierter als in der hier skizzierten idealtypischen Schichtung.

Die Luft ist in einer solchen Situation immer etwas verwirbelt. Daher kommen zusätzliche Modifikationen des Lichtwegs hinzu und die „gespiegelten" Gegenstände erscheinen meist vielfältig verzerrt. Außerdem wird oft auch der blaue Himmel in der heißen Luftschicht gespiegelt, sodass der Eindruck entsteht, das Auto würde durch eine Wasserpfütze fahren. Dieses Phänomen nennt man untere Luftspiegelung.

Es gibt aber auch Situationen, in denen die Temperatur der Luft von unten nach oben zunimmt; dann kehrt sich die Richtung des gespiegelten Lichts um. Das ist dann die obere Luftspiegelung. Sie kommt wesentlich seltener, etwa bei einer Temperaturinversion vor, wenn beispielsweise eine warme Luftschicht über einer kalten Wasserschicht liegt (Abb. 3.12 links). Hält sich der Temperaturunterschied in Grenzen, muss es nicht einmal zu einer Spiegelung mit einer Spiegelverkehrung kommen, sondern lediglich zu einer Hebung (Abb. 3.11 rechts). In vielen Fällen sieht man auch nur eine vertikale Dehnung des Objekts. Bei komplizierten Luftschichtungen zeigen sich in seltenen Fällen auch Mehrfachspiegelungen.

3.7 Der grüne Strahl

„Bald verschwand die Sonne zur Hälfte hinter der Horizontlinie. Schließlich schwebte nur noch ein schmaler oberer Abschnitt der Scheibe über dem Meer. ‚Das grüne Leuchten! Das grüne Leuchten, riefen die Brüder … wie aus einem

Abb. 3.13 Das letzte Segment der untergehenden Sonne erscheint zuweilen grün (oben). Zum Teil erklären Lichtspiegelungen an warmen Luftschichten das seltene Phänomen. Ihr Einfluss ist auch an den Deformationen der Sonnenscheibe abzulesen

Munde, denn ihre Blicke hatten eine Viertelsekunde lang diesen unvergleichlichen reinen Jadeton erhascht" (Verne 1992). (Abb. 3.13).

In seinem Liebesroman *Der grüne Strahl*, aus dem diese Zeilen stammen, verschaffte Jules Verne (1828–1905) einem bis dahin weithin unbekannten Naturphänomen erstmals einige Geltung. Doch selbst heute kennen es nur wenige: Der grüne Blitz, der grüne Strahl oder das grüne Leuchten, wie er auch manchmal genannt wird, tritt selten auf und ist schwierig zu beobachten.

Woher kommt das Grün? Sollte es auf ähnliche Weise entstehen wie die farbigen Sonnentaler in der Diele meiner Wohnung (Abb. 2.16) an manchen Sonnentagen? Man könnte sich einfach vorstellen, das von dem prismatischen Objekt an der Wand entworfene Bild der Sonne würde auf eine dunkle Fläche sinken, wobei nacheinander die Farben des Spektrums verschwänden: erst Rot und Gelb, dann Grün und ganz zum Schluss Blau.

Doch können wir diesen Dispersionsvorgang beim „Untergang" des Sonnenbildes wirklich als Modell für den grünen Strahl ansehen? Zum einen hängt im Himmel kein gläsernes Prisma, zum anderen suchen wir nach einem grünen und nicht nach einem blauen Abschiedsgruß der Sonne. Der erste Teil der Frage ist schnell entschärft, denn natürlich bricht auch Luft das Licht. Die Atmosphäre, die vom luftleeren Weltraum zur Erdoberfläche hin immer dichter wird, wirkt wie ein Prisma mit kontinuierlich zunehmendem Brechungsindex. Aus geometrischen Gründen wächst dessen Wert zur Erde hin immer stärker: Sinkt die Sonne um ein bestimmtes Maß, verlängert sich der Weg, den ihr Licht durch die Atmosphäre nimmt, überproportional; entsprechend stärker wird es gebrochen. Und je stärker die Brechung, desto stärker wird das Licht aufgespalten und desto größer sind unsere Chancen, im weißlich-gelben Sonnenspektrum einzelne Farben zu entdecken.

Allerdings gibt es auch einen gegenläufigen Effekt. Die Brechung des Sonnenlichts ist beim Sonnenuntergang so stark, dass Strahlen von ihrem unteren Teil viel stärker abgelenkt werden als die vom oberen. Sie erscheinen darum elliptisch verformt und vertikal gestaucht (Abb. 3.6). So wird auch die Aufspaltung ihres Lichts zum Teil wieder zunichte gemacht.

Gehen wir dennoch davon aus, dass wir ihr letztes verschwindendes Segment in einer der Spektralfarben sehen können. Weshalb berichten Beobachter des Phänomens dann ausgerechnet von grünem Licht? Auch hier ist die Antwort einfach: Der blaue Strahl existiert ebenfalls, wird aber noch viel seltener beobachtet. Denn blaues Licht wird beim Durchgang durch die Atmosphäre so stark gestreut, dass es sich gewissermaßen verliert. Dieser Effekt erklärt darüber hinaus auch, warum der Himmel blau ist (Rayleigh-Streuung).

Doch warum bekommt man selbst den grünen Strahl, der durch Streuung viel weniger als sein blaues Pendant geschwächt wird, so selten zu Gesicht? Auch das ist nicht verwunderlich. Der Brechungsindex von Luft ist recht klein; sie schafft es daher – anders als ein gläsernes Prisma – nicht besonders gut, das Licht in unterscheidbare Farbsegmente aufzuspalten. Direkt am Horizont beträgt der durch Luft hervorgerufene Aufspaltungswinkel nur etwa 1/3 Bogenminute, etwa 1/90 des Sonnendurchmessers. Das Auflösungsvermögen unseres Auges erreicht aber höchstens 1 Bogenminute. Eigentlich müssten wir auch für das grüne Segment der Sonne schlicht blind sein.

Es muss also ein weiterer Effekt hinzukommen. Die meisten grünen Strahlen, von denen Beobachter auf Meereshöhe berichten, entstehen durch die unteren Luftspiegelungen, wie sie vor allem über warmen Gewässern auftreten. Ihr Einfluss ist für jeden sichtbar: Wir können ihn an den vielfältigen, aber natürlich nur scheinbaren Deformationen der Sonnenscheibe bei ihrem Untergang ablesen. Solche Spiegelungen kommen zustande, wenn das von einem Objekt ausgehende Licht nicht nur direkt zum Betrachter gelangt, sondern gleichzeitig auch auf dem Umweg über die Reflexion an einer warmen Luftschicht (Abb. 3.9), die ein verzerrtes und oft auch gespreiztes Abbild liefert. Die unter normalen Bedingungen nach unten verlaufenden Lichtstrahlen dringen in diese Schicht nicht ein, sondern werden von ihr zurückgeworfen, einige davon auch in unser Auge.

Allerdings verortet unser Wahrnehmungssystem das Objekt, von dem das Licht kommt, in geradliniger Verlängerung der Richtung, aus der die Strahlen eintreffen. Wir sehen also neben dem „echten" Gegenstand auch noch eine Art Spiegelbild, das in vielen Fällen den unregelmäßigen Temperaturschichtungen entsprechend verzerrt ist und sich sogar mit dem Original überlagern kann. Trifft also das Licht der untergehenden Sonne auf die warmen Luftschichten über dem Wasser, erscheinen die Sonnensegmente im Idealfall vertikal so stark gespreizt, dass sie einen ausreichend großen Teil unseres Sehwinkels ausfüllen und wir sie wahrnehmen können.

So stellt sich der sagenumwobene grüne Strahl als atmosphärisches Phänomen heraus, das jeder selbst beobachten könnte. Vom Meeresstrand aus ist das ebenso möglich wie von den Bergen oder vom Flugzeug aus. Man sollte ungehindert zum Horizont blicken können – ein Fernglas ist hilfreich –, und sich darauf einstellen, dass der Strahl oft nur den Bruchteil einer Sekunde lang zu sehen ist. Wer sein Glück nicht allzu stark strapazieren will, sollte zudem einen Tag mit ruhigem Wetter und einer Atmosphäre wählen, in der unterschiedlich dichte Luftschichten übereinander liegen. Wenn die Sonne in zunehmender Nähe des Horizonts dann tatsächlich immer stärker verzerrt erscheint, steht der große Moment kurz bevor – vielleicht jedenfalls.

3.8 Die blaue Stunde

Wenn während der Abend- und Morgendämmerung vor und nach der dunklen Nacht ein kräftiges blaues Licht den Himmel beherrscht, ist oft von der blauen Stunde die Rede. Viele Menschen fühlen sich dem Phänomen emotional verbunden. Schriftsteller und Poeten haben die blaue Stunde vor allem während und seit der Romantik immer wieder beschrieben und besungen.

Aber auch jenseits aller romantischen Schwärmerei ist die blaue Stunde auch physikalisch etwas Besonderes. Das zeigt sich bereits darin, dass während dieser Zeitspanne, in der sich die Sonne vom Beobachter aus gesehen etwa 4 bis 8° unter dem Horizont aufhält, die spektrale Zusammensetzung des Blaus eine andere ist als die des Himmelblaus am Tage, das von der Rayleigh-Streuung dominiert wird (Abb. 3.14).

Wenn die Sonne auf- oder untergeht, scheint sie bekanntlich eine gelbe bis rote Farbe anzunehmen. Bei besonders farbenprächtigen Sonnenauf- und -untergängen sind nicht nur die Sonne und von ihr beleuchtete Wolken in intensive Gelb- und Rottöne getaucht, sondern auch mehr oder weniger große Teile des ansonsten blauen westlichen Himmels.

Abb. 3.14 Die blaue Stunde kurz nach Sonnenuntergang

Da das von der Sonne ausgestrahlte weiße Licht alle Spektralfarben enthält, führen Wechselwirkungen mit der Materie unter bestimmten Bedingungen dazu, dass es in einzelne Farben zerlegt wird. Das bekannteste Ergebnis einer solchen Zerlegung dürfte der Regenbogen sein, der durch Brechung und Reflexion des Sonnenlichts in Wassertropfen zustande kommt. In ihm werden die Spektralfarben nach Wellenlängen sortiert ausdrucksstark vor dem Hintergrund der dunklen Regenwolke entfaltet. Im sichtbaren Bereich erstreckt sich das Spektrum vom langwelligen Rot über Gelb, Grün zum kurzwelligen Blau und Violett.

Wenn das Sonnenlicht auf die Luftmoleküle der Atmosphäre trifft, wird es gestreut. Dabei werden die kurzwelligen Blau- und Violettanteile wesentlich stärker in alle Richtungen abgelenkt als die langwelligen Rot- und Gelbtöne (Rayleigh-Streuung). Als grobe Veranschaulichung dafür kann man Wasserwellen betrachten. Kleine Hindernisse beeinflussen Wellen mit vergleichbar kleiner Wellenlänge wesentlich stärker als Wellen mit großer Länge.

Die Streuung des weißen Sonnenlichts hat eine für das Leben auf der Erde entscheidende Konsequenz. Tagsüber ist es nicht nur in Richtung der Sonne hell, sondern in jeder Richtung – wir sind von einer Art indirekter dreidimensionaler Beleuchtung durch die Licht streuenden Luftmoleküle umgeben. Als Farbe dieses Tageslichts ergibt sich aus der Summe der zahlreichen Streuvorgänge das typische Himmelblau. Ähnlich wie beim transparenten Wasser zeigt sich diese Blaufärbung allerdings erst, wenn man durch größere Schichten blickt – ins Meer oder zum Himmel.

Wenn die Sonne am Horizont steht, ist der Weg durch die Atmosphäre etwa 35-mal so lang wie die Entfernung vom Zenit zur Erdoberfläche. Deshalb werden bei niedrigem Sonnenstand wesentlich mehr kurzwellige als langwellige Anteile aus dem direkten Sonnenlicht herausgestreut. Außerdem nimmt die Wahrscheinlichkeit zu, dass bereits gestreutes Licht erneut gestreut wird (Mehrfachstreuung). Insgesamt bleiben schließlich fast nur das langwellige Gelb und Rot übrig. Zusätzliche größere Streupartikel (Aerosole) verstärken den Effekt, sodass nicht nur das direkte Sonnenlicht, sondern mehr oder weniger große Teile des Abend- Morgenhimmels rot erscheinen.

Da die Sonnenstrahlen bei einem Sonnenstand unterhalb des Horizonts sehr hohe Bereiche der Atmosphäre erreichen, wäre zu erwarten, dass auch der Himmel im Zenit sein Blau einbüßt. Lediglich die wenigen Strahlen vom oberen Rand der Sonne, die durch die oberen Schichten der Atmosphäre gehen, würden in geringem Maße mit seitwärts gestreutem, blauem Licht zur Farbe des Himmels beitragen und eine eher gelbliche bis grünliche Mischfarbe erwarten lassen. Doch der Himmel bleibt im Zenit blau.

Schuld an diesem unerwarteten Befund sind die hauptsächlich in der unteren Stratosphäre (also in einer Höhe von 15 bis 50 km) vermehrt vorkommenden Ozonmoleküle, die man zusammenfassend als Ozonschicht bezeichnet. Ozon absorbiert vor allem oranges und gelbes Licht, ist aber für blaues Licht weitgehend durchlässig. Die Schicht wirkt daher wie ein den ganzen Himmel umspannender blauer Farbfilter. Auf diese Weise wird verhindert, dass die langwelligen Anteile des Dämmerungslichts den Zenit und die höheren Bereiche der Atmosphäre erreichen und daher nach wie vor Blau dominiert. Entscheidend für die starke Wirkung ist der besonders lange Weg, den die tief stehende Sonne dabei durch die Ozonschicht zurücklegt (Abb. 3.15). Die Absorption des langwelligen Lichts fällt daher entsprechend groß aus.

Je mehr die Sonne im Westen absinkt, desto höher steigt im Osten der Erdschatten, der sich als graublauer Bogen bemerkbar macht. Für den Fall, dass das Dämmerlicht stark genug ist, um auch am östlichen Himmel als schwach rötlicher Schein sichtbar zu werden, verschwindet dieser immer mehr im aufsteigenden Erdschatten, der schließlich selbst in den tiefblauen Nachthimmel übergeht. Dies gilt auch in umgekehrter Reihenfolge für den Sonnenaufgang im Osten und den Erdschatten im Westen. Genaugenommen ist der Erdschatten weniger ein Schatten im geometrischen Sinn. Vielmehr wird er weit-

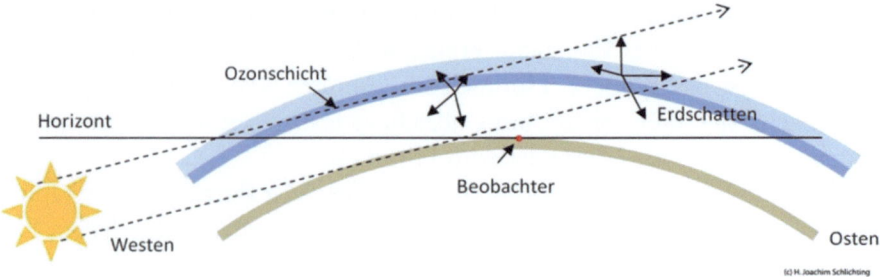

Abb. 3.15 Die Strahlen aus dem oberen Bereich der untergegangenen Sonne legen einen langen Weg durch die Ozonschicht am unteren Rand der Stratosphäre zurück (nicht maßstabsgetreu gezeichnet). Dabei verlieren sie Gelb- und Orangeanteile. Wir sehen daher fast nur noch gestreutes blaues Licht (Pfeile)

gehend durch das gestreute blaue Licht bestimmt, das in der Ozonschicht aus dem langwelligen Dämmerungslicht herausgefiltert wird.

Da die Wechselwirkung des Sonnenlichts mit der Ozonschicht der Atmosphäre nicht nur bei tief stehender Sonne stattfindet, stellt sich die Frage, ob deren Blaufilterwirkung nicht auch am Tage auftritt. Sie ist am Tage genauso wirksam, allerdings ist der Weg des Sonnenlichts durch die Ozonschicht dann erheblich steiler und dadurch kleiner, und die Himmelsfarbe wird von der wesentlich stärkeren Rayleigh-Streuung dominiert. Der Blaufilteranteil am Himmelblau ist deshalb zu vernachlässigen.

Es ist erstaunlich, dass das, was man als selbstverständlich hinzunehmen gewohnt ist, nämlich einen blauen Himmel, im Zenit sowohl am Tage als auch in der Nacht, durch zwei gänzlich unterschiedliche physikalische Vorgänge entsteht. Man könnte fast den Eindruck gewinnen, dass es der Natur darauf ankäme, das Himmelblau auf jeden Fall zu erhalten.

3.9 Geheimnisvoller blauer Strahl

Naturphänomene sind nicht auf die Natur im engeren Sinne beschränkt. Die moderne Technik fügt einige Phänomene hinzu, die anders nicht zu beobachten wären. Dazu gehört auch das folgende spektakuläre Ereignis.

Als im Februar 2001 mal wieder ein Space Shuttle huckepack auf einer Rakete abhob, zeigte sich am Himmel eine faszinierende Konstellation. Zwischen der Sonne – oder war es der Vollmond? – und dem Abgasschweif verlief ein schnurgerader blauer Streifen, für dessen Erklärung man allerhand physikalische Überlegungen aufbieten muss (Abb. 3.16). Er ist noch nicht einmal das einzige Rätsel in diesem Bild.

3 Sonnenlicht – gestreut, reflektiert, gebrochen

Abb. 3.16 Als das Space Shuttle Atlantis am 07. Februar 2001 zur Internationalen Raumstation startete, warf seine Abgasfahne einen Schatten mit merkwürdigen Eigenschaften. (Nasa: https://apod.nasa.gov/apod/ap180624.html)

Doch der Reihe nach. Auf eindrucksvolle Weise zeichnet der Abgasschweif die Bahn der Rakete nach. Ähnlich wie die Kondensstreifen von Flugzeugen besteht er zum großen Teil aus kondensiertem Wasserdampf, die Luftfeuchte scheint also recht hoch zu sein. Nach unten zu wird er breiter, denn unregelmäßige Luftbewegungen sorgen bereits im Lauf von Minuten dafür, dass die Nebeltröpfchen allmählich auseinandertreiben, verdampfen und schließlich verschwinden.

Die erste Frage wirft der Himmelskörper auf, der im Hintergrund leuchtet. Auf den ersten Blick scheint der von der Dämmerung kolorierte Himmel dafür zu sprechen, dass wir nach Westen auf die untergehende Sonne schauen. Und doch: Müsste sie dann nicht rötlich-gelb verfärbt sein? Und wie ließe sich in diesem Fall der dunkle Streifen über dem Horizont erklären?

Offenbar blicken wir gar nicht auf die Sonne, sondern stattdessen auf den aufgehenden Vollmond, also in Richtung Osten. Dort dämmert es ebenfalls, denn auch aus dieser Richtung wird das Licht der untergehenden Sonne in unser Auge gestreut. Diese sogenannte Gegendämmerung ist uns aber wenig vertraut. Weil das von ihr kommende Licht zweimal den langen Weg durch die Atmosphäre zurückgelegt hat – von der Sonne zum Horizont und wieder zurück zum Betrachter –, fällt sie meist so schwach aus, dass sie überhaupt nicht zu sehen ist.

Die Sonne steht also nicht vor, sondern hinter der Kamera, und beleuchtet den ihr gegenüberliegenden Mond fast frontal. Allerdings ist sie schon ein wenig unter den Horizont gesunken, wie man am Erdschatten erkennt, jenem bereits erwähnten, horizontal verlaufenden dunkelblauen Streifen, der am Osthorizont von unten kommend aufsteigt und das Dämmerlicht zu einem purpurfarbenen Streifen, dem sogenannten Venusgürtel, zusammenschiebt.

Auf die tiefer gelegenen Bereiche des Abgasschweifs fallen darum keine direkten Sonnenstrahlen mehr, stattdessen werden sie nur von diffusem Himmelslicht beleuchtet. Oberhalb davon nimmt der Schweif Gelb- und Rottöne an. Lediglich seine Spitze reicht noch in das volle Sonnenlicht hinein und erstrahlt gleißend hell. Was man auf der Erde normalerweise als zeitliches Nacheinander erlebt, bildet die hoch in den Himmel reichende „Leinwand" also räumlich ab (siehe Abb. 3.17). Ihr heller Teil „sieht" die Sonne noch

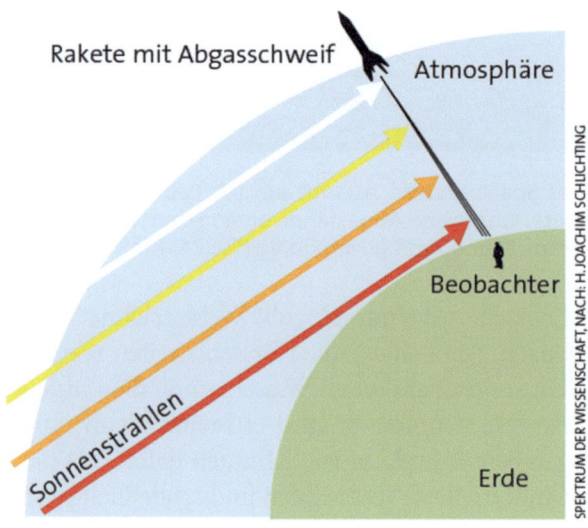

Abb. 3.17 Für den Beobachter ist die Sonne schon hinter dem Horizont versunken. Auf ihn und den unteren Teil des Abgasschweifs fällt darum nur noch diffuses Himmelslicht. Je höher sein Blick aber auf der „Leinwand" des in die Höhe ragenden Abgasschweifs einer Rakete klettert, desto mehr reist er gewissermaßen in der Zeit zurück. So sieht er die Farben, wie sie sich im Lauf des Sonnenuntergangs zeigten. Aus der Grafik lässt sich auch ablesen, dass der Rotanteil im Licht um so intensiver wird, je länger sein Weg durch die Atmosphäre ist. Denn auf diesem Weg werden seine kurzwelligen Anteile stärker gestreut, sodass schließlich langwelliges Gelb, Orange und Rot dominieren

relativ hoch über dem Horizont. Der mittlere Teil reflektiert das gelbe Licht der aus seiner Sicht bereits tief stehenden Sonne und der darunterliegende Teil das rote Dämmerlicht, in dem sich die Sonne nahe dem Horizont zeigt.

Der schnurgerade dunkelblaue Streifen, der von der Rauchfahne zum Mond weist, kann nur deren Schatten sein. Denn die Rauchfahne blendet das direkte Sonnenlicht aus dem Schattenraum aus, sodass es von dort nicht mehr ins Auge des Betrachters gestreut werden kann. Dieser Bereich erscheint daher deutlich dunkler als seine Umgebung, die dem Sonnenlicht ausgesetzt ist.

Müsste eine derart unregelmäßig geformte Rauchfahne aber nicht auch einen entsprechend geformten Schattenraum hervorrufen? Zumindest im Querschnitt des Strahls sollten sich die Unregelmäßigkeiten doch wiederfinden. Der Effekt, der dafür sorgt, dass dieses Gebilde wie ein kreisrunder Zylinder erscheint, ist uns bereits vertraut. Es handelt sich nämlich um eine Lochkameraaufnahme der Sonne, wie wir sie vom Phänomen der runden Sonnentaler unter dem Blätterdach von Bäumen kennen. Die Rauchfahne ist zwar keine Lücke im Blattwerk, sondern im Gegenteil ein Hindernis im Strahlengang.

Doch der Sonnentalereffekt funktioniert auch als Negativ: Liegen Blätter exponiert im Strahlengang der Sonne und in hinreichender Entfernung vom Betrachter, erscheinen ihre Schatten ebenfalls rund, unabhängig von ihrer tatsächlichen Form (siehe Abschn. 2.3.6). Auf dieselbe Weise gewinnt der Schattenstrahl in größerer Entfernung von der Rauchfahne sein kreisrundes Aussehen. Seine leicht verschwommenen Ränder hängen indessen damit zusammen, dass die Rauchfahne – das inverse „Loch" der Lochkamera – trotz der großen Distanzen dann doch etwas zu ausgedehnt ist, um eine wirklich scharfe Projektion zu erzeugen.

Der Schattenstrahl wirft noch weitere Fragen auf. Von der Rauchfahne aus gesehen, ist er auf den Sonnengegenpunkt oder Antisolarpunkt gerichtet, also auf den imaginären Punkt, welcher der Sonne exakt gegenüber liegt. Dort steht zufällig gerade der Mond und erscheint gänzlich ausgeleuchtet, also als Vollmond. Doch ist er das wirklich? Etwas spitzfindig kann man sagen: Eigentlich sind nur während einer Mondfinsternis – wenn Sonne, Erde und Mond in einer Linie stehen – die geometrischen Verhältnisse so, dass die Sonne den Mond auf eine Weise trifft, dass ihn ein irdischer Beobachter als perfekt ausgeleuchtet wahrnehmen würde. (Dummerweise liegt genau dann der Mond voll im Schatten.) Für unser konkretes Beispiel bedeutet das, dass der Mond das Maximum der Vollmondphase streng genommen noch nicht erreicht hat – auch wenn wir ihn bereits als Vollmond wahrnehmen – und er ging schon kurz vor Sonnenuntergang auf. Folglich kann er auch keine perfekte Kreisform besitzen, aber der Effekt ist zu gering, als dass er auf dem Foto sichtbar würde.

Noch etwas anderes mag überraschen: Der Schattenstrahl scheint nach unten gerichtet zu sein. Das kann aber nur eine perspektivische Täuschung sein, denn ganz offensichtlich strahlt die bereits untergegangene Sonne den oberen Teil der Rauchfahne von unten an. Es ginge auch gar nicht anders, schließlich liegt der Mond bezogen auf den Horizont nicht nur höher als die Sonne, sondern auch höher als die Rauchfahne. Über den Höhenverlust der Rakete, den das Foto auf den ersten Blick vermuten lässt, sollte man daher ebenfalls nicht erschrecken – der optischen Irritation zum Trotz kletterte sie wie vorgesehen immer höher.

Literatur

Goethe, J. W. v. (1963). Goethes Reimsprüche. Verlag von Strecker und Schröder.
Verne, J. (1992). Das grüne Leuchten. Frankfurt: Fischer. S. 185.

4

Das „Schwert der Sonne" – eine bewegliche Lichtbahn

4.1 Reflexionen an rauen Oberflächen

Wer einem Sonnenuntergang am Meer beiwohnt, bei dem die tief stehende Sonne eine Lichtbahn über das Wasser legt, sollte es nicht versäumen, ein wenig mit dieser Lichtbahn zu spielen (Abb. 4.1). Mit dem Blick auf dieses „schimmernde Schwert" (Calvino 1988, S. 18) am Ufer entlanggehend, wird er feststellen, dass ihm diese Lichtbahn folgt wie ein Uhrzeiger mit der Sonne als Zapfen: „Ein Gruß, den die Sonne mir ganz persönlich entbietet" (ebd.).

Vielleicht ist es diese persönliche Verbundenheit, die zur Beliebtheit des Phänomens beigetragen hat. Jedenfalls findet es bei Dichtern und Malern großen Anklang. Unter so verschiedenen Namen wie *Schwert, Brücke, Delta, Obelisk der Sonne, Lichtbahn, Glitzerpfad (Glitter Path)* oder – wie es in Russland auch genannt wird – *Straße des Glücks* hat es Eingang in die Literatur gefunden (Abb. 4.1).

Neben dem Schwert der tief stehenden Sonne am Meer kann man auch im urbanen Umfeld von künstlichen Lichtquellen hervorgerufene Lichtbahnen in Kanälen und anderen Gewässern erleben (Abb. 4.3). Bei Regenwetter werden die Straßen im wahrsten Sinne des Wortes zu Lichtstraßen. Die Scheinwerfer und Rücklichter der Kraftfahrzeuge spiegeln sich als Lichtsäulen, die perspektivisch gesehen aus der Tiefe der Straße hervorzugehen scheinen (Abb. 4.2). Die Unregelmäßigkeiten im Straßenbelag entsprechen dann den Wellen auf dem Wasser, sodass das Licht auch von geringfügig anderen Stellen als dem Spiegelpunkt ins Auge reflektiert werden.

Abb. 4.1 Die Lichtbahn der tief stehenden Sonne erscheint oft nahezu von gleichbleibender Breite. Bezieht man jedoch die perspektivische Verkürzung mit ein, so muss man von einer grob dreieckigen Form ausgehen mit der Basis in der Lichtquelle und der Spitze beim Beobachter

Abb. 4.2 Eine nasse Straße genügt, um das Scheinwerferlicht in einer langen Lichtbahn zu reflektieren

4 Das „Schwert der Sonne" – eine bewegliche Lichtbahn

Abb. 4.3 In Flüssen und Kanälen hinterlassen die Straßenlaternen oft malerisch wirkende Lichtbahnen

Zum physikalischen Hintergrund des Schwerts der Sonne äußert sich bereits Leonardo da Vinci. Er beschreibt es mit verblüffend einfachen Worten: „Das auf der Oberfläche des Wassers abgeprägte Bild der Sonne erzeugt sowohl außerhalb als innerhalb des Wassers helle Strahlen, die weithin leuchten, als ob ein wirkliches Licht da sei. ... Der zahllosen Meereswellen zahllose Abbilder, die von den Sonnenstrahlen, die auf diese Wellen treffen, zurückgeworfen werden, bewirken das fortwährende und weit ausgedehnte Glänzen der Meeresoberfläche" (da Vinci 1940, 162). Das Glänzen tritt nicht überall auf, sondern nur in einem Bereich, für den gilt: „Wo immer die Sonne das Wasser sieht, da sieht das Wasser auch die Sonne und kann daher überall das Bild der Sonne dem Auge wiedergeben" (ebd.).

Entscheidend für das Zustandekommen der Lichtbahn ist die wellenartige Deformation der Wasseroberfläche (Schlichting 1998 und 1999). Ein Gewässer mit einer glatten, ebenen Oberfläche reflektiert die Sonne spiegelnd genau an einer Stelle, dem Spiegelpunkt, bei dem der Einfallswinkel gleich dem Reflexionswinkel ist, unter dem das Spiegelbild der Sonne gesehen wird. Wenn die Wasseroberfläche jedoch durch Wellen aufgerauht ist, wird den unterschiedlichen Neigungen der Wellenflanken entsprechend das Licht in verschiedene Richtungen reflektiert. Daher sieht man Sonnenreflexe auch an anderen Stellen (Abb. 4.4).

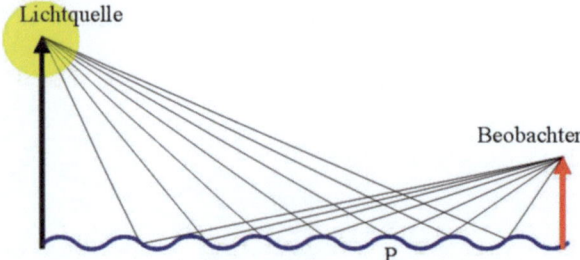

Abb. 4.4 Bei welliger Oberfläche gibt es zahlreiche Flächenelemente, von denen das Licht der Lichtquelle zum Beobachter hin reflektiert wird. P bezeichnet den Spiegelpunkt, an dem man das Spiegelbild der Sonne bei ebener Wasseroberfläche sehen würde

Diese Stellen sind nicht wahllos über das Meer verteilt, sondern beschränken sich im Wesentlichen auf eine längliche Form, die wir als Schwert der Sonne bezeichnen. Ausgehend von einem bestimmten Wellengang, den man durch den maximalen Neigungswinkel charakterisieren kann, lassen sich der Rand und damit die Form der zugehörigen Lichtbahn bestimmen. Denn es leuchtet unmittelbar ein, dass mit zunehmender Entfernung vom Spiegelpunkt der Neigungswinkel, bei dem ein Lichtreflex unsere Augen erreicht, immer größer werden muss. Solange er kleiner als der gegebene maximale Neigungswinkel ist, gehört er zum Bereich der Lichtbahn. Wenn er größer ist, kann das reflektierte Licht unsere Augen nicht erreichen. Gleicht er dem maximalen Neigungswinkel, befindet man sich auf dem Rand der Lichtbahn.

Auf diese Weise lässt sich durch systematisches Abtasten einer beleuchteten Fläche mit Spiegeln, die man auf eine vorgegebene maximale Neigung eingestellt hat, rund um den Spiegelpunkt herum die Form der Lichtbahn bestimmen (Abb. 4.5). Man kann das Abtasten aber auch dem Computer überlassen, der mit einem entsprechenden Simulationsprogramm den Rand von Lichtbahnen unter den verschiedensten Verhältnissen berechnet (Backhaus 1999).

In Abb. 4.6 wurde für eine gegebene Konstellation die experimentell gemessene Lichtbahn der mit einem Simulationsprogramm berechneten gegenübergestellt.

Bei der Beurteilung der wahrgenommenen Form des Schwerts der tief stehenden Sonne auf dem Meer ist im Unterschied zu den eher überschaubaren kleineren Lichtbahnen zu berücksichtigen, dass sich der Einfluss der Perspektive bemerkbar macht. Obwohl die meisten Sonnenschwerter meist eine nahezu gleichbleibende Breite aufweisen, werden sie in Wirklichkeit zum Horizont hin breiter und ähneln eher einem Dreieck als einem Oval.

Da die Intensität des reflektierten Lichts mit der Abnahme der Sonnenhöhe, also zunehmendem Reflexionswinkel zunimmt (Fresnelsche Gleichungen),

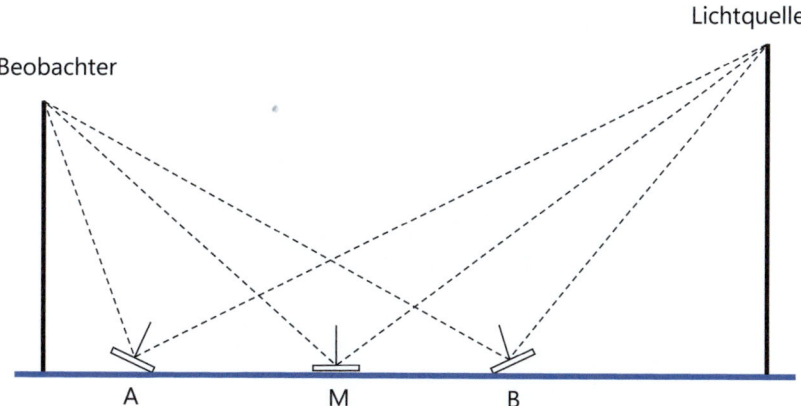

Abb. 4.5 Vom Beobachter aus sieht man das Bild der Lichtquelle gleichzeitig an den drei Stellen A, M und B

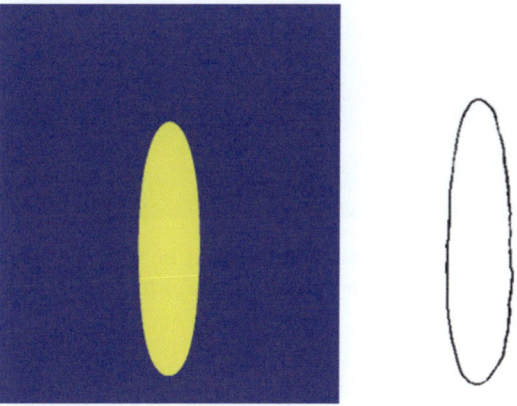

Abb. 4.6 Vergleich einer mit einem Simulationsprogramm berechneten (links) mit einer durch die Spiegelmethode gemessenen Lichtbahn (rechts)

zeichnet sich die Lichtbahn bei niedrig stehender Sonne durch eine erstaunliche Helligkeit aus. Diese kann so groß sein, dass sie zusätzlich zum normalen Schatten einen weiteren Schatten hervorruft, der allerdings nur dann sichtbar wird, wenn eine geeignete Projektionswand etwa in Form von Bäumen vorhanden ist.

Wenn man nicht unmittelbar erkennt, ob eine Wasseroberfläche glatt oder wellig ist, kann dies u. a. aus dem Vorhandensein von Lichtbahnen erschlossen werden. So kann den Reflexen in Abb. 4.7 entnommen werden, dass das Wasser in einem bestimmten Bereich spiegelglatt ist und an anderen Stellen eine wellige Oberfläche besitzt. Die nicht direkt im Bild zu sehende Sonne wird im Vordergrund fast völlig unverzerrt spiegelnd reflektiert. (Die kleinen stachelförmigen Abweichungen von der Kreisform befinden sich nicht auf dem Wasser, sondern sind Artefakte, die durch den Verschluss der Kamera hervorgerufen werden).

Abb. 4.7 Die Art der Reflexion des Sonnenlichts im Wasser verweist indirekt darauf, ob das Wasser ruhig ist, wie im Vordergrund, oder leicht wellig bewegt wie im Hintergrund

Im Hintergrund befindet sich eine ausgedehnte Lichtbahn, die fast bis zum gegenüberliegenden Ufer reicht. Ihre Form gibt Auskunft über die Stärke der dortigen Welligkeit des Wassers. Und auch die spiegelnde Reflexion der am gegenüberliegenden Ufer stehenden Bäume sagt etwas über die Beschaffenheit des Wassers aus. Die weitgehend unverzerrt gespiegelten Baumspitzen zeugen von einer „spiegelglatten" Wasseroberfläche.

4.2 Bewegliche Lichtbahnen auf unbeweglichen Flächen

Die meisten Menschen würden wohl behaupten, ein frisch lackiertes Auto glänze am schönsten. Wenn man hingegen auf einen speziellen physikalischen Effekt aus ist, darf die Autokarosserie nicht mehr ganz fabrikneu sein. Dann

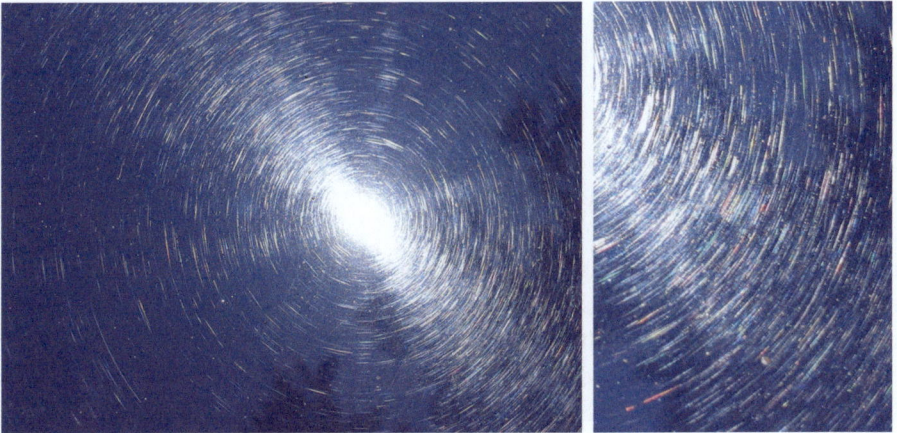

Abb. 4.8 Auf der Karosserie eines älteren Autos ist das Spiegelbild der Sonne von kreisförmig angeordneten Strichen umgeben. Ein Ausschnitt (rechts) zeigt deutliche Interferenzfarben

bildet sich an klaren Tagen um das reflektierte Bild der Sonne herum ein konzentrisch aussehendes System von mehr oder weniger kurzen Lichtstreifen. Sie schillern überdies häufig in verschiedenen Spektralfarben (Abb. 4.8). Besonders lange genutzte Fahrzeuge ergeben die schönsten Effekte. Denn die Ringe werden letztlich durch Gebrauchsspuren hervorgerufen, die im Laufe der Zeit durch mechanische Einwirkungen auf den Lack entstehen. Daran sind die rotierenden Bürsten beim Waschen oder das manuelle Säubern ebenso beteiligt wie Schmutzteilchen, die über den Lack hinweg streichen und dabei mikroskopisch kleine Rillen hinterlassen.

Auf den ersten Blick könnte man vermuten, es wären kreisförmige Streifen für das Phänomen verantwortlich, vielleicht durch entsprechende rotierende Bewegungen beim Polieren in diesem Bereich. Doch die leuchtenden Ringe bewegen sich mit dem Reflex der Lichtquelle mit und treten an fast jeder beliebigen Stelle in Erscheinung. Es muss eine andere Ursache geben.

Schaut man sich die hellen Striche genauer an, so erkennt man: Sie sind meist gar nicht gekrümmt, sondern es handelt sich um geradlinige Riefen, die sich wie Tangentenstücke an imaginäre Kreise um den Sonnenreflex herum gruppieren. Offenbar sieht man nur jene Abschnitte der Kratzer, die gerade so orientiert sind, dass sie das Licht ins Auge reflektieren. Auf die Weise entsteht insgesamt scheinbar eine kreisförmige Struktur. Unser visuelles System verstärkt den Eindruck, denn es tendiert dazu, Reize möglichst ausgewogen und symmetrisch wahrzunehmen. Denn wegen der Zufallsverteilung der Rillen kann es in Wirklichkeit keine aus tangentialen Stücken zusammengesetzten geschlossenen Kreise geben.

Wie kommt es zu dem Phänomen? Letztlich haben wir es hier mit einer sehr subtilen Art von Lichtbahnen zu tun, die durch die wie Wellen wirkenden Riefen im Lack hervorgerufen werden. Anders als beim Schwert der Sonne, bei dem wir meist flach über das wellige Wasser blicken, schauen wir hier unter sehr kleinen Winkel fast senkrecht auf den Sonnenreflex, sodass sich die Lichtreflexe nahezu konzentrisch um das Spiegelbild der Sonne herum gruppieren – eine Situation, die wir auf dem Meer in unseren Breiten nur im Hochsommer in der Mittagszeit näherungsweise auf dem Wasser erleben können. Auf einer perfekt glatten Oberfläche wäre das Spiegelbild der Sonne genau an einer Stelle zu sehen – und nur dort –, von der die einzelnen Punkte der Sonnenscheibe nach dem Reflexionsgesetz ins Auge geworfen werden. Nun sehen wir aber viele Stellen glänzen, die vom Spiegelbild der Sonne ein Stück weit entfernt sind. Darum können die reflektierenden Flächenelemente der Kratzer nicht in derselben Ebene liegen wie die gespiegelte Sonne. Sie müssen vielmehr zu ihr hingeneigt sein, und zwar umso stärker, je weiter weg sie liegen.

Dies ist möglich, weil die willkürlich verteilten Kratzer auf dem Lack ein U-förmiges Profil haben. Deswegen existiert ein ganzes Spektrum unterschiedlich geneigter Flächenelemente, und jedes leuchtet an den Stellen passender Winkel auf. Da die Sonne eine ausgedehnte Lichtquelle ist, erhellt sie nicht nur einen Punkt, sondern die Reflexion erstreckt sich noch über einen weiteren Bereich.

Die Länge der strahlenden Abschnitte ist der scheinbaren Größe der Sonne geschuldet. Außerdem sind die Reflexe an einem Kratzer auch deshalb nicht auf einen Punkt beschränkt, weil dessen Innenseiten unregelmäßig strukturiert sind und an mehreren Stellen passende Reflexionsbedingungen bieten. Aus Symmetriegründen gelten die Überlegungen für alle tangential um das Spiegelbild der Sonne herum orientierten Rillen. Mit zunehmendem Abstand vom Zentrum sind immer steilere Neigungen für eine Reflexion zum Betrachter erforderlich. Da diese seltener vorkommen, nehmen die Häufigkeit und die Helligkeit leuchtender Kratzerabschnitte nach außen hin ab.

Obwohl die funkelnden Stellen einen Eindruck davon vermitteln, wie stark der Autolack vom Alltag gezeichnet ist, muss man sich vor Augen führen, dass die tatsächliche Zahl und Länge der winzigen Schrammen noch wesentlich größer sind. Eine Computersimulation veranschaulicht das: Man kann für eine Zufallsverteilung unterschiedlich orientierter und unterschiedlich langer Kratzer, die im diffusen Licht unsichtbar sind, die Abschnitte visualisieren, die mit einer senkrecht darüber angebrachten Punktlichtquelle zu Tage treten (siehe Abb. 4.9). Dann zeichnen die Reflexionen ein ähnliches Muster wie auf einem Autodach und spiegeln doch immer nur einen Bruchteil aller Unebenheiten wider.

4 Das „Schwert der Sonne" – eine bewegliche Lichtbahn

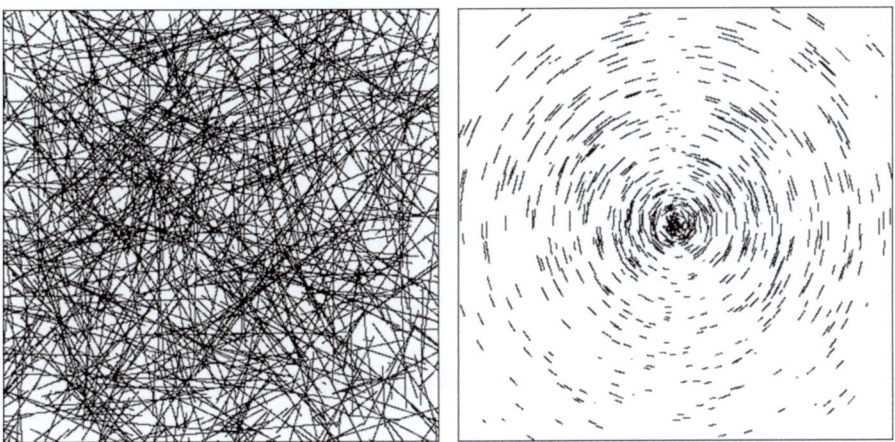

Abb. 4.9 Bei einer einfachen Computersimulation sind von den normalerweise nicht erkennbaren Rillen (links) unter einer Lichtquelle nur einige Abschnitte zu sehen (rechts)

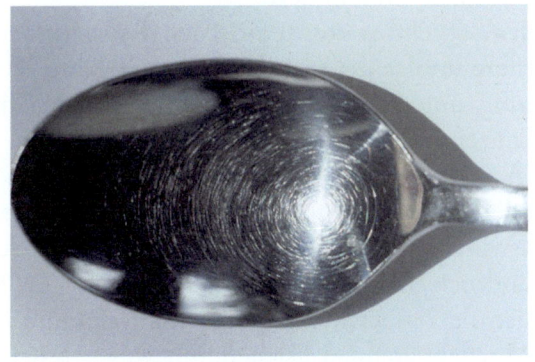

Abb. 4.10 Besteckreflexe: Mikroskopische Unebenheiten auf häufig benutzten Gebrauchsgegenständen wie einem Löffel erzeugen unter einer Lichtquelle Ringstrukturen

Solche strahlenden Ringe lassen sich außerdem zahlreich an glatten, aber mit Gebrauchsspuren versehenen Flächen erkennen. Häufig benutztes Besteck, insbesondere Löffel, zeigen dieses mit dem Blick mitwandernde strahlende Ringsystem (Abb. 4.10). Aber auch beim Blick durch Kunststofffenster, wie sie etwa in einem Flugzeug vorhanden sind, zeigen ganz ähnliche Effekte (Abschn. 11.3).

Bei genauerem Hinschauen glitzern viele Rillen bunt (Abb. 4.8). Offenbar sind einige der feinen Unregelmäßigkeiten von der Größenordnung der Wellenlänge des Lichts. Dann kommt es zur Beugung des Lichts, wie man es von einem Reflexionsgitter kennt. Das einfallende weiße Licht wird in die Bestandteile seines Spektrums zerlegt. Die Strukturen wirken wie eine feine Spalte, entlang derer die auftreffende Strahlungsfront Elementarwellen in alle möglichen Richtungen aussendet. Überlagern sie sich im Auge oder auf dem Chip der Kamera, so werden entsprechend den jeweiligen Wegunterschieden bestimmte Wellenlängen verstärkt oder abgeschwächt. Je nach Beobachtungsposition schimmern die Schrammen oft so intensiv farbig, dass sie viel breiter wirken, als sie in Wirklichkeit sind.

4.3 Ein Baum mit runden Zweigen?

Betrachtet man einen Baum mit blätterfreien Zweigen im Gegenlicht der Sonne oder einer anderen größeren Lichtquelle, so gewinnt man zuweilen den Eindruck, dass sich die Zweige ringförmig um die Lichtquelle gruppieren (Abb. 4.11). Faszinierend ist dabei, dass das Ringsystem gewissermaßen mitläuft, wenn wir den Blickpunkt ändern.

Die leuchtenden, scheinbar konzentrischen Äste erinnern an die kreisförmigen Lichtreflexe infolge der Gebrauchsspuren glatter Flächen (vgl. Abb. 4.8). Ihre Entstehung unterscheidet sich allerdings dadurch, dass wir es in diesem Fall mit einem semitransparenten Objekt zu tun haben. Wir blicken der Sonne durch die Äste entgegen. Dadurch wird das von vorn kommende Licht seitlich an passenden, regennassen oder aus anderen Gründen glatten Astabschnitten (Einfallswinkel = Reflexionswinkel) ins Auge reflektiert. Ausschlaggebend für den Eindruck einer kreisförmigen Anordnung der leuchtenden Elemente ist auch hier die Tatsache, dass unser Wahrnehmungssystem die unter demselben Winkel reflektierenden Flächen unbewusst zu Kreisen gruppiert.

Der Effekt ist am deutlichsten in der vegetationsarmen Zeit zu beobachten, wenn die Bäume wegen fehlender Blätter einigermaßen transparent sind und die freigelegten Äste teilweise wie Tangenten an imaginären Kreise wirken. Im Falle des im obigen Bild (Abb. 4.11) gezeigten Baums kommen die langen, gebogenen Zweige zumindest im oberen und seitlichen Bereich der vermeintlichen Kreisförmigkeit bereits ein Stück weit entgegen.

Auch im Kleinen entdeckt man derartige konzentrische Ringe. Blickt man beispielsweise durch die Samenbüschel von Disteln (Abb. 4.12), so hat man es wegen deren Kleinteiligkeit mit einer Vielzahl von Miniflächen zu tun, die selbst auf kleinen Flächenausschnitten in alle möglichen Richtungen orientiert sind. Darunter befinden sich auch solche, die das Licht spiegelnd ins

Abb. 4.11 Man sieht konzentrisch wirkende Lichtbahnen, wenn man durch einen Baum hindurch auf eine Lichtquelle blickt. (oben: Foto: Hans-Holger Wache)

Auge reflektieren und daher hell leuchtend aus dem übrigen Einerlei hervortreten. Die andeutungsweise zu erkennenden Spektralfarben zeigen zudem, dass die Strukturen teilweise von der Größenordnung der Wellenlänge des Lichts sind und daher Beugungseffekte bewirken.

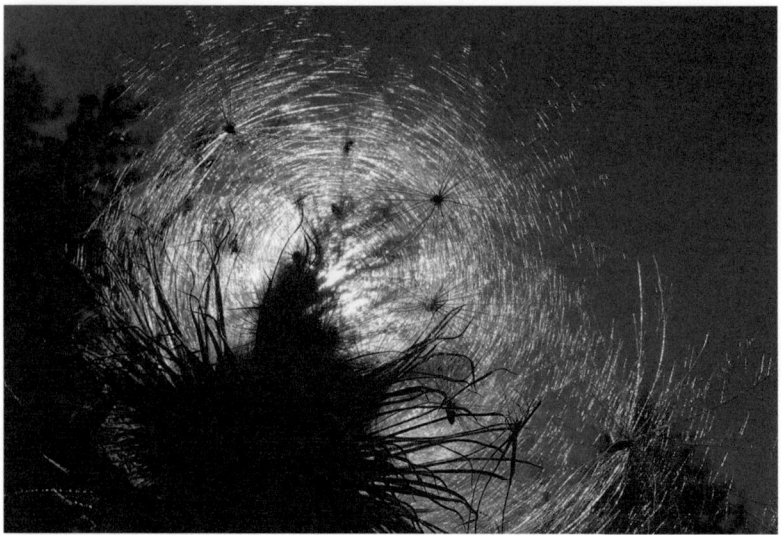

Abb. 4.12 Wie auf imaginären Kreisen orientiert wird das Sonnenlicht von zahlreichen Stellen der Distelsamen auf die Kamera zu reflektiert

4.4 Das Sonnenkreuz am Berliner Fernsehturm

Blickt man auf die spiegelnde Kugel des Berliner Fernsehturms, so erscheint sie bei Sonnenschein von einem weithin sichtbaren Lichtkreuz veredelt (Abb. 4.13). Warum reflektiert diese Kugel das Licht kreuzförmig?

Eine in der Sonne liegende spiegelnde Kugel ist ein Wölbspiegel, der das Licht in einen großen Winkelbereich reflektiert. Im vorliegenden Fall besteht die Kugel aus einem System von spiegelglatten Pyramiden, die jeweils auf Längen– und Breitenkreisen um die Kugel herum orientiert sind. Daher gibt es mehrere Stellen, von denen das auf die geneigten Flächen auffallende Sonnenlicht unsere Augen erreicht. Da das Licht der Sonne als ausgedehnte Lichtquelle auf die gerundeten Oberflächen der Pyramiden trifft, wird es nicht exakt in eine Richtung reflektiert, sondern in einen gewissen Winkelbereich, sodass es uns von mehreren Flächen gleichzeitig erreicht. Auf diese Weise entsteht eine kreuzartige Lichtfigur. Obwohl die Kugel sich dreht, bleibt das Kreuz davon so gut wie unberührt, weil die aus dem Blickwinkel herausgedrehten Flächen wieder durch neue ersetzt werden.

Man könnte meinen, dass dieses weithin sichtbare Phänomen einer künstlerischen Absicht entspricht. Offenbar ist aber das Gegenteil der Fall. Eine an

4 Das „Schwert der Sonne" – eine bewegliche Lichtbahn

Abb. 4.13 Kreuzförmige Lichtbahn am Berliner Fernsehturm

das christliche Kreuz erinnernde Lichtfigur passte so gar nicht in das Zeichensystem des damaligen Staates der DDR, der den Fernsehturm errichten ließ.

4.5 Seltsame Schattenlinien

Nachdem ich am Abend den Sonnenuntergang am Fluss erlebt hatte, der auf dem Wasser noch einige Zeit mit einem rötlichen Schimmer nachwirkte, fielen mir einige bewegliche dunkle „Stacheln" auf, die sich am Schattenrand einer Brücke über das leicht wellige Wasser des Flusses bewegten (Abb. 4.14). Ein genauerer Blick zeigt, was im Gegenlicht der Dämmerung nur schwer zu erkennen war, nämlich dass diese Stacheln einzelnen Erhebungen, meist Menschen, auf der Brücke zugeordnet werden konnten. Dabei half, dass sich die Schattenlinien synchron mit den Menschen auf der Brücke bewegten. Betroffen sind vor allem Erhebungen, die sich am diesseitigen Geländer der Brücke befinden.

Der sich auf den ersten Blick aufdrängende Gedanke, es handele sich hier um Schatten, muss auf den zweiten Blick wieder verworfen werden. Denn Schatten, zumal so scharfe Schatten, wie man sie hier zu sehen vermeint, setzen eine näherungsweise punktförmige Lichtquelle voraus. Hier haben wir es

Abb. 4.14 Dunkle bewegliche „Schattenstacheln" im Schattenbereich einer Brücke

jedoch mit einem ganzen Horizont zu tun, der aufgrund des gerade vorangegangenen Sonnenuntergangs in einem milden Rotton schimmert. Man weiß aber, dass an einem bedeckten Tag, wenn der Himmel als einzige Lichtquelle alles mehr oder weniger gleichmäßig beleuchtet, keine Schatten beobachtet werden. Außerdem spricht dagegen, dass ein transparentes Medium wie das vorliegende einigermaßen klare Flusswasser gar keinen Schatten auffangen kann.

Da das Wasser wie ein riesiger Spiegel wirkt, hat es weitgehend die Farbe des Himmels angenommen. Ein Spiegel bildet aber die umgebenden Objekte, gleichgültig ob hell oder dunkel, mehr oder weniger naturgetreu ab, wenngleich hier der Einfluss der Welligkeit des Wassers zu berücksichtigen ist. Demnach sieht man hier keine Schatten, sondern spiegelnde Reflexionen der auf der Brücke befindlichen Personen und anderer Erhebungen.

Bleibt die Frage, warum die gespiegelten Abbilder so in die Länge gezogen werden. Dazu sei auf die Lichtbahnen verwiesen, die auf demselben Gewässer von den am Rande stehenden Straßenlaternen hervorgerufen werden (Abb. 4.3 links).

Neben diesen hellen Lichtbahnen kann man sich die dunklen Streifen als komplementäre „Lichtbahnen" vorstellen. Zwar geht von ihnen kaum Licht aus, vielmehr reißen sie sozusagen Löcher ins Licht. Sie verhindern die Reflexion des Lichts nicht nur an der Stelle, an der man bei einem ebenen Spiegel die Reflexion erwarten würde, sondern auch an Stellen, die wegen der unterschiedlichen Neigungen der Wasserwellen Licht ins Auge des Betrachters reflektiert hätten. Die hellen und die dunklen Bahnen auf dem Wasser verhalten sich so gesehen komplementär zueinander.

Dieser Komplementarität von Licht und Schatten entsprechend haben die dunklen Stellen doch etwas Schattenhaftes an sich, wenngleich es sich nicht um Schatten im geometrischen Sinne handelt.

Literatur

Backhaus, U. (1999) stellte das Simulationsprogramm für das Schwert der Sonne zur Verfügung.
Calvino, I. (1988). Herr Palomar. München: dtv, S.18.
Da Vinci, L. (1940). Tagebücher und Aufzeichnungen. Leipzig: Paul List Verlag.
Schlichting, H. J. (1998). Das Schwert der Sonne -Alltägliche Reflexionen im Lichte eines einfachen optischen Phänomens. Teil 1: Überblick und Phänomene. Der mathematische und naturwissenschaftliche Unterricht, 51(7), 387–397.
Schlichting, H. J. (1999). Das Schwert der Sonne – Alltägliche Reflexionen im Lichte eines einfachen optischen Phänomens. Teil 2: Mathematische Modellierung und Simulation. Der mathematische und naturwissenschaftliche Unterricht, 52(6), 330–336.

5

Polarisiertes Licht im Alltag

5.1 Kann man polarisiertes Licht sehen?

An einem klaren wolkenlosen Tag strahlt der Himmel in einem herrlichen Blau. Das Phänomen erscheint uns selbstverständlich, jedenfalls ist es viel gewöhnlicher als zum Beispiel ein Regenbogen. Dennoch finden auch dabei bemerkenswerte optische Vorgänge statt.

Die blaue Farbe entsteht durch Reflexion des Sonnenlichts an den Molekülen in der Atmosphäre. Je nach Lichteinfall erfolgt das in verschiedene Richtungen, darum spricht man von Streuung. Dieser Effekt ist für kürzere Wellenlängen wesentlich ausgeprägter als für längere (Rayleigh-Streuung). Somit dominieren die Violett- und Blauanteile, und als Mischfarbe ergibt sich das typische Himmelblau.

Darüber hinaus hat die Streuung des Sonnenlichts noch eine meist übersehene Wirkung: Es wird linear polarisiert. Vor dem Auftreffen auf die Luftmoleküle schwingen die elektromagnetischen Lichtwellen in beliebigen Orientierungen, sie sind unpolarisiert. Von den Gasteilchen werden sie dann in einer Vorzugsrichtung ausgesandt. Sie hängt davon ab, aus welcher Richtung das Licht ursprünglich kommt (Abb. 5.2). Blickt man beispielsweise abends, wenn die Sonne tief im Westen steht, nach Norden, Süden oder in den Zenit, empfängt man von dort Licht, das zu einem großen Teil senkrecht zur Horizontebene polarisiert ist. Das kann man mit einer speziellen Folie feststellen, wie es sie in Form Polarisationsfolien oder auch als Polarisationsfilter für Kameras oder in Sonnenbrillen gibt. Sie polarisiert das Licht ebenfalls linear. Wenn man sie passend dreht, verdunkelt sie den Himmel, denn sie lässt nicht dessen Lichtanteile senkrecht zu ihrer eigenen Filterrichtung durch (Abb. 5.1).

Abb. 5.1 Durch einen Polarisationsfilter hindurch betrachtet erscheint die Himmelsregion senkrecht zur Sonnenstrahlrichtung (hier steht die Sonne links vom Foto) verdunkelt. Manche Menschen können eine leichte Schattierung sogar ohne Filter feststellen

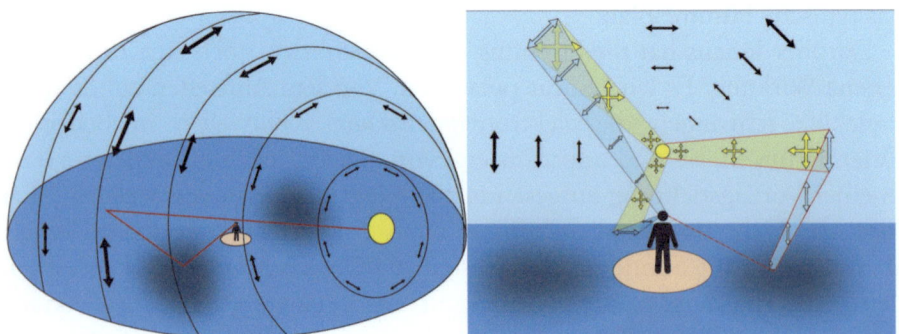

Abb. 5.2 Die Lichtstreuung in der Atmosphäre prägt den in alle Richtungen schwingenden Lichtwellen eine Vorzugsebene auf. Deren Orientierung (links, schwarze Pfeile) hängt davon ab, in welchen Bereich des Himmels man schaut. Wasser polarisiert reflektiertes Licht parallel zur Oberfläche. Wenn beide Effekte zusammenkommen, löschen sich in einem bestimmten Winkelbereich die Polarisationen aus (rechts). Die Intensität des Lichts sinkt entsprechend

Abb. 5.3 Das in der Atmosphäre senkrecht polarisierte Licht wird auf einer Wasseroberfläche durch Reflexion abermals polarisiert, wodurch sich der gespiegelte Himmel im Vordergrund verdunkelt

Das Phänomen lässt sich sogar ohne technische Hilfsmittel erkennen. Blickt man über einen See, erscheint der darin reflektierte Himmel in einem gewissen Bereich deutlich verdunkelt (Abb. 5.3).

Bei dieser Methode, die Polarisation von Licht ohne Folien und anderes Gerät zu sehen, sollte man sich jedoch klarmachen, dass man hier die Wirkung natürlicher, äußerer Polarisationsfilter ausnutzt, nämlich einerseits durch die Streuung des Sonnenlichts, und andererseits durch die Reflexion auf dem Wasser. Polarisiertes Licht direkt wahrzunehmen, scheint dem Menschen verwehrt zu sein – im Unterschied zu einigen Tierarten, die das durchaus können und etwa zur Orientierung nutzen.

Jedenfalls war das meine Meinung, bis ich vor Jahren bei der Lektüre von Tolstois Biografie „Kindheit, Knabenalter, Jünglingsjahre" auf einen interessanten Bericht stieß. Tolstoi schilderte dort die folgende Situation: „Manchmal, wenn ich allein im Salon bin, lasse ich unwillkürlich das Buch sinken; ich schaue durch die offene Balkontür auf die lockigen, herabhängenden Zweige der hohen Birke, auf die sich schon der Abendschatten senkt, und auf den blauen Himmel, an dem, wenn man scharf hinsieht, sich plötzlich ein winziger, gelblicher Punkt zeigt und wieder verschwindet" (Tolstoj 1963).

Wenn man das Phänomen nicht kennt, wird man die Worte vielleicht als dichterische Überempfindlichkeit deuten und sich nicht wirklich aufgefordert fühlen, selbst einen solchen gelblichen Fleck am Himmel zu suchen. Wie ich selbst erfahren sollte, würde es sich allerdings lohnen, denn es gibt ihn wirklich. Allerdings muss die Anleitung zum Suchen etwas detaillierter ausfallen als in Tolstois Erzählung. Er wird zufällig auf die passende Stelle am Himmel geblickt haben, und ihm ist daher vermutlich gar nicht aufgefallen, dass er in eine Region senkrecht zur Richtung der Sonnenstrahlen geschaut hat, aus der teilweise polarisiertes Licht kommt (Abb. 5.1 und 5.2).

Nachweislich entdeckt wurde der gelbe Fleck zuerst 1844 vom österreichischen Mineralogen Wilhelm Karl Haidinger beim Experimentieren mit polarisierenden Kristallen. In seiner Beschreibung hat der gelbe Fleck eine charakteristische Form und verschwindet als „fliegendes Phantom von gelblicher Farbe" bei längerer Fixierung wieder. Es handelt sich um ein entoptisches Phänomen, das heißt, es hat seine Ursachen im Augeninneren und kann deswegen nur subjektiv beschrieben und zeichnerisch dargestellt, keinesfalls jedoch fotografiert werden. Für die meisten ist es ein büschelartiges Gebilde mit einem sanduhrförmigen gelben Streifen in der Mitte, der zu beiden Seiten durch bläulich schimmernde Bereiche begrenzt wird (Abb. 5.4).

Wem es nicht auf Anhieb gelingt, dieses Haidinger-Büschel in der passenden Himmelsregion zu entdecken, kann sich durch eine Art Vorübung präparieren.

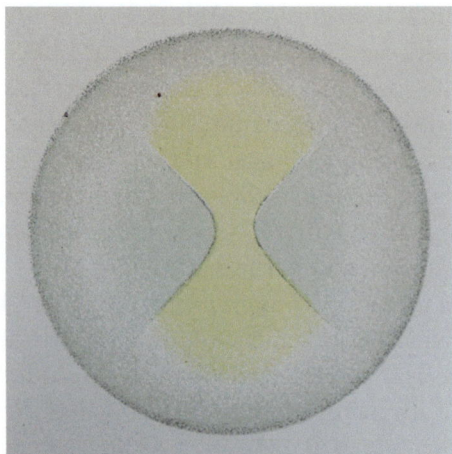

Abb. 5.4 Ein gelbliches Bündel wird von bläulichen Bereichen eingeschnürt. So ähnlich, allerdings individuell variierend, wird polarisiertes Licht wahrgenommen. (Aus: Helmholtz 1911)

Dazu sollte sie oder er durch eine polarisierende Folie hindurch auf eine weiße Wand blicken. Da das Phänomen nur kurzzeitig sichtbar bleibt und nach wenigen Sekunden verblasst, empfiehlt es sich, die Folie von Zeit zu Zeit zu drehen. Bei jeder Orientierungsänderung baut sich das gelbe Büschel nämlich neu auf.

Mit diesem Training sollte es dann gelingen, die Erscheinung auch am Himmel direkt aufzuspüren. Hat man sie erst einmal wahrgenommen, so sieht man sie immer wieder. Leichtes Hin- und Herbewegen des Kopfes kann die Empfindung erleichtern.

Menschen, die den Blick auf ihren Computer jenem zum Himmel vorziehen, müssen nicht auf das Erlebnis verzichten, ihre Polarisationssensitivität zu entdecken. Mit leicht wiegendem Kopf können sie das Haidinger-Büschel auch auf dem Flachbildschirm erscheinen lassen, dessen Licht polarisiert ist. Am besten funktioniert es bei einem weißen Display bei ansonsten völliger Dunkelheit. Ganz gleich, wo man es sieht, die scheinbare Größe des Bündels entspricht etwa der Breite zweier Finger bei ausgestrecktem Arm.

An seinem Zustandekommen ist maßgeblich die Struktur der Fovea oder Sehgrube im Auge beteiligt, der Stelle schärfsten Sehens in der Netzhaut. Sie liegt im Zentrum der Makula, des Bereichs der höchsten Sehrezeptordichte im hinteren Teil der Netzhaut. Dort treffen radial verlaufende Nervenfasern zusammen und wirken wie ein radialsymmetrischer Polarisationsfilter. Die eingelagerten Pigmentmoleküle sind dabei so ausgerichtet, dass sie den Blauanteil des polarisierten Lichts in einer Vorzugsrichtung schwächen. Das lässt das gelbliche Bündel erscheinen. Der von vielen Menschen beobachtete schwache Blauschimmer, der an beiden Seiten senkrecht zum gelben Streifen auftritt, wird durch Simultankontrast provoziert: Blau ist die Komplementärfarbe von gelb.

Der Mensch kann polarisiertes Licht also durchaus direkt sehen. Anders als in der Tierwelt nutzen wir diese Fähigkeit allerdings nicht automatisch – sondern müssen uns erst einmal bewusst machen, dass wir sie überhaupt besitzen.

5.2 Transparente Blumenfolie verschafft Durchblick

Anlässlich einer Feier lege ich die transparente Folie eines Blumenstraußes auf einen Glastisch, der von einem Fenster mit diffusem Tageslicht beleuchtet wird. Doch schon während ich das zerknitterte Papier dort deponiere, fällt mir auf, dass es in bunten Farben erstrahlt, die je nach Blickwinkel und Anzahl der durch die Zerknitterung entstandenen Lagen wechseln (Abb. 5.5).

Abb. 5.5 Das Spiegelbild einer zerknitterten Blumenfolie auf einem Glastisch bringt lebhafte Farben hervor

Bei der näheren Untersuchung stelle ich fest, dass das Tageslicht von genau diesem Fenster entscheidend für das Phänomen ist. Als es dunkel wird und das Kunstlicht die Beleuchtung übernimmt, gehen die Farben verloren. Aber auch die Glasscheibe des Tisches, in der sich die Folie spiegelt, trägt offenbar wesentlich zur Entstehung des Farbspiels bei, denn die Farben tauchen nur in der „Spiegelwelt" der Scheibe auf. Himmelslicht, Blumenfolie und Reflexion wirken offenbar konstruktiv zusammen.

Licht, das aus einer Himmelsregion kommt, die etwa im rechten Winkel zur Sonnenstrahlrichtung liegt, ist teilweise linear polarisiert. Das kann man mit einem Polarisationsfilter einer Kamera oder einer polarisierenden Sonnenbrille leicht überprüfen.

Das teilweise polarisierte, weiße Licht durchdringt die Folie und wird in der Glasscheibe des Tisches reflektiert. Dabei findet eine abermalige Polarisation statt, die unter einem bestimmten Winkel (dem Brewster-Winkel) maximal wird. Um in den Genuss besonders intensiver Farben zu kommen, nimmt man diesen Blickwinkel fast automatisch ein.

Nach dieser Beobachtung muss man davon ausgehen, dass die Folie das polarisierte Licht in einer Weise verändert, wie man es ansonsten nur von doppelbrechenden Kristallen kennt. Das durch die Kunststofffolie hindurchgehende polarisierte Licht wird in zwei unterschiedliche Richtungen gebrochen, sodass es in zwei Teilwellen zerfällt. Diese unterscheiden sich in ihrer

Ausbreitungsgeschwindigkeit. Infolgedessen entsteht zwischen beiden Teilwellen eine unter anderem von der Wellenlänge abhängige Phasendifferenz. Sie macht sich in einer entsprechenden Drehung der Polarisationsebene bemerkbar, wenn sich die Teilstrahlen des Lichts beim Austritt aus der dünnen Plastikschicht überlagern.

Tritt dieses Licht dann durch das Polarisationsfilter, so werden den unterschiedlichen Drehungen der Polarisationsebene entsprechend die verschiedenen Wellenlängen nur mehr oder weniger gut durchgelassen. Die auf diese Weise veränderten Intensitäten der einzelnen Wellenlängen des ehemals weißen Lichts lassen es nunmehr farbig erscheinen.

Im vorliegenden Fall ist kein Polarisationsfilter nötig. Die zweite Polarisation wird durch die Reflexion in der Glasscheibe des Tisches bewirkt, sodass man die Farben nur in der Spiegelwelt der Scheibe sehen kann. Die Farben hängen vom Beobachtungswinkel ab, denn je nach Blickwinkel nimmt man Licht wahr, das einen unterschiedlich langen Weg durch die Folie und damit eine unterschiedlich starke Drehung der Schwingungsrichtung erfahren hat.

Daraus folgt, dass auch die für die Dicke einer Folie maßgebliche Anzahl der vom Licht durchquerten Faltungen entscheidend für die resultierende Farbe ist. Außerdem trägt die unterschiedliche Orientierung der Flächenelemente der zerknitterten Folie zur Variation und zur Vielfalt der Farben bei.

Ebenso wichtig wie der Polarisationsgrad des Himmelslichts ist dabei, dass die Reflexionen des Lichts möglichst in der Nähe des Brewster-Winkels erfolgen. Dadurch, dass Licht aus einem relativ großen Winkelbereich kommt, kann diese Bedingung in einer ganzen Bandbreite von Winkeln erfüllt sein.

5.3 Ein transparenter Plastikbecher erstrahlt in Farben

Manchmal erlebe ich auf meinem Schreibtisch, dass transparente Plastikgegenstände in Farben erstrahlen (Abb. 5.6). Dieses gelegentliche Farbspiel verdanke ich der Tatsache, dass das Fenster, aus dem ich das Tageslicht beziehe, nach Westen geht. In den späten Morgenstunden profitiere ich daher von einem Anteil des polarisierten Tageslichts, das vor allem aus Richtungen senkrecht zum Stand der Sonne kommt.

In den Farben der Plastikobjekte zeigt sich die Wirkung der Polarisation sehr eindrücklich. Umgekehrt werden im polarisierten Licht Strukturen der Plastikgegenstände sichtbar, von denen man ansonsten kaum etwas ahnt: Sie weisen auf spezifische Spannungen im Material hin, die ihm zum Beispiel bei der Herstellung des Gegenstands eingeprägt wurden.

Abb. 5.6 Das den Plastikbecher oberhalb des Wasserspiegels durchdringende teilweise polarisierte Himmelslicht wird auf der Wasseroberfläche im Brewster-Winkel reflektiert und dabei erneut polarisiert. Dadurch zeigen sich die beim Durchgang durch das doppelbrechende Material erfahrenen Veränderungen des Lichts in bunten Farben

Die Ursache für die farbliche Strukturierung liegt in der besonderen Eigenschaft des Plastikmaterials, ähnlich wie die transparente Blumenfolie doppelbrechend zu sein. Die Rolle der Glasscheibe wird hier von der Wasserschicht im Behälter übernommen, wenn man auf sie unter dem Brewster-Winkel blickt.

5.4 Polarisationsfarben einer Eisscholle

Wer genug hat vom farblichen Grau in Grau des Winters, der setze sich eine Polaroidbrille auf, breche aus der zugefrorenen Wasserpfütze eine Eisscholle heraus und blicke durch sie hindurch gegen den Himmel. Besonders an uneinheitlich gewachsenen Stellen zeigen die kleinen Schollen oft eine deutliche Färbung. Ursache für diese Farbenpracht ist der Durchgang von polarisiertem Himmelslicht. Ähnlich wie bei der Blumenfolie oder dem Plastikbecher treten bei nochmaliger Polarisation beim Durchgang durch eine Polaroidbrille oder bei Reflexion im Brewster-Winkel verschiedene Farben auf.

Die wahrgenommenen Farben hängen von der Richtung des jeweils durchlaufenen Eiskristalliten, dessen Dicke und von der Blickrichtung ab. Bei fester Blickrichtung und Kristalldicke sagen die Farben etwas darüber aus, wie die einzelnen Kristallite gewachsen sind (Abb. 5.7).

Die Farben, die beim Durchgang durch Eisschichten aufgrund der Doppelbrechung entstehen, haben auch eine ganz praktische Anwendung. Sie

Abb. 5.7 Eine kleine aus einer frisch zugefrorenen Wasserpfütze herausgebrochene Eisscholle erstrahlt in lebhaften Spektralfarben, wenn sie im teilweise polarisierten Himmelslicht durch eine Polaroidbrille betrachtet wird

werden beispielsweise genutzt, um Aufschluss über die Kristallbildung in den Schichten des ewigen Eises und damit über dessen Entstehungsgeschichte zu gewinnen.

Literatur

Helmholtz, H. v. (1911). Handbuch der Physiologischen Optik. Hamburg und Leipzig: Verlag von Leopold Voss, Tafel III/1.

Tolstoj, L. (1963). Kindheit, Knabenalter, Jünglingsjahre. Frankfurt: Insel-Verlag.

6

Mondbegegnungen im Alltag

6.1 Mondphasen im Apfelbaum

„Der Mond hat kein Licht von sich aus, und so viel die Sonne von ihm sieht, soviel beleuchtet sie; und von dieser Beleuchtung sehen wir so viel, wie viel davon uns sieht." (da Vinci 1940, S. 197 ff.)

Auf prägnante und leicht animistische Weise beschreibt Leonardo da Vinci hier ein sehr vertrautes Phänomen. Aber wie viele Menschen haben es wirklich verstanden und leben in dieser Hinsicht eben nicht hinter dem Mond? Die geradezu visionäre Visualisierung, mittels derer hier das Problem der Mondphasen auf den Punkt gebracht wird, zeugt nicht nur von Leonardos anschaulichem Verständnis der Vorgänge, sondern zeigt außerdem, dass er die euklidische Vorstellung von der Geradlinigkeit der Lichtausbreitung und der Umkehrbarkeit des Lichtwegs voll verinnerlicht hat. Man kann seine Einsicht nicht genug bewundern, denn sie geht fast auf das Jahr 1500 zurück. Damals können sich die meisten Menschen noch nicht einmal vorstellen, dass sich die Erde um die Sonne dreht. Kopernikus' „Von den Umdrehungen der Himmelssphären" (De revolutionibus orbium coelestium) erscheint erst Jahrzehnte später, in dessen Todesjahr 1543.

Der Mond verhält sich im Prinzip nicht anders als eine sonnenbeschienene Frucht. Darauf hat schon Barthold Heinrich Brockes (1680–1747) in einem seiner Naturgedichte ausdruckstark und detailliert hingewiesen (Brockes 1975):

„*Es scheint, wenn auf einer glatten Beere*
Der Sonnen Licht oft eine Stell' erhellt,
Und dann von Stengeln drauf ein kleiner Schatten fällt;
Als ob ein Stengel recht darauf gezeichnet wäre.
So wie der Mond, nachdem auf ihn die Sonne stral't,
Sich bald im halben Licht', und bald im ganzen mal't;
So wird von diesen runden Beeren
Die eine seitenwärts, die and're ganz,
Nachdem bald seitenwärts, bald vorn der Sonnen Glanz
Sie rüret; angestral't und hell gemacht,
So daß ich oft in ihrer kleinen Ründe
Zugleich ein kleines Bild von Mond und Sonne finde."

Eine Beere war nicht zur Hand, sodass wir stattdessen Äpfel zum Einsatz bringen (Abb. 6.1). Auch bei ihnen erscheint nur diejenige Seite hell, die „in der Sonne liegt". Zudem befinden wir uns, wenn der Mythos nicht trügt, mit unserem Vergleich von Apfel und Mond in guter Gesellschaft eines großen

Abb. 6.1 Mond und Äpfel werden von der Sonne in der gleichen Weise beleuchtet. Dem Halbmond entsprechen „Halbäpfel"

Aufklärers und Physikers. In seinem „Timorus" schreibt Georg Christoph Lichtenberg (1742–1799): „Warum der Mond ohne Nagel und Strick dort oben hängt, ohne uns auf die Köpfe zu fallen, wenn wir drunter weggehen, hat ein alter Inspektor bei der Münze zu London erraten, als ihm einmal ein Apfel, der nicht größer als eine Faust war, von einem Baume auf die Nase fiel" (Lichtenberg 1972).

Newtons Werk ist aber bereits getan und so können wir uns auch von seinen Hilfsmitteln lösen. Denn eindrucksvoller noch als mit einem grünen Apfel lässt sich das Schattentheater am Himmel mit einem mondweißen Tischtennisball nachstellen. Einen solchen trage man an einem wolkenlosen Sommertag einfach um einen interessierten Beobachter herum und erläutere diesem die „Ballphasen" (Abb. 6.2).

Ball- und Mondphase unterscheiden sich weniger, als es auf den ersten Blick den Anschein hat. Zwar zeigt uns der Ball auch seine von der Sonne nicht beleuchteten Flächen (denn diese liegen im Streulicht des Himmels und der näheren irdischen Umgebung), während der Mond kaum Streulicht erhält. Doch die Betonung liegt auf „kaum", denn unter günstigen Umständen zeigt sich uns auch die im Sonnenschatten liegende Mondseite. Dies ist insbesondere kurz vor oder nach Neumond zu beobachten, wenn die der Erde zugewandte Seite des Mondes weitgehend im Schatten und die dem Mond zugewandte Erde nahezu im vollen Sonnenlicht liegt (Abb. 6.3).

Abb. 6.2 Wie vermessen, den Mond mit einem Apfel oder gar einem Tischtennisball zu vergleichen. Erst Galileo Galilei erkennt, dass man ihn als einen Gegenstand denken kann, der sich in die Hand nehmen lässt

Abb. 6.3 „Der alte Mond in den Armen des neuen" ist eine der poetischen Umschreibungen des aschgrauen Lichts, das unter günstigen Umständen die im Sonnenschatten liegende Mondseite erkennbar macht

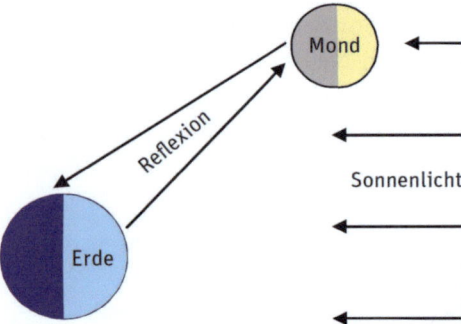

Abb. 6.4 Theoretisch ist sofort einsichtig, dass das einfallende Sonnenlicht erst diffus von der Erde zum Mond reflektiert wird und von dort wieder zurückgelangt. Anschaulich ist das weniger klar: Ist das Licht wirklich so intensiv, dass es der irdische Beobachter noch wahrnehmen kann?

In seinen philosophischen Tagebüchern hat Leonardo da Vinci auch für dieses Phänomen des „aschgrauen Lichts" oder auch Erdlicht des Mondes wohl erstmalig eine Antwort gefunden. Auf den ersten Blick klingt sie zudem verblüffend einfach: Des Mondes „Nacht empfängt so viel Helligkeit, wie unsere Gewässer ihm spenden, indem sie das Bild der Sonne widerspiegeln, die sich in allen jenen (Gewässern) spiegelt, welche die Sonne und den Mond sehen" (da Vinci 1958). In der Tat, im aschgrauen Licht des Mondes sehen wir das Streulicht jener Regionen der Erde, die im Licht der Sonne liegen, und es teilweise in den Weltraum zurückstrahlen (Abb. 6.4). Anders als Leonardo vermutet wird es weniger durch das Wasser der Meere als vielmehr durch die jeweilige Wolkenbedeckung reflektiert. Die Intensität dieses Erdlichts schwankt daher auch mit dem bewölkungs- und landschaftsabhängigen Rückstrahlvermögen, ihrer sogenannten Albedo. Weil das Erdlicht ein bewölkungsabhängiges Phänomen ist, kann man aus ihm Aussagen über den Grad der Bewölkung gewinnen, die übrigens für meteorologische Zwecke genutzt wurden.

Das klingt theoretisch so einsichtig, dass man es unmittelbar glauben mag. Aber ist denn dieses Streulicht tatsächlich so intensiv, dass es bis zum Mond reicht und von dort, abermals gestreut, auf der Erde einen sichtbaren Effekt hinterlässt? Das stellt unsere Anschauung schon arg auf die Probe. Doch man stelle sich vor, wir seien als Beobachter auf den Mond versetzt und blickten von dort auf die Vollerde. In der „Mondnacht" erscheint sie etwa 50-mal heller als auf der Erde der Vollmond. Und dessen Licht ist bereits hell genug, um einem nächtlichen Wanderer den Weg zu weisen. Dieser Perspektivwechsel macht das Phänomen des aschgrauen Lichts unmittelbar einleuchtend – geradezu im doppelten Wortsinn.

Oft hat man den Eindruck, dass der im aschgrauen Licht erkennbare Teil des Mondes nicht die perfekte Ergänzung des hellen Sichelmondes ist, sondern nur zu einer kleineren Scheibe passt. Das ist aber eine Täuschung, die auf der Überstrahlung (Irradiation) durch den großen Helligkeitsunterschied beruht (Schlichting 2009).

Zu klären bleibt nur, warum man das aschgraue Licht nicht bei Neumond sieht, wenn aus Sicht des Mondes „Vollerde" ist. Der Neumond ist nur bei Tageslicht oberhalb des Horizonts zu sehen, und dann wird er von diesem Licht überstrahlt.

Doch wie vermessen, den Mond mit einem Tischtennisball zu vergleichen. Hier der in Händen zu haltende Gegenstand, dort der unerreichbare, aus der Sicht der Zeitgenossen Leonardos nicht (an)fassbare Himmelskörper. Erst Galilei, der den Mond als einer der ersten Menschen durch ein Fernrohr betrachtet, erkennt, dass dieser der Erde gleicht, über Berge, Täler und – wie er meint – Flüsse und „Mare" verfügt. Vom Mond zu sprechen, so formuliert Paul Valéry, bedeute für ihn spätestens ab diesem Moment, „einen Gegenstand an[zu]nehmen, der sich in die Hand nehmen läßt" (Valéry 1988), was im letzten Jahrhundert dann ja auch im vollen Wortsinn durch die Mondlandung von Menschen realisiert wurde.

Und der Philosoph Hans Blumenberg schreibt, als „Mann von einer vertrackt reflektierten Optik" gehe Galilei in seiner Kühnheit noch wesentlich weiter: „Er richtet das Fernrohr auf den Mond, und was er sieht, ist die Erde als Stern im Weltall" (Blumenberg 1980). Dieser durch den Blick auf den Mond ausgelöste Gedanke muss im Rahmen der neuzeitlichen Physik als eine der wesentlichen Voraussetzungen dafür angesehen werden, dass das kopernikanische Weltbild auch für die Anschauung annehmbar wurde.

Insgesamt können wir Blumenberg nur beipflichten. Er sieht im Mond als „Gestirn" eine sinnliche Singularität: „Er ist nicht graduell größer als andere Himmelsgebilde, sondern er allein hat eine wahrnehmbare Ausdehnung, eine strukturierte Fläche, eine kurzfristige ‚Geschichte' erlebbarer Veränderung vom gänzlichen Verschwinden bis zur vollen Rundung. Er ‚beschäftigt' die Wahrnehmung ohne Wissen, ohne Phantasie; selbst der ‚Fortschritt' zu seiner Identifikation über seine Nichterscheinung hinweg war, obwohl eine frühe Vernunftleistung, keine vergleichbare ‚Affektion' wie die Erfassung der Identität von Morgenstern und Abendstern. Der Mond ist einzig" (Blumenberg 1997). Das wissen übrigens auch die Dichter und die Liebenden, wenn sie eine romantische Mondnacht beschreiben oder erleben.

6.2 Schielt der Mond?

Nicht wenige Menschen glauben noch immer, die Mondphasen kämen durch Schatten zustande, welche die Erde auf den Mond wirft. Ihnen riet einst der Pädagoge und Physikdidaktiker Martin Wagenschein (1896–1988), dass es nichts nützt, „den Mond allein anzustarren", man müsse ihn schon „mit der Sonne zusammen als Ganzes" ansehen (Wagenschein 1983). Ein guter Rat: Der Laie, der dies tut, wird dem Phänomen der Mondphasen früher oder später auf den Grund kommen. Allerdings bringt Wagenscheins Empfehlung ein anderes Problem mit sich.

Das erste kleine Experiment verläuft noch wie erwartet. Verbinden wir die Punkte des Monds, an denen die Schattenlinie beginnt und endet – bei der Mondsichel sind dies die Spitzen der beiden Hörner – mit einer gedachten Geraden. Dann müsste die auf dem Mittelpunkt der Geraden stehende Senkrechte direkt in die Sonne weisen. Anders gesagt: Die erleuchtete Seite des Monds ist auf die Sonne gerichtet, weil er von dieser angestrahlt wird. So sagt es der gesunde Menschenverstand, und so bestätigt es auch die Beobachtung (Abb. 6.5). Kurz nach Neumond, wenn sich die Mondsichel nahe der untergehenden Sonne befindet und wir beide Himmelskörper mit einem einzigen Blick erfassen können, erweist sich der Zusammenhang zwischen der Richtung der Sonnenstrahlen und der Orientierung der Mondsichel als recht offensichtlich.

Was aber ist einige Tage später? Der Mond nimmt nun zur selben Tageszeit einen größeren Abstand zur Sonne ein, und wir gewinnen den deutlichen Eindruck, dass er „schielt". Die von der beleuchteten Mondseite ausgehende „Sehlinie" verfehlt ihr Ziel, der Mond scheint geradewegs über die Sonne „hinwegzublicken" (Abb. 6.6). Demnach müsste das Licht der Sonne auf einem Bogen zum Mond gelangen!

6 Mondbegegnungen im Alltag

Abb. 6.5 Sonne und Mond sind selten gleichzeitig am Himmel zu sehen. Diese Aufnahme gelang bei Sonnenuntergang mit einem 20-Millimeter-Weitwinkelobjektiv. Der Winkel zwischen Sonne und Mond betrug rund 90°. Wie zu erwarten, blickt der Mond gemäß den Regeln der geometrischen Optik direkt zur Sonne. Sein gelegentliches „Schielen" ist tatsächlich nur eine Sinnestäuschung. (Foto: Udo Backhaus). Anmerkung: Der besseren Sichtbarkeit wegen wurde der Mond in korrekter Stellung vergrößert einmontiert

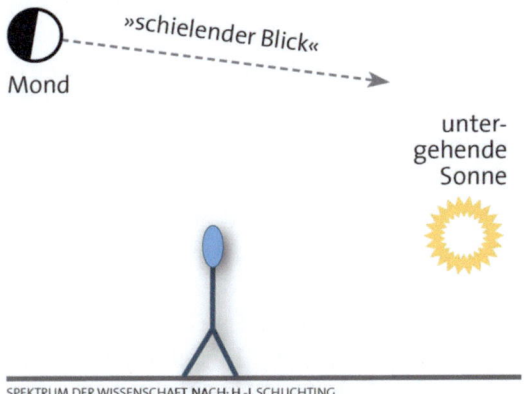

Abb. 6.6 Diese Situation ist in der Realität unmöglich, trotzdem beobachten wir sie gelegentlich: Der Mond scheint nicht direkt zur Sonne zu blicken, sondern „schielt" über sie hinweg. Zu einer solchen Täuschung unserer Wahrnehmung kommt es aber nur, wenn wir Mond und Sonne nicht mit einem einzigen Blick erfassen können, also stattdessen erst den einen Himmelskörper und, nach einer Drehung des Kopfs, den anderen ins Auge nehmen

Dieses Phänomen ist seit Langem bekannt. Bis heute wird darüber teilweise kontrovers diskutiert, ob in Fachzeitschriften, Internetforen oder Gesprächen unter Kollegen. Mathematiker, Physiker, Amateurastronomen, Informatiker und Psychologen haben sich von ihm reizen lassen und astronomische Gegebenheiten, komplexe Überlegungen zur projektiven und sphärischen Geometrie oder auch die Wahrnehmungspsychologie zur Lösung des Rätsels herangezogen. Nicht wenige der Erklärungen, die im Lauf der Zeit gegeben wurden, sind allerdings unvollständig oder gar falsch.

Dabei ist das Problem schon länger gelöst. Der belgische Astronom und Naturphänomenologe Marcel Minnaert (1893–1970) lieferte bereits um 1940 eine ebenso einfache wie plausible Erklärung. Er verglich die vermeintliche Krümmung der Linie mit derjenigen des Lichtbündels eines Suchscheinwerfers. Steht man senkrecht zur Bahn des Scheinwerfers – und ist die Luft dunstig, sodass von dort genügend Licht in unsere Augen gestreut wird –, scheint das Lichtbündel sowohl in Richtung seiner Quelle als auch seines äußersten „Endes" zum Boden hin gekrümmt zu sein.

„Wie kommt es zu dieser optischen Täuschung?", fragt Minnaert und gibt folgende Antwort: „Ich neige dazu, die Bahn gekrümmt zu sehen, weil ich sie auf der einen Seite nach links zum Horizont hin abfallen sehe, auf der anderen Seite nach rechts. ... *Dabei habe ich aber nicht bedacht, dass ich mich ja zuerst nach links, dann nach rechts gewandt habe.* Bei einer einfachen horizontalen geradlinigen Telegrafenleitung sieht man übrigens genau dasselbe" (Minnaert 1992).

Mit dieser Erklärung bringt Minnaert die Grenzen unserer Wahrnehmung ins Spiel. Denn sowenig wir die beiden Enden eines weit reichenden Lichtbündels oder einer Telegrafenleitung mit einem einzigen Blick erfassen können, so wenig gelingt uns das – zumindest nicht im Allgemeinen – mit Sonne und Mond. Wir sehen zunächst auf Letzteren und registrieren, wohin er blickt. Dann wenden wir den Kopf und schauen die Sonne an, die schon ziemlich dicht über dem Horizont steht. Anschließend vereinigt unser Wahrnehmungsapparat die beiden Bilder zu einem einzigen, die jeweils aber nicht zwangsläufig zusammenpassen. Beispielsweise können Blickwinkel, Helligkeit und Größe des Bildausschnitts der Einzelbilder voneinander abweichen, ohne dass uns dies beim Anblick des Gesamtbilds bewusst würde.

In unserem Fall ist es die Perspektive, die sich entscheidend auswirkt. Stellen wir uns vor, eine gekachelte Wand, und wir blicken senkrecht auf eine der waagerechten Linien, idealerweise in Augenhöhe (Abb. 6.7). Sie scheint nicht von der Horizontalen abzuweichen. Anschließend schwenken wir den Kopf nach links oder rechts. Nun neigen sich, je weiter wir blicken, alle waagerechten Linien zur mittleren Linie hin.

Auf Fotos springt uns diese Tatsache regelrecht ins Auge. Im normalen Leben merken wir davon aber meist nichts, weil uns Perspektiveneffekte

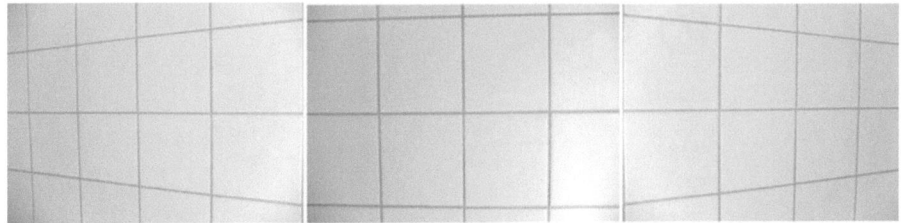

Abb. 6.7 Analoge Situation an einer Fliesenwand. Der vor einer Wand stehende Fotograf richtet das Objektiv (analog zum Kopf des Beobachters) nach links (Blick zum Mond), nach vorn und schließlich nach rechts (Blick zur Sonne). Auch hier steht die Drehachse senkrecht auf der von den Bezugspunkten aufgespannten Ebene. Die in dieser Ebene liegende Linie – auf halber Höhe zu sehen – entspricht dem Lichtweg. Und tatsächlich: Sie krümmt sich nicht

vertraut sind: Wer glaubt schon, dass sich die Linien des regelmäßigen Kachelmusters einer Wand nach links und rechts zu neigen beginnen?

Bei der Ansicht des Monds haben wir mit perspektivischen Einflüssen hingegen keine Erfahrung. Wir gehen ihnen arglos auf den Leim, zumal auch Bezugspunkte wie die rechtwinkligen Linien an einem Haus fehlen.

Letzten Endes benötigt man neben geometrischen und wahrnehmungspsychologischen Überlegungen die Physik aber doch, um das Phänomen vollständig zu durchschauen. Bei günstigen Himmelskonstellationen können wir Sonne und Mond in einem einzigen Bild erfassen. Im Fall eines um 90° gegen die Sonne verschobenen Halbmonds ist das mit einem entsprechenden Weitwinkelobjektiv gerade noch verzerrungsfrei möglich: Auf solchen Fotos blickt der Mond der Sonne brav direkt ins Antlitz (Abb. 6.5). Man muss allerdings genau hinschauen, denn er erscheint dann so klein, dass seine Blickrichtung nur mit Mühe zu erkennen ist.

Der Mond lässt das Schielen aber auch, wenn wir von der Nordhalbkugel in Richtung Süden reisen. Je näher wir nämlich der Region zwischen den Wendekreisen kommen, desto mehr nimmt die Mondsichel die Form eines Nachens an, weist ihre „Öffnung" also nach oben. Die türkische Nationalflagge etwa zeigt noch einen Mond, der zur Seite geöffnet ist, während er sich auf der Flagge des südlicher gelegenen Mauretanien nach oben öffnet. Dort steht der Mond mehr oder weniger senkrecht über der Sonne, weshalb allenfalls ein kleiner seitlicher Perspektiveneffekt ins Spiel kommt. Problematisch wird es also nur, wenn – wie in unseren Breiten – größere horizontale Abweichungen zwischen Sonnen- und Mondposition auftreten.

Wir brauchen aber nicht zwingend eine Weitwinkelaufnahme, um den Effekt aufzuheben. Stattdessen können wir auch den Kopf so neigen, wie er in Äquatornähe natürlicherweise orientiert wäre, und dann – als ob wir ein „Ja" ausdrücken wollten – mit dem Kopf nicken.

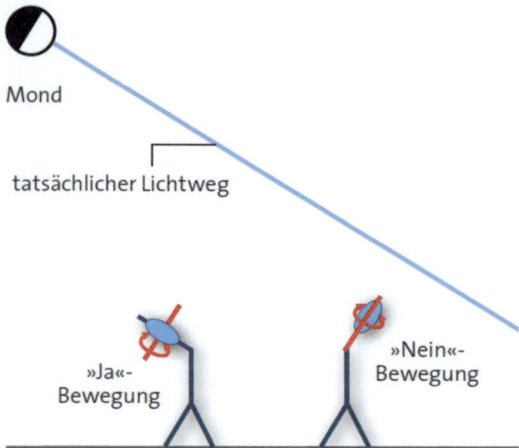

Abb. 6.8 Geeignete Kopfbewegungen beenden das Schielen des Monds. Der Kopf muss sich dafür um eine Achse (rote Linie) drehen, die senkrecht auf der von Mond, Sonne und Beobachter aufgespannten Ebene steht. Die in dieser Ebene liegende Linie, also der Lichtweg, krümmt sich dann nicht und das Schielen bleibt aus

Das funktioniert, weil wir den Kopf dabei um eine Achse senkrecht zu einer Ebene drehen, die durch Sonne, Mond und Beobachter aufgespannt wird – nun kann der Mond schon aus Symmetriegründen nicht schielen (Abb. 6.8). Der Augenschein ist also überlistet und der gesunde Menschenverstand zufrieden gestellt.

Man kann den Kopf auch noch auf eine weitere – und bequemere – Art um diese Achse drehen. Dazu neigt man ihn so, dass eine Parallele der Verbindungslinie Sonne-Mond durch die Ohren verläuft, und bewegt ihn wie bei einem „Nein"; dann ist ein schielender Mond ebenfalls ausgeschlossen. Am überzeugendsten ist schließlich eine Schnur, die man so vor die Augen spannt, dass sie Mond und Sonne scheinbar verbindet. Man muss den Trick selbst ausprobiert haben, um sich von seiner Wirksamkeit zu überzeugen: Diesmal verschwindet das vermeintliche Schielen auf einen Schlag.

Literatur

Blumenberg, H. (1980) Das Fernrohr und die Ohnmacht der Wahrheit. In: Galileo Galilei, Sidereus Nuncius. Suhrkamp-Verlag, Frankfurt, S.22.

Blumenberg, H. (1997) Die Vollzähligkeit der Sterne. Suhrkamp-Verlag, Frankfurt 1997, S. 471.

Brockes, B. H. (1975). Im grünen Feuer glüht das Laub. Weimar: Gustav Kiepenheuer Verlag. S. 57–58.
Da Vinci, L. (1940). Tagebücher und Aufzeichnungen. Leipzig: Paul List Verlag.
Da Vinci, L. (1958). Philosophische Tagebücher. Reinbek: Rowohlt-Verlag, S. 69.
Lichtenberg, G. Chr.(1972). Timorus. In: Schriften und Briefe III, Hanser-Verlag, München. S. 229.
Minnaert, M. (1992). Licht und Farbe in der Natur, (S. 190). Birkhäuser.
Schlichting, H.J. (2009). Warum die Sonne kein Loch in die Welt brennt. Spektrum der Wissenschaft 9, 38.
Valéry, P. (1988). Cahiers 2. Suhrkamp-Verlag, Frankfurt, S.159
Wagenschein, M. (1983). Erinnerungen für morgen. Weinheim und Basel: Beltz, S. 90.

Teil II

Fenster – Einblick, Ausblick, Durchblick

Fenster – Einblick, Ausblick, Durchblick

Das von den Gegenständen der natürlichen und wissenschaftlich-technischen Welt ausgehende Licht passiert normalerweise einige mehr oder weniger transparente Medien, bevor es unsere Netzhäute erreicht. Dazu gehören die Luft, in der wir leben und in vielen Fällen auch die Fenster, durch die wir schauen oder die für die Helligkeit sorgen.

Obwohl das Fensterglas vordergründig meist als Inbegriff optischer Transparenz gesehen wird, zeigt sich in zahlreichen Situationen, dass der Durchblick durch das Glas vielfach modifiziert und anderweitig verändert wird (Abb. 1). Dahinter verbergen sich sowohl physikalische als auch physiologische Ursachen. Sie wirken nicht selten in komplexer Weise zusammen und geben Anlass zu einer Vielzahl von optischen und visuellen Phänomenen.

Unabhängig von ihrer Eigenschaft, Durchblick, Anblick, Einblick und Ausblick zu gewähren, können Fenster in zahlreichen Situationen als Licht modifizierende und Licht gestaltende Elemente des Alltags angesehen werden. Sie stehen manchmal künstlerisch motivierten Lichtspielen in nichts nach und geben vielleicht sogar Anregungen zu solchen. In allen Fällen kann ein physikalisches Verständnis der grundlegenden Vorgänge, die zu den diversen Fensterphänomenen führen die Wahrnehmungen vertiefen oder sie zuweilen überhaupt erst möglich machen.

Manche Fensterphänomene sind so spektakulär, dass sie keiner weiteren Inszenierung bedürfen, um Verwunderung und Neugier hervorzurufen. Dies gilt insbesondere für die *Lichtkreuze in Lichtkreisen*, die man an jedem sonnigen Tag in der Nähe von doppelt verglasten Fensterscheiben sehen kann (Abb. 8.1). Wer das Phänomen einmal gesehen hat und es anschließend immer wieder sieht,

98 Fenster – Einblick, Ausblick, Durchblick

Abb. 1 Fenster, ob offen, geschlossen, einfach oder doppelt verglast lassen physikalisch tief blicken, entweder ins Innere oder auf die Außenwelt. Die Turmspitze versteckt sich in einem auf Kipp stehenden Fenster

wundert sich vielleicht darüber, bislang übersehen zu haben, was an sich nicht zu übersehen ist. Dabei können ernsthafte Zweifel an der Souveränität des Sehens aufkommen und man möchte in die Klage Georg Christoph Lichtenbergs einstimmen: „Man spricht viel von Aufklärung, und wünscht mehr Licht. Mein Gott was hilft aber alles Licht, wenn die Leute entweder keine Augen haben, oder die, die sie haben, vorsätzlich verschließen" (Lichtenberg 1975).

Die Anspielung auf die Aufklärung ist im doppelten Wortsinn berechtigt. Im wörtlichen Sinne lassen sich die Lichtkreuze in Lichtkreisen auf einfache Weise physikalisch „aufklären". Diese Aufklärung hat jedoch leider nicht verhindern können, dass das Phänomen zu einem beliebten Gegenstand der Esoterik wurde. Die aufklärerische Potenz der Physik im übertragenen Sinne ist daher mehr denn je gefordert.

Literatur

Lichtenberg, G. Chr. (1975). Schriften und Briefe. Sudelbücher I. München: Hanser, S. 918.

7

Fenster zwischen Transmission und Reflexion

7.1 Beobachten und beobachtet werden

Fenster gehören zu den markantesten Elementen eines Hauses. Sie lassen das Licht rein und Wind und Wetter draußen. Über diese praktische Funktion hinaus sind Fenster von jeher Symbol des Übergangs zwischen Innen- und Außenwelt, zwischen privater Sphäre und Öffentlichkeit. Dass gerade dabei die Physik eine wesentliche Rolle spielt, hängt zum einen von den Wechselwirkungen des Lichts mit den jeweils betroffenen Gegenständen und zum anderen von der Wahrnehmung derjenigen ab, die von der einen oder anderen Seite durch das Fenster blicken. Dabei macht es i. A. einen deutlichen Unterschied, ob man von außen nach innen oder von innen nach außen blickt (Abb. 7.1).

Wenn ein Fenster durch eine Gardine verschleiert wird, ist der Beobachter am Tage weitgehend vor Blicken von außen geschützt, denn der größte Teil des einfallenden Lichts wird postwendend von der Gardine zurückgeschickt – diffus reflektiert. Es überstrahlt bei Weitem das Licht, das aus dem übrigen Zimmer und damit auch von einer hinter der Gardine stehenden Person ausgeht und durch die Gardine nach außen gelangt. Das Zimmer erscheint deshalb von außen gesehen oft dunkel (obere Hälfte der Fenster in Abb. 7.1).

Abb. 7.1 Das von den weißen Gardinen diffus reflektierte Licht ist von größerer Intensität als das durch das freie Fenster kommende Licht aus dem Innenraum, wie an der oberen Hälfte der Fenster zu sehen ist

Umgekehrt kann man von innen durch die Gardine die Außenwelt zumindest schemenhaft beobachten, ohne von außen gesehen zu werden. Denn das von außen ins unbeleuchtete Zimmer eindringende Licht wird von den Wänden und Gegenständen hin- und her reflektiert, bevor ein Teil wieder nach außen gelangt. Und dieser Teil ist vergleichsweise gering, weil bei jeder Reflexion Licht durch Absorption verloren geht – bei dunklen Gegenständen mehr als bei hellen.

Hinzu kommt ein Wahrnehmungsproblem. Ein im Zimmer befindlicher Mensch merkt von dieser Dunkelheit nur sehr wenig, denn seine Pupillen haben sich auf die Lichtverhältnisse im Zimmer eingestellt und sind entsprechend weit geöffnet. Die Pupillenöffnung einer außenstehenden Person hat sich hingegen der vergleichsweisen großen Helligkeit der Außenwelt entsprechend verkleinert. Das spärliche Licht aus dem Zimmer hat daher kaum eine Chance, einen „sichtbaren" Eindruck auf der Netzhaut hervorzurufen.

Am Abend, wenn die Zimmer beleuchtet sind und von außen kaum Licht mehr eindringt, kehren sich die Verhältnisse jedoch um. Bei nicht durch Gardinen verschleiertem Fenster und künstlich beleuchtetem Zimmer steht man für eine außenstehende Person gewissermaßen im „Rampenlicht" (Abb. 7.2). Man selbst blickt vom hellen Zimmer aus ins Dunkle und eine außenstehende Person bleibt einem weitgehend verborgen.

Wie gering bei Tage die Intensität des aus dem Zimmer zurückkommenden Lichts tatsächlich ist, kann man auch daran erkennen, dass die Spiegelbilder heller Gegenstände der Außenwelt auf der Fensterscheibe kaum durch das Gegenlicht aus dem Innern gestört werden, obwohl bei senkrechtem Einfallswinkel nur etwa 4 % des auftreffenden Lichts pro Grenzfläche reflektiert wird.

Abb. 7.2 Bei Dunkelheit bieten die Fenster einen nahezu uneingeschränkten Blick ins Innere einer Wohnung

7.2 Verwirrende Fensterspiegelungen

In manchen Situationen macht es Schwierigkeiten, von außen durch eine Fensterscheibe hindurchzublicken. Oft hilft es dann, dicht an die Scheibe heranzutreten und sich vielleicht noch mit den Händen von störendem Licht von außen abzuschirmen (Abb. 7.3 links). Dann könnte es schwerfallen, die physikalische Aussage zu akzeptieren, dass nur ein geringer Teil des auftreffenden Lichts an einer Scheibe reflektiert wird. Der Grund für diese Beobachtung ist, dass aus dem unbeleuchteten Innenraum noch weniger Licht kommt und unsere Augen sich auf die insgesamt geringe Helligkeit einstellen müssen. Das wird spätestens dann bemerkt, wenn man sich umdreht und auf die blendend hellen Objekte blickt, die in der Scheibe gespiegelt werden.

In einem solchen Fall gibt es Situationen, in denen das von innen durch die Scheiben dringende und das von außen in den Scheiben spiegelnd reflektierte Licht von etwa gleicher Intensität sind. Dann kann es zu surreal anmutenden Anblicken kommen, bei denen sich Außen- und Innenansichten überlagern, die aus ganz unterschiedlichen Kontexten stammen (Abb. 7.3 rechts). Geschäfte müssen daher paradoxerweise vor allem an hellen Tagen ihre Auslagen genügend hell beleuchten, damit man sie von außen sehen kann.

In der in Abb. 7.4 dargestellten Situation wollte ich mir vor Eintritt in ein Restaurant mit einer großen Glastür das Innere vorher anschauen. Ich musste

Abb. 7.3 Links: Eine nahezu perfekte Abbildung der Außenwelt. Rechts: Blick in das Innere eines Ladens. Man sieht mehr von der reflektierten Außenwelt als von den ausgestellten Produkten

Abb. 7.4 Der Blick durch eine Glastür ins Innere eines Gebäudes, das wie ein Sammelsurium von Ansichten wirkt, die aus dem Straßenleben und dem typischen Innenleben eines Restaurants stammen

meinen Körper als Schattengeber benutzen, um einen umfassenden Einblick ins Innere zu erlangen. Das durch meinen Körper in das reflektierte Bild der Außenwelt geschnittene Guckloch ermöglichte mir einen partiellen Einblick.

Interessanterweise wird der Bereich der Durchsichtigkeit noch dadurch vergrößert, dass die Spiegelung des bogenförmigen Eingangs des gegenüberliegenden Gebäudes ebenfalls kaum Licht abgibt und daher an der entsprechenden Stelle der Scheibe auch kaum reflektiertes Licht ankommt, sodass auch dadurch ein Guckloch entsteht. Rechts im Bild hat man dank einer Säule vor dem Laden einen ganzen Bereich, der von den Spiegelungen der Außenwelt verschont wird und einen ungestörten Einblick erlaubt.

7.3 Dominierende Reflexionen

Selbst wenn man sich beim Blick in spiegelnde Fensterscheiben an die Überlagerungen von inneren und äußeren Ansichten gewöhnt hat, gibt es Situationen, die sich als komplexe optische Rätsel offenbaren. In dem in Abb. 7.5 dargestellten Foto blickt man auf die Glasfront eines modernen Gebäudes, die sowohl aus senkrecht ausgerichteten als auch geneigten Glasscheiben be-

Abb. 7.5 Die blauen Flächen erwecken den Eindruck eines Lichtschutzes. In Wirklichkeit trifft dies nur in geringem Maße zu. Denn man sieht nur den geringen Teil des reflektierten Himmelslichts

steht. Letztere spiegeln dem Reflexionsgesetz gemäß dem unten in der Straße stehenden Betrachter das von schräg oben kommende Licht in die Augen.

In diesem Fall stammt es vom blauen Himmel – die Scheiben erscheinen blau. Und weil man ziemlich flach (also unter großem Reflexionswinkel) auf die Scheiben blickt, dominiert das reflektierte Licht. Die senkrecht ausgerichteten Scheiben spiegeln hingegen das von der gegenüberliegenden Häuserfront kommende Licht. Deren Fenster werden daher so naturgetreu wiedergegeben, als gehörten sie dort hin. Verräterisch ist allenfalls, dass die Fenster der Größe und Anordnung der reflektierenden Scheiben entsprechend ohne Rücksicht auf die tatsächlichen Begrenzungen ausgeschnitten werden und daher teilweise fragmentiert erscheinen. Eine Ausnahme bilden einige geneigte Scheiben auf der linken Seite, die nicht nur vom Himmelslicht, sondern auch noch vom Licht der oberen Fensterfront eines gegenüberliegenden höheren Gebäudes getroffen werden.

Wenn man vor dem Gebäude entlanggeht, merkt man auch an den wie Bewegungen wirkenden Verschiebungen der Reflexionen, dass hier irgendetwas nicht stimmt. Die auffällige Lichtstärke der Reflexionen ist darauf zurückzuführen, dass die reflektierte Fensterfront des gegenüberliegenden Gebäudes im hellen Sonnenlicht liegt. Das kann man auch an den Reflexen der Sonne durch einige gegenüberliegende Fenster erkennen, die die unteren blauen Scheiben teilweise aufhellen. Die Täuschungen waren so echt, dass ich selbst vor dem Gebäude stehend nur durch gedankliche Einbeziehung der geometrischen und optischen Unstimmigkeiten die Illusion zu entlarven vermochte.

7.4 Reale und virtuelle Einblicke können verwirren

Obwohl der Taxifahrer, der hier an sein Fahrzeug gelehnt diesen Blick vermutlich jeden Tag aufs Neue macht, wird er diesmal vielleicht über das optische Rätsel nachsinnen, das sich vor ihm auftut (Abb. 7.6). Wir haben es mit drei Gebäuden zu tun, deren Fronten viel transparentes Glas aufweisen. Vor ihm steht ein rundum verglaster Bau (Gebäude A), durch das hindurch er teilweise das dahinterliegende Gebäude (B) sieht. Teilweise blickt er schräg von unten gegen die Decke von A, die links oben deutlich zu erkennen ist, wo sie von einem Pfeiler unterstützt wird.

Vor dem Hintergrund dieser Decke sieht der Beobachter die spiegelnde Reflexion des hinter ihm liegenden Gebäudes C sehr deutlich, weil so gut wie kein störendes Gegenlicht auftritt. Unterhalb der Decke dominiert das von B

Abb. 7.6 Blick auf ein optisches Rätsel. Je nach Belichtung überwiegt die Transmission oder die Reflexion

ausgehende Licht, sodass von dem von C reflektierten Licht kaum etwas zu sehen ist. Lediglich in dem Bereich, in dem C vom Licht der tief stehenden Sonne beleuchtet wird, ist die Intensität des reflektierten Lichts fast so groß wie das von A ausgehende Licht. Hier macht sich die Überlagerung beider Lichteffekte störend bemerkbar.

Das scheinbar im Gebäude A stehende Auto ist ebenfalls eine Reflexion, und zwar eines Autos, das in etwa auf der Höhe des Beobachters parkt, aber als Original nicht auf dem Foto ist.

Das komplexe optische Szenario zeigt, wie stark spiegelnde Reflexionen des Lichts an Glasscheiben in Erscheinung treten und trotz aller Transparenz des Glases Verwirrung stiften können.

8

Lichtkreuze in Lichtkreisen

8.1 Gekrümmte Scheiben

Als ich diese von Lichtkreisen umgebenen Lichtkreuze (Abb. 8.1) zum ersten Mal bewusst wahrnahm, glaubte ich zunächst einer Lichtinstallation beizuwohnen. Noch während ich in meiner Betrachtung versunken hinter mir das Geräusch eines auf Kipp gestellten Fensterflügels hörte und gleichzeitig auf der gegenüberliegenden Häuserwand sah, wie eines der Lichtkreuze in die Höhe schnellte (Abb. 8.1. rechts), war mir der Ursprung dieser Abbildungen klar – sie wurden von den lichtreflektierenden Fenstern eines Gebäudes hervorgerufen.

Die Lichtkreuze können seit wenigen Jahrzehnten mit zunehmender Häufigkeit an Häuserwänden, Straßen und anderen Flächen vorwiegend in der Stadt entdeckt werden (Abb. 8.1). Sofern sie denn überhaupt zur Kenntnis genommen werden, sehen manche in ihnen ein göttliches Zeichen oder eine Botschaft von Außerirdischen. Dabei muss man sich nur umdrehen, um den natürlichen Ursprung dieses Phänomens zu entdecken. Dann blickt man nämlich auf mindestens ein Fenster, das im Licht der Sonne liegt und es auf die gegenüberliegende Häuserwand reflektiert (Abb. 8.2). Damit ist das Problem aber noch lange nicht gelöst. Denn man würde erwarten, dass die Lichtprojektionen der Form der Fenster entsprechen.

Dies ist bei ebenen und das heißt einfach verglasten Fenstern auch weitgehend der Fall. Seitdem aber aus Gründen der Wärmeisolierung fast nur noch Fenster mit doppelt oder sogar mehrfach verglasten Scheiben verbaut werden, sind die reflektierenden Scheiben im Allgemeinen nicht mehr eben,

Abb. 8.1 Die Doppelglasfenster des gegenüberliegenden Gebäudes reflektieren das Sonnenlicht in Form von Lichtkreuzen in Lichtkreisen an die Wand. Im rechten Foto erscheint einer der Reflexe nach oben versetzt, weil das entsprechende Fensterelement auf Kipp steht

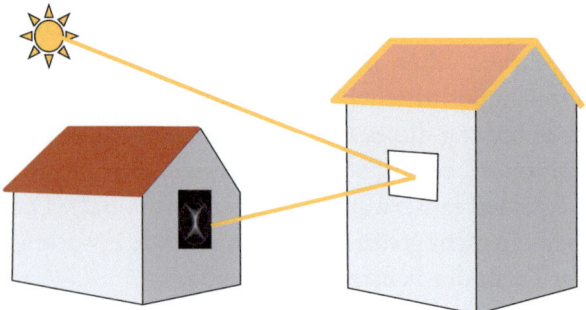

Abb. 8.2 Die Lichtstrahlen der Sonne werden von den beiden verformten Scheiben des Fensters (rechts) reflektiert und auf die gegenüberliegende Häuserwand projiziert

auch wenn man das nicht ohne Weiteres sieht. Die mehrfach verglasten Scheiben sind nämlich meist hohl- und wölbspiegelartig verformt. Obwohl moderne Floatglasscheiben an Präzision nichts zu wünschen übrig lassen, führt die Herstellung gewissermaßen zwangsläufig zu mechanischen Verformungen.

Doppelglasscheiben werden so konstruiert, dass zwei Glasscheiben durch einen Abstandhalter getrennt luftdicht miteinander verklebt werden. Der Zwischenraum enthält entweder trockene Luft oder ein anderes Gas. Entscheidend ist, dass der Luftdruck zwischen den Scheiben dem jeweiligen Außendruck entspricht, bei dem die Scheiben verklebt werden. Befindet sich beispielsweise die Fensterscheibenfabrik in München (518 m ü. NN) und wird das Fenster in Münster (60 m ü. NN) in ein Gebäude eingebaut, so werden sich die beiden Scheiben aufgrund des höheren Außendrucks am tiefer liegenden Ort nach innen wölben. Das Sonnenlicht trifft daher zunächst auf eine konkav und anschließend auf eine konvex gewölbte Scheibe (Abb. 8.3).

Der jeweils spiegelnd reflektierte Teil des Lichts wird folglich von der äußeren Scheibe fokussiert und von der inneren Scheibe defokussiert.

Da rechteckig eingespannte Scheiben längs der Diagonalen am stärksten gekrümmt werden, entwirft die konkav gekrümmte Scheibe auf der Projektionsfläche eine kreuzförmige Lichtfigur. Sie ist von einer Art Lichtkreis umgeben, der von der konvex gekrümmten Scheibe hervorgerufen wird. Obwohl sie das auftreffende Licht überwiegend zerstreuend reflektiert, kommt es beim Übergang der nach außen gewölbten Scheibe in die Ebene des Rahmens zu einer leicht konkaven Krümmung, die leicht fokussierend wirkt. Das macht sich auf der Projektionswand in Form einer mehr oder weniger deutlich ausgeprägten hellen Ellipse bemerkbar. (Quantitative Aussagen und Rechnungen findet man bei Schlichting 2004, Vollmer et al. 2014.)

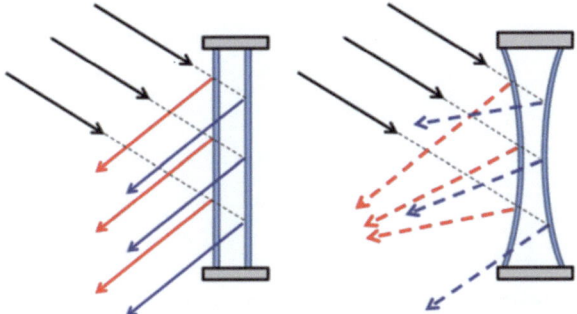

Abb. 8.3 Querschnitt durch eine Doppelglasscheibe im Druckgleichgewicht mit der Umgebung (links) und bei Unterdruck in der Scheibe. Die Lichtstrahlen werden an der vorderen Scheibe (rote Pfeile) fokussiert und an der hinteren Scheibe defokussiert

8.2 Ein einfaches Modell einer Doppelglasscheibe

Das Lichtkreuzphänomen kann mit Hilfe eines einfachen Modells untersucht werden. Dazu stellt man sich eine aus Plexiglas gefertigte Doppelscheibe her. Zwei Plexiglasscheiben der gewünschten Größe, durch einen schmalen Plexiglasstreifen am Rande auf Abstand gehalten, werden luftdicht zusammengeklebt. Wir haben gute Erfahrungen gemacht mit Plexiglas der Stärke 3 bis 5 mm und Scheiben in einer Größe von etwa 20 × 20 cm. Ein in den Abstandhalter eingebrachter Stutzen, an dem man einen passenden Schlauch fixiert, erlaubt es, den Luftdruck und damit die Verformung der elastischen Scheiben durch Blasen oder Saugen in definierter Weise zu verändern (Abb. 8.4). Außer einiger Sorgfalt beim luftdichten Verkleben der Scheiben erfordert die Konstruktion keine besonderen Fertigkeiten.

Lässt man ein intensives Lichtbündel auf die Scheibe fallen, so beobachtet man je nach Orientierung einen Lichtreflex an der Wand oder einem anderen Projektionsschirm, der bei Umgebungsluftdruck die quadratische Form der Doppelscheibe annimmt (Abb. 8.5 links). Wenn man mit Hilfe des Schlauches Luft aus der Doppelscheibe heraussaugt oder Luft hineinbläst, strukturiert sich der Reflex zu den bekannten Mustern des Lichtkreuzes im Lichtkreis (Abb. 8.5 Mitte und rechts). Die verschiedenen an den Häuserfronten zu verschiedenen Zeiten oder an verschiedenen Orten beobachteten Formen lassen sich auf diese Weise kontinuierlich durchlaufen.

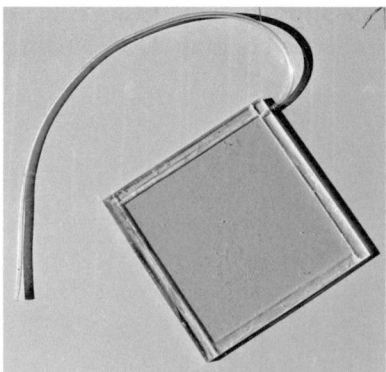

Abb. 8.4 Zwei Plexiglasscheiben auf Abstand zusammengeklebt als Modell einer Doppelscheibe. Mit einer Einwegspritze kann in definierter Weise Luft herausgepumpt werden

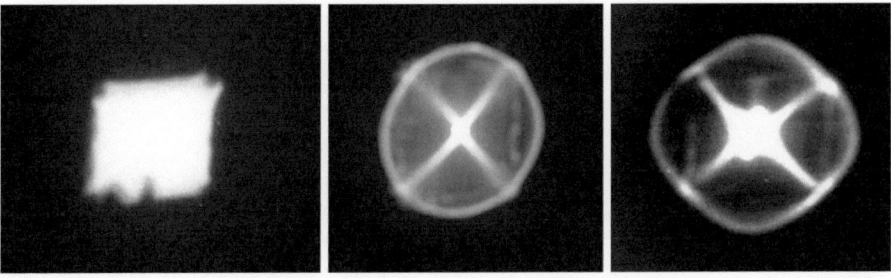

Abb. 8.5 Reflexe mit dem Plexiglasmodell. Links: beim Luftdruck der Umgebung, Mitte: bei niedrigerem Luftdruck, Rechts: bei höherem Luftdruck

8.3 Getönte Scheiben geben Aufschluss

Wie man sich leicht überlegen kann, entstehen bei umgekehrten Druckverhältnissen der Form nach die gleichen Lichtfiguren. Nach innen oder außen gewölbte Scheiben vertauschen lediglich ihre Rollen. Aus diesem Grund ist es im Allgemeinen kaum möglich, aus der Form der Lichtkreuze in Lichtkreisen zu schließen, wie die verursachenden Scheiben gekrümmt sind. Wenn jedoch beispielsweise die vordere Scheibe getönt ist, kann eine eindeutige Zuordnung der Krümmung zu den Scheiben erfolgen.

Das in Abb. 8.6 zu erkennende bläulich schimmernde Kreuz rührt von der getönten Frontscheibe her. Es lässt darauf schließen, dass sie konkav, also nach innen gekrümmt ist, und bei der Herstellung der Doppelglasscheiben ein niedriger Luftdruck herrschte als im Moment der fotografischen Aufnahme. Wegen des nunmehr höheren Außendrucks wird die Scheibe etwas eingedellt.

Weil Blauanteile des durch die äußere Scheibe hindurchgehenden Lichts reflektiert werden, ist der Blauanteil des durch sie hindurchgehenden Lichts vermindert. In dem von der konvex deformierten farblosen inneren Scheibe reflektierten Licht macht sich daher die Komplementärfarbe von Blau in einem leichten Gelbton bemerkbar. Das äußert sich in einem schwach gelb schimmernden Lichtoval um das blaue Lichtkreuz herum (Abb. 8.6 rechts).

Merkwürdigerweise liegen in der benachbarten Scheibe umgekehrte Verhältnisse vor. Daraus kann man schließen, dass die Scheibe – wenn sie in derselben Fabrik hergestellt wurde – zu einem anderen Zeitpunkt gefertigt worden sein muss, an dem ein deutlich unterschiedlicher Luftdruck herrschte. Normalerweise zeigen benachbarte Scheiben nämlich sehr ähnliche Reflexionsmuster, weil sie aus ein und derselben Charge stammen. Ort und Zeitpunkt der Herstellung schreiben sich also den Scheiben unwiderruflich ein.

Abb. 8.6 Farbige Lichtkreuze auf dem Asphalt. Links erkennt man ein blaues Kreuz mit gelbem Rand, rechts ein gelbes Kreuz mit blauem Rand. Letzteres ist rechts im Bild noch einmal vergrößert dargestellt

8.4 Die Doppelglasscheibe als „Barometer"

Nicht jeder Reflex an einer Doppelglasscheibe führt zu einem Lichtkreuz im Lichtkreis. Wenn der Druck im Inneren der Scheibe gleich dem Außendruck ist, kommt es zu keiner Krümmung und die beiden Teilreflexionen überlagern sich nahezu passgenau.

Aber diese Situation ist selten und sie kann sich sogar im Laufe der Zeit ändern. Davon konnte ich mich anschaulich überzeugen, als ich einige Jahre auf dem Weg zur Arbeit eine Straße benutzte, in der die Lichtkreuze an jedem Sonnentag zu sehen waren. Zum einen fiel mir bald auf, dass sich trotz der weitgehend gleichen Uhrzeit meiner Anwesenheit im Laufe des Jahres die Projektionen verschoben und sich auch die Höhen veränderten. Das war natürlich der jahreszeitlichen Änderung des Sonnenstands geschuldet. Erstaunlich fand ich jedoch zunächst, dass die Kreuze manchmal auch mit einer unterschiedlichen Form aufwarteten. Mal waren sie schlank und scharf abgebildet, mal fielen sie etwas kräftiger aus und schließlich gab es auch Situationen, in denen sich die Abbildungen äußerst unscharf darboten. Im letzteren Fall unterschieden sich die Projektionen der beiden Scheiben nur wenig (Abb. 8.7).

Die Ursache für diese zeitlichen Schwankungen ist auf die meteorologisch bedingten Änderungen des Luftdrucks zurückzuführen. Die damit einhergehenden Änderungen des Unterschieds zwischen Innen- und Außendruck machen sich in der Stärke der Deformation der Scheiben bemerkbar.

Da von jeder Scheibe bei senkrechtem Lichteinfall nur wenige Prozent des Lichts reflektiert werden, mag es erstaunen, dass die Lichtfiguren so deutlich zu

Abb. 8.7 An verschiedenen Tagen an derselben Häuserfront aufgenommene Lichtkreuze. Die Änderung ihrer Form zeigt die Änderung des äußeren Luftdrucks an. (Schlichting 2004)

erkennen sind. Dies ist vor allem der Tatsache zu verdanken, dass die Projektionswände naturgemäß meistens im Schatten liegen. Da durch die Lichtfokussierung die Helligkeit der Lichtkreuze größer ist als das unveränderte Sonnenlicht, kann man sie manchmal auch an sonnenbeschienenen Stellen sehen.

Eine ideale Abbildung der Lichtkreuze ist nur möglich, wenn der Abstand der näherungsweise wie ein etwas aus der Form gekommener Hohlspiegel wirkenden Scheiben von der Projektionswand (meist der gegenüberliegenden Häuserfront) gleich der Brennweite desselben ist. Allerdings sind die Lichtkreuze auch bei stärkeren Abweichungen von der idealen Entfernung zumindest im Schatten oft noch als solche zu erkennen (Abb. 8.7).

8.5 Lichtkreuz im Quadrat

Wer auf Lichtkreuze achtet, wird zuweilen auf grundlegende Abweichungen stoßen. In der Abb. 8.8 ist neben dem Kreuz und dem Kreis ein diesen Figuren einbeschriebenes Rechteck zu erkennen. Diese Projektion eines quadratischen Reflexes verweist auf eine dritte Scheibe, die zwischen den beiden äußeren Scheiben angebracht ist. In jüngster Zeit werden nämlich wegen ihrer

Abb. 8.8 Innerhalb des Lichtkreises ist neben dem Lichtkreuz ein helles Rechteck zu erkennen. (Foto: Rainer Wirz)

noch besseren Wärmedämmung immer mehr dreifach verglaste Fenster verbaut. Und diese dritte Scheibe lässt sich nicht ohne Weiteres verformen.

Da bei der Herstellung der Dreifachscheibe in der von der inneren Scheibe getrennten vorderen und hinteren Kammer derselbe Luftdruck „konserviert" wurde, erfährt die mittlere Scheibe von der einen und der anderen Seite dieselbe Druckkraft, sodass es keinen Anlass für eine Verformung gibt.

Die beiden in direkter Verbindung mit der Außenwelt stehenden Scheiben sind jedoch nach wie vor dem äußeren Luftdruck ausgesetzt und reagieren wie Doppelglasscheiben auf Luftdruckunterschiede und die damit verbundenen Deformationen. Es entstehen die gleichen Lichtkreuze im Lichtkreis. Die nicht gebogene innere Scheibe trägt lediglich zu einer gewissen gleichmäßigen Aufhellung bei.

8.6 Sternförmige Lichtkreise

Da nicht jedes Fenster rechteckig ist, begegnet man im Alltag auch Lichtprojektionen, die von anders geformten Doppelglasscheiben herrühren. So trifft man beispielsweise Projektionen an, die von Reflexen dreieckiger Scheiben herrühren, wie sie zuweilen im Giebelbereich von Satteldachhäusern zu finden sind (Abb. 8.9).

Abb. 8.9 Dreieckig geformte Doppelglasscheiben führen zu dreieckigen Reflexen mit entsprechenden Projektionen. Die ebenfalls abgebildeten Reflexe der rechtwinkligen quadratischen Scheiben zeigen nur geringe Deformationen und verweisen auf einen nur geringfügig vom äußeren Luftdruck abweichenden Druck. (Foto: Sylvia Zinser)

Neben den dreieckigen befinden sich rechteckige Scheiben. Ihre Reflexionen zeigen so gut wie keine Deformationen. Daraus kann man schließen, dass sie als Sonderanfertigungen nicht zur selben Zeit und/oder am selben Ort wie die rechteckigen angefertigt wurden. Jedenfalls herrschte ein anderer Luftdruck.

8.7 Deformierte Spiegelungen

Die Krümmung der Doppelglasscheiben macht sich nicht nur in den Lichtkreuzen und Lichtkreisen als Ergebnis der Reflexion des Sonnenlichts bemerkbar. Auch das von beliebigen hellen Gegenständen ausgehende Licht erfährt in der Reflexion an den deformierten Scheiben charakteristische Veränderungen (Abb. 8.10). Der entgegengesetzten Krümmung der Doppelglasscheiben entsprechend findet man zwei unterschiedliche Spiegelbilder vor. Sowohl die konkave als auch die konvexe Scheibe zeigen ein aufrechtes Bild der hellen Umgebung. Wegen der geringen Krümmung befindet man sich in beiden Fällen innerhalb der einfachen Brennweite dieser als riesiger konkaver und konvexer Glasspiegel wirkenden Scheiben. Im Fall der konkaven Scheibe führt

Abb. 8.10 Überlagerung der beiden Spiegelbilder der Scheiben eines Doppelglasfensters. Die konkave, hohlspiegelartig verformte Scheibe führt zu einer Vergrößerung der gespiegelten Gegenstände (oberes Abbild) und der konvexen, wölbspiegelartig verformten Scheibe ist die verkleinerte Abbildung (unteres Abbild) zu verdanken

dies zu einer Vergrößerung des Abbildes, wie man es beispielsweise von einem Schminkspiegel kennt. Die konvexe Scheibe hat indessen eine Verkleinerung des Spiegelbildes zur Folge, wie es bei verspiegelten Weihnachtsbaumkugeln beobachtet werden kann.

Einen unmittelbaren Eindruck von der Krümmung der Scheiben kann man sich durch die Spiegelung von Gegenständen verschaffen, die eine regelmäßige Struktur aufweisen. Das ist zum Beispiel der Fall, wenn der Scheibe eine Fläche mit einer karoartigen Struktur gegenüberliegt, die dann die typischen Verzeichnungen der beiden Scheiben offenbart (Abb. 8.11).

Da die Spiegelung auf der hinteren Scheibe wegen der Intensitätseinbußen beim doppelten Durchgang des Lichts durch die vordere Scheibe etwas dunkler ausfällt, ist sogar eine eindeutige Zuordnung der Verzeichnungsmuster möglich. In diesem Fall sind die vordere Scheibe konkav und die hintere konvex gekrümmt. Im Zwischenraum der beiden Scheiben herrscht also ein geringerer Druck als außen.

Wenn sich zwei Fensterfronten aus gleichartigen Fenstern gegenüberliegen, kann es zu ästhetisch ansprechenden Reflexionsmustern in den Doppelglasscheiben kommen (Abb. 8.12). Diese beziehen ihre Wirkung vor allem aus der einfachen quadratischen Form und der Vielzahl der Spiegelbilder ähnlich verformter Scheiben. Die Betonung liegt auf „ähnlich". Schaut man genauer hin, so erkennt man, dass der Reiz gerade in den zahlreichen Variationen eines

Abb. 8.11 Die Abbildung der karoartigen Struktur des gegenüberliegenden Gebäudes lässt darauf schließen, dass innerhalb der Scheibe ein geringerer Luftdruck herrscht als außerhalb

Abb. 8.12 Ästhetisch ansprechende Reflexionsmuster, die durch die Spiegelung einer gleichartigen gegenüberliegenden Fensterfront hervorgebracht werden. (Buildings of the Brookfield Place Complex)

Grundmusters besteht. Diese Variationen lassen auf individuelle Unterschiede bei der Fertigung der Doppelscheiben schließen. Die große Ähnlichkeit in Gruppen benachbarter Scheiben deutet zudem darauf hin, dass diese Scheiben jeweils aus Chargen stammen, die im gleichen Zeitraum am selben Ort hergestellt wurden.

Literatur

Schlichting, H. J. (2004). Lichtkreuze in Lichtkreisen Der mathematische und naturwissenschaftliche Unterricht 57/8 467–74

Vollmer M. et al. (2014). Double pane windows - elastic deformations, gas thermodynamics, thermal and optical phenomena. Eur. J. Phys. 35, 045023.

9

Wenn Fenster auf Kipp stehen

9.1 Fenster als Sonnenstrahlteiler

Die schon etwas tief stehende Sonne blendet mich, bis ich im Schatten des Hauses verschwinde, auf das ich zugehe. Doch im Eingangsbereich gerate ich erneut ins Licht. Diesmal kommt es jedoch von hinten und projiziert gleich zwei Schatten meiner selbst auf die Wand (Abb. 9.1, linkes Foto). Wie kann das sein? Einerseits gehe ich der Sonne entgegen und andererseits geht mir jetzt ein Doppelschatten voraus. Ich drehe mich um und werde gleich zweimal vom gleißenden Licht getroffen (Abb. 9.1, rechtes Foto): Zwei Fenster reflektieren das Sonnenlicht genau auf die Eingangstür des Hauses, das ich gerade im Begriff bin zu betreten.

Normalerweise kann nur eine Scheibe genau im passenden Winkel stehen und das weitgehend parallele Sonnenlicht auf eine bestimmte Stelle lenken. Das ist in diesem Fall – erster Zufall – der Eingangsbereich des Gebäudes. Beim genauen Hinsehen erkennt man jedoch, dass das untere Fenster – zweiter Zufall – auf Kipp steht. Und der Winkel der Scheibe ist – dritter Zufall – gerade so, dass sich in diesem Moment beide reflektierten Lichtbündel im Eingangsbereich treffen und jedes aus einer leicht unterschiedlichen Richtung kommend einen eigenen Schatten meiner Person wirft.

Abb. 9.1 Zwei Fenster reflektieren das Licht der tief stehenden Sonne. Weil eines der Fenster auf Kipp steht, reflektieren sie das Licht in zwei unterschiedliche Richtungen (rechts). Die Lichtbündel treffen sich zufällig im Eingangsbereich des Gebäudes und rufen zwei geringfügig gegeneinander verschobene Schatten hervor (links)

9.2 Die gespiegelte Sonne schaut aus dem falschen Fenster

Als ich eines Tages auf einem Bahnhofsvorplatz die Wartezeit auf einen verspäteten Zug überbrücke, wird mein Blick von der Spiegelwelt in einem Wasserbecken gefangen (Abb. 9.2). Ein von der Sonne hell beleuchtetes Gebäude wird im ruhigen Wasser wie in einem auf dem Boden liegenden Spiegel reflektiert.

Aber ich habe den Eindruck, dass hier etwas nicht stimmt. Spiegel sollten doch eigentlich naturgetreue Abbilder von Gegenständen liefern. In den Bildern ebener Spiegel bleiben Längen und Winkel erhalten, nur die Seiten der Objekte erscheinen vertauscht. Doch der Sonnenreflex in der zweiten Fensterreihe des Gebäudes strahlt in der Spiegelwelt des Wassers aus einem anderen Stockwerk heraus, nämlich dem nächsthöheren (Abb. 9.2)! (Mit „höher" wollen wir auch in der Spiegelwelt das beschreiben, was näher am Spiegeldach liegt.)

Abb. 9.2 Spiegelungen in der realen und in der Spiegelwelt. Der Sonnenreflex scheint in der Spiegelwelt im Wasser aus dem Fenster des nächsthöheren Stockwerks zu kommen, als es in der realen Welt der Fall ist

Die naheliegende Frage lautet: Muss sich der Sonnenreflex, den wir im realen Fenster sehen, auch in dessen Spiegelbild befinden? Überprüfen wir diese stillschweigende Voraussetzung, indem wir uns die Situation im Strahlenbild des Lichts vor Augen führen: Die Sonnenstrahlen treffen parallel auf die Fenster und werden spiegelnd reflektiert (Abb. 9.3 links). Das Licht der im oberen Fenster reflektierten Sonne fällt dabei gemäß Reflexionsgesetz – Einfallswinkel gleich Reflexionswinkel – in unser Auge. Das im darunterliegenden Fenster reflektierte Licht fällt hingegen zunächst auf die Wasseroberfläche und wird erst von dort ins Auge reflektiert. Wie bei jeder Spiegelung kann das Auge von dieser Umlenkung des Lichts nichts „wissen". Das zweimal reflektierte Sonnenlicht scheint daher von einem Ort zu kommen, der am Ende der geradlinigen Verlängerung des eintreffenden Lichtstrahls liegt. Und dieser Ort befindet sich aus der Beobachterposition gerade an einer Stelle, an der das Spiegelbild eines anderen Fensters liegt, als man intuitiv erwarten würde.

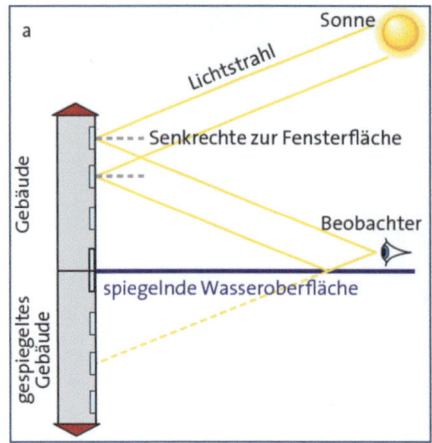 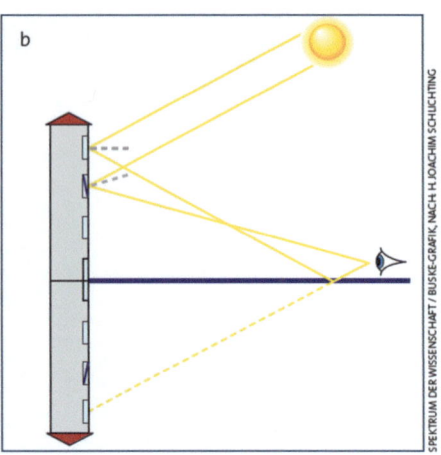

Abb. 9.3 In der Spiegelwelt müsste sich der Sonnenreflex im nächstniedrigeren Fenster befinden (links). Aus dem nächsthöheren Fenster würde er dann zu sehen sein, wenn das reflektierende Fenster auf Kipp stünde (rechts)

Erwarten würde man nämlich, dass das Licht aus einem höheren und nicht aus einem niedrigeren Fenster der Spiegelwelt kommt. (Eine gewisse Beruhigung angesichts dieser scheinbaren Diskrepanz zwischen Realität und physikalischer Beschreibung stellt sich ein, wenn man auch diese Situation tatsächlich beobachten kann (Abb. 9.4).

Vielleicht hilft es weiter zu überlegen, welche Wege die Lichtstrahlen einschlagen müssten, damit die in Abb. 9.2 beobachtete Situation zustande kommt. Die von den Fenstern reflektierten Lichtstrahlen müssen einander überkreuzen, denn nur so wäre eine „Vertauschung" der Reflexe möglich (Abb. 9.3 rechts). Andererseits können sich Lichtstrahlen niemals überschneiden, wenn sie aus derselben Richtung kommen.

Wenn wir nicht gleich die Gesetze der Lichtausbreitung in Zweifel ziehen wollen, ist es am einfachsten anzunehmen, dass die Fenster möglicherweise doch nicht senkrecht orientiert sind. Und siehe da, plötzlich ist es nicht mehr schwierig, sich die Situation vorzustellen: Das spiegelnde Fenster in Abb. 9.2 steht offenbar auf Kipp, ist also gegen die Senkrechte ins Innere des Gebäudes geneigt (siehe Abb. 9.3 rechts).

Wer noch zweifelt, kann das Ergebnis sogar überprüfen. Betrachten wir das Foto in Abb. 9.2 im Licht der gesammelten Erkenntnisse erneut, erkennen wir am oberen Ende des ansonsten überbelichteten Fensters einen rudimentären Schattenstreifen. Genau dieser Schattenstreifen tritt auch bei anderen Fenstern in der oberen Fensterreihe auf und lässt sich mit der Kippstellung der Fenster erklären.

9 Wenn Fenster auf Kipp stehen

Abb. 9.4 In diesem Fall scheint der Reflex in der Spiegelwelt aus dem nächstniedrigeren Fenster so zu kommen, wie es gemäß Abb. 9.3 rechts sein sollte

Man sieht: Die Lösung des Problems erfordert nicht nur die Kenntnis der physikalischen Gesetze, sondern auch das kreative Vermögen, stillschweigende Voraussetzungen – Fenster sind stets vertikal – zu erkennen und zu überwinden.

Gekippte Fenster sind auch in anderer Hinsicht interessant. Wenn in einer Fensterfront der blaue Himmel reflektiert wird und ein gekipptes neben einem geschlossenen Fenster liegt, sieht man meist unterschiedliche Blautöne (Abb. 9.5). Die gekippten Fenster weisen ein dunkleres Blau auf als die geschlossenen. Denn sie reflektieren Licht aus höheren Himmelregionen. Darin macht sich bemerkbar, dass man zum Zenit hin durch eine dünnere Atmosphärenschicht hindurch in den dunklen Weltraum blickt, als wenn man auf den horizontnahen Himmel schaut. In dieser Richtung ist der Weg des Sonnenlichts viel länger, sodass die Lichtstreuung wesentlich ausgeprägter ist und letztlich zu einer stärkeren Aufhellung des Himmels – der indirekten Beleuchtung der Welt – führt.

Abb. 9.5 Die gekippten Fenster zeigen, dass der Himmel in höheren Regionen in einem dunkleren Blau leuchtet

9.3 Ein Fenster – zwei Abbildungen

Nicht nur Schatten und Spiegelbild geraten zuweilen in Konkurrenz. In der folgenden Situation (Abb. 9.6) sind es zwei Projektionen des durch das Fenster ausgeschnittenen Lichts von außen, die auf dem Fußboden reflektiert werden. Schaut man sich die beiden Abbilder genauer an, so fallen einige typische Unterschiede auf. Eines der Bilder ist wie ein Schatten stationär. Es handelt sich um eine Projektion des durch das Fenster dringenden Sonnenlichts, das auf dem Fußboden wie auf einer Leinwand diffus in alle Richtungen reflektiert (gestreut) wird. Das andere Abbild des Fensters ist leicht als Spiegelung zu identifizieren: Es bewegt sich mit dem Beobachter mit und scheint außerdem aus dem Raum unterhalb des Bodens herauszuleuchten.

Wie kann der glatte Fußboden gleichzeitig als eine das Licht diffus reflektierende Projektionswand und als Spiegel fungieren? Was hier auf den ersten Blick als Widerspruch erscheint, ist jedoch der allgemeine Fall einer Reflexion. Jeder nicht perfekte Spiegel ist auch eine Projektionswand und reflektiert das Licht teilweise diffus und teilweise spiegelnd. Man sieht in der in Abb. 9.6 dargestellten Situation das diffus reflektierte Sonnenlicht; das spiegelnd reflektierte Sonnenlicht sieht man nicht. Im Übrigen wäre die Projektion des

Abb. 9.6 Das durch das Fenster einfallende Licht wird zum einen diffus und zum anderen spiegelnd reflektiert. Es deutet auf eine unterschiedliche Herkunft hin

Fensters auf dem Fußboden gar nicht zu sehen, wenn dieser ein perfekter Spiegel wäre.

Diese Einsicht führt jedoch zu einer weiteren Frage. Warum sieht man dann im vorliegenden Fall überhaupt eine Spiegelung? Weil die Spiegelung von einer anderen Lichtquelle herrührt, nämlich von einem Teil des strahlend blauen Himmels. Das Himmelblau verrät sich im Übrigen durch die blassblaue Färbung des Spiegelbilds.

Zwar ist das Himmelslicht letztlich auch (gestreutes) Sonnenlicht und man hat es mit einer Art indirekter Beleuchtung durch die Sonne zu tun. Hier kommt es jedoch nicht auf diese Gemeinsamkeit an, sondern gerade darauf, dass Sonne und Himmel als unterschiedlich positionierte Lichtquellen in Erscheinung treten.

Als merkwürdig könnte schließlich die Beobachtung angesehen werden, dass das Spiegelbild mit der Positionsänderung des Beobachters mitläuft und wir scheinbar stets dieselbe Spiegelung des Fensters sehen (Abb. 9.6). Es *scheint* in der Tat nur so. Denn wegen der Grenzenlosigkeit und weitgehenden Uniformität des Himmelblaus fällt nicht weiter auf, dass ständig andere Himmelausschnitte spiegelnd reflektiert werden.

Demgegenüber ist die Sonne nur aus einer Richtung zu sehen. Und das ist der Grund dafür, dass man das Spiegelbild der Sonne auch nur aus einer Richtung sehen kann. Nimmt man nämlich die Position (Einfallswinkel = Ausfallswinkel) ein, in der das Spiegelbild schließlich teilweise mit dem Projektionsbild zur Deckung kommt, dann wird man vom reflektierten Sonnenlicht stark geblendet. Die Sonne nimmt dann einen Teil des reflektierten Himmelsausschnitts ein.

Bleibt die Frage, ob man neben dem spiegelnd reflektierten auch etwas vom diffus reflektierten Himmelslicht sehen kann. Man kann, denn der ganze Raum wird ja beleuchtet und liegt nicht etwa im Dunkeln.

10

Fensterglasfarben

10.1 Die grüne Unendlichkeit

Ist Fensterglas wirklich farblos? Diese Frage stellte sich mir vor einiger Zeit, als ich mit einigen anderen Menschen in einem Fahrstuhl fuhr, der mit einander gegenüberliegenden Spiegeln ausgestattet war. Die Parallelanordnung der beiden Spiegel hatte nämlich zur Folge, dass sie nicht nur die Personen reflektierten, sondern einander auch die Spiegelbilder, die Spiegelbilder der Spiegelbilder usw. zuwarfen. Ich fotografierte diese Situation und stellte fest, dass die Spiegel nicht streng parallel zueinander angebracht waren. Denn die quasi unendliche Folge der Abspiegelungen bog kurz vor der Unendlichkeit nach oben weg (Abb. 10.1).

Doch ebenso auffällig wie diese Krümmung ist ein Grünschimmer, der die späteren Reflexionen auszeichnet. Woher kommt dieses Grün? Vom Glas, denn dieses ist offenbar doch nicht perfekt transparent. Wenn das Licht das Spiegelglas durchläuft, bevor es an der metallischen Rückseite reflektiert wird, bleibt ein winziger Bruchteil im Glas stecken – es wird absorbiert. Die Glasscheibe reflektiert das Licht dann abzüglich dieses absorbierten Anteils, die Komplementärfarbe, und erhält dadurch einen geringfügigen Grünschimmer, den man aber bei normal dicken Scheiben nicht sehen kann. Blickt man aber auf die Kante einer Scheibe, so erscheint alles in ein intensives Grün getaucht (Abb. 10.2 links): Das Licht hat einen sehr großen Glasquerschnitt durchquert und beträchtliche Anteile der Komplementärfarbe von Grün verloren.

Beim „Unendlichkeitsspiegel", der aus normal dicken Scheiben besteht, bekommt man den Grünton des Glases trotzdem zu sehen. Denn wenn das

Abb. 10.1 Nach einigen Spiegelungen der Spiegelungen … breitet sich ein deutlicher Grünschimmer aus

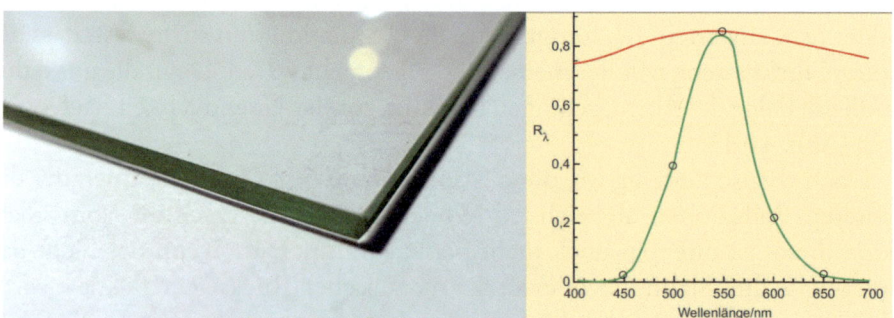

Abb. 10.2 Links: Der Blick auf die Kante einer Glasscheibe offenbart, dass Glas grün ist. Rechts: Das Verhältnis der reflektierten zur eingestrahlten Lichtintensität R_λ als Funktion der Wellenlänge des Lichts nach einer Reflexion (rot) und 50 Reflexionen (grün) (Lee et al. 2004)

reflektierte Licht vom gegenüberliegenden Spiegel abermals reflektiert wird und dieser nichts Eiligeres zu tun hat, als es wieder zurückzuwerfen usw., durchläuft das Licht bei jeder Reflexion das Glas. Dadurch summieren sich nach einer hinreichend großen Zahl von Reflexionen die kurzen Strecken durch das Glas zu einer beträchtlichen Dicke auf und führen schließlich zu der beobachteten Grüntönung.

Wie stark der Einfluss der Absorptionen auf die Farbe des Lichts ist, wurde eingehend untersucht (Lee et al. 2004). Abb. 10.2 rechts zeigt die spektrale Intensität des Lichts R_λ nach *einer* (rote Kurve) und nach *50 Reflexionen* (grüne Kurve). Während nach *einer* Reflexion noch alle Wellenlängen fast gleich stark vertreten sind, findet man nach *50 Reflexionen* ein deutlich eingeschränktes Spektrum mit einem Maximum bei einer Wellenlänge von 550 nm, die dem grünen Licht entspricht. Es sind also vor allem Lichtanteile im langwelligen und kurzwelligen Bereich absorbiert worden.

10.2 Farben in der Spiegelwelt

Auf einer abendlichen Fahrt mit der Regionalbahn glaubte ich es zunächst meiner Müdigkeit zuschreiben zu müssen, dass die Reflexion meines Abteils in der Scheibe durch zarte psychodelisch anmutende Farben untermalt erschien. Doch es zeigte sich, dass dort wirklich Farben zu sehen waren, die aus ganz bestimmten Betrachtungswinkeln und vor geeigneten Hintergründen deutlich hervortraten (Abb. 10.3 und 10.4).

Wie ich schließlich herausfand, ist für diese Farberscheinungen vor allem eine nicht direkt wahrnehmbare Kunststofffolie verantwortlich, mit der die Scheiben dieses Zugs überzogen sind. Sie hat die sicher nicht beabsichtigte Eigenschaft doppelbrechend zu sein und beim Durchgang von polarisiertem Licht Farberscheinungen hervorzubringen. Ein schöner Nebeneffekt also.

Abb. 10.3 Bunte Farben auf der gespiegelten Ablage im Fenster eines Regionalzuges ziehen die Aufmerksamkeit auf sich

Abb. 10.4 Im Ausschnitt aus Abb. 10.3 sind die in Ringen angeordneten Farben gut zu erkennen

Linear polarisiertes Licht (siehe Kap. 5) unterscheidet sich von normalem Licht dadurch, dass es nur in einer Ebene schwingt. Wenn normales, also weitgehend unpolarisiertes Licht an der glatten Grenzfläche zur glänzenden Ablage vor dem Fenster reflektiert wird, wird es teilweise linear polarisiert. Diese Polarisation ist unter dem Brewster-Winkel maximal.

Wird dieses polarisierte Licht anschließend abermals am besten unter dem Brewster-Winkel von der Fensterscheibe in unsere Augen oder auf den Chip der Kamera reflektiert, muss es die Folie auf der Scheibe passieren. Die Folie hat die Eigenschaft, doppelbrechend zu sein, wodurch das sie durchdringende Licht in zwei Teilwellen unterschiedlicher Geschwindigkeit zerlegt wird. Auf diese Weise kommt es zu einer Phasenverschiebung zwischen den beiden Teilwellen.

Davon würde man normalerweise gar nichts merken, wenn das in dieser Weise modifizierte Licht nicht auf die Fensterscheiben aufträfe und von diesen abermals unter dem Brewster-Winkel ins Auge des Betrachters reflektiert und dabei erneut polarisiert würde. Dabei fallen die verschiedenen Teilwellen wieder zusammen und überlagern sich (interferieren). Aufgrund der durch die Doppelbrechung bewirkten Phasenverschiebung kommt es zu Verstärkungen und Abschwächungen bestimmter Wellenlängen des sichtbaren Lichts, d. h. zu einzelnen Farben.

Da die Bedingungen für die Farbentstehung nur unter bestimmten Winkeln erfüllt sind, treten sie nur an den entsprechenden Stellen auf. Aber

10 Fensterglasfarben

Abb. 10.5 Die Farben in den Fensterscheiben entstehen beim Durchgang des Lichts durch das folienbewehrte gläserne Vordach

nachdem man zufällig die Farben gesehen hat, stellen wir uns meist mit einer kleinen Suchbewegung automatisch auf die passende Blickrichtung ein. Die Qualität der Farbwahrnehmung in der Spiegelwelt variiert mit der Beschaffenheit des jeweiligen Hintergrunds.

Manchmal erscheinen die bunten Farben an einer ganz anderen Stelle als an jener, wo sie „erzeugt" werden. In Abb. 10.5 erkennt man das u. a. daran, dass in diesem Fall die in bunten Farben erstrahlende obere Fensterreihe nicht ursächlich mit der Farbentstehung zusammenhängt. Die Kunststoffrahmen der Fenster reflektieren ebenfalls farbiges Licht. Verantwortlich für die Entstehung der Farben ist abermals eine Kunststofffolie, mit der das schräge, gläserne Vordach überzogen ist (Abb. 10.6).

Anders als in der Situation in der Regionalbahn muss das auf das Vordach auftreffende Licht aber bereits polarisiert sein. Diese Voraussetzung ist immer dann erfüllt, wenn es bei klarem blauem Himmel aus einer Region kommt, die senkrecht zur Strahlrichtung der Sonne orientiert ist.

Übrigens lässt sich die Farberscheinung in großer Deutlichkeit mit einer Overheadfolie hervorrufen, die man zwischen zwei Polarisationsfolien legt. Dieses nach einem ihrem Erfinder Michael Berry „Berry Sandwich" (Berry 1999) benannte Folienset macht es möglich, das Phänomen mit jeder Lichtquelle hervorzubringen. Im polarisierten Licht (z. B. bei Himmelslicht aus passender Richtung) kann man die äußere Folie natürlich weglassen.

Abb. 10.6 Wegen der Kräuselung ist die Folie am Rand der Glasscheibe gut zu erkennen

10.3 Lichtspiele auf der Rollladenrückseite

Wenn man einen normalen Kunststoffrolladen nur so weit herunterlässt, dass die Schlitze in den Lamellen offenbleiben, bietet sich einem manchmal ein rätselhafter Anblick. Der Eindruck, wie man ihn vom teilverdunkelten Zimmer aus gewinnt, ist ein auf den ersten Blick völlig ungeordnetes Über- und Nebeneinander von Lichtstreifen (Abb. 10.7). Die Details des Geschehens lassen sich aber entschlüsseln. Dabei ist hier von Vorteil, dass die Fenster nicht gut geputzt waren – dadurch wird die Richtung des einfallenden Sonnenlichts sichtbar.

Es fällt von schräg links oben durch die Schlitze auf die Scheibe und wird von dort auf die Rückseite der Lamellen reflektiert. Davon zeugen je zwei parallele, übereinander angeordnete und leicht gegeneinander verschobene Reihen von weiß-beigen Streifen (Abb. 10.8).

Wenn man nur eine Reihe mit einem einfachen Streifen zu sehen bekäme, wäre die Erklärung für deren Zustandekommen schnell bei der Hand: Das einfallende Sonnenlicht bildet die Streifen durch spiegelnde Reflexionen in der Fensterscheibe auf die Lamelle ab. Von dort gelangt das Licht dann durch diffuse Reflexion ins Auge beziehungsweise in die Kamera. Diffus heißt, dass das Licht in alle Richtungen ausgestrahlt wird.

Aber wieso tritt der helle Streifen im leicht zueinander versetzten Doppelpack auf? Nicht nur die vordere Grenzschicht der Scheibe reflektiert einen Teil des Lichts (etwa vier Prozent), sondern auch die Rückseite. Und da diese

10 Fensterglasfarben   133

Abb. 10.7 Auf den ersten Blick bietet sich ein völlig ungeordnet erscheinendes Lichtszenario, wenn man die Lamellen einer Jalousie nicht ganz herabgelassen hat. Dann werden die dazwischenliegenden Öffnungen vom einfallenden Licht durchstrahlt

Abb. 10.8 In diesem Ausschnitt sind die Spiegelbilder (rechts unten) deutlich zu sehen. Man erkennt unterhalb des Schlitzes vier Spiegelbilder, von denen jeweils zwei heller sind als die beiden anderen

ein kleines Stück (etwa fünf Millimeter) weiter vom Loch entfernt ist, verschieben sich die Reflexe leicht gegeneinander. Das meiste Licht geht indessen durch die Scheiben hindurch ins Zimmer.

Da wir es hier mit einer Doppelglasscheibe zu tun haben, tritt eine weitere Reihe von Doppelreflexen etwas weiter nach unten verschoben auf. Im Prinzip wären weitere Aufhellungen durch Reflexionen zwischen den Scheiben untereinander zu erwarten – Reflexionen von Reflexionen von Reflexionen … Die Intensität ist allerdings so gering, dass man von höheren Reflexionsordnungen hier nichts sehen kann.

Getrennt von und zusätzlich zu diesen weiß-beigen projizierten Streifen fallen außerdem eine Reihe hellblauer Exemplare auf. Sie unterscheiden sich von den Ersteren nicht nur durch die Farbe, sondern vor allem durch eine im Foto nicht direkt zu erkennende weitere Eigenschaft: Ihre Lage hängt vom Blickwinkel ab. Verändert man seine Position, so verschieben sich auch die Streifen. Sie zeigen den Ausschnitt des blauen Himmels, den man von der jeweiligen Position aus durch die Öffnungen auf den Hintergrund der Lamellen gespiegelt sieht.

Wir könnten ebenso direkt durch die Schlitze blicken und würden jeweils einen anderen Ausschnitt des Himmels zu Gesicht bekommen. Demgegenüber wäre der direkte Blick auf die Sonne nur durch einen einzigen Schlitz möglich (und sollte ohnehin unterlassen werden).

Bemerkenswert sind die Anzahl und die Anordnung der spiegelnd reflektierten hellblauen Streifen. Um zu verstehen, wie es dazu kommt, muss man sich die möglichen Lichtwege durch die Doppelglasscheibe genauer anschauen. Da wir hinter der Scheibe stehen, sind im einfachsten Fall zwei Reflexionen an den Grenzflächen der Scheiben nötig. Bei einer höheren geraden Anzahl von Reflexionen treten zwar weitere Spiegelungen der Streifen auf. Unter den hier gegebenen Bedingungen reicht aber dann die Intensität des reflektierten Lichts meist nicht mehr aus, um weitere sichtbare Bilder hervorzurufen.

Das Lichtbündel des schräg von oben einfallenden Lichts gelangt auf sechs unterschiedlichen Lichtwegen in unsere Augen, die in der Grafik (Abb. 10.9 links) zunächst voneinander getrennt und dann in Überlagerung (Abb. 10.9 rechts) eingezeichnet wurden, wie es dem realistischen Fall entspricht. Die Lichtwege enden bei einer Reflexion je nach der Entfernung der Grenzflächen voneinander nach unten versetzt. Bei einer Reflexion innerhalb einer Scheibe ist der Versatz so klein, dass die Spiegelbilder direkt aneinander angrenzen. Bei einer Reflexion zwischen den beiden Scheiben tritt eine deutliche Trennung der Spiegelbilder auf.

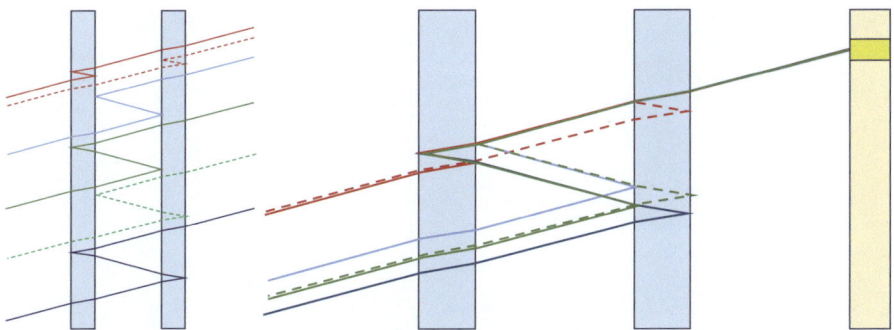

Abb. 10.9 Links: Das durch einen Lamellenschlitz einfallende Licht gelangt im einfachsten Fall (zwei Reflexionen) auf sechs Lichtwegen ins Auge des Betrachters. Sie wurden hier der Anschauung wegen voneinander getrennt dargestellt. Rechts: Jeweils zwei der Lichtwege sind gleich lang und überlagern sich, sodass insgesamt vier Spiegelbilder zu sehen sind

Im einfachsten Fall hat man es mit einer doppelten Reflexion in einer der beiden Scheiben zu tun. Die beiden Wege (rot und rot gestrichelt) des Lichts sind in diesem Fall gleich lang und auch der Versatz ist gleich groß. Daher überlagern sich die Lichtbündel und rufen ein vergleichsweise intensives Spiegelbild des Lichtstreifens unterhalb der Öffnung in der Lamelle hervor.

Auf dem dritten Lichtweg (blau) wird das Lichtbündel zweimal zwischen den äußeren Grenzflächen reflektiert, die einander zugewandt sind. Der gespiegelte Streifen erscheint daher durch eine deutliche Lücke getrennt nach unten versetzt.

Der vierte und fünfte Lichtweg (grün und grün gestrichelt) sind wie die ersten beiden gleich lang, wobei der eine Strahl die eine und der andere Strahl die andere Scheibe durchquert. Der Versatz ist also gleich groß und die beiden zugehörigen Spiegelbilder fallen daher zusammen und liegen unmittelbar unter dem Spiegelbild des dritten Lichtwegs.

Das Lichtbündel des sechsten Lichtwegs wird jeweils an den Außenseiten der Scheiben reflektiert und legt damit die längste Strecke zurück. Es führt zu einer Spiegelung, die sich unmittelbar unterhalb des vorigen Spiegelbilds anschließt.

Die Aussagen gelten nur für einen bestimmten Blickwinkel, wobei dieser so gewählt wurde, dass die Spiegelbilder der Lichtstreifen einander nicht überlappen (siehe die in Abb. 10.8 dargestellten unteren Lamellen).

Wer demnächst die Rollläden herunterlässt, sollte sich vielleicht ein wenig Zeit nehmen, um dieses Miniaturschauspiel im schmalen Zwischenraum zwischen den Lamellen und den Fensterscheiben zu beobachten – und als Aufforderung zum Puzzeln mit Licht anzunehmen.

Abb. 10.10 Die Spalten nicht vollständig heruntergelassener Jalousien wirken wie Blenden. Die Spiegelbilder der Lichtstreifen, die durch eine Überlagerung zweier verschiedener, aber (fast) gleich langer Wege zustande kommen, erstrahlen hier in leuchtenden Interferenzfarben

10.4 Bunte Schlieren am Fenster

Kaum hat man etwas Ordnung in die Schlitzstruktur der Jalousien gebracht, taucht auch schon ein weiteres Phänomen auf. In manchen Bereichen leuchten die Abbildungen der in den Scheiben spiegelnd reflektierten Lichtstreifen in bunten Farben, und zwar in den beiden Bildern, die durch eine Überlagerung zweier verschiedener, aber gleich langer Lichtwege entstehen (Abb. 10.10).

Die Überlagerungen der Wege, die zu farbigen Spiegelungen führen, legen die Vermutung nahe, dass es sich um Interferenzerscheinungen (siehe Kap. 32) handelt. Damit es dazu kommt, müssen Phasenverschiebungen zwischen den sich überlagernden Lichtwellen auftreten, was auf geringfügig unterschiedliche Lichtwege schließen lässt. Das heißt, die Glasscheiben schwanken minimal in ihrer Dicke.

Schaut man genau hin, so hat man den Eindruck, dass zumindest der untere der drei benachbarten Streifen auch eine leichte Buntfärbung aufweist, obwohl es nach unserer Untersuchung nur einen passenden Lichtweg gibt. Allerdings haben wir hier nur die lichtstarken Reflexionen erster Ordnung betrachtet. Es treten aber weitere Reflexionen höherer Ordnungen auf, die ebenfalls zu Überlagerungen führen. Zumindest die nächste Ordnung der

Reflexion lässt im günstigen Fall Spuren davon erkennen. Wenn man die höheren Ordnungen weiter erkunden will, muss man jedoch größeren Aufwand treiben (stärkere Lichtquelle, Verdunklung etc.), was über die Betrachtung eines Alltagsphänomens hinausgeht.

Nimmt man größere Flächen in den Blick, so erkennt man, dass sich Farbschlieren wie Höhenlinien über die Fläche der Glasscheibe verteilen. Die durch die Schlitze in den Jalousien aus dieser Fläche herausgeschnittenen schmalen Lichtstreifen machten es uns möglich, der Farbentstehung auf den Grund zu gehen. Dabei zeigte sich, dass die Interferenzfarben ganz bestimmten Wegunterschieden der sich überlagernden Lichtbündel entsprechen.

Da das Reflexionsvermögen mit dem Winkel zunimmt, unter dem man die Scheibe betrachtet, lassen sich die Farbschlieren am besten sehen, wenn man fast streifend über die Scheibe blickt. Das ist leicht möglich, wenn man an einer doppelt verglasten Balkontür hinunterblickt oder ein Dachfenster auf einen passenden Winkel einstellt.

Die Dicke der Scheiben verändert sich also kontinuierlich und schwankt dabei von Ort zu Ort nur gering. Fensterglas wird in dem heute üblichen „Floatglas-Verfahren" hergestellt, bei dem die Schmelze auf flüssigem Metall schwimmt und gleichmäßig erstarrt. Die Schwankungen sind, wie die Interferenzerscheinungen zeigen, von der Größenordnung der Wellenlänge des Lichts, und die Scheiben ein veritables Hightechprodukt. Die Farben sind also so gesehen kein Zeichen für mangelnde Präzision, sondern im Gegenteil die Konsequenz einer zu hohen Präzision. Man sollte sich daher nicht über die Farben ärgern, sondern sich darüber wundern, wie perfekt auch größere Produkte bearbeitet werden.

Geht es einem nur darum, das Farbenspiel der Scheiben überhaupt zu erleben, so bietet sich eine weitere Beobachtungsmöglichkeit an. Man tastet am besten bei Dunkelheit die raumseitige Isolierglasscheibe mit einer kleinen Lichtquelle ab (z. B. Kerze oder Taschenlampe) und betrachtet die Kaskade vielfältiger Reflexionen, eine Serie von Spiegelbildern, die sich in die Dunkelheit hinein entfaltet (Abb. 10.11).

Die Farbphänomene in Isolierglasscheiben scheinen auf den ersten Blick die Lehrbuchweisheit zu widerlegen, dass Interferenzerscheinungen typisch für dünne Schichten sind. Schließlich sind das Glas sowie der Luftspalt einige Millimeter und Zentimeter dick. Schaut man aber genauer hin, so wird klar, dass das hier behandelte Phänomen kein Gegenbeispiel, sondern ein weiteres originelles Beispiel dafür ist. Die dünne Schicht ist hier die Differenz zwischen der Dicke zweier als gleich dick konzipierter Scheiben. Und die erweist sich als äußerst gering.

Abb. 10.11 Mehrfachreflexe einer Kerze in einer Doppelglasscheibe. Im Unterschied zu den anderen Bildern blickt man hier nicht gegen die Lichtquelle

10.5 Hinter farbigen Gardinen

Was macht man, wenn man mutterseelenallein in einer fremden Stadt in einem Hotel übernachten muss? Man blickt aus dem Fenster auf eine meist nicht besonders attraktive Gegend. Wenn aber der Blick durch eine Gardine gefiltert wird, kann es in dieser tristen Situation zu Lichtblicken kommen, die in Form von bunten Farbtupfern in spektraler Verteilung die Stimmung wieder etwas anheben.

Im vorliegenden Fall blickte ich auf einen zylinderförmigen Edelstahlschornstein, der einen der Zylinderform geschuldeten sehr schmalen Streifen Licht der bereits tief stehenden Sonne ins Zimmer reflektierte. Er entwarf dabei ein farbiges Bild, das von der Qualität her mit dem Foto (Abb. 10.12) nur unvollkommen wiedergegeben wird. Die darin dominierenden Formen geben ganz grob die quadratische Struktur der Gardine wieder, während die bunten Farben auf den ersten Blick nichts mit dem weißen Sonnenlicht zu tun haben, das der Schornstein ins Zimmer lenkt. Ich hatte also kein Kirchenfenster mit modernen Mosaiken vor Augen, sondern erlebte als Kontrastprogramm dazu ein Alltagsphänomen, das an diesem Ort nicht zu erwarten war.

10 Fensterglasfarben

Abb. 10.12 Beim Blick durch eine Gardine auf einen Sonnenlichtreflektierenden Schornstein aus blankem Edelstahl zeigen sich zuweilen farbige Interferenzerscheinungen

Es handelt sich um ein Beugungsmuster, das durch die Fasern der Gardine hervorgerufen wird (siehe Kap. 34). Das von dem sehr schmalen Reflex am Schornstein ausgehende (teilkohärente) Licht wird an den etwa 0,1 mm dünnen Fädchen gebeugt, die vom gröberen quadratischen Gardinengitter abstehen. Stark vereinfacht kann man sich die Beugung folgendermaßen vorstellen: Das durch die winzigen Öffnungen in den Gardinenfäden dringende Licht zerfällt in einzelne Elementarwellen. Treffen sich zwei der an leicht verschiedenen Orten startenden, ansonsten aber gleichen Wellen im Auge des Betrachters oder auf dem Chip einer Kamera, so überlagern sie sich dort. Weil sie geringfügig unterschiedliche Wege zurückgelegt haben, sind ihre Wellenberge und -täler gegeneinander verschoben. Durch diese sogenannten Gangunterschiede kann es zu Verstärkung, Abschwächung oder vollständiger Auslöschung der Intensität einzelner Wellenlängen des weißen Lichts kommen. Bei einer Verschiebung um beispielsweise genau eine Wellenlänge aus dem Spektrum des weißen Lichts fallen Wellenberge auf Wellenberge und verstärken sich so. Eine Verschiebung um null Wellenlängen entspricht dabei der 0. Beugungsordnung, eine Verschiebung um eine Wellenlänge der 1. Beugungsordnung und so weiter.

Infolge all dieser Überlagerungen zerfällt das ursprüngliche weiße Licht an unterschiedlichen Orten in unterschiedliche Spektralfarben. Da die Gardine ein sehr unvollkommenes Gitter ist, erscheinen die Farbmuster entsprechend virtuos. Aber vielleicht macht das vor dem Hintergrund der schemenhaft zu erkennenden Büsche und Sträucher gerade den ästhetischen Reiz dieser Strukturen aus. Jedenfalls war ich durch dieses Phänomen mit meiner Situation wieder einigermaßen versöhnt.

Literatur

Berry, M. et al. (1999). Black plastic sandwiches demonstrating biaxial optical anisotropy. *European Journal of Physics* 20, 1–14.

Lee, R. L. et. al. (2004). Virtual tunnels and green glass: The colors of common mirrors. Am. J. Phys. 72 (1), 53

11

Physik am Flugzeugfenster

11.1 Strukturen und Farben

Wenn es nach den Konstrukteuren ginge, würden sie Flugzeuge am liebsten ohne Fenster herstellen, denn diese sind Schwachstellen im Flugzeugrumpf. Weil die heutigen Verkehrsflugzeuge in einer Höhe von circa 10 km fliegen, und das heißt in einem Atmosphärenbereich, in dem der Luftdruck nur noch etwa ein Viertel des Normalwertes auf der Erdoberfläche von ca. 1000 hPa beträgt, muss dafür gesorgt werden, dass in der Kabine ein höherer Druck herrscht als außerhalb. Den Passagieren ist für längere Zeit allenfalls ein Druck zumutbar, wie er etwa auf der Zugspitze herrscht.

Daher wird in der Kabine ein Druck von etwa drei Viertel (750 hPa) des normalen Atmosphärendrucks aufrechterhalten. Dadurch ist der Flugzeugrumpf ähnlich wie ein Luftballon großen Druckbelastungen ausgesetzt. Weil rechteckige Fenster unter diesen Bedingungen leicht Ansatzpunkte für Risse bilden, ist die vertraute runde Form keine Frage des Designs, sondern schlichte Notwendigkeit.

Die Fenster bestehen aus drei Kunststoffscheiben, von denen die äußere etwa 1 cm dicke Scheibe fest mit dem Rumpf verbunden ist. Zwischen äußerer und mittlerer Scheibe befindet sich zur Wärmedämmung Luft und die innerste Scheibe hat lediglich die Funktion, Passagieren von der Berührung der mittleren Scheibe abzuhalten. Denn bei Außentemperaturen von bis zu −60 °C sollte sie außer Reichweite sein.

Zum Glück gibt es die Flugzeugfenster, denn sie bieten dem Fahrgast einen außergewöhnlichen, oft faszinierenden Blick auf eine Vielzahl interessanter

Naturphänomene, wie zum Beispiel Halos, Glorien (Abb. 11.1), Wolkenstrukturen ... Aber auch die Wechselwirkung des Flugzeugfensters mit der Außenwelt bietet unter diesen außergewöhnlichen Bedingungen zahlreiche interessante Erscheinungen. Manchmal zeigen sich gleich mehrere physikalische Vorgänge zur selben Zeit, wie in Abb. 11.2 zu sehen ist.

Bei mehrfach verglasten Fenstern in Häusern sind die Scheiben luftdicht von der Außenwelt getrennt. Das hat unter anderem den Vorteil, dass die Scheiben

Abb. 11.1 Wo sitzt der Beobachter? Der unsichtbare Schatten des Beobachters ist von einer Glorie umgeben, die durch winzige Nebeltröpfchen hervorgerufen wird (siehe Kap. 35)

Abb. 11.2 In diesem Flugzeugfenster tummeln sich mehrere physikalische Erscheinungen, die den Blick auf die Außenwelt ganz schön beeinträchtigen

nicht mit Wasserdampf in Berührung kommen und durch Kondensation den Durchblick trüben. Allerdings sind sie allen äußeren Druckänderungen mit entsprechenden mechanischen Verformungen ausgesetzt, die sich vor allem auf indirekte Weise durch optische Phänomene bemerkbar machen.

Das wäre beim Flugzeug nicht möglich: Die beim Flug auftretenden Druckänderungen würden versiegelte Doppelscheiben rein mechanisch kaum überstehen. Daher sind die äußere und mittlere Scheibe mit einem kleinen Loch versehen, durch das der Luftdruckausgleich mit dem Kabineninneren erfolgen kann. Das hat jedoch zur Konsequenz, dass der Durchblick beeinträchtigt werden kann. Diese Beeinträchtigungen bestehen aber nicht selten aus äußerst interessanten thermodynamischen und eng damit verknüpften optischen Vorgängen. Als Ausgleich für die Blicktrübung nach außen, werden den interessierten BeobachterInnen wie auf einem Bildschirm in Echtzeit Phänomene dargeboten, die sie woanders kaum zu Gesicht bekämen (Abb. 11.2).

Im mittleren Bereich des Außenfensters zeigt sich ein deutlicher Belag mit winzigen Wassertröpfchen. Sie entstehen dadurch, dass Luft und Wasserdampf einer höheren Temperatur aus der Kabine in den kalten Raum zwischen der inneren und mittleren Scheibe geraten. Infolge der Abkühlung der Gase wird dort der Taupunkt unterschritten und der im doppelten Wortsinn überflüssige Wasserdampf kondensiert zu feinen Tröpfchen, die sich an der kalten äußeren Scheibe niederschlagen. Obwohl die Tröpfchen weitgehend durchsichtig sind, kommt es zu einer deutlichen Einschränkung des Durchblicks durch das Fenster, denn das Licht wird an den Tröpfchen gestreut (Schlichting 2017) (Abb. 11.3).

Der mit Tröpfchen beschlagene Bereich erstrahlt in unterschiedlichen Farben. Das lässt auf sehr kleine Tröpfchen schließen. An ihnen wird das von außen hereinstrahlende Sonnenlicht gebeugt (siehe Kap. 34).

Wären die Tröpfchen von einheitlicher Größe, so würde man eine Korona sehen, ein in Spektralfarben leuchtendes System konzentrischer Ringe um die Sonne, wie es manchmal durch dünne Wolken vor der Sonne hervorgerufen wird. Vollausgebildete Koronen lassen sich an beschlagenen Flugzeugfensterscheiben selten beobachten. Meistens zeigen sich nur kleinere unregelmäßige Bereiche einheitlicher Farbe.

Der beschlagene und kolorierte Bereich der Scheibe ist im vorliegenden Fall (Abb. 11.2) von einigen offenbar trockenen und daher weitgehend transparenten Inseln durchlöchert. Diese Löcher weisen auf eine starke lokale Abnahme der Wasserdampfkonzentration hin, die ihrerseits dazu führte, dass die Tröpfchen hier wieder verdunstet sind. Ursache dafür ist die Entstehung von Eisnadeln, die infolge einer Temperaturerniedrigung an geeigneten Kristallisationskeimen ihren Ausgangspunkt genommen haben. Wegen des reichlich vorhandenen Wasser-

Abb. 11.3 Die Akrylglasscheiben sind optisch doppelbrechend, das heißt, sie brechen polarisiertes Himmelslicht in zwei Strahlen mit unterschiedlicher Ausbreitungsgeschwindigkeit. Schaut man sich Fenster durch eine Polarisationsfolie an oder die Spiegelung des Fensters, so zeigen sich oft deutliche Farben

dampfes sind sie schnell gewachsen und haben die lokale Konzentration des Wasserdampfes drastisch reduziert. Sie ist offenbar so stark gesunken, dass in unmittelbarer Nähe zu den wachsenden Eiskristallen Wassertröpfchen verdunstet sind und tropfenfreie, trockene Höfe um die Eisnadeln herum zurückgeblieben sind. Wie man an einigen Stellen erkennen kann, sind einige von ihnen zu größeren Bereichen zusammengewachsen. Ich konnte während des weiteren Fluges beobachten, wie mit zunehmendem Wachstum der Eisnadeln schließlich fast der gesamte Tröpfchenbelag und damit natürlich auch die irisierenden Farben verschwanden.

11.2 Fenstergitter, die man nicht sieht

Eines der Phänomene, die sich lange Zeit einer physikalischen Erklärung entzogen, entdeckte ich vor einigen Jahren bei einem Flug über scheinbar farbig berandete Schneefelder (Abb. 11.4). Das Phänomen erinnerte in gewisser

Abb. 11.4 Die Schneefelder auf diesem Luftbild, das ich durch ein Flugzeugfenster aufnahm, erscheinen erwartungsgemäß weiß. Beim Übergang zu dunkleren Flächen zeigen sich aber auch farbige Lichtfetzen (Farbsättigung erhöht)

Weise an die Kantenspektren, welche die Ränder von Gegenständen säumen, wenn man sie durch ein Prisma betrachtet. Auch der Sonnenreflex auf dem glänzenden Tragflügel erschien beidseitig von farbigen Streifen gesäumt (Abb. 11.5). Woher kommen die Farben?

Um einen Polarisationseffekt konnte es sich nicht handeln, denn die Streifen hatten keinerlei Ähnlichkeit mit den typischen flächenhaften Farbverläufen, die bei einer Polarisation durch Spannungsdoppelbrechung bei transparenten Plastikteilen auftreten (Abb. 11.3). Naheliegend ist vielmehr, dass die farbigen Streifen neben dem Reflex gebeugtes Licht mehrerer Ordnungen darstellen.

Das langwellige Rot würde demnach am stärksten und das kurzwellige Violett und Blau am schwächsten abgelenkt. Doch leider schien das optische Gitter zu fehlen, das eine solche Beugungserscheinung überhaupt erst möglich macht. Denn zwischen Lichtreflex und Flugpassagier lag nur das Flugzeugfenster. Und von Fenstern sind ja wohl kaum Gittereigenschaften zu erwarten.

Das Rätsel begleitete mich, bis ich Jahre später durch ein Geodreieck hindurch auf einen hellen Lichtreflex blickte und ihn ebenfalls beidseits von farbigen

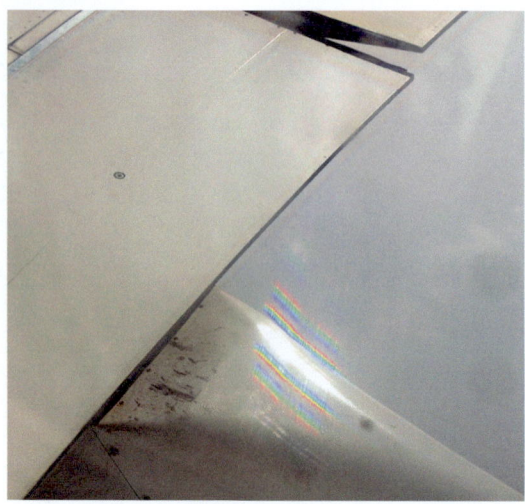

Abb. 11.5 Rätselhafte Farberscheinungen zu beiden Seiten eines Sonnenreflexes am Tragflügel eines Flugzeugs

Abb. 11.6 Beim Blick durch ein Geodreieck mit Eigenschaften eines optischen Gitters erscheinen die hellen Reflexe in mehreren Beugungsordnungen farbig zerlegt

Satellitenreflexen gesäumt sah. War ich des Rätsels Lösung nähergekommen? Ich beschloss, den Sachverhalt zu prüfen. Statt einer Flugzeugtragfläche diente mir ein in der Sonne stehendes Auto als Quelle für Sonnenreflexe. Und siehe da, es zeigte sich ein ganz ähnlicher Anblick (Abb. 11.6).

In der Folge beschaffte ich mir weitere transparente Kunststoffobjekte und stellte fest, dass das Phänomen überraschend häufig auftritt – allerdings meist nur dann, wenn das Licht an bestimmten Stellen durch die Objekte fällt. Weil dort mit bloßem Auge aber nichts Auffälliges zu sehen war, legte ich das Geodreieck unter das Mikroskop. Und tatsächlich: Ich stieß an mehreren Stellen auf eine fein geriffelte Struktur – das Gitter war gefunden.

Doch wie kommt das Gitter ins Geodreieck? Ebenso wie viele andere Kunststoffgegenstände werden manche Geodreiecke und Flugzeugfenster im Spritzgussverfahren fabriziert. Dabei wird im Prinzip ein Kunststoffgranulat erhitzt und in eine zähe, gut formbare Masse verwandelt. Diese presst man unter hohem Druck in ein Spritzgießwerkzeug, das die Hohlform des gewünschten Objekts aufweist. Anschließend lässt man die Masse erkalten und erstarren. Beim Öffnen gibt dann die zweigeteilte Form das fertige Objekt frei.

Das für uns Entscheidende ist aber schon zuvor geschehen. Beim Einspritzen der heißen, flüssigen Kunststoffmasse drängt sich diese durch die Einspritzöffnung und breitet sich dann radial in der Form aus. Dabei kann es vorkommen, dass die Flüssigkeit an den kühlen Wänden des Hohlkörpers stärker als gewünscht abkühlt und damit zäher wird als im Inneren. Die nach wie vor dünnflüssige innere Schicht ist dann schneller als die äußere Schicht, biegt sich vor dieser zu den kühlen Wänden, wird selbst zähflüssig, dann ihrerseits von der dünneren Schicht überholt und so weiter.

Dieses „stotternde Voranschreiten" lässt feine Dichteinhomogenitäten an der Grenzschicht zwischen Kunststoff und Formwerkzeug entstehen, die allerdings nur unter dem Mikroskop sichtbar werden (Abb. 11.7). Weil die äußeren Bedingungen gleichbleiben, besitzen sie eine präzise periodische Abfolge. Wegen der Ähnlichkeit zu den Rillen einer Schallplatte sprechen Fachleute auch vom Schallplatteneffekt (englisch: Grammophone Record Effect). Die Wirkung

Abb. 11.7 Mikroskopische Aufnahme der feinen Rillen, die als Struktur im Geodreieck wie ein optisches Strichgitter wirken

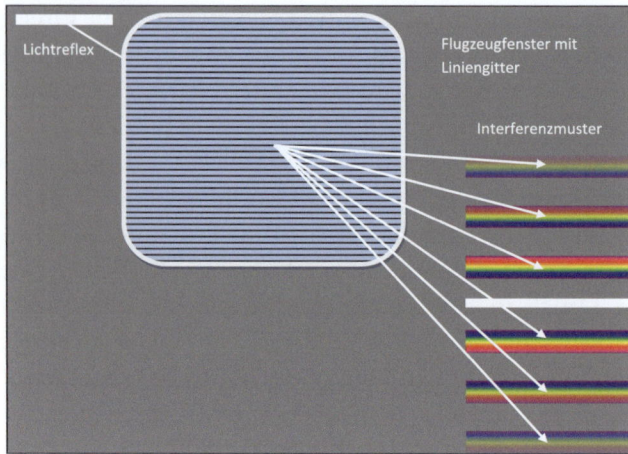

Abb. 11.8 Herstellungsbedingte Dichteschwankungen im Kunststoff eines Flugzeugfensters wirken wie ein optisches Liniengitter, an denen das Licht des Reflexes gebeugt wird

eines optischen Gitters kommt dadurch zustande, dass sich Licht in einem dichteren Medium anders ausbreitet als in einem weniger dichten.

Ein optisches Gitter allein macht aber noch keine Interferenz. Dazu kommt es erst, wenn die Wellenzüge des darauf fallenden Lichts wie bei einem Laser weitgehend kohärent, also frequenz- und phasengleich sind – was bei weißem Licht normalerweise nicht der Fall ist. Stammt es aber von einer sehr schmalen Quelle, in diesem Fall vom Reflex auf einer konvexen Fläche, ist es immerhin so weit kohärent, dass einige wenige Beugungsordnungen zu sehen sind (Abb. 11.8).

Solcherart mit Erkenntnissen bewaffnet, versuchte ich mich bei den folgenden Flügen als Materialprüfer und stellte fest, dass die Dichte der Flugzeugfenster fast immer sehr homogen ist: So brillante Beugungserscheinungen wie bei meiner ersten Beobachtung erlebt man selten.

Die Frage, warum das Licht nur an den Rändern der Schneeflächen in Farben zerlegt wird, haben wir allerdings einfach falsch gestellt. Denn natürlich ist der Effekt nicht auf die Ränder beschränkt. Dort kommt er lediglich besser zur Geltung, weil sich auf den Flächen die entstandenen Farben wieder zu Weiß mischen. Dieses Phänomen war schon Goethe aufgefallen, als er einst eine weiße, von Fensterstäben begrenzte Fläche durch ein Prisma betrachtete und feststellte, „daß nur da, wo ein Dunkles dran stieß, sich eine mehr oder weniger entschiedene Farbe zeigt, daß zuletzt die Fensterstäbe am allerlebhaftesten farbig erschienen, indessen am lichtgrauen Himmel draußen keine Spur von Färbung zu sehen war" (Goethe 1987).

11.3 Kratzer um die Sonne

Eines der erstaunlichen Phänomene, die ich bei meinen ersten Flügen erlebte, waren die scheinbar konzentrischen filigranen Lichtkreise um Sonne und Mond und um künstliche Lichtquellen (Abb. 11.9). In einem ersten Eindruck brachte ich die Leuchtspuren mit den Lichtquellen selbst in Verbindung. Doch sobald man außerhalb des Flugzeugs ist, ist davon keine Spur mehr zu sehen. Sie entpuppten sich schließlich als Gebrauchsspuren des äußeren der drei Kunststoffscheiben der Flugzeugfenster.

Mein erster Gedanke war, dass die Gebrauchsspuren im Laufe der Zeit durch rotierende Reinigungsvorrichtungen in den Kunststoff hinein geritzt worden waren. Diese Riefen würden dann von einer Lichtquelle bestrahlt aufleuchten. Doch wie verträgt sich dieser Gedanke mit der Beobachtung, dass das konzentrische System von Leuchtspuren jeder Blickänderung folgt, sodass die jeweilige Lichtquelle stets im Zentrum verbleibt?

Der Effekt ist vielmehr eine Variante des bereits im Abschn. 4.2 beschriebenen Systems scheinbar konzentrischer Kratzer auf glatten Flächen. Der Unterschied besteht vor allem darin, dass in diesem Fall das Licht nicht an den Kratzern reflektiert, sondern beim Durchgang durch die transparenten Scheiben gebrochen wird.

Abb. 11.9 Ring- und streifenförmig angeordnete Kratzer auf einer Flugzeugfensterscheibe mit Blick auf die Sonne. Ein Ausschnitt (rechts) zeigt deutliche Interferenzfarben, was auf die Feinheit der Kratzer schließen lässt

Literatur

Goethe, J. W. (1987). Goethes Werke (Weimarer Ausgabe), Abt. II, Bd. 4. München. S. 295f.

Schlichting, H. J. (2017). Vernebelte Durchsichten. Spektrum der Wissenschaft 9. S. 70.

12

Tropfnasse Fensterscheiben

12.1 Regentropfen am Fenster

Tropfnasse Fensterscheiben nach einem Regenschauer trüben den Durchblick. Schaut man sich die hängen gebliebenen Tropfen genauer an, so stellt man fest, dass sie den Durchblick eigentlich nicht behindern, sondern in einem gewissen Sinne vervielfachen. Jeder halbwegs runde Tropfen bietet einen Anblick im Kleinen von dem, was das Fenster im Großen zeigt. Er stellt so etwas wie eine Sammellinse dar, die eine stark verkleinerte Abbildung der Umgebung zeigt (Abb. 12.1).

Abb. 12.1 Blick durch ein Fenster nach einem Regenschauer. Die einzelnen Tropfen sehen nicht nur so aus, sondern wirken auch annähernd wie eine Sammellinse

Doch trotz oder vielmehr wegen der Vervielfältigung des Anblicks ist die Ansicht als solche nicht besser, sondern wesentlich schlechter – und das nicht nur wegen des kopfstehenden Bildes. Dennoch lohnt es sich, diese Minibilder anzuschauen, wenn nicht als Abbildung, so doch vielleicht als naturschönes Kunstwerk.

12.2 Optische Tropfenexplosion

Als mir einige Zeit später vor demselben Fenster stehend die Sonne in den Rücken fällt, scheinen die Wassertropfen auf der Fensterscheibe wie in einer lautlosen Explosion radial nach außen zu streben. Dabei hängen sie nach dem Regenguss statistisch verteilt an der Scheibe und sehen ihrer baldigen Verdunstung entgegen. Aber im Blitzlicht oder von der Sonne von außen beleuchtet stellt sich eine eigentümliche Ordnung ein (Abb. 12.2).

Die Ursache für dieses merkwürdige Phänomen liegt nicht nur in den Tropfen auf der äußeren Scheibe, sondern tiefer – auf der inneren Scheibe des isolierverglasten Fensters. Denn auf dieser werden sie (vor dem Hintergrund des dunkleren Zimmers) spiegelnd reflektiert. Zwischen den realen und gespiegelten Tropfen besteht über das Reflexionsgesetz eine Korrelation: Man sieht Paare aus Tropfen und ihren Spiegelbildern.

Die Spiegelbilder werden vom Auge oder von der Kamera der größeren Entfernung entsprechend unter einem etwas kleineren Winkel gesehen und scheinen daher auf einer gedachten Linie vom Tropfen zum Auge/zur Kamera nach innen verschoben. Die Spiegelbilder der Tropfen kann man bei genauerem Hinsehen sogar daran erkennen, dass sie dem größeren Abstand

Abb. 12.2 Links: Ein Blitzlicht beleuchtet zufällig verteilte Tropfen so, als wären sie strahlenförmig radial ausgerichtet. Rechts. Einen ähnlichen, wenngleich weniger eindrucksvollen Effekt erzielt man auch im Licht der Sonne

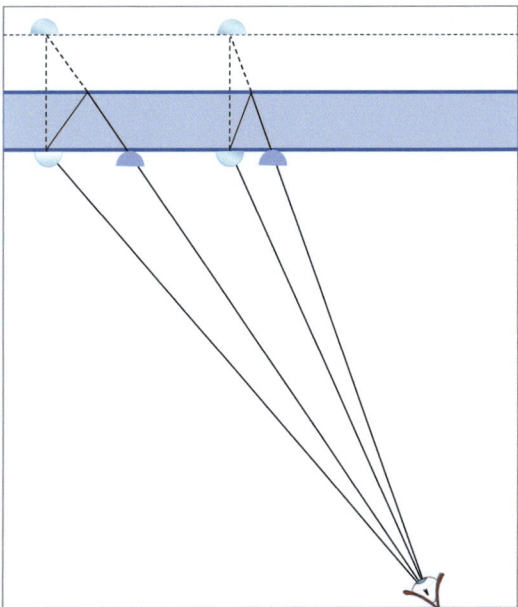

Abb. 12.3 Sehstrahlen vom Beobachter zu den Wassertropfen und deren Spiegelbild unter kleinem und großem Winkel gesehen. Da die gespiegelten Tropfen unwillkürlich auf die Ebene der realen Tropfen projiziert gesehen werden (dunkel gezeichnet), erscheinen sie wie zusätzliche Tropfen auf der vorderen Scheibe

entsprechend perspektivisch kleiner erscheinen. Der jeweilige Abstand zwischen einem Tropfen und seinem Spiegelbild ist umso größer, je weiter der Tropfen außen liegt, d. h., unter je größerem Winkel er gesehen wird (Abb. 12.3).

Die strenge Korrelation zwischen den auf der gedachten Linie zur Kamera hin liegenden Tropfen und deren Spiegelbilder führt unwillkürlich dazu, dass man die gespiegelten Tropfen auf dieselbe Ebene projiziert wahrnimmt. Dadurch wird die Illusion noch verstärkt, dass sie radial zum Zentrum (Auge/Kamera) hin oder vom Zentrum weg orientiert sind.

Bleibt die Frage, warum die Tropfen wie kleine selbstleuchtende Punkte erscheinen. Das Licht der Sonne oder des Blitzlichts wird zu einem Teil von der Scheibe reflektiert. Allerdings kommt davon nur senkrecht auftreffendes Licht zum Auge oder zur Kamera. Bei der Kamera sieht man das durch den hellen Fleck im Zentrum der Aufnahme. Das nicht senkrecht auftreffende Licht wird hingegen so reflektiert, dass es nicht zum Auge oder zur Kamera gelangt.

Bei den Tropfen ist es anders. Sie haben eine quasi sphärische Form und reflektieren ähnlich wie ein Wölbspiegel einen Teil des auftreffenden Lichts ins Auge bzw. in die Kamera. Das gilt auch für die gespiegelten Tropfen. Demnach sind alle Tropfen hinreichend illuminiert, um den perspektivischen Effekt deutlich sichtbar werden zu lassen.

Teil III

Wasser und Licht

Luft und Wasser sind die beiden wesentlichen weitgehend durchsichtigen Medien, die das Leben auf der Erde ermöglichen und beherbergen. Viele Erfahrungen sprechen dafür, dass sich das Licht in ihnen weitgehend ungestört ausbreiten kann, sofern es sich nicht um allzu große Distanzen und Intensitäten handelt. Dennoch kommt es zu zahlreichen Wechselwirkungen zwischen dem Licht und diesen Medien, die zum Teil gerade wegen der stillschweigenden Voraussetzung, man habe es mit weitgehender Durchsicht zu tun, oft zu verblüffenden Phänomenen führen (Abb. 1). Hier spielen unter-

Abb. 1 Glasklares Wasser im Sonnenlicht bringt in reflexiver Wechselwirkung mit der Umgebung oft naturschöne Anblicke hervor

schiedliche Dimensionen, Perspektiven und Schwerpunktsetzungen eine wesentliche Rolle.

Viele der Wechselwirkungen des Lichts mit der Luft wurden bereits im Kapitel 3 angesprochen. Daher beschränken sich die folgenden Ausführungen vor allem auf interessante Wechselwirkungen des Lichts mit dem Wasser. Da Lichtphänomene nicht ohne Schatten einhergehen und Schatten auch bei der Wechselwirkung zwischen Wasser und Licht in Erscheinung treten, hätten einige Themen, die im Kapitel „Reflexionen und Schatten" behandelt werden, auch hier eine gute Anbindung haben können. Die tatsächlich vorgenommenen Zuordnungen sind daher nicht immer frei von einer gewissen Willkür. Diese wird dadurch entschärft, dass ich mich in jedem Fall bemüht habe, die Themen für sich verständlich darzustellen, auch auf die Gefahr hin, dass es möglicherweise zu Dopplungen kommen kann.

Das Problem der Wechselwirkung von Licht und Wasser beginnt schon mit der Frage, ob Wasser eine Farbe hat. Diese Frage würde jemand, der sich gerade am Meer aufhält, vermutlich anders beantworten als jemand, der ein Glas Wasser trinkt. Hier zeigt sich deutlich, dass die Farbe des Wassers einerseits nicht unabhängig von der Größe des jeweiligen Wasserkörpers beurteilt werden kann, und andererseits zu fragen ist, ob die jeweilige Farbe des Wassers nur eine Widerspiegelung der Farbe anderer Medien, z. B. des Himmels darstellt.

Mit seiner Eigenschaft für Licht weitgehend transparent zu sein, es aber auch spiegelnd zu reflektieren, bringt insbesondere bewegtes Wasser Phänomene hervor, die als einmalig angesehen werden können. Skurrile Verzerrungen von Gegenständen, die durch das Wasser hindurch gesehen werden, gehören ebenso dazu wie in Spektralfarben schillernde Netzwerke auf der Oberfläche und dem Grund eines Gewässers.

Häufig ist nicht die Größe des jeweiligen Wasserkörpers allein für das Zustandekommen auffälliger Wechselwirkungen mit dem Licht von Bedeutung, sondern die Form, in der es auftritt. In Form von kleinen Tropfen werden oft Erscheinungen hervorgebracht, in denen das Wasser vor allem als brechendes oder beugendes Medium fungiert. Durch Brechung zustande kommende Phänomene werden im Teil V „Vom Regenbogen zum Heiligenschein" behandelt, während Beugungsphänomene an Wassertropfen dem Teil IV „Strukturfarben" zugeordnet werden.

13

Farben des Wassers

13.1 Blau wie das Meer

Ob man ein Glas mit Wasser aus der Leitung füllt oder es am Strand aus dem Meer schöpft, von möglichen Verunreinigungen abgesehen ist es in jedem Fall farblos und transparent. Wie kommen also Meere, Seen und andere Gewässer zu ihrer charakteristischen Farbe? Da sie bei einem Sonnenuntergang auch gelb und rot schimmern, könnte man leicht zu der Auffassung gelangen, sie reflektierten lediglich das Himmelslicht und würden auf diese Weise „eingefärbt".

Für diese These scheint einiges zu sprechen: Selbst eine flache Pfütze mit sauberem Wasser nimmt, aus der Entfernung betrachtet, die Farben des jeweils gespiegelten Mediums an, seien es der blaue Himmel, die weißen Wolken oder die grünen Bäume. Die Reflexion verliert erst dann an Wirkung, wenn man sich nähert und immer mehr von oben, also unter kleinem Winkel, in die Pfütze blickt. Dann ist das Wasser wieder klar, und man sieht den Boden.

Allerdings wird diese Auffassung beispielsweise bei einem Besuch am Meer fraglich. Dort erlebt man selbst unter dem Grau eines bedeckten Himmels Blau-, Türkis- und Grüntöne. Letztere dominieren meist im flachen, strandnahen Bereich – offenbar durch Mischung mit dem Gelb des Sandbodens hervorgerufen. Wo es tiefer wird, schwindet der Einfluss des Untergrunds und das Blau wird satter und dunkler (Abb. 13.1).

Abb. 13.1 Je nachdem, ob man senkrecht ins Wasser schaut oder flach darüber hinweg, kommt eher die Eigenfarbe des Wassers oder die Reflexion des Himmels zur Geltung. Bei einer steilen Welle kann man beides gleichzeitig sehen. Blickt man auf die Oberfläche des Wassers, so nimmt man vorwiegend blau wahr (oben im Foto). Beim flachen Blick in eine aufgetürmte Wasserwand (mittlerer Teil im Foto) mischt sich unübersehbar die Farbe Grün mit ein

Offenbar bestimmen mehrere Effekte gemeinsam die jeweils wahrgenommene Farbe (Abb. 13.2). Schiffsreisende sehen etwas anderes als Flugzeugpassagiere aus zehn Kilometer Höhe, Küstenbereiche unterscheiden sich von der Tiefsee, und der Farbeindruck kann sogar je nach Jahreszeit von Tag zu Tag wechseln.

Um die verschiedenen Einflüsse voneinander zu trennen, ist es sinnvoll, zunächst von reinem Wasser auszugehen. Es soll von weißem Sonnenlicht bestrahlt werden und tief genug sein, damit der Grund mit seiner Eigenfarbe keine Rolle spielt, weil ihn das Licht nicht erreicht. Die letzte Aussage unterstellt bereits indirekt, dass Wasser Licht absorbiert. Der Effekt ist allerdings so gering, dass man davon im alltäglichen Umgang mit Wasser nichts merkt. Bei Trinkgläsern und anderen Behältern haben wir es lediglich mit einigen Zentimeter dicken Wasserkörpern zu tun; man müsste schon durch wesentlich dickere Schichten hindurchblicken, um von der Absorption etwas zu merken. Für die Natur ist das geringe Absorptionsvermögen enorm wichtig – andernfalls wäre das Leben von Tieren und Pflanzen, die auf Licht angewiesen sind, nur in einer kleinen Zone unterhalb der Wasseroberfläche möglich.

Abb. 13.2 Im Licht der untergehenden Sonne erscheinen der Himmel und der Fluss in Rottönen

Die Wassermoleküle absorbieren vor allem rote Anteile des Spektrums, sodass die Komplementärfarbe Blau bei größerer Schichtdicke sichtbar werden sollte. Das lässt sich zeigen, indem man reines Wasser in ein transparentes Rohr von einigen Metern Länge füllt. Beim Blick in Längsrichtung durch das Rohr erscheint das Wasser deutlich blau, während es von den Seiten betrachtet, weiterhin farblos ist (Abb. 13.3). In weiß gefliesten Schwimmbecken erkennt man manchmal durch den unmittelbaren Vergleich von zunehmenden Wasserhöhen an den Treppenstufen, wie die Blauanteile schrittweise zunehmen (Abb. 13.4).

Die Absorption durch Wassermoleküle würde die Färbung beim Blick aus dem Wasser heraus in Richtung Lichtquelle erklären. Allerdings reicht sie allein nicht aus, um die Blaufärbung beim Blick von oben in die Tiefe zu verstehen. Denn die nicht absorbierten, kurzwelligen Komponenten müssen ja irgendwie von dort zurückkommen und in unsere Augen gelangen. Dafür sorgt die diffuse Reflexion (Streuung) des verbleibenden Anteils des Lichts. Erst sie lässt tiefes Wasser blau erscheinen.

Wasser ist in der Realität niemals ganz rein. Es enthält Schwebeteilchen, die das Licht streuen – und zwar wesentlich stärker als die Wassermoleküle selbst. So kommt das typische Blau des Meeres überhaupt erst zur Geltung. Reines, tiefes Wasser hätte eine sehr dunkle, vermutlich fast als schwarz

Abb. 13.3 Wenn man durch ein langes, mit reinem Wasser gefülltes Rohr blickt, erscheint die Flüssigkeit infolge der Absorption roter Lichtanteile in der Komplementärfarbe Blau. (Aufnahme im Science Center „Universum Bremen")

Abb. 13.4 Bei diesen Stufen in einem Pool wird mit zunehmender Tiefe der Blauschimmer intensiver (er mischt sich mit dem Gelbanteil des Untergrunds zu Grün)

wahrgenommene Färbung. Erst die intensive Streuung an herumschwimmenden Partikeln wirft das auftreffende Licht effektiv zurück in Richtung Oberfläche.

In küstennahen Regionen ist die Konzentration etwa von Sand, Kalk, Ton oder Plankton besonders groß. Das Wasser wird dadurch getrübt, wodurch das Meeresblau dort nicht nur wesentlich heller wird, sondern die Grünanteile des Lichts verstärkt werden. Dazu trägt die gelbliche oder bräunliche Eigenfarbe der Teilchen wesentlich bei. Oft sind die Wege zwischen den Streuereignissen so gering, dass das Licht wieder aus dem Wasser herausstrahlt, bevor die Absorption eine nennenswerte Wirkung zeigt. So ist an den schlickreichen Wattstränden der Nordsee vom eigentlichen Meeresblau kaum noch etwas zu erkennen.

Der Einfluss der Tiefe auf die Farbe lässt sich schön verfolgen, wenn man sich mit einem Boot oder Flugzeug vom blauen Meer kommend der Küste nähert. Die Änderungen sind aber auch schon beim Schwimmen mit Hilfe einer Taucherbrille zu erkennen.

Nicht nur feste Objekte streuen Licht; winzige Gasbläschen wirken sich ebenfalls auf die Farbe aus. Besonders eindrucksvoll zeigt sich das an der weißen Gischt brechender Wellen.

Die gleiche Absorption von Licht größerer Wellenlängen gibt es bei Wasser in seiner festen Form, in Eis und Schnee. An sich ist es ebenfalls blau, was sich bei Löchern in dicken Schneeschichten sowie an Eisbergen oder Gletschern erkennen lässt. Aber nur, wenn nicht eingeschlossene Luft das Licht vorzeitig wieder heraus streut – und das Eis dadurch glänzend weiß strahlt.

Wasser hat also eine Eigenfarbe, es ist blau. Dabei sollte jedoch nicht übersehen werden, dass in vielen Situationen die Reflexion des Himmelslichts und die anderen genannten Einflüsse überwiegen.

13.2 Zum Horizont hin wird es heller

Wenn man an einem klaren Tag unter einem blauen Himmel an einem Gewässer steht und zum Horizont schaut, so fällt einem vielleicht auf, dass das vom Wasser reflektierte Blau zum Horizont hin weniger gesättigt ist – die Farbe des Wassers erscheint blasser (Abb. 13.5). Ein Blick zum Himmel bietet bereits einen Teil der Erklärung: Auch der Himmel wird zum Horizont hin heller. Da die Farbe des Gewässers unter diesen Bedingungen wesentlich durch die Reflexion des Himmelslichts bestimmt wird, verlagert sich das Problem zunächst auf die Frage, warum der Himmel zum Horizont hin blasser wird, also mehr Anteile weißen Lichts enthält.

Der wesentliche Grund dafür ist, dass der Weg des Lichts durch die Atmosphäre vom Horizont zum Beobachter viel länger ist als der vom Zenit. Zwar wird aus dieser Richtung aufgrund der Rayleigh-Streuung (Kap. 3) überwiegend kurzwelliges Licht, also vor allem Blau in unsere Richtung gestreut. Aber auf seinem langen Weg wird dieses Streulicht wieder bevorzugt zu den Seiten gestreut und der Blauanteil teilweise oder ganz wieder beseitigt. Der

Abb. 13.5 Das auf dem Kanal spiegelnd reflektierte Himmelblau wird wie der Himmel zum Horizont hin blasser

Weißanteil des Lichts bleibt demnach hoch, wenngleich die Intensität dabei abnimmt.

Bei einem Flug über ein Seegebiet hatte ich das Glück, die Änderung der Farbsättigung des reflektierten Himmelblaus der Seen in Abhängigkeit von ihrer Entfernung zu beobachten. Je weiter ein See zum Horizont entschwand, desto mehr verblasste sein Blau (Abb. 13.6).

Ein weiterer Effekt, der zur Veränderung der vom Wasser ausgehenden Lichtzusammensetzung führen könnte, hängt mit der folgenden Beobachtung zusammen: Blickt man unter einem kleinen Winkel (also nahezu senkrecht) ins Wasser, so wird nur wenig Licht reflektiert. Bei nicht zu tiefen, klaren Gewässern kann man den Grund sehen. Je größer der Winkel ist, aus dem das Licht kommt, also je flacher man auf das Wasser blickt, desto stärker nimmt der Anteil der Reflexion im Vergleich zur Absorption des auffallenden Lichts zu. Das zeigt sich zum Beispiel darin, dass auch flache Pfützen wie Spiegel wirken können.

Im Fall des zum Horizont hin verlaufenden Baches (Abb. 13.5) dürfte dieser Effekt jedoch von geringer Wirkung sein, da das Foto aus einiger Entfer-

Abb. 13.6 Der Blick vom Flugzeug aus zeigt ebenfalls, dass das Blau der drei Seen umso blasser aussieht, je weiter sie zum Horizont hin liegen

nung gemacht wurde. Ausschlaggebend ist also die Reflexion des Himmelslichts, das durch die Verblassung des Blaus auf dem Wasser zum Horizont hin unmittelbar einsichtig wiedergegeben wird. Kurzum: Der zum Horizont laufende Bach spiegelt also vor allem den Himmel.

14

Welliges Wasser

Die Verbindungen von simpeln Gesetzen können sehr verwickelte Erscheinungen gewähren.

Georg Christoph Lichtenberg (1752–1799)

14.1 Lichtbahnen über den Wellen

Eine Wasseroberfläche sieht nie einheitlich aus. Stets wechseln infolge von Wellenbewegungen die Farben und die Muster. Lässt man sich etwas intensiver auf die Ansichten ein, so stellen sich sofort einige auf den ersten Blick rätselhafte Phänomene ein.

Wie auch immer das gespiegelte Bild aussieht, es entsteht stets durch Himmelslicht und Licht aus der ufernahen Umgebung. Mit Hilfe des Reflexionsgesetzes wird man meist schnell Zuordnungen finden und sich darüber freuen, dass alles seine Richtigkeit hat. Kommen aber windbewegte Wellen hinzu, und laufen diese obendrein vorwiegend auf den Beobachter zu, erschließen sich die entstehenden Strukturen oft nicht sofort. Ein solches Bild bietet manchmal ein unruhiger See (siehe Abb. 14.1).

Hier zeichnen sich die Wellen selbst auf, indem sie an ihren Flanken das Grau des Himmels reflektieren und im Bereich der Kämme das Licht der ufernahen dunklen Bäume (Abb. 14.2). Helle Streifen, die vom Horizont her auf uns zulaufen, kann man rasch den Lücken zwischen den Bäumen zuordnen. Einzig die Beobachtung, dass sie ungewöhnlich stark in die Länge ge-

Abb. 14.1 Auf dem Wasser entstehen helle Streifen, indem die jeweils passend geneigten Oberflächen der Wellen die Lücken zwischen den Bäumen und die Baumkronen spiegeln. Im Vordergrund des Fotos erreichen uns die Reflexionen nicht mehr, und man sieht nur noch das Grau des Himmels

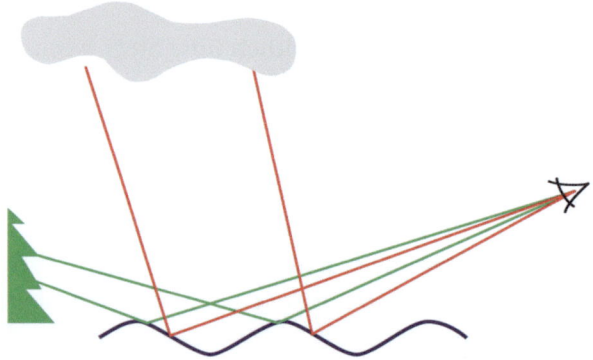

Abb. 14.2 Die uns zugewandten Wellenflanken werfen vorwiegend Himmelslicht ins Auge. Im Bereich der Wellenberge dominiert das von den Bäumen ausgehende Licht

zogen erscheinen, gibt zu denken. Bewegt man sich außerdem am Ufer des Gewässers senkrecht zur Beobachtungsrichtung entlang, so scheinen die Streifen mitzulaufen und bleiben auf uns gerichtet.

Das erinnert an ein anderes Phänomen, das „Schwert der Sonne" (siehe Kap. 4) auf dem Meer oder anderen leicht gewellten Flächen. Dieses Ensemble von Lichtreflexen entsteht an allen passend ausgerichteten Stellen, von denen Strahlen der tief stehenden Sonne in unsere Augen gelangen. Auf einer unruhigen, aber spiegelnden Fläche gibt es zahlreiche solcher Stellen. Im vorliegenden Fall nehmen die hellen Lücken zwischen den dunklen Bäumen die Rolle der Sonne ein. Daher gibt es nicht nur eine Lichtbahn, sondern mehrere.

Es ist schwierig, diesen Sachverhalt sofort zu erkennen, wenn wie in unserem Beispiel ein Wasserstreifen parallel zum gegenüberliegenden Ufer hell getönt ist. Hier hat eine Strömung das Wasser aufgeraut, und die chaotische Wellenbewegung vermischt das reflektierte Umgebungslicht zu einem einheitlichen Grau.

Solche lokalen Störungen der Wasseroberfläche durch einzelne Böen können in bestimmten Fällen auch mehrere helle Querstreifen hinterlassen, die senkrecht zu den „Lichtschwertern" verlaufen (Abb. 14.3). So bekommt man insgesamt ein nahezu kariertes Muster zu Gesicht. Auf der linken Seite des Kanals, an dem dieses Bild aufgenommen wurde, wachsen ebenfalls Bäume. Durch die Lücken dazwischen dürfte der Wind auf das Wasser geweht und so den normalen Wellenverlauf gestört haben.

In diesem Beispiel stammen die Lichtbahnen vom Licht, das durch die Lücken in den ansonsten belaubten Kronen der Bäume fällt. Auf dem welligen Wasser werden sie dann nach dem Prinzip des Schwerts der Sonne zu hellen Lichtbahnen gedehnt. Komplementär dazu erzeugt das Blattwerk dunkle Streifen.

Abb. 14.3 Seitlicher Wind kann das Wellenmuster stören und die geordnete Reflexion des Hintergrunds streifenweise unterbrechen

Lücken in der horizontnahen Kontur führen also zu ganz ähnlichen Erscheinungen, wie man sie von eigenständigen Lichtquellen kennt. Das macht sich auf umgekehrte Weise ebenfalls bemerkbar, wenn die Reflexionen einzelner dunkler Objekte (z. B. die Schattenseite von Bäumen) eine ansonsten einheitlich helle Umgebung unterbrechen. Sobald eine breite Lichtspur fast das gesamte Gewässer bedeckt, wird sie nicht mehr als solche wahrgenommen. Indirekt erkennt man sie jedoch, wenn ein Objekt das Licht ausblendet und komplementär zur Lichtbahn eine Art Schattenbahn ausbildet.

14.2 Farbige Netzwerke im Wasser – aus Licht geknüpft

Warum ergreifen uns irgendwelche Anordnungen von Formen und Farben mit der Macht des Vollkommenen? Wann werden Ansichten zu Bildern?

Alfred Andersch (1914–1980)

„Wenn man aber ins Wasser schaut, wie der kunstreiche Gottesgeist dies ewig dahinströmende Lebenselement mit dem Geist des Reflexes versehen hat, dann erschaudert man in sich, wie dieser Spiegel die Sonnenstrahlen in seine rauschenden Wellen taucht und alle reinen Himmelslichter in ihr spiegelt" (Arnim 1959). Ob Bettina von Arnim dabei auch an die bewegten Lichtnetze gedacht hat, die von den Wellen auf den Grund des Gewässers ausgeworfen werden? (Abb. 14.4). Es sind ebenfalls Reflexe des Sonnenlichts, die dadurch entstehen, dass das Licht an der vielfältig gekrümmten Wasseroberfläche gebrochen und auf dem Boden des Gewässers fokussiert wird.

Die durch Oberflächenwellen von Gewässern hervorgerufenen Krümmungen wechseln zwischen konkav und konvex und können ganz grob als Ensemble von bewegten sich abwechselnden Sammel- und Zerstreuungslinsen aufgefasst werden. Betrachtet man einen Querschnitt durch die Wasserwellen, so sieht man, wie das einfallende Licht an der Oberfläche ins Wasser hineingebrochen und zum Boden hinfokussiert oder defokussiert wird. Das Licht wird also an bestimmten Stellen gesammelt und an anderen zerstreut (Abb. 14.5). Wenn die Wassertiefe in etwa der Brennweite der als Linsen wirkenden Wellen entspricht, entsteht auf dem Grund ein mehr oder weniger ausgeprägtes, sich ständig veränderndes System von Brennlinien (Kaustiken), ein kaustisches Netzwerk.

14 Welliges Wasser

Abb. 14.4 Das an den Wellen auf dem Wasser gebrochene Sonnenlicht entwirft auf dem Boden des Gewässers ein bewegtes Netzwerk von Brennlinien und Farben

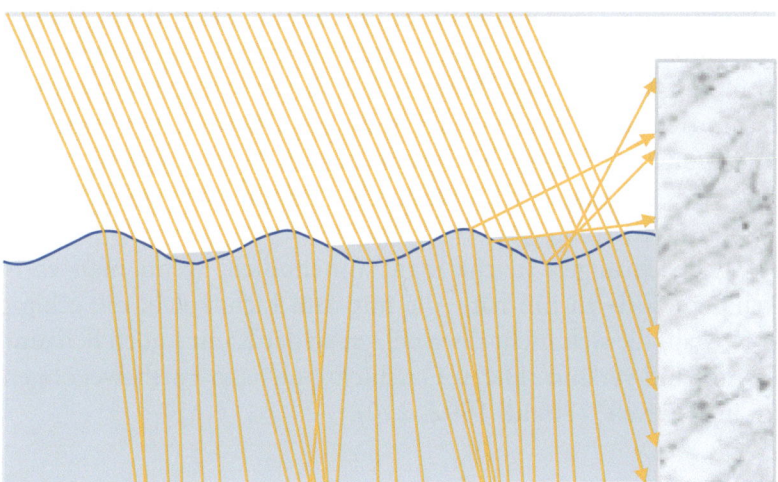

Abb. 14.5 Das von links oben einfallende Licht wird von den wie Sammel- und Zerstreuungslinsen wirkenden Wasserwellen gesammelt und gestreut und damit an bestimmten Stellen des Gewässergrunds verstärkt und an anderen geschwächt. Das von den Wellen reflektierte Licht erzeugt zuweilen vergleichbare Lichtmuster an Projektionsflächen oberhalb des Wassers (Abb. 14.6)

Die lichtstärksten und schönsten Netzwerke beobachtet man dann, wenn die Wassertiefe etwa fünfmal der Entfernung von Wellenkamm zu Wellenkamm entspricht (Schenck 1957). Das kaustische Netzwerk der Wellen auf dem Grund des Gewässers wird diffus in unsere Augen reflektiert und als solches wahrgenommen.

Die Lichtbrechung hängt nicht nur vom Einfallswinkel ab, sondern auch von der Wellenlänge des Lichts. Die einzelnen Spektralfarben des weißen Lichts werden also unterschiedlich stark gebrochen, sodass es zur Entstehung entsprechender Farben kommt. Daher beobachtet man in vielen Fällen farbige Lichtmuster auf dem Grund, die von dieser Zerlegung des weißen Sonnenlichts stammen. Die Farben sind besonders gut zu sehen, wenn das gebrochene Licht auf einem hellen Sand- oder Betonboden fokussiert wird. Ähnliche Farberscheinungen beobachtet man auch zuweilen bei den Randstrahlen von Linsen und spricht dann von chromatischer Aberration.

Brennlinien treten aber nicht nur bei der Brechung des Lichtes auf, sondern wie man von Hohl- und Wölbspiegeln weiß, auch durch Reflexion (Abb. 14.5 rechts). An diesen Vorgang wird Bettina von Arnim in erster Linie gedacht haben. Man kann die durch Reflexion der von einer welligen Wasseroberfläche ausgehenden Brennlinien zum Beispiel am Rumpf eines Schiffes (Abb. 14.6) oder einem Brückengewölbe beobachten: „In der Bogenwölbung läßt die vom Wasser reflektierte Sonne ein Gewirr leuchtender Marmorierungen spielen, das sich unaufhörlich verformt und neu formt" (Simon 1986). Manchmal sieht man diese Brennlinien zum zweiten Mal im Wasser gespiegelt. Dadurch werden sie zusätzlich verzerrt (Abb. 14.6 unten).

Diese Beobachtungen macht man vornehmlich, wenn man es mit der schaukelnden Welle zu tun hat, „die mit dem Licht spielt, die eckig glitzert wie ein Kristall, die sich nicht überschlägt, weder Kamm noch Schaum bildet und nie im Sand verläuft. Deren Geschichte nicht in Fortbewegungen zählt, sondern in Reflexen" (Strauß 1992, 210).

Abb. 14.6 Kaustische Netzwerke an einem Schiffskörper, die durch Reflexion an den Wasserwellen zustande kommen und umgekehrt im Wasser spiegelnd reflektiert werden. Das ist hier aber nur andeutungsweise zu erkennen

14.3 Ringwellen auf dem Wasser

„Wie um einen Kiesel, den, wenn man ihn in einen See wirft, auf der Wasseroberfläche konzentrische Kreise umgeben, ordnen sich neun Himmel um den großen Stein Erde" (Weber 2004, S. 86). Ob Anne Weber dabei mitbedacht hat, dass die konzentrischen Kreise auf dem Wasser dem Ufer zustreben und danach die ursprüngliche unberührte Wasseroberfläche hinterlassen?

Wie dem auch sei, die Ringwellen sprechen für sich. Wenn man ihnen etwas mehr Zeit widmet, wird man feststellen, dass es einen Unterschied macht, ob ein größeres oder kleineres Objekt ins Wasser geworfen wird. Während ein (größerer) Stein Ringwellen (Schwerewellen) auslöst, die sich je

Abb. 14.7 Bei Schwerewellen bewegen sich die mit der größeren Wellenlänge schneller (links). Bei Kapillarwellen sind die mit der kleineren Wellenlänge die schnelleren (rechts)

nach Wellenlänge so sortieren, dass die großen den kleinen vorauseilen, ist es bei den durch Sandkörner oder Wassertropfen erzeugten Wellen gerade umgekehrt. Hier sind die Ringe mit den kleineren Wellenlängen schneller (Kapillarwellen).

Oft ist es sogar so, dass durch den größeren Stein beim Eintauchen ins Wasser Spritzer ausgesendet werden, die auf die Wasseroberfläche auftreffend ihrerseits Wellensysteme in Gang setzen (Abb. 14.7). Die breiten sich völlig ungeachtet der bereits durch die großen Wellen strukturieren Wasserfläche aus und prägen ihnen eine zusätzliche individuelle Musterung auf.

Der ins Wasser geworfene Stein löst zunächst eine chaotische „Urwelle" aus, die als Überlagerung eines ganzen Spektrums von Wellen unterschiedlicher Wellenlänge angesehen werden kann. Dies hat schon Leonardo da Vinci beobachtet, wenn er schreibt: „Die Welle ist die Auswirkung eines Schlages ... Sie ist nie allein, sondern immer gemischt mit so viel andern Wellen, als der Gegenstand, an dem diese Welle entsteht, Unebenheiten aufweist" (da Vinci 1940, 497).

Der Abhängigkeit der (Phasen-)Geschwindigkeit von der Wellenlänge der Wasserwellen entspricht in der Optik beim Durchgang des weißen Lichts durch ein Prisma dessen Zerlegung in einzelne Spektralfarben. Die Zunahme der Geschwindigkeit mit der Wellenlänge wird in beiden Fällen als normale Dispersion bezeichnet. Da sich die Kapillarwellen genau umgekehrt verhalten, spricht man in dem Fall von anomaler Dispersion.

Während uns beim Licht die farbige Dispersion ästhetisch anspricht, kommt die Schönheit bei Wasserwellen eher in der subtilen Ordnung der konzentrischen Kreise zum Ausdruck, mit der sie gemächlich und unbeirrt über die Wasseroberfläche laufen, auch wenn diese vielleicht bereits durch ein zweites Wellensystem gekräuselt ist. Da das Wasser transparent ist, erkennen

Abb. 14.8 Die malerischen Verzerrungen des gespiegelten Baumstamms zeichnen einen Querschnitt durch die Wellen auf

wir die Wellen erst durch die Deformationen der auf dem Wasser spiegelnden reflektierten Umgebung oder des bewölkten Himmels (Abb. 14.8).

Übrigens trügt der Eindruck, dass die Wellen Wasser über den See tragen. Die Wasserteilchen bewegen sich kollektiv auf geschlossenen Bahnen auf und ab und „treten" gewissermaßen auf der Stelle. Deshalb wird ein auf der Wasseroberfläche driftendes Blatt auch nur angehoben und wieder gesenkt, wenn sich eine Welle unter ihm wegbewegt.

Lange bevor das Konzept der Wasserwelle in der Physik auf Licht und Schall übertragen wurde, sah Leonardo da Vinci bereits einen solchen Zusammenhang: „So wie ein Stein, den man ins Wasser wirft, zum Mittelpunkt und zur Ursache vieler Kreise wird, so verbreitet sich der Ton, der sich in der Luft bildet, kreisförmig. So verbreitet sich jeder Körper, der sich in der hellen Luft befindet, kreisförmig und erfüllt die umliegenden Teile der Luft mit unendlichen Bildern seiner selbst, und so erscheint alles in allem und alles in jedem Teil" (da Vinci 1996).

14.4 Moiré-Muster im welligen Wasser

Ich sitze an einem Swimmingpool und lasse rein spielerisch einige Wassertropfen auf die unberührte Wasseroberfläche fallen. Es entstehen kapillare Ringwellen, die sich mit nach außen kleiner werdenden Wellenlängen ausbreiten

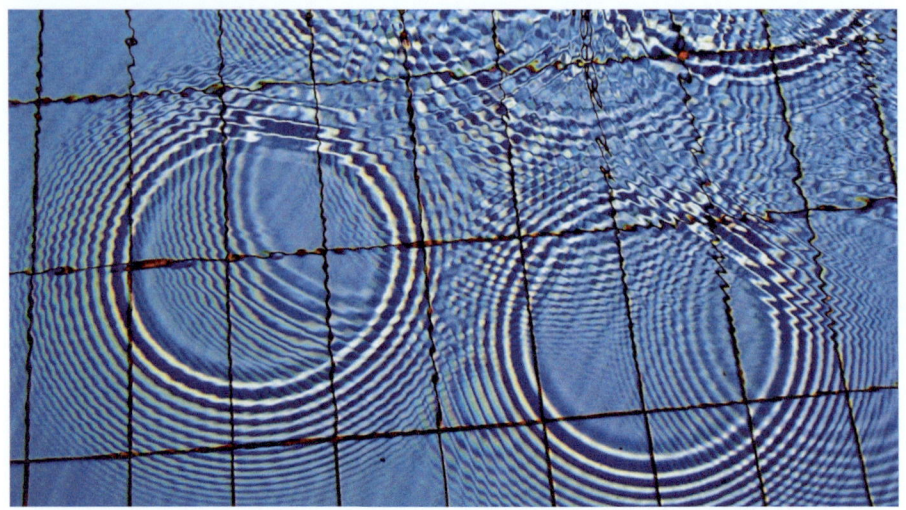

Abb. 14.9 Farbige Moiré-Ringsysteme im Überlagerungsbereich der Wasserwellen mit ihren Projektionen auf dem Boden des Swimmingpools (unten Mitte)

Abb. 14.10 Das aus der Ferne nicht zu erkennende Gitter des Brückengeländers verrät sich durch ein vergrößertes Muster, das es dem Moiré-Effekt verdankt

und sich gegenseitig überlagern. Interessanterweise kommt dabei ein Moiré-Muster zum Vorschein, wie man es ansonsten von einer Überlagerung gleichartiger periodischer Muster kennt (Abb. 14.9). Blickt man zum Beispiel durch zwei hintereinander gestaffelte gleichartige Gitter, so erkennt man eine größere Überstruktur von der Form der Gitterelemente (Abb. 14.10).

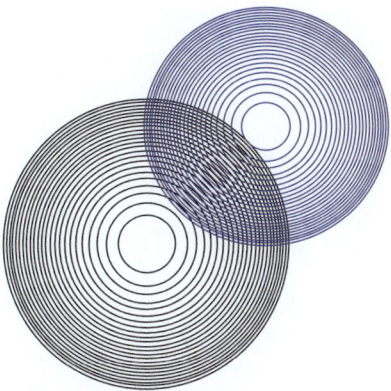

Abb. 14.11 Modell der Überlagerung zweier Wellensysteme. Schiebt man zwei transparente Folien mit je einem System konzentrischer Ringe übereinander, so ergeben sich im Überlagerungsbereich Moiré-Muster von der gleichen Art wie im Swimmingpool

Obwohl es sich nicht auf den ersten Blick erschließt, liegt auch das Muster im Pool an einer solchen Überlagerung von gleichartigen periodischen Strukturen. Mit zwei Overheadfolien, die jede mit einem solchen System konzentrischer Kreise versehen wird, lassen sich einige Aspekte ringförmiger Moiré-Muster veranschaulichen. Dazu muss man nur die Folien übereinanderschieben. Ein Beispiel ist in Abb. 14.11 dargestellt.

Auf ähnliche Weise überlagern sich die Ringwellen mit ihren eigenen durch das einfallende Sonnenlicht hervorgerufenen Projektionen aus hellen und dunklen Ringen auf dem Boden des Pools (Abb. 14.9). Die Projektionen entstehen dadurch, dass das Licht an der durch die Wellen gekrümmten Wasseroberfläche gebrochen wird, wobei die konkaven und konvexen Krümmungen wie Sammellinsen und Zerstreuungslinsen wirken und das Licht entsprechend fokussieren und defokussieren.

Die Breite der wechselweise hellen und dunklen konzentrischen Ringe sowie der Helligkeitskontrast zwischen ihnen nehmen nach außen hin rapide ab und verschwinden schließlich ganz. In den Überlagerungsbereichen der beiden Ringwellensysteme entstehen von großen Helligkeitskontrasten geprägte Lichtmuster.

Die Beobachtung der Lichtmuster auf dem Boden ist an manchen Stellen nur durch die von den realen Wellen gekräuselte Wasseroberfläche hindurch möglich. Die Lichtstrukturen erscheinen an diesen Stellen naturgemäß mehr oder weniger stark verzerrt, weil sie zum einen durch die Projektionen auf dem Boden hervorgerufen und zum anderen eventuell durch sie hindurch betrachtet werden. Die alleinige Wirkung der gekräuselten Wasseroberfläche lässt sich am besten an den Verzerrungen des an sich invarianten

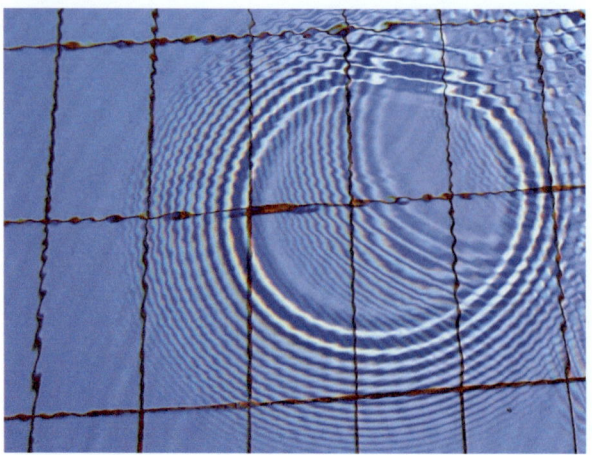

Abb. 14.12 Man blickt von schräg oben in etwa aus der 6-Uhr-Richtung auf die Ringwellen. Das Sonnenlicht kommt etwa aus der 9-Uhr-Richtung. Daher sind die Farben an den linken und rechten Rändern der Brennlinien am stärksten. Die Farben sind vor allem an den horizontal verlaufenden Fliesenfugen zu erkennen

Fliesenmusters erkennen, und zwar insbesondere an Stellen, an denen keine Projektionen auftreten, wie etwa links oben in Abb. 14.9.

Die Brechung des weißen Sonnenlichts an der Wasseroberfläche bewirkt außerdem eine farbliche Aufspaltung (Dispersion). Man erkennt sie an den mehr oder weniger ausgeprägten farbigen Rändern der Brennlinien auf dem Boden des Schwimmbeckens. Sie sind am größten in Richtung des von links unten einfallenden Sonnenlichts (Abb. 14.9).

Da das von den Brennlinien ausgehende Licht beim Übergang vom Wasser in die Luft gebrochen wird, tritt auch dabei eine Farbzerlegung auf, die am größten in Blickrichtung des Betrachters ist. Davon ist allerdings kaum etwas zu sehen, weil man fast direkt von oben schaut (Abb. 14.12). Lediglich wenn der Blick durch die Deformationen der Ringwellen hindurch erfolgt, treten merkliche Farben auf, wie man insbesondere an den horizontal verlaufenden Fliesenfugen erkennen kann.

Wo es zum Moiré-Effekt kommt, ist die Dispersion am stärksten. Da sich die Sonnenstrahlrichtung und Beobachtungsrichtung um fast 90° unterscheiden, überlagern sich beide Dispersionseffekte und es kommt zu nahezu einheitlichen farbigen Rändern, die im Wesentlichen das virtuelle farbige Ringsystem ausmachen.

Die deutliche Dispersion des einfallenden Lichts an den Wellen lässt sich in einem Freihandexperiment veranschaulichen. Geht man nämlich davon aus, dass die Krümmung der Wellen sich bezüglich der Dispersion ähnlich

Abb. 14.13 Starke Dispersion an den Rändern eines zylindrischen Glasstabs, der auf ein Op-Art-Bild gelegt wurde

verhält, wie ein Glaszylinder, den man auf ein Muster von schwarzen und weißen Linien legt, so ergeben sich ganz ähnliche Farberscheinungen (Abb. 14.13).

Literatur

Da Vinci, L. (1940). Tagebücher und Aufzeichnungen. Leipzig: Paul List Verlag.
Arnim, B. (1959). Werke und Briefe, Bd. 3. Bartmann. S. 192.
Da Vinci, L. (1996). Fragmente zu einem Buch über das Wasser. Frankfurter Rundschau, Sa 14. Sept. 1996, Nr. 215. S. ZB3.
Schenck, H. (1957). On the focussing of sunlight by ocean waves. Journal of the Optical Society of America, 47, 653–7.
Simon (1986). Anschauungsunterricht. Rowohlt 1986. S. 111.
Strauß, B. (1992). Akzente. S. 210
Weber, A. (2004). Besuch bei Zerberus. Suhrkamp. S. 86.

15

Schatten im Wasser

15.1 Farbige Schattensäume im schmutzigen Wasser

Der Schattenwurf auf Gewässer, wie ihn beispielsweise über das Wasser ragende Zweige hervorrufen, hat schon so manchen Künstler angesprochen. So schrieb der britische Schriftsteller und Kunstkritiker John Ruskin vor rund hundert Jahren:

„Wann immer Schatten auf klarem Wasser und in gewissem Maße selbst auf schmutzigem Wasser gesehen wird, ist es nicht wie auf dem Land ein dunkler Schatten, der die sonnige allgemeine Färbung zu einem schwächeren Ton herabdämpft, sondern ein Raum von gänzlich anderer Farbe, der selbst durch seine Fähigkeit zur Reflexion unendlich viele Möglichkeiten der Tiefe und Färbung aufweist und unter Umständen gänzlich verschwindet (Ruskin 1900)."

Betrachtet man den Schatten im leicht getrübten, aber ruhigen Wasser etwas genauer, so entdeckt man nicht selten, dass er von farbig gesäumten Rändern umgeben ist. Auf der einen Seite sind sie bläulich, auf der anderen rotbräunlich. Auf den ersten Blick scheint es schwierig zu sagen, auf welcher Seite welche Farbe zu sehen ist (Abb. 15.1).

Genau genommen können auf und im (klaren) Wasser gar keine Schatten entstehen. Denn Wasser ist weitgehend transparent und spiegelt einen Teil des auffallenden Lichts. Was man als Schatten auf dem Wasser ansieht, sind meistens Spiegelungen im Schatten liegender Objekte, beispielsweise überhängender

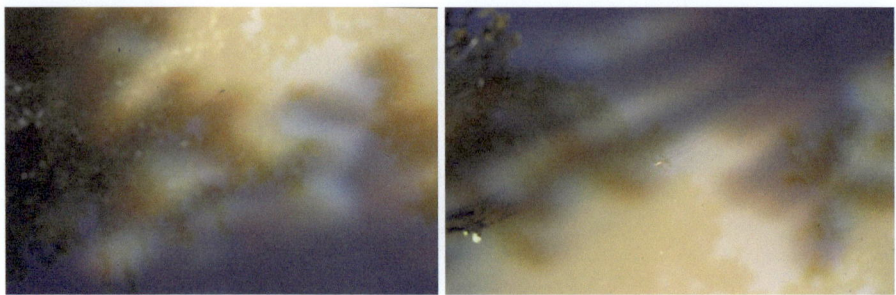

Abb. 15.1 Der Schatten eines Zweiges im trüben Wasser weist farbige Ränder auf

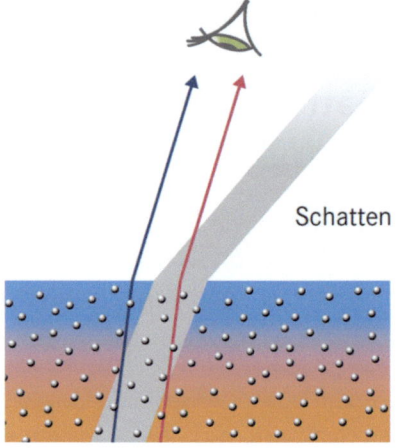

Abb. 15.2 Streulicht aus der Umgebung einer Schattensäule (grau) durchquert unterschiedlich lange Wege im Wasser, bevor es unser Auge erreicht. Dies erklärt die unterschiedlichen Farbränder

Äste. Aber wenn das Wasser durch Schwebeteilchen getrübt ist, sehen wir das an dieser Trübung reflektierte bzw. gestreute Sonnenlicht. Wenn ein Teil des Sonnenlichts durch einen Schattengeber abgeblockt wird, erreicht uns aus dem entsprechenden Schattenraum kein Streulicht. Man sieht daher in diesem Fall eingebettet in die aufgehellte Umgebung eine dunkle Säule im Wasser. Solche Schattensäulen treten besonders deutlich bei Wasserlinsen und kleinen Blättern in Erscheinung.

Vor diesem Hintergrund lässt sich nunmehr die Herkunft der Farbränder der Schatten erklären. Blickt man schräg durch das Wasser hindurch auf den dunklen Hintergrund der Schattensäule eines Gegenstands, so erreicht das Auge Streulicht, das von der Trübung in der relativ kurzen Wasserschicht zwischen Wasseroberfläche und Schattensäule herrührt (Abb. 15.2 links der Schattensäule). Wie bei der Rayleigh-Streuung in der Luft, durch die das

Himmelblau entsteht, wird an den kleinen Schwebeteilchen vorwiegend das kurzwellige, blaue Licht gestreut. Dadurch entsteht der Eindruck des bläulichen Rands an der dem Beobachter zugewandten Seite der Schattensäulen.

Auf der anderen Seite der Schattensäule sieht man hingegen Licht, das in größeren Tiefen im Wasser gestreut wurde. Denn Streulicht aus geringeren Tiefen wird durch die Schattensäule ausgeblendet. Das Streulicht von jenseits der Schattensäule legt also einen längeren Weg im Wasser zurück, sodass ihm aufgrund der zahlreichen Streuungen bereits der blaue Anteil fehlt. Der rote Anteil im Streulicht überwiegt und ruft den Eindruck eines rötlichen Randes des Schattens hervor.

Ohne das Vorhandensein einer trennenden Schattensäule würden sich das blaue Streulicht aus geringeren Tiefen und das rote Streulicht aus größeren Tiefen wieder zu dem schmutziggrauen Licht des ungestörten trüben Wassers addieren.

Die farbig berandeten Schattensäulen sind ein Beispiel dafür, dass das Dunkle und der Schmutz in Gewässern zu ästhetisch ansprechenden Farberscheinungen führen können, die oft übersehen und erst auf den zweiten Blick verständlich werden.

15.2 Bizarre Unterwasserschatten

Wer schon einmal in flachen Gewässern wie einem Teich oder einer Pfütze den Schatten von auf der Oberfläche driftenden Blättern und anderen Objekten betrachtet hat, wird feststellen, dass die Form des Schattens in vielen Fällen eine völlig andere ist als die des Originals. Außerdem ziert eine leuchtende Umrahmung die kurios verformten Schatten, als hätte jemand den Umriss mit einem hellen Stift nachgezogen.

Das lässt sich beispielsweise bei Seerosenblättern auf relativ klarem Wasser beobachten (Abb. 15.3). Die Schatten scheinen sich überhaupt nicht um die Form des jeweiligen Blatts zu kümmern und bedienen sich scheinbar frei aus dem Repertoire möglicher Konturen. Was über dem Gewässer als glatt und rund daherkommt, ist auf dessen Boden gefiedert – als wäre hier das Abbild eines ganz anderen Blatts zu sehen. Das ist auf den ersten Blick ebenso schön wie rätselhaft.

Dieser frappierende Wandel ist das Resultat einer subtilen Wechselwirkung zwischen der Blattkrempe und der Wasseroberfläche. Seerosenblätter verfügen über ein luftgefülltes Gewebe, das sie schwimmfähig macht. Sie liegen meist flach auf dem Wasser und sind nach außen hin leicht gewellt. Darum tauchen sie mit dem Rand abwechselnd ins Wasser ein und erheben sich über es hinaus. Das Gewebe hat eine wasserliebende Unterseite und eine vergleichsweise wasserabweisende Oberseite, sodass die Wasseroberfläche am Blattsaum fixiert bleibt und dabei abwechselnd etwas eingedellt (konvexer Meniskus) und angehoben wird (konkaver Meniskus).

Abb. 15.3 Links: Kleine Kräuselungen am Rand eines Blatts auf einer Wasseroberfläche verändern die Form des darunter geworfenen Schattens. Rechts: In der vereinfachten Darstellung krümmt ein Blatt die Wasseroberfläche (rot dargestellt). Dadurch wird einfallendes Licht gebrochen und eine helle Kaustik um einen dunkleren Bereich hervorgerufen

Diese Krümmungen beeinflussen den Weg des Sonnenlichts im Wasser. Aber wie gelangen die Strahlen an einigen Stellen scheinbar unter das Blatt? Vielleicht von dort, wo es nach oben gewölbt sich über die Wasseroberfläche erhebt? Doch ein konkaver Meniskus zerstreut Licht und verteilt es über eine größere Fläche. Würden die Zwischenräume so entstehen, sollte die Helligkeit in ihnen wesentlich geringer sein. Diesen Effekt sehen wir aber nicht, zumal der Rand des Schattens oft von einer intensiven Brennlinie begrenzt ist (Abb. 15.5).

Außerdem müsste durch derartige Einschnürungen der geometrische Schattenbereich kleiner sein als das Blatt. Tatsächlich ist das gefiederte Abbild sogar größer – der eigentliche Schatten wird also durch runde Ausbuchtungen erweitert. Entscheidend dafür sind die Dellen im Wasser, die durch die abgesenkten Bereiche der Blattkante hervorgerufen werden. Die so entstandenen konvexen Menisken brechen das Licht nach außen, vergrößern den Schatten entsprechend und erzeugen eine Brennlinie am Rand (Abb. 15.3 rechts).

Das Phänomen ist nicht auf Seerosen beschränkt. Beispielsweise ruft in eine Pfütze gefallenes Laub dasselbe optische Phänomen hervor. Besonders eindrucksvoll wird der Effekt, wenn Wasserläufer die Teichoberfläche tief eindrücken. Die eigentliche Silhouette des Körpers, insbesondere der dürren Beinchen, erscheint im Vergleich zu den ovalen Schatten der Wasserdellen meist wesentlich kleiner (Abb. 15.4).

Man kann die Zusammenhänge sehr einfach selbst untersuchen. Dazu muss nur eine flache Schale mit Wasser gefüllt und ein schwimmfähiges Blatt auf die Oberfläche gelegt werden. Im Licht der Sonne oder einer Lampe entstehen dann je nach der Welligkeit des Objekts hell umkränzte, gefiederte Schatten (Abb. 15.5). Um sich die Zuordnung zu den Wellenbergen und -tälern

15 Schatten im Wasser

Abb. 15.4 Dort, wo ein Wasserläufer die Oberfläche mit seinen dünnen Beinen herunterdrückt, erzeugt er große, runde Schatten, die von einer Brennlinie begrenzt werden

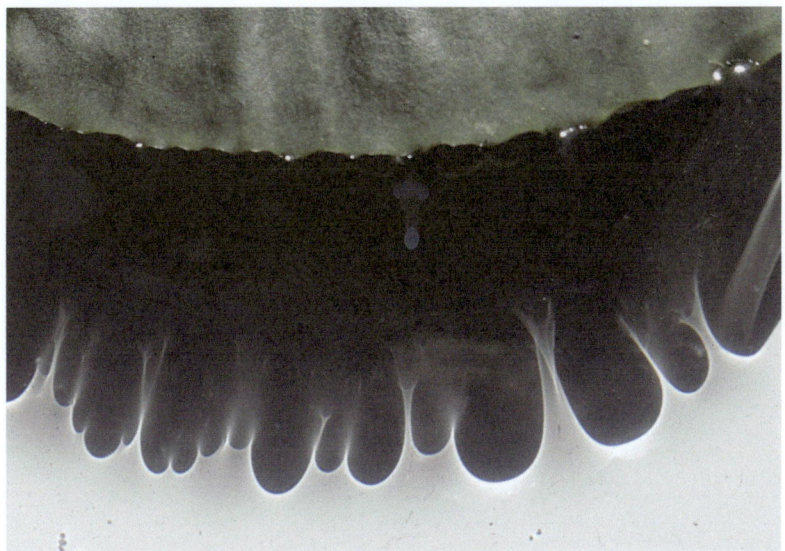

Abb. 15.5 Noch deutlicher als in der freien Natur zeigt sich das Phänomen, wenn man ein eng gewelltes Seerosenblatt auf die Wasseroberfläche einer flachen Schale legt. Auf dem Gefäßboden zeichnet sich dann eine besonders filigran ausgebuchtete Silhouette ab. Jeder Schattenbauch entspricht einem konvexen Meniskus, also einer Delle in der Wasseroberfläche

vor Augen zu führen, kann man mit einem dünnen Stift oder einer Nadel am Saum entlangfahren und die dazugehörigen Schattengrenzen verfolgen.

Der Übergang des Lichts von der Luft ins Wasser erzeugt oft erstaunliche optische Deformationen. Die Transparenz des Wassers suggeriert dabei, die Ursachen dafür seien leicht zu durchschauen – dabei lenkt sie manchmal vielmehr von den wichtigen Vorgängen an der Grenzfläche ab.

15.3 Schatten und Spiegelung im Wasser

In diesem auf den ersten Blick etwas surreal wirkenden Ausschnitt aus einem Hafenbecken sind zwei Abbildungen der von der Sonne beschienenen Gegenstände im Wasser zu sehen (Abb. 15.6). Man ist vielleicht geneigt, sie als Schatten abzutun. Bei genauerem Hinsehen erkennt man, dass die Treppe und das Geländer einerseits eine Abbildung direkt unter dem Original aufweisen und eine weitere aus anderer Perspektive erscheinende, etwas verschwommene Abbildung rechts daneben.

Aber ein Foto kann die Dinge nicht zugleich aus zwei Perspektiven zeigen. Vielmehr handelt es sich im ersten Fall um keinen Schatten, sondern um eine

Abb. 15.6 Blick in einen kleinen Hafen. Neben den Schatten, die auf der Wasseroberfläche zu liegen scheinen, dominieren Spiegelungen, die sich räumlich in der Spiegelwelt unterhalb der Wasseroberfläche zu befinden scheinen

Spiegelung der Unterseite der Brücke und im zweiten Fall um einen Schatten der Brücke, der von der links einstrahlenden Sonne hervorgerufen wird.

Genau genommen kann aber auf dem Wasser kein Schatten entstehen, es sei denn, es ist wie im vorliegenden Fall mit Schwebeteilchen verunreinigt. An ihnen wird das Sonnenlicht gestreut und die von den schattenwerfenden Gegenständen ausgeblendeten Bereiche erscheinen dunkel. Denn von dort erreicht uns kein Sonnenlicht, sondern nur das reflektierte Himmelblau.

Entsprechendes beobachtet man bei den beiden Pfählen. Aus der Perspektive des Fotografen erscheint die Spiegelung wie eine Verlängerung der Pfähle und man muss schon genau hinschauen, um zu erkennen, wo der reale Pfahl endet und die Spiegelung beginnt. Denn von dieser Stelle gehen die horizontal orientierten Schatten der Pfähle im Wasser aus. Auch sie zeichnen sich durch einen Blaustich aus, weil auch hier nur das Himmelslicht reflektiert wird.

15.4 Ein Lichtblick im Schatten

Auf dem Foto (Abb. 15.7) sieht man den Schatten einer im Wasser stehenden Person auf dem Boden des Gewässers. Die Schattenränder erscheinen wegen der Unebenheit des Bodens und vor allem der welligen Wasseroberfläche mehr oder weniger stark deformiert. Die infolge der Brechung des Lichts an der gewellten Wasseroberfläche hervorgerufenen Brennlinien (Kaustiken) reichen teilweise bis weit in den Bereich des geometrischen Schattens hinein, der ansonsten weitgehend dunkel ist. Da das in den Kaustiken konzentrierte Licht an anderen Stellen fehlt, erscheinen diese Bereiche dunkler, obwohl der Boden aus typisch hellem gelbem Sand besteht.

Schaut man sich das Foto genauer an, so entdeckt man mitten im Schatten einen blauen Fleck, der im Kontrast zur dunklen Umgebung sehr hell erscheint. Dabei handelt es sich nur um einen auf dem Grund liegenden Stein. Rätselhaft ist zunächst, dass der im Schatten liegende Stein überhaupt zu sehen ist, also mehr Licht ausstrahlt als die Umgebung. Da der bei Tageslicht weiß erscheinende Stein kaum selbstleuchtend sein dürfte, kann das Licht nur vom blauen Himmel stammen. Anders als das Sonnenlicht hat dieses von den Seiten her freien Zugang zum Stein und wird entsprechend von diesem reflektiert.

Hier ergibt sich fast zwangsläufig die Frage, warum der sandige Untergrund nicht ebenfalls eine blaue Färbung annimmt. Im Sonnenlicht, das alle Spektralfarben enthält, erscheint der Sandboden gelb, weil er vor allem die Komplementärfarbe, also blaues Licht absorbiert. Das blaue Himmelslicht

Abb. 15.7 Ein Stein, der unter Wasser in einen Schatten gerät, reflektiert blaues Himmelslicht. (Foto: Gerda Kasakou)

wird daher weitgehend vom Sandboden absorbiert, sodass dessen diffuse Reflexion kaum zur Aufhellung des solaren Schattenbereichs beiträgt.

Der weiße Stein, der so gut wie alle Farben, also auch das Blau, reflektiert, erscheint demgegenüber im Vergleich zur Umgebung stark aufgehellt. Hinzu kommt, dass er merklich über den flachen Grund hinausragt und daher vor allem an den Seiten aufgehellt wird.

Literatur

Ruskin, C. (1900). Modern Painters. Vol I., London: George Allen. S. 355. Übers. HJS.

16

Brechungen im Wasser

16.1 Schwankende Unterwasserwelt

Während einer Pause in einem Konferenzzentrum betrat ich den großzügigen Garten, der auch einen Swimmingpool enthielt (Abb. 16.1). Beim ersten Blick über den Pool glaubte ich an eine künstlerische Spielerei des Erbauers dieses Pools. Es sah so aus, als habe man es mit einem zum Vordergrund hin in die Tiefe stürzenden Beckenboden zu tun. Und bei jeder Bewegung relativ zum Pool geriet diese Unterwasserbergwelt ins Schwanken. Doch wie ich schnell herausfand, war das einzige Ungewöhnliche an dieser Situation, dass ich so etwas bislang nicht gesehen hatte. Dabei war alles nur ein Brechungsphänomen beim Übergang des Lichts von Luft in Wasser oder umgekehrt, das auch schon Plato bekannt war: „Ein Gegenstand erscheint uns gerade, wenn wir ihn außerhalb des Wassers, gekrümmt, wenn wir ihn im Wasser sehen. Wir sind vielen solchen Sinnestäuschungen ausgesetzt. Das beste Mittel dagegen ist das Messen, Zählen und Wägen. Dadurch wird die Herrschaft der Sinne über uns beseitigt" (Plato 1991).

Seinem Vorschlag folgend, haben die Physiker gemessen und gezählt und unter anderem das Brechungsgesetz gefunden. In einer ziemlich einfachen Fassung besagt es, dass ein aus einem optisch dichteren in ein optisch dünneres Medium übergehender Lichtstrahl vom Einfallslot weggebrochen wird.

Die Brechung lässt sich in vielen alltäglichen Situationen beobachten. Sie ist uns so selbstverständlich geworden, dass sie kaum noch auffällt. So erscheint beispielsweise der Boden einer Tasse mit Wasser deutlich angehoben, wenn man einmal genau hinschaut (Abb. 16.2). Mit einer Münze lässt sich

Abb. 16.1 Scheinbare Hügellandschaft unter dem Wasser oder bloße Täuschung?

Abb. 16.2 Sehen Sie die Münze? Oben links ist sie nicht zu sehen. Erst wenn man Wasser in die Tasse gibt, erscheint der Tassenboden mitsamt der Münze soweit angehoben, dass sie sichtbar wird (rechts)

dies eindrucksvoll in Szene setzen. Blickt man schräg in die leere Tasse, sodass die Münze gerade noch von der Tassenwand verdeckt ist, wird sie plötzlich sichtbar, wenn die Tasse mit Wasser gefüllt wird. Der Boden und mit ihm die Münze werden dadurch optisch angehoben und geraten so in den unveränderten Blick des Beobachters.

Die optische Hebung hängt stark von Position und Blickwinkel ab. Schaut man unter einem großen Winkel gegenüber der Senkrechten, also sehr flach auf eine Wasseroberfläche, so ist die Hebung des Bodens viel stärker als bei einem kleinen Winkel. Und weiter entfernte Bodenflächen erscheinen daher stärker gehoben als nähere. Zeichnet man die Lage eines Punktes P unterhalb der Wasseroberfläche für verschiedene Blickwinkel auf, so ergibt sich eine Kurve für die Bildpunkte von P (Abb. 16.3).

Diese Änderung macht sich jedoch bei der Tasse kaum bemerkbar, weil die Variation des Blickwinkels vom vorderen bis zum hinteren Ende der Münze sehr klein ist. Nicht so bei größeren Wasserkörpern wie einem Swimmingpool. Hier überblickt man gleichzeitig einen großen Winkelbereich, sodass die ferneren Teile des Fliesenbodens optisch stärker gehoben werden als die näheren.

Die dadurch entstehenden scheinbaren Deformationen sind so gut zu erkennen, weil Beckenboden und -wände mit Fliesen belegt sind, die wie ein Gitternetz selbst kleine Verzerrungen sichtbar werden lassen. Bei einem natürlichen Gewässer ist es wesentlich schwieriger, die Hebung zu erkennen. Denn die wahre Beschaffenheit des Bodens ist nicht bekannt und ein rechtwinkliges Bezugssystem fehlt, durch das brechungsbedingte Abweichungen von der wahren Geometrie festgestellt werden könnten. Lediglich durch systematische Blickpunktänderungen könnten die optischen Verschiebungen des Bodens entlarvt werden. Aber dazu muss man schon wissen, was man sehen sollte.

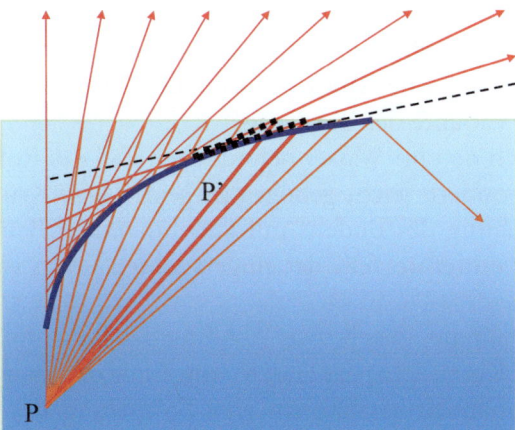

Abb. 16.3 Die vom Punkt P ausgehenden Lichtstrahlen durchdringen die Wasseroberfläche mit unterschiedlichen Winkeln und werden daher unterschiedlich stark gebrochen. Treffen die beiden fett gezeichneten Strahlen das Auge, sieht es P im Schnittpunkt P', der geradlinigen Verlängerung der Strahlen. Auf der blauen Kurve liegt die Gesamtheit der Schnittpunkte

Abb. 16.4 Der schräg ins Wasser getauchte Stab erscheint an der Eintauchstelle ins Wasser nicht nur geknickt, sondern innerhalb des Wassers auch gebogen

Die je nach Blickwinkel variierende Brechung kann man sehr schön beobachten, wenn man der Reinigung eines Swimmingpools mit einem langen Saugrohr beiwohnt, das schräg ins Wasser getaucht über den Boden geführt wird. Am besten ist es von der Seite aus zu sehen (Abb. 16.4). Zunächst wird man vielleicht einmal mehr vom scheinbaren Knick des schräg in das Wasser tauchenden Stabs irritiert. Man kennt zwar das Phänomen im Kleinen vom scheinbar abgeknickten Strohhalm im Limonadenglas. Aber wie viel eindrucksvoller ist es, dem Vorgang wie hier im Großen beizuwohnen. Wenn der Stab hin- und hergeschoben wird, dabei mehr oder weniger weit ins Wasser eintaucht und der optische Knick mühelos über den Stab läuft, erlebt man eine dynamische Variante der Brechung.

Schaut man sich den im Wasser befindlichen Teil des Rohrs an, so scheint er nicht gerade, sondern leicht gebogen zu sein. Diese Krümmung zeigt direkt, dass die Hebung des Bodens mit zunehmendem Beobachtungswinkel zunimmt. Weiter entfernte Teile des eingetauchten Rohrs werden daher stärker gehoben.

Des Weiteren fällt auf, dass es zwei Abbilder des Rohrs im Wasser gibt. Das eine geht von der Knickstelle, das andere vom Ende der Stange im Wasser aus. Bei der ersteren handelt es sich um eine Spiegelung des aus dem Wasser herausragenden Teils des Rohrs im Wasser. Bei der letzteren um den Schatten des Rohrs auf dem Boden des Pools. Diese findet ihre kurze Fortsetzung am Beckenrand.

Die brechungsbedingte Täuschung durch die optische Krümmung des Stabs lässt sich in einem einfachen Experiment nachvollziehen. Dazu eignet

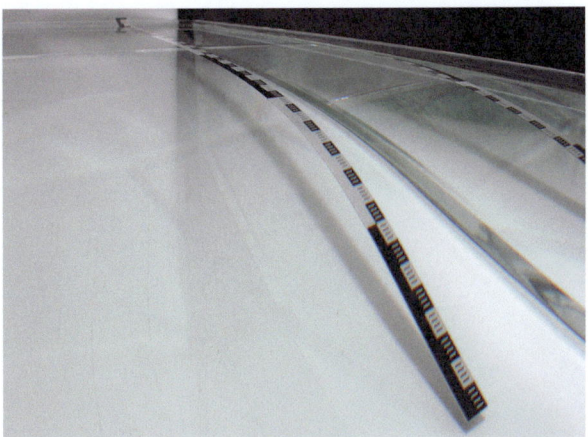

Abb. 16.5 In einem Wasserbecken unter flachem Winkel betrachtetes Metermaß

sich zum Beispiel ein Metermaß als Inbegriff einer quantitativ invarianten Gegebenheit. Legt man es auf den Boden eines möglichst großflächigen mit Wasser gefüllten Behälters und blickt sehr flach darauf, so täuscht es nach allen Regeln der optischen Brechkunst über die wahren Verhältnisse hinweg (Abb. 16.5).

16.2 Das weiche Wasser bricht den Stein

Eine weitere Überraschung konnte ich in einem anderen Swimmingpool erleben: Ein großer ovaler Naturstein am Rande des Pools nimmt die Form eines Hutes an (Abb. 16.6). Jemand sagt: ein Südwester. Nun ist das Wort gefallen und der optisch deformierte Stein wird zum Phänomen. Der Stein schaut mit dem oberen Ende aus dem Wasser und just unterhalb der Grenze zwischen Luft und Wasser scheint er breiter zu werden. Dass der Stein nicht so geformt ist, wie er aussieht, fällt mir erst dadurch auf, dass er unabhängig von der Wasserhöhe im Teich – die sich beim Austausch des Wassers ändert – immer nur am Wassersaum breiter wird.

Durch manuelles Abtasten wird klar, dass der stets an der Grenze zwischen Wasser und Stein zu sehende Knick eine Täuschung ist: Das Licht wird beim Übergang zwischen Luft und Wasser gebrochen. Erst dadurch scheint der ovale Stein seine vermeintliche Hutform anzunehmen. Das vom untergetauchten Teil des Steins ausgehende Licht wird beim Übergang in die Luft vom Einfallslot weggebrochen. Der breitere unter Wasser liegende Teil des

Abb. 16.6 Der mit der Spitze aus dem Wasser herausragende ovale Stein scheint unter Wasser in die Breite zu gehen. Das tut er unabhängig von der Wasserhöhe. Hier macht sich die Brechung beim Übergang des Lichts vom untergetauchten Teil des Steins in die Luft bemerkbar

Steins erscheint daher gehoben und führt zum vermeintlichen Knick an der Grenzfläche zur Luft.

Der Knick im Stein wandert also mit dem Wasserstand auf und ab und lässt die steinerne Hutkrone kleiner und größer werden, ganz egal, wie hart der Stein ist. Unsere Augen werden hier wieder einmal getäuscht.

16.3 Transparenz durch Nässe

„Der Wind stößt in die nassen Wäschestücke hinein und bringt ein schönes Knattern hervor", schreibt der Schriftsteller Wilhelm Genazino, ein genauer Beobachter auch profaner Alltagsdinge. „Manchmal bauscht ein einzelner kräftiger Windstoß die Laken hintereinander auf. Eine halbe Stunde vergeht, dann ist die Wäsche trocken und weiß" (Genazino 2006). Erst dann? Sollte sie nicht schon in dem Moment reinweiß erscheinen, in dem man sie frisch gewaschen aus der Waschmaschine holt?

Die Frage ist gerechtfertigt: Warum muss ein Hemd erst trocknen, damit es wirklich weiß strahlt? Oder andersherum: Wie schafft es völlig farbloses Wasser, weiße Wäsche dunkel erscheinen zu lassen?

Wenn das Gewebe eines weißen Hemds keine Farbpigmente enthält – was übrigens die Regel ist –, erscheint es aus demselben Grund weiß, wie dies auch bei Schnee und Nebel der Fall ist. Aber deren Farbe ist ebenso wenig selbstverständlich. Denn Schnee ist eine Ansammlung winziger Eiskristalle,

Nebel besteht aus Wassertröpfchen. Sowohl Eis als auch Wasser sind allerdings farblos und im Prinzip durchsichtig wie Glas.

Entscheidend sind hier aber die Grenzschichten zwischen unterschiedlichen Medien. Wenn ein Objekt unter Wasser liegt oder im Eis eingefroren ist, durchquert das von ihm reflektierte Licht zunächst das jeweilige Medium und tritt an dessen Grenze in die Luft der Umgebung über. Dabei wird das Licht gebrochen, wobei es seine Richtung ein wenig ändert, und teilweise ins Medium zurückreflektiert. Bei jeder Wechselwirkung wird zudem ein Teil des Lichts absorbiert, im Fall transparenter Medien jedoch nur ein kleiner.

Das genaue Ausmaß dieser Effekte hängt von den Brechungsindizes der beteiligten Medien ab. Unterscheiden sie sich stark, wird das auf die Grenzfläche treffende Licht auch stark von der ursprünglichen Richtung abgelenkt. Das an der Grenzfläche reflektierte und gebrochene Licht sorgt dafür, dass das transparente Medium überhaupt in Erscheinung tritt: Einerseits wird es durch das reflektierte Licht sichtbar, andererseits sorgt es durch die Brechung für ungewohnte Anblicke wie zum Beispiel den berühmten Strohhalm im Glas, der an der Wasseroberfläche abzuknicken scheint.

Je mehr sich ein Gegenstand optisch an das ihn umgebende Medium angleicht, je ähnlicher also die Brechungsindizes sind, desto mehr verliert er dagegen an Sichtbarkeit. Taucht man ein Reagenzglas aus Fiolax, einem speziellen Borsilikatglas mit einem Brechungsindex von etwa 1,47, in ein durchsichtiges Gefäß mit Olivenöl (Brechungsindex 1,46) und füllt es ebenfalls mit Olivenöl, wird es regelrecht unsichtbar (Abb. 16.7). Sind die Indizes iden-

Abb. 16.7 Auch wenn man es kaum sieht: Das innen stehende Reagenzglas aus dem Spezialglas Fiolax reicht bis an den Grund des mit Olivenöl gefüllten Wassergefäßes. Grund für sein „Verschwinden" sind die fast identischen Brechungsindizes von Öl und Fiolax

tisch, ist das Ergebnis noch eindeutiger: Schüttet man Wasser in Wasser, verschwindet es darin spurlos.

Wie steht es nun um Wasser, das in Form kleinster Tröpfchen als Nebelwand auftritt? Wirft ein vor oder hinter der Wand gelegener Gegenstand Licht auf die Nebeltröpfchen, wird es an ihren Grenzflächen viele Male in unterschiedlichste Richtungen reflektiert, bevor es am Ende vielleicht doch noch unsere Augen erreicht. Zu diesem Zeitpunkt hat es aber längst jegliche Information über seine Herkunft verloren. Die Nebelwand erscheint also ab einer bestimmten Dicke und Dichte schlicht undurchsichtig. Dahinterliegende Objekte sind dann nicht mehr zu erkennen.

Außerdem mischen sich die Farben im Verlauf der vielen Reflexionen perfekt und addieren sich zu einem Weiß. Nicht zu einem ganz reinen Weiß allerdings: Weil an jeder Grenzfläche auch ein wenig Licht absorbiert wird, zeigt sich die Nebelwand in einem mehr oder weniger hellen Grau. Sie ist also etwas dunkler als Weiß, aber genauso farblos. Aus demselben Grund erscheint Schnee hellgrau bis weiß, und Glasscheiben zerbersten bei einem kräftigen Schlag in winzige weißliche Brösel.

Im weißen Hemd kommen letztlich dieselben Effekte zum Tragen wie in einer blickdichten Nebelwand. Oft besteht ein solches Kleidungsstück aus transparenten Baumwoll- oder Akrylfäden, die in unterschiedliche Richtungen orientiert und überdies in winzige Fasern und Fädchen aufgefächert sind. Ein Teil des auf das Hemd fallenden Lichts wird an den Grenzflächen zwischen Luft (Brechungsindex nahe 1) und Fasern (Baumwolle: Brechungsindex etwa 1,52) in alle Richtungen reflektiert, gelangt also auch in unsere Augen. Ein weiterer Teil wird in das Hemd hineingebrochen, durchdringt es und erreicht die Haut. Auch von ihr wird ein Teil absorbiert und ein anderer diffus reflektiert. Am Ende verleiht die Summe all dessen, was nach unzähligen Reflexionen, Ablenkungen und Absorptionen unsere Augen erreicht, dem Gewebe seine weiße Farbe.

Wasser verändert die Situation grundlegend. Dringt es zwischen die Fasern, verdrängt es dabei Luft. Mit seinem Brechungsindex von 1,33 ist es den Fasern aber optisch ähnlicher als Luft. Dadurch sinkt der Einfluss der Grenzflächen: Die Zahl der Reflexionen und Absorptionen an den Fasern verringert sich, und es gelangt ein größerer Anteil des Lichts auf kürzerem Weg durch das Hemd hindurch bis auf die Haut. Diese absorbiert schließlich, abhängig von der jeweiligen Hautpigmentierung, einem beträchtlichen Teil der Strahlung. So kehrt weniger Licht zurück, und der nasse Fleck erscheint dunkler.

Dabei macht es einen Unterschied, ob das nasse Hemd den Körper locker umgibt oder direkt an der Haut klebt. Bleibt Raum zwischen Haut und Hemd, so verteilt sich das von der Haut kommende diffuse Licht über eine mehr oder weniger große Fläche des Gewebes. Weil es dort reichlich Gelegenheit zu weiteren Reflexionen und Absorptionen gibt, erscheint das nasse Hemd also relativ dunkel, aber undurchsichtig.

Liegt es hingegen direkt auf der Haut, wirkt es nahezu durchsichtig. In diesem Fall wird das von der Haut reflektierte Licht nämlich nicht diffus in viele Richtungen geworfen, sondern kehrt nur wenig geschwächt und ohne größere Umwege direkt durch das Gewebe zurück und gelangt in unsere Augen.

Das Phänomen der durch Nässe hervorgerufenen Transparenz kann man sich übrigens besonders gut veranschaulichen, wenn man einfach ein weißes Tuch mit einem großen Wasserfleck vor sich hält (Abb. 16.8). Hat man die Sonne im Rücken, sieht man die nasse Stelle als dunklen Fleck, weil sie das Sonnenlicht im Vergleich zu benachbarten trockenen Stellen leichter hindurchlässt, statt es in unsere Augen zu reflektieren. Hält man das Hemd jedoch gegen die Sonne, ist der Eindruck aus denselben Gründen gerade umgekehrt. Das durch den transparenteren Bereich hindurchgehende Sonnenlicht scheint recht direkt in unsere Augen, sodass der nasse Fleck heller wirkt als seine trockene Umgebung.

Bei farbigen Hemden, also solchen, die Pigmente enthalten, liegen die Verhältnisse etwas komplizierter. Die Pigmente absorbieren jeweils einen Teil aus dem Spektrum des weißen Lichts und reflektieren den Rest. Ein rotes Hemd erscheint rot, weil es nur rotes Licht zurückwirft. Die feinen Fasern der Gewebefäden reflektieren allerdings nicht nur Rot, sondern sämtliche Farben; sie fügen also zusätzlich diffuses weißes Licht hinzu. Dem Rot eines Hemds ist daher immer auch etwas weißes Licht beigemischt, sodass es ein wenig heller

 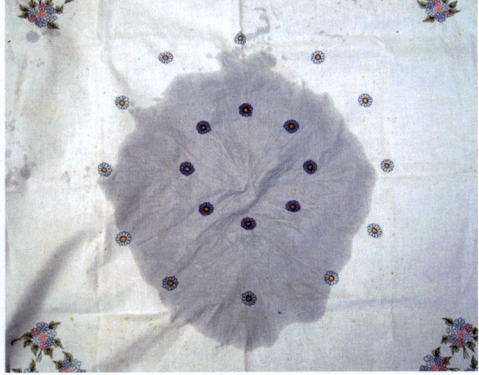

Abb. 16.8 Ein feuchter Fleck auf einem Tischtuch lässt mehr Licht hindurch als seine trockene Umgebung. Je nach Einstrahlungsverhältnissen wirkt das Tuch heller oder dunkler. Im Bild links scheint die Sonne von hinten auf das Tuch, im Bild rechts steht sie im Rücken des Beobachters

erscheint, als es in Wirklichkeit ist. Gelangt allerdings Wasser auf ein Hemd mit Farbpigmenten, kleben die kleinen Fasern zusammen; damit verringert sich auch die diffuse Reflexion weißen Lichts. Entsprechend dunkler und kräftiger erscheint das Rot.

Natürlich beschränken sich unsere Überlegungen nicht nur auf Hemden. Auch Salz, Zucker oder Schnee werden transparenter, wenn man Wasser hinzufügt, und erscheinen auf dunklem Hintergrund entsprechend dunkler. Mit Papier gelingt der Trick ebenfalls: Wird eine Zeitungsseite nass, schimmert die Schrift auf ihrer Rückseite hindurch. Wer dagegen Briefumschläge durchsichtig werden lassen will, kommt mit Wasser nicht sehr weit. Stattdessen muss er sie mit Öl tränken, dessen Brechungsindex nicht so stark von dem des Papiers abweicht.

Literatur

Genazino, W. (2006). Die Obdachlosigkeit der Fische. München, dtv. S. 32.
Plato (1991). z.n. Kind, D. Physikalische Blätter 47, S. 741.

17

Reflexionen im Wasser

*Wir finden die Kunst Werke der Natur desto angenehmer,
je mehr sie denen der Kunst ähneln.*

Joseph Addison 1672–1719

17.1 Moderne Kunst im Hafenbecken

„Eine Spiegelung verbirgt dir die Welt, dieser Spiegelung wohnt ein wildes Wasser inne, das nie aufhören wird, sie aufzurühren; dabei ist es die Welt, die das Wasser und folglich die Spiegelung trübt. Das Trugbild verwischt das Reale, das es verwischt; und dieser ungewisse Kampf führt nie zu einem Ergebnis" (Sartre 1994, S. 60).

Vielleicht ist es genau dieses Ergebnislose, das uns zum Verweilen einlädt, wenn auf einer sanft bewegten Wasseroberfläche Spiegelungen der umgebenden Welt immer wieder neue Formen und Farben durchlaufen, die sich zwar ähnln, aber nicht gleichen.

Von dieser Dynamik kann die Abb. 17.1 nur ein unvollkommenes Bild vermitteln. Hier ist die Bewegung der Wasseroberfläche durch das Foto stillgestellt und wir sehen nur eine Momentaufnahme aus dem ständigen Wechsel. Aber wir können diese Reduktion der Komplexität nutzen, um uns ein Bild von der Entstehung dieser Lichtmalerei machen.

Glatte Wasseroberflächen spiegeln zuweilen die umgebenden Gegenstände mit einer Perfektion, die es schwierig macht, Original und Spiegelung zu unterscheiden (Abb. 17.2). Bereits eine ordinäre Pfütze kann davon ein-

Abb. 17.1 Die auf den ersten Blick psychedelisch anmutenden Farben sind nichts als spiegelnde Reflexe eines Schiffs auf dem glatten, aber gewellten Wasser im Hafenbecken

Abb. 17.2 Eine Spiegelung im Wasser. Nur wenige werden bemerken, dass das Bild auf dem Kopf steht

Abb. 17.3 Bei nur sanft bewegtem Wasser bleibt der gespiegelte Gegenstand erkennbar

drucksvoll Zeugnis ablegen. Wichtig ist dabei, dass die Welligkeit der Wasseroberfläche nicht so stark ist, dass die glatte Oberfläche „zerrissen" wird und die Spiegelbilder in unkoordinierte Splitter zerfallen.

Solange bei leicht bewegtem Wasser die Krümmungen der Wasseroberfläche klein sind, lassen die Spiegelungen das Original noch erkennen (Abb. 17.3). Werden sie zu groß, so treten Mehrdeutigkeiten bei der Zuordnung der gespiegelten Details zum Original auf und die vertrauten Formen gehen schließlich in eine an abstrakte Kunst erinnernde Struktur über (Abb. 17.1).

Fasst man die derart bewegte Wasseroberfläche vereinfacht als Abfolge von hohl- und wölbspiegelartigen Deformationen auf, so kann man bei kleinen Krümmungen (großen Krümmungsradien) davon ausgehen, dass sich die betrachtende Person innerhalb der Brennweite der Hohlspiegel befindet und alles so sieht wie bei einem ebenen Spiegel, nur mehr oder weniger stark verzerrt (Abb. 17.3). Bei einer großen Krümmung der bewegten Spiegelelemente sieht man die gespiegelten Ansichten jedoch von außerhalb der Brennweiten der Hohlspiegel und nimmt Teile der gespiegelten Gegenstände umgedreht wahr, sodass die Kohärenz des gespiegelten Objekts (z. B. ein Boot) als solches vollends verloren geht.

Hinzu kommt, dass einige Teile eines Objekts gleichzeitig von mehreren Stellen aus ins Auge des Betrachters reflektiert werden, während benachbarte

Teile das Auge überhaupt nicht erreichen. Dasselbe Phänomen wird natürlich auch von anderen hellen Lichtquellen wie Mond, Straßenlaternen oder hellen Gegenständen hervorgerufen und trägt insbesondere zur weiteren Erhöhung der Komplexität der hier diskutierten spiegelnden Reflexionen bei.

Wenn das Licht eines scharf begrenzten Objekts relativ steil auf die Wellentäler und -berge einfällt, kann die Deformation des Spiegelbilds sogar zu geschlossenen Ringen führen, wie es in Abb. 17.1 deutlich zu erkennen ist. Dies ist insbesondere dann der Fall, wenn die gespiegelten Gegenstände linienförmig sind, wie es bei Schiffsmasten, Seilen u. Ä. der Fall ist.

Im Wasser gespiegelt werden die Dinge auf diese Weise zu Motiven, die mit ihrem Ursprung kaum noch eine einfach nachvollziehbare Beziehung haben. Das macht einen Teil des Reizes derartiger Spiegelungen im bewegten Wasser aus: Es entsteht Neues und Unerwartetes, indem es zu kaleidoskopartig wechselnden Mustern kommt, die zwischen verschiedenen, aber auf selbstähnliche Weise sich wiederholenden Grundstrukturen changieren: Hier manifestiert sich nach Bewegungsform und Geschwindigkeit die wechselhafte Symmetrie der hin- und herschwankenden Wellen des Wassers. „Und man senkt den Blick, man betrachtet das Unbedeutende, unsere heutige *Schönheit*, diese im Entstehen und Vergehen begriffene Schönheit" (Sartre 1994, S. 138).

17.2 Reflexionen in und über eine gewöhnliche Wasserpfütze

Meistens weicht man Pfützen aus. Oft lohnt es sich jedoch, ihnen ein wenig Aufmerksamkeit zu schenken, indem man aus verschiedenen Richtungen über die Pfützen blickt.

Flache Gewässer von Weitem gesehen, nehmen teilweise die Farbe des Himmels an, weil dieser in ihnen spiegelnd reflektiert wird. Ein (flacher) See erscheint deshalb blau, weil der Himmel blau ist. Und wenn der Himmel bedeckt und grau ist, kann der See nicht viel anders, als es ihm gleichzutun.

Auch die abgebildete Wasserpfütze gibt das Blau des Himmels und das Weiß der Wolken wieder (Abb. 17.4 links). Nähert man sich ihr jedoch, sodass man steiler in sie hineinblickt, so verblasst die Farbe zunehmend. Steht man direkt davor (Abb. 17.4 Mitte), so wird die Pfütze unversehens nahezu transparent. Man sieht den darunter und im Randbereich befeuchteten Asphalt teilweise in noch kräftigeren Farben als ohne die Wasserschicht darüber.

Dieser Wechsel wird dadurch verursacht, dass der Anteil des wahrgenommenen reflektierten Lichts umso größer ist, je flacher man auf die Wasserober-

Abb. 17.4 Wasserpfützen auf einem Radweg aus verschiedenen Blickwinkeln. Links: Blick mit der Sonne im Rücken. Rechts: Blick gegen die Sonne. Mitte: Blick unter kleinem Winkel, von oben gesehen

fläche blickt (Einfalls- und Reflexionswinkel bezogen auf das Lot zur Wasseroberfläche sind groß), und minimal wird, wenn man senkrecht hineinschaut (Einfalls- und Reflexionswinkel sind null). Zwar ist von den Wolken noch etwas zu erkennen, aber wegen des geringen Kontrasts zwischen Himmelslicht und feuchtem Asphalt sieht man von den Blauanteilen nichts mehr.

Dieses optische Verhalten beobachtet man nicht nur bei Wasserflächen, sondern auch bei anderen transparenten Medien, wie etwa bei Fensterscheiben. Wenn das Licht senkrecht einfällt, reflektiert die Grenzfläche zwischen Glas und Luft nur etwa 4 %.

Das rechte Foto (Abb. 17.4 rechts) wurde ebenfalls aus größerer Entfernung aufgenommen, allerdings aus umgekehrter Richtung, also fast gegen die Sonne. Auch hier sieht man das Himmelblau und einige Wolken reflektiert. Einen auffälligen Unterschied zeigt der Randbereich, in dem die raue Oberfläche der befeuchteten Asphaltteilchen ihr dunkles Aussehen in ein blendend helles Leuchten gewechselt hat. Da hier dieselbe Pfütze nahezu gegen die Sonne fotografiert wurde, reflektieren die befeuchteten Flächen der Asphaltteilchen das Sonnenlicht auch noch aus Winkeln in die Augen bzw. die Kamera, die vom Reflexionswinkel der horizontalen Wasseroberfläche geringfügig abweichen. Es besteht somit eine enge Beziehung zum Phänomen des Schwerts der Sonne (Kap. 4), bei dem das reflektierte Sonnenlicht nicht nur an einer Stelle, sondern aus einem mehr oder weniger breiten Nachbarbereich gesehen wird.

Beim linken Foto (Abb. 17.4) wurde hingegen mit der Sonne im Rücken fotografiert; die Asphaltteilchen reflektierten das Sonnenlicht daher hauptsächlich vom Fotografen weg. Hinzu kommt, dass im feuchten Randbereich die diffuse Reflexion geringer ausfällt als in der trockenen Nachbarschaft, weil das einfallende Licht in der dünnen Wasserschicht einige Male hin- und herreflektiert und dabei stärker absorbiert wird als im trockenen Bereich. Dieses Phänomen kennt man auch von den kräftigen Farben und dem Glanz feuchter Steine (Schlichting 2005).

An der unterschiedlichen Helligkeit des Grases ist ebenfalls zu erkennen, dass man in einem Fall auf die beleuchtete Seite und im anderen Fall auf die Schattenseite der Gräser blickt.

Literatur

Schlichting, H. J. (2005). Glänzende Ansichten feuchter Steine. Physik in unserer Zeit. 36/1, S. 47.
Sartre, J.P. (1994). Königin Albemarle oder Der letzte Tourist. Rowohlt.

18

Halbblasen auf dem Wasser

18.1 Platzende Blasen und ihre optischen Spuren

Wenn durch welche Einwirkungen auch immer Blasen auf einer ansonsten ruhigen Wasseroberfläche entstehen, so ist die Freude an ihnen meist zeitlich begrenzt, denn sie platzen einem vor der Nase weg. Genau das ist mir beim Fotografieren passiert. Ich konnte nur noch die Reste einer solchen „Explosion" im Bild festhalten (Abb. 18.1).

Da in einer Blase auf einer Wasseroberfläche ein kleiner Überdruck im Vergleich zum äußeren Luftdruck herrscht, wird das Wasser ein wenig eingedellt. Daher bewegt sich mit dem Platzen und dem damit einhergehenden Druckausgleich die Wasseroberfläche im Bereich der Blase nach oben und löst eine lokale Schwingung im Wasser aus, die sich in Form eines Systems von Ringwellen über das Gewässer ausbreitet (Abb. 18.1). Die Explosion war aber nicht besonders stark und eher von der Wirkung eines ins Wasser fallenden Wassertropfens als der eines Steins. Daher entstanden Kapillarwellen, bei denen die Wellen mit kleinerer Wellenlänge jenen mit größerer vorauseilen (Schlichting 2008).

Da Wasser normalerweise kaum strukturiert ist, werden die Wellen nur dadurch sichtbar, dass ihre gekrümmten Oberflächen oft weit auseinander liegende Ansichten der Umgebung reflektieren – z. B. Pflanzen und unterschiedlich helle Partien des blauen Himmels (Abb. 18.1). Neben den startenden Wellen erinnert nur noch ein Kranz kleiner Bläschen im Zentrum des Ringwellensystems an die verschwundene Blase. Wie man an den anderen Blasen

Abb. 18.1 Ein ringförmiges System von Kapillarwellen zeigt, dass hier gerade eine Blase geplatzt ist. Auch einige winzige Blasen im Zentrum der Wellen verweisen auf die verschwundene Blase

erkennt, sind sie meist von kleinen Bläschen umgeben. Das ist auch an den weiteren noch intakten Blasen zu erkennen. Rechts im Bild ist der Rest einer schon vorher geplatzten Blase zu sehen.

In einem weiteren Beispiel einer platzenden Blase (Abb. 18.2) zeigt das Foto den Moment, in dem die Fragmente der Blasenhaut sich zu den Seiten hin zusammenziehen. Das ist unter anderem an einem sichelmondförmigen blauen Reflex des Himmelslichts an einem Blasenhautfragment zu erkennen.

Deutlicher noch als der direkte Anblick der ausgelösten Kapillarwellen sind die konzentrischen, aus hellen und dunklen Ringen bestehenden Reflexe auf dem Boden. Da diese Abbildung teilweise durch die realen Wellen hindurch gesehen wird, zeigt sich eine entsprechende Verzerrung an ihrer oberen Front. Auf diese Weise erzeugt eine platzende Blase nicht nur auf der Wasseroberfläche ein reales, sondern zusätzlich auf dem Boden des Gewässers ein virtuelles naturschönes Lichtspiel, anhand dessen sich die realen Vorgänge rekonstruieren lassen.

Abb. 18.2 Ringwellen und die Projektion des an ihnen gebrochenen Lichts auf dem Boden des Teichs künden von der gerade in diesem Moment platzenden Blase, von der noch ein Relikt der Blasenhaut zu erkennen ist

18.2 Ein gefrorener Teich mit blauen Augen

Auch im Winter, wenn ein Teich zufriert, zeigt er in der Regel interessante optische Phänomene. In der Abbildung (Abb. 18.3 links) schaut man beispielsweise unter steilem Winkel in einen zufrierenden Teich. Unter der transparenten Eisschicht ist der vom Sonnenlicht erhellte Grund zu sehen, der in vorwiegend braunorangen Farben erstrahlt. Das von ihm reflektierte Licht wird an zahlreichen winzigen Schwebeteilchen gestreut. Die Teilchen sind so klein, dass davon vor allem kurzwelliges Licht (blau und violett) betroffen ist (Rayleigh-Streuung). Der Verlust an kurzwelligen Anteilen beim Durchqueren der Wasserschicht zeigt sich darin, dass das Licht von Gelb- und Orangetönen dominiert wird. Der Vorgang erinnert an einen Sonnenuntergang, bei dem der lange Weg des Lichts der tief stehenden Sonne durch die dichte Atmosphäre ebenfalls zu den charakteristischen langwelligen Dämmerungsfarben führt. Der Weg durch das Wasser mag hier vergleichsweise kurz erscheinen, aber die Teilchenkonzentration ist im Wasser wesentlich größer als in der Atmosphäre, sodass der Effekt hier bereits auf vergleichsweise kurzem Weg zu beobachten ist. Erst wenn man in größerem Winkel auf die Eisschicht blickt, sieht man im reflektierten Sonnenlicht und in der Eisschicht vor allem Blautöne.

Abb. 18.3 Links: Blaues Himmellicht reflektierende Blasen im Eis über einem orange schimmernden Grund. Rechts: Türme aus Blasen, die in einer Eisschicht eingefroren sind

Unter der frischen Eisschicht haben sich Blasen gebildet, von denen die größte einen Durchmesser von etwa 3 cm hat. Sie sind durch die biologische Aktivität von Mikroorganismen auf Objekten im Wasser entstanden. Dabei wird Gas abgesondert, das sich zunächst in kleinen Bläschen sammelt. Diese lösen sich ab, sobald sie so groß geworden sind, dass die Auftriebskraft größer wird als die Adhäsionskraft mit der Unterlage. Dann steigen sie nach oben. Während sie normalerweise unbemerkt ins Freie übergehen, werden sie bei einem zugefrorenen Gewässer unter der Eisschicht aufgehalten und vereinigen sich dort mit nachfolgenden Bläschen zu einer mehr oder weniger großen Blase.

Da die Mikroorganismen im Wasser nicht durchgehend aktiv sind, wird der Aufstieg des Gases immer mal wieder unterbrochen. In der Zwischenzeit wird die jeweils unter der Eisoberfläche entstandene Blase von dem nach unten wachsenden Eis völlig eingeschlossen und bildet einen entsprechenden Hohlraum im Eis. Solange die Eisschicht wächst, können auf diese Weise nach und nach ganze Türme derartiger Hohlräume entstehen (Abb. 18.3 rechts).

Wenn durch Sonneneinstrahlung in den Hohlräumen die Wasserdampfkonzentration zunimmt und es in der anschließenden Nacht zu einer Abkühlung kommt, wird die maximale Wasserdampfkonzentration überschritten. Der überschüssige Dampf kondensiert und gefriert oder geht direkt in winzige Eiskristalle (Reif) über, die sich an der Innenwand der Hohlräume niederschlagen. Daran wird das einfallende Licht diffus reflektiert, sodass die Hohlräume weiß erscheinen und undurchsichtig werden.

18.3 Blasen im Eis kopieren Gegenstände in leuchtend hellen Farben

Es gab eine Zeit, in der der Aasee im westfälischen Münster vielfach als letzte Ruhestätte für Fahrräder missbraucht wurde. Man sollte meinen, dass sie damit für alle Zeiten verschwunden wären. Aber auch letzte Ruhestätten sind

Abb. 18.4 Reifen aus Reif. Man blickt durch eine Eisschicht auf ein System im Eis eingefrorener Bläschen, die ein auf dem Seegrund liegendes Fahrrad naturgetreu abbilden

nicht immer so sicher, wie man es sich vielleicht erhofft. Im vorliegenden Fall strebten einige der versenkten Fahrräder wenigstens visuell wieder ans Licht der Öffentlichkeit, wie man es auf der Fotografie (Abb. 18.4) sehen kann.

Wie kann es sein, dass ein auf dem Grund liegendes Fahrrad sich derart deutlich optisch in einer Eisschicht eingeschlossen zurückzumelden versteht? Die Lösung ergibt sich aus einer genaueren Betrachtung der Abbildung. Die Fahrradkopien im Eis bestehen nämlich aus einem wohlgeordneten System von im Eis eingefrorenen kleinen Blasen. Die Blasen entstehen auf der Oberfläche des im Wasser liegenden Fahrrads durch biologische Aktivität von Mikroorganismen (siehe oben). Indem sie senkrecht aufsteigen, bilden sie die Umrisse des Rads ziemlich genau in der Eisschicht ab, während das allmähliche Zufrieren sogar für eine räumliche Struktur sorgt. Die Randlinien werden besonders stark hervorgehoben, weil hier zusätzlich Blasen eintreffen, die von den nicht der Eisfläche zugewandten Fahrradteilen stammen. Denn diese müssen erst zum seitlichen Rand etwa des Rahmens driften, bevor sie senkrecht aufsteigen können.

18.4 Himmelblaue Blasen auf dem Teich

Derselbe Teich, auf dem ich die Winterblasen bewunderte, hat mich im Frühjahr mit Blasen erfreut, die er als Antwort auf einen Steinwurf ins Wasser aufsteigen ließ. Eigentlich wollte ich mir die wellenartigen Ringmuster an-

Abb. 18.5 Durch einen Steinwurf ins Wasser erzeugte Blasen reflektieren das blaue Licht des Himmels in ungewöhnlicher Brillanz. Rechts: Kontrastverstärkter Ausschnitt, der die Spiegelung der Halbkugeln im Wasser andeutungsweise zeigt

schauen, die mit äußerster Präzision über den Teich gleiten. Doch die dabei ausgelösten, kurzlebigen Blasen, die anschließend an der Wasseroberfläche trieben, überraschten mich durch ihre intensive Blaufärbung (Abb. 18.5), die ich bislang so farbintensiv noch nicht gesehen hatte.

Ausschlaggebend für die Reflexion des Himmelslichts dürfte in diesem Fall die angenäherte Halbkugelform der Blasen sein, die das blaue Licht des Himmels auch aus Winkeln ins Auge reflektierten, die sich üblicherweise (bei ruhigem oder leicht welligem Wasser) nicht einmischen. Ohne dass ich den Kopf heben musste, sah ich in den Blasen den tiefblauen Himmel gespiegelt. Bei genauerem Hinsehen bemerkt man vielleicht, dass sich die Halbkugeln der Blasen mit ihrer eigenen Spiegelung im Wasser zu einer Vollkugel ergänzen.

Literatur

Schlichting, H. J. (2008). Wellenringe auf der Wasseroberfläche lassen tief blicken. Physik in unserer Zeit 39/1, 46–47.

19

Unscheinbare Grenze im Fluss

Wer einen Spaziergang an einem fließenden Bach unternimmt, sollte es nicht versäumen, dessen Oberfläche nach einer unauffälligen, nahezu fadenförmigen Welle abzusuchen (Berner 2021). Sie läuft in den meisten Fällen wie eine dünne Linie senkrecht zur Strömungsrichtung über das Gewässer (Abb. 19.1) und zeichnet bei Sonnenschein einen feinen Streifen fokussierten

Abb. 19.1 Eine winzige fadenförmige Welle erscheint über ein fließendes Gewässer senkrecht zur Fließrichtung gespannt. Diese sogenannte Thoreau-Reynolds-Welle ist hier besonders gut durch die Verzerrung der Spiegelungen im Bach zu erkennen

Abb. 19.2 Die durch das Sonnenlicht am Boden abgebildete Brennlinie der Welle ist besser zu erkennen als die Welle selbst

Lichts auf den Boden (Abb. 19.2). Wenn man die filigrane Struktur zum Beispiel mit dem Finger stört, bildet sie sich anschließend kaum verändert wieder neu. Der winzige Wall und vor allem sein Umfeld sind nicht nur schön anzusehen. Die Erscheinung deutet auf ein komplexes Strömungsgeschehen hin, von dem man direkt kaum etwas zu sehen bekommt.

Diese Art von Welle wurde zum ersten Mal 1854 vom US-Schriftsteller und Philosophen Henry David Thoreau beschrieben. Sie hat später Generationen von Forschern zu experimentellen und theoretischen Untersuchungen angeregt, beginnend 1881 mit dem britischen Physiker Osborne Reynolds. In englischsprachigen Publikationen wird diese Welle daher meist als *Reynolds Ridge* bezeichnet.

Hinter der Thoreau-Reynolds-Welle (TRW), wie wir sie nennen wollen, steckt ein subtiles Zusammenspiel von Oberflächen- und Strömungseffekten (Abb. 19.3). Es beginnt mit einer Barriere, die sich in einem Fluss gebildet

19 Unscheinbare Grenze im Fluss

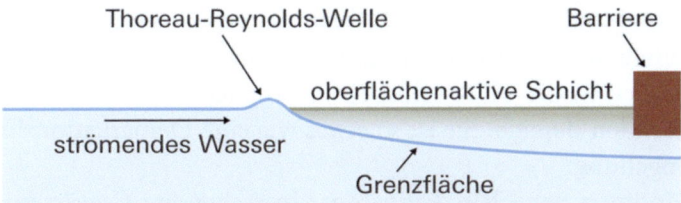

Abb. 19.3 Der Wasserstrom taucht an der oberflächenaktiven Schicht ab. Die Reibung in der Grenzschicht wölbt in der Eintrittszone eine winzige Welle auf

hat, wenn etwa ein Ast quer darauf liegt oder Unrat auf eine andere Weise stecken bleibt. Daran stauen sich natürliche Tenside und Eiweiße, zum Beispiel aus Pflanzenrückständen. Dieses Material verändert die physikalischen Eigenschaften der Wasseroberfläche, indem sich die Tensidmoleküle so anordnen, dass ihre hydrophilen Enden ins Wasser tauchen und ihre hydrophoben Enden in die Luft ragen. Dadurch wird die Grenzflächenspannung der obersten Wasserschicht herabgesetzt, die nun auseinanderstrebt und sich sozusagen dagegen wehrt, vom anströmenden Wasser zusammengedrückt zu werden. Dieser Film aus mikroskopischen Verunreinigungen wirkt anschaulich gesprochen wie ein unsichtbares fixiertes Brett gegen die Strömung. Das Wasser kann nur dadurch ausweichen, dass es auf seinem weiteren Weg unter dem Film hinwegtaucht.

Zwischen dem in die Tiefe abgelenkten Strom und dem starren Oberflächenfilm gibt es eine Grenzschicht, die das weitere Geschehen maßgeblich bestimmt. Normalerweise spielt in laminar fließendem Wasser dessen Zähigkeit so gut wie keine Rolle. In der Grenzschicht haften die angrenzenden Flüssigkeitselemente jedoch direkt am Verunreinigungsfilm und die Geschwindigkeit passt sich nach außen hin immer mehr der Hauptströmung an. Infolge des dadurch hervorgerufenen Reibungswiderstands baut sich im nachkommenden Volumen auf kurzer Strecke ein erhöhter Druck auf. Das hebt an der Wasseroberfläche unmittelbar vor der Vorderkante der molekularen Verschmutzungen – also dort, wo das fließende Wasser abtaucht – einen schmalen Bereich auf dessen ganzer Breite um knapp einen Millimeter an. Diese Erhebung ist die TRW.

Natürliche Gewässer führen fast immer oberflächenaktive Substanzen mit sich. Darum gibt es den Wall recht häufig, auch wenn er fast völlig unbekannt ist. Vermutlich zieht er selten Aufmerksamkeit auf sich, da sowohl er als auch die Fläche mit den angestauten Substanzen unauffällig sind und sich in einigem Abstand von der ursächlichen Barriere befinden.

Ein solches Hindernis muss nicht besonders groß sein, um passendes Material aufzuhalten. Oft genügt dazu schon ein Schilfhalm oder ein kleiner Zweig. Letztlich ist die TRW selbst ein untrüglicher Hinweis auf einen weitgehend ruhenden Bereich. Sie ist so etwas wie eine Demarkationslinie zur bewegten Umgebung.

Das Phänomen der TRW kann sogar in stehenden Gewässern wie einer Pfütze beobachtet werden (Abb. 19.4). Das ist zum Beispiel der Fall, wenn ein starker und gleichmäßiger Wind obenauf treibendes Material zum Rand der Pfütze hin zusammenfegt. Das auf diese Weise gereinigte übrige Oberflächenwasser bewegt sich ebenfalls in die Richtung und findet eine ähnliche Situation vor wie im blockierten Wasserstrom. Es prallt auf den tensidhaltigen Film und taucht vor ihm ab – in dem Fall natürlich nicht darunter hindurch, sondern als bodennahe Unterströmung wieder zurück. So entsteht ein geschlossener Kreislauf, der im Idealfall so lange bestehen bleibt, wie der Wind weht.

Die Geschwindigkeit der Strömung spielt eine Rolle dabei, wie auffallend die TRW ist. Sobald eine Geschwindigkeit von 23 cm pro Sekunde überschritten wird, können stromaufwärts vor der Linie Kapillarwellen entstehen, deren Verhalten vor allem von der Oberflächenspannung bestimmt wird. Die dadurch hervorgerufenen Kräuselungen machen indirekt auf die Linie aufmerksam, zumal der starre Oberflächenfilm auch weiterhin nicht aus der Ruhe zu bringen ist (Abb. 19.5).

Abb. 19.4 Durch den vom Wind zusammengetragenen Film oberflächenaktiven Materials wird das Pfützenwasser in einen nahezu ruhenden und einen bewegten Teil durch eine Thoreau-Reynolds-Welle getrennt. (Aus: Suhr et al. 2023)

Abb. 19.5 Bei ausreichender Geschwindigkeit können sich stromaufwärts vor der Grenzlinie feine Kapillarwellen bilden. Auf der Seite zur Barriere lässt die Oberflächenzusammensetzung das nicht zu. Hier sieht man die Abbildung der TRW und der Kapillarwellen davor auf dem Boden des Gewässers

Das neuere Forschungsinteresse an Thoreau-Reynolds-Wellen bezieht sich einerseits auf Meeresströmungen unter dem Einfluss unterschiedlicher natürlich vorkommender Substanzen. Andererseits hat das Phänomen längst Eingang in die labormäßige Untersuchung der Wirkung oberflächenaktiver Stoffe in einem viel allgemeineren Sinn gefunden.

Literatur

Berner, H. (2021). Der Thoreau-Reynolds-Grat und andere stehende Kapillarwellen. Books on Demand.

Suhr W. et al. (2023). Physik der Thoreau-Reynolds-Welle. Physik in unserer Zeit 54/2. S. 82–85.

Teil IV

Lichtbilder – zwischen Reflexion und Schatten

Abbildungen durch Schatten und Spiegelungen

Einem weit verbreiteten Mythos zufolge soll der Beginn der Malerei durch ein Schattenprofil begründet worden sein. Dieses wurde von einer jungen Frau namens Dibutade mit einer Lampe vom Kopf ihres Geliebten an die Wand geworfen und nachgezeichnet. Der Schatten spielt schon früh eine wichtige Rolle bei der Aufzeichnung von menschlichen und anderen Profilen. Spiegelbilder sind zwar wesentlich detailgetreuer als Schatten, aber sie sind nicht auf einfache Weise festzuhalten. Demgegenüber waren Schattenrisse z. B. in Form von Scherenschnitten lange Zeit eine Möglichkeit, die Abbilder zu fixieren und weiterzugeben. Mit der Fotografie hat sich dann das Problem erledigt.

Schatten und Spiegelbilder spielen bei optischen Natur- und Alltagsphänomenen eine wesentliche Rolle. Sie wirken in vielen Fällen zusammen und sind oft nur schwer voneinander zu trennen (Abb. 1). Schatten werden oft als Löcher im Licht bezeichnet, weil sie nur da auftreten, wo kein Licht hinkommt (Baxandall 1998). Wir fassen den Begriff etwas weiter und sprechen auch dann von Schatten, wenn sie sich von der Umgebung nur durch eine merkliche Verminderung der Lichtintensität unterscheiden.

Im übertragenen Sinn sind Schatten Gegenspieler des Lichts. Die Sonne ist die universelle Lichtquelle par excellence, sie steht für das Leben in vielen seiner Facetten und für Aufklärung. Den Schatten fällt in den meisten Fällen nur die negativ konnotierte Rolle zu, die nicht minder vielfältigen Gegenwelten bis hin zum Schattenreich der Toten zu repräsentieren. Dies zeigt sich zum Beispiel bei Bezeichnungen wie Schattendasein, Schattenwelt, Schattenwirtschaft, Schattenarbeit, Schattenkabinett, um nur einige zu nennen.

Abb. 1 Schatten und Spiegelung gehen oft kaum entwirrbar ineinander über

Andererseits hängen Licht und Schatten wie viele andere Gegensatzpaare auch untrennbar miteinander zusammen. Schatten sind ohne Licht nicht möglich, und Schatten geben letztendlich dem Licht Struktur und Kontur.

Über die Bedeutung der Schatten ist viel geschrieben worden (Casati 2001), allerdings kommen dabei die Schattenphänomene in ihrer natürlichen Komplexität, wie sie nur der reale Alltag bieten kann, in den meisten Fällen zu kurz. Denn es wird allgemein unterstellt, dass die physikalischen Grundlagen – hier die Prinzipien der geometrischen Optik – ausreichen, um den Schattenphänomenen beizukommen. Doch wenn man nicht gelernt hat, diese in realen – und das heißt meist: nicht idealen – Kontexten anzuwenden, wird man kaum in der Lage sein, optische Naturphänomene zu durchschauen.

Hinzu kommt, dass viele Schattenphänomene gar nicht wahrgenommen werden, weil man nicht gelernt hat, sie als solche zu identifizieren. Und wer sie dann sieht, wird erfahren, dass mit den Schattenphänomenen über die physikalische Beschreibung hinaus oft eine Schönheit einhergeht, die „nicht in den Objekten selber zu suchen (ist), sondern im Helldunkel, im Schattenspiel, das sich zwischen Objekten entfaltet. Gerade wie ein phosphoreszierender Stein, der im Dunkel glänzt, aber bei Tageshelle, jeglichen Reiz als Juwel verliert, so gibt es Jun'ichiro zufolge, …ohne Schattenwirkung keine Schönheit" (Jun'ichiro 1987).

Geht man vom Aspekt einer naturgetreuen Abbildung aus, so sind spiegelnde Reflexionen den Schattenabbildungen überlegen. Anstatt Licht einfach auszublenden, wird es bei einer spiegelnden Reflexion – anschaulich gesprochen – lediglich zurückgeworfen, reflektiert oder man könnte auch sagen: umgelenkt. Dabei kann es dann zu Mehrdeutigkeiten, Überlagerungen, Ausblendungen u. Ä. kommen. Die nicht zu vermeidenden Schatten führen dabei nicht selten zu einer Steigerung der Komplexität der Phänomene, die nicht sofort zu durchschauen ist.

Literatur

Baxendall, M. (1998). Löcher im Licht. München.
Casati, R. (2001). Die Entdeckung des Schattens. Berlin: Berlin Verlag.
Jun'ichiro, T. (1987). Lob des Schattens. Zürich: Manesse.

20

Die Welt der Schatten

20.1 Erst der Schatten vermittelt die Bodenhaftung …

… jedenfalls an einem sonnigen Tag. Schaut man sich beispielsweise die in Abb. 20.1 dargestellte Alltagsszene etwas genauer an, so entdeckt man, dass eine der Personen beim Überqueren der Straße einen Sprung zu machen bzw. nicht geerdet zu sein scheint. Was ihr fehlt, ist indessen nichts anderes als ihr Schatten. Damit schließt sich diese Szene direkt an die Geschichte Adelbert Chamissos (1781–1838) über Peter Schlemihl an. Dieser verkauft seinen Schatten an den Teufel, verliert damit die „Bodenhaftung" und ist fortan damit beschäftigt, diese bzw. seinen Schatten wieder zu erlangen (Chamisso 1986).

An einem sonnigen Tag ist der Schatten mehr als eine optische Zutat zur Realität, sondern – wie die Unwirklichkeit der schattenlosen Person auf dem Foto (Abb. 20.1) zeigt – ein Teil derselben. So wie man sich von der Erde entfernt, und sei es nur, dass man beim Gehen den Fuß anhebt, entfernt sich der Schatten in derselben Weise, wie man bei einigen der Personen andeutungsweise erkennen kann.

Abb. 20.1 Die Frau ohne Schatten (Mitte) scheint zu schweben. Hier musste das Foto manipuliert werden, weil so etwas natürlicherweise nicht vorkommt

20.2 Orientierung an Schatten

Was kann der Mensch erkennen? Eine der berühmtesten Antworten auf diese Frage gab Plato (427 – um 348 v. Chr.) in seinem Höhlengleichnis. Hier schildert er, wie Menschen in einer Höhle unaufhörlich deren Wände beobachten, auf denen Schatten hin- und herwandern. Diese stammen von Lebewesen und Gegenständen, die sich vor der Höhle und damit außerhalb des Blickfelds der Menschen bewegen. Nur weil sie von einem großen, weit entfernten Feuer angestrahlt werden, dessen Licht auch in den Höhleneingang dringt, sind sie überhaupt zu bemerken.

Für Plato sind wir selbst die Menschen in der Höhle: Normalerweise können wir lediglich das sinnlich Wahrnehmbare in unserer unmittelbaren Umgebung deuten. Von der nur geistig erfahrbaren Außenwelt besitzen wir in der Regel allenfalls eine schattenhafte Ahnung. Die menschliche Erkenntnis, so kann man den Philosophen verstehen, sei prinzipiell auf die Untersuchung von Schatten beschränkt und eine direkte sinnliche Erfahrung der Wirklichkeit sei unmöglich.

Jenseits solcher Metaphysik lassen sich Platos Schatten aber auch ganz wörtlich nehmen. Als Instrument naturwissenschaftlicher Erkenntnis war das „Schattenlesen" sogar einer der wichtigsten Zugänge des Menschen zu seiner

Umwelt: Einen ganz erheblichen Teil des klassisch-astronomischen Weltbilds gewannen frühe Naturforscher tatsächlich durch Beobachtungen von Schatten. Was aber macht diese so erkenntnisträchtig?

Als Schatten sind Gegenstände in ihrer Komplexität, insbesondere der Zahl ihrer räumlichen Dimensionen, reduziert und von Details befreit, wodurch sie in vielen Fällen einer wissenschaftlichen Untersuchung überhaupt erst zugänglich werden. Eine der ersten mit Hilfe von Schatten gewonnenen astronomischen Erkenntnisse war die Invarianz der Nord-Süd-Richtung, die bereits die Inder vor etwa 4000 Jahren entdeckten. Wenn sie einen Schattenstab senkrecht aufstellten und um seinen Fußpunkt mehrere konzentrische Kreise zogen, stellten sie fest, dass das Ende des Schattens im Lauf eines Tages je zweimal auf denselben Kreis fällt, an je unterschiedlichen Orten (Abb. 20.2). Die Winkelhalbierende des von den Schnittpunkten gekennzeichneten Kreisausschnitts zeigt dann stets in dieselbe, nämlich in die Nord-Süd-Richtung – damit hatten sie ein unveränderliches Orientierungsmerkmal entdeckt.

Um 1100 v. Chr. bestimmten dann die Chinesen die Schiefe der Ekliptik, also die Neigung der Erdachse relativ zu der Ebene ihrer Bewegung um die Sonne, und lieferten so gleichzeitig einen Beleg dafür, wie weit ihre astrono-

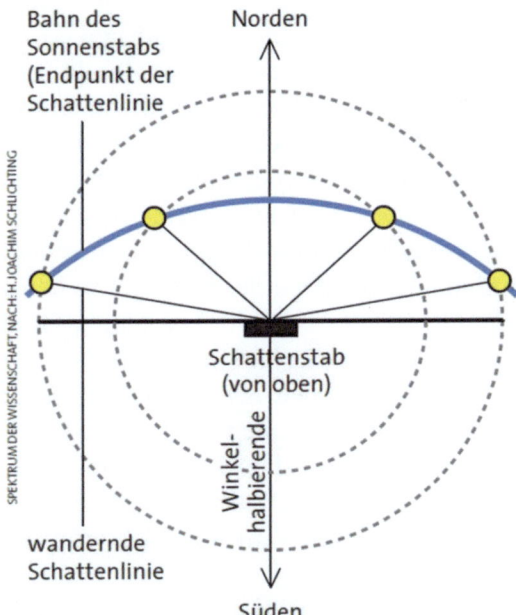

Abb. 20.2 Nord-Süd-Richtung. Auf konzentrischen Kreisen rund um einen Schattenstab kommt das Ende des Schattens jeweils zweimal pro Tag zu liegen. Die Winkelhalbierende liegt dann stets in Nord-Süd-Richtung

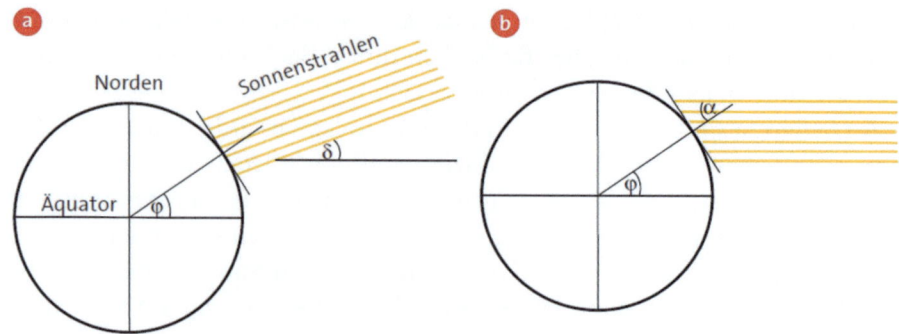

Abb. 20.3 Links: **Schiefe der Ekliptik.** Am Tag der Sommersonnenwende lässt sich vom Breitengrad φ des eigenen Standorts und von der Sonnendeklination δ auf die Schiefe der Ekliptik schließen. Rechts: **geografische Breite.** Bei Tag-und-Nacht-Gleiche steht die Sonne mittags senkrecht über dem Äquator, ihre Deklination ist also δ = 0. Dann entspricht der Winkel α zwischen Schatten und Schattenstab genau der geografischen Breite

mischen Modelle bereits gediehen waren. Zu einem ähnlichen Ergebnis gelangte um 300 v. Chr. der Hellene Pytheas, der mit Hilfe eines Schattenstabs neben der Schiefe der Ekliptik (Abb. 20.3 links) auch die geografische Breite (Abb. 20.3 rechts) seines Geburtsorts Marseille bestimmte.

Schatten legen auch die Kugelgestalt der Erde nahe. Zwar gibt es für diese weitere Indizien, wie etwa hinter dem Horizont am Meer verschwindende Schiffe. Noch aussagekräftiger ist jedoch eine Mondfinsternis. Interpretiert man sie als Vorgang, bei dem der Mond den Erdschatten durchquert, erweist sich dieser als eine Art Projektionsschirm der von der Sonne beleuchteten Erde. Und weil die Schattengrenze der Erde auf diesem Schirm stets kreisbogenförmig verläuft, kommt nur eine Kugel als Schattengeber in Frage.

Vermutlich war es dieses Vorwissen, das später Eratosthenes (etwa 275–195 v. Chr.) dazu ermutigte, den Umfang der Erdkugel zu bestimmen (Backhaus 2022). In Syene, dem heutigen Assuan in Ägypten, lagen die Dinge einfach: Am Tag der Sonnenwende, dem 21. Juni, schien die Sonne mittags senkrecht in einen Brunnen, warf also keinen Schatten; denn Assuan liegt auf dem nördlichen Wendekreis. (Das Experiment hätte an jedem Ort zwischen den Wendekreisen funktioniert, solange die Sonne nur im Zenit gestanden hätte.) Gleichzeitig ließ sich an einem Schattenstab in Alexandria – nördlicher auf fast demselben Längengrad gelegen – ein Winkelabstand zwischen Sonne und Zenit von rund 7,2 ° ablesen.

Die Skizze (Abb. 20.4 links) zeigt, dass der in Alexandria gemessene Winkel identisch mit dem Winkel des Kreisbogens auf der Erdoberfläche ist, der Alexandria mit Syene verbindet – eine Strecke von rund 800 km Luftlinie, zu deren Abmessung Eratosthenes beamtete Schrittzähler zur Verfügung gestellt

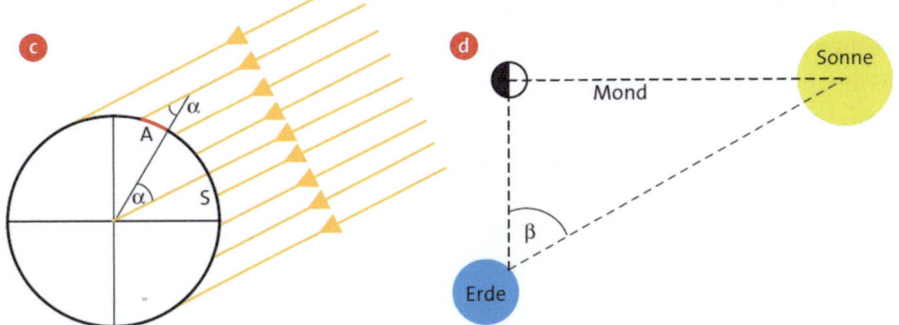

Abb. 20.4 Links: Erdumfang: Der Winkel α, den der Schattenstab mit den Sonnenstrahlen bildet, ist gleich dem Winkel des durch Alexandria (A) und Syene (S) begrenzten Kreisbogens. Damit und aus der entlang der Erdoberfläche gemessenen Strecke AS lässt sich dann der Erdumfang ermitteln. Rechts: **Entfernungsverhältnisse.** Während dieser Konstellation von Sonne, Erde und Mond konnte Aristarch den Winkel β zwischen den Verbindungslinien Erde–Sonne und Erde–Mond zu 87 ° ermitteln und mit Hilfe weiterer Überlegungen das Verhältnis der Entfernungen Erde–Mond und Erde–Sonne berechnen. (Längen und Winkel sind nicht maßstabsgerecht dargestellt.)

wurden und deren Länge er mit 5000 Stadien angab. Je nachdem, ob er ägyptische oder griechische Stadien meinte, betrug der so ermittelte Erdumfang 39375 oder 46250 km – tatsächlich sind es etwa 40000.

Für Aristarch von Samos (310–230 v. Chr.) diente wieder die Erde selbst als Schattengeber. Wenn bei Halbmond die Hälfte des Erdtrabanten in dessen eigenem Schatten liegt, bilden Erde, Mond und Sonne ein rechtwinkliges Dreieck (Abb. 20.4 rechts). Den Winkel zwischen Sonne und Mond bestimmte er zu 87 °, woraufhin er das Verhältnis zwischen der Entfernung Erde–Sonne und Erde–Mond abschätzen konnte. Die Sonne, so fand er heraus, muss 19-mal weiter von der Erde weg sein als der Mond. Damit lag er zwar um das 20-Fache zu niedrig, doch war der Wert für damalige astronomische Vorstellungen so groß, dass Aristarch eine revolutionäre Ansicht vertreten konnte: Nicht die Erde, sondern die weit entfernte Sonne stünde im Zentrum der Welt. Diese Aussage war so revolutionär, dass sie in der Folgezeit nicht weiterverfolgt wurde. Die Ungenauigkeit hatte übrigens einen einfachen Grund; mittlerweile ist klar, dass der betreffende Winkel fast genau 90 ° beträgt und selbst mit modernen Methoden kaum genau messbar ist (Backhaus 2022, S. 215 ff.).

Viele Jahrhunderte später, im 15. Jahrhundert wurde die heliozentrische These von Kopernikus erneut aufgestellt und stieß auch in jener Zeit noch auf großen Widerstand seitens der Kirche, der allerdings in den Jahrhunderten danach überwunden werden konnte und zur wesentlichen Grundlage der neuzeitlichen Astrophysik wurde.

Aristarch kam außerdem auf die Idee, aus einem Schattenphänomen das Größenverhältnis von Erde und Mond herauszulesen. Bei einer Mondfinsternis beobachtete er nämlich, dass der Erdschatten auf dem Mond etwa die Größe des doppelten Monddurchmessers hat; tatsächlich sind es 2,6 Monddurchmesser. Außerdem wusste er, dass der Mond die Sonne bei einer totalen Sonnenfinsternis gerade abzudecken vermag. Aus diesen Angaben konnte er mit Hilfe des aus der Mathematik bekannten Strahlensatzes das Verhältnis von Mondradius zu Erdradius ermitteln.

Schatten erlaubten aber nicht nur Aussagen über statische Eigenschaften der Welt. Weil der Lauf der Sonne sie kontinuierlich in Bewegung hält, geben sie auch Einblick in astronomische Abläufe. Die ersten Uhren der Menschheit, welche zuverlässig die Tageszeit anzeigten – unabhängig davon, an welchem Tag im Jahr sie abgelesen wurden –, entwickelten frühe Wissenschaftler, indem sie lernten, die Orientierung der Schattenstäbe auf die geografischen Gegebenheiten abzustimmen. Und in die ersten Kalender, wie sie für die sesshaft gewordenen und vom Ackerbau abhängigen Menschen bedeutsam geworden waren, ließen sie die Wanderung des Nachtschattens einfließen.

Als im Verlauf des 15. Jahrhunderts mechanische Uhren gebräuchlich wurden, stellte man fest, dass sie dem Schatten im Jahresverlauf mal vorauseilen, mal hinterherhinken. Weil man der Regelmäßigkeit der sie antreibenden Pendelschwingungen größeres Vertrauen schenkte als dem „Gang" der Sonnenuhr, suchte man die Ursachen für die Diskrepanz vor allem in astronomischen Gegebenheiten. Tatsächlich stießen Wissenschaftler so auf die elliptische Form der Bahn der Erde um die Sonne, die zu einer im Jahreslauf variierenden Umlaufgeschwindigkeit führt.

Zu den beeindruckendsten – und seltensten – astronomischen Schattenphänomenen zählt der Venustransit. Dabei sehen wir die unbeleuchtete Seite unseres Nachbarplaneten, während er vor der Sonne vorüberzieht. Im 17. und 19. Jahrhundert wurden solche Transits zur Bestimmung des damals nur ungefähr bekannten Abstands der Erde von der Sonne genutzt. In den Jahren 2004 und 2012 konnte ich zwei Transits in dem Bewusstsein beobachten, dass die nächste Gelegenheit dazu erst wieder im Jahr 2117 besteht (Abb. 20.5).

Schatten sind also weit mehr als bloße Verdunklungen. Die Menschheit lernte früh, sie als eng mit der Bewegung von Sonne, Mond und Erde verbundene Phänomene aufzufassen, die helfen konnten, unser Naturverständnis zu verbessern. Doch damit ist diese Geschichte noch nicht an ihrem Ende angelangt. In der modernen Physik haben Platons Schatten wieder zu ihrer gleichnishaften Bedeutung zurückgefunden. Je tiefer die Forscher in den Mikrokosmos vordringen, desto schwerer fällt ihnen nämlich die Antwort auf die Frage, woraus denn die Welt „in Wirklichkeit" besteht. Physiker sind mit

Abb. 20.5 Venustransit im Jahre 2004. Der Schatten der Venus vor der Sonnenscheibe

Symbolen und Formeln erfolgreich, aber die Wirklichkeit selbst bekommen sie nicht zu fassen. Das sah auch der britische Astrophysiker Arthur Eddington (1882–1944) so, wenn er schreibt: „Das offene Eingeständnis, dass die Physik sich mit einer Welt der Schatten befasst, ist einer der bezeichnendsten Fortschritte der neueren Zeit" (Eddington 1931).

20.3 Schattentheater am Himmel

Die himmlischen Schatten haben nicht nur die Astronomen dazu verleitet, zu weitreichenden Erkenntnissen über den Bau unserer Welt beizutragen. Auch Dichter und Maler haben sich immer wieder vom schattenhaften Geschehen am Himmel beeindrucken lassen. Ich erwähne hier nur ein Beispiel: Den Dichter und Naturbeobachter Adalbert Stifter beglückte insbesondere das Phänomen der Dämmerungsstrahlen (Abb. 20.6): „Aus der ungeheuren Himmelsglocke, die über der Haide lag, wimmelnd von glänzenden Wolken, schossen an verschiedenen Stellen majestätische Ströme des Lichtes, [...] auseinanderfahrende Straßen am Himmelszelte bildend" (Stifter o. J.). Der Dichter hat an eine Situation gedacht, in der die hinter einer Wolkenfront hinabgesunkene Sonne durch diverse Lücken zwischen den Wolken hindurch strahlt. Dadurch entstehen mehr oder weniger große helle Lichtbündel. Es stellt sich die Frage, wieso wir diese überhaupt sehen können, wenn sie unsere Augen doch gar nicht erreichen und an ganz anderen Stellen zu landen scheinen. Ihre „Sichtbarkeit" erlangen die Strahlen dadurch, dass das Licht an den

Abb. 20.6 „Die Sonne zieht Wasser", sagt der Volksmund. Denn diese Szenerie ist manchmal ein Vorläufer für regnerisches Wetter, bei der dann wohl das gezogene Wasser wieder freigegeben wird

in solchen Situationen zahlreich vorhandenen Schwebeteilchen wie Wassertropfen und andere Aerosole in alle Richtungen gestreut werden, also auch in unsere Augen.

Früher behauptete man über die Erscheinung solcher Dämmerungsstrahlen gerne, „die Sonne ziehe Wasser", wie es in einem Buch aus dem Jahre 1804 heißt (Fischer 1804). Auf diese heute merkwürdig anmutende Auffassung ist man gekommen, weil das Phänomen oft bei bewölktem Abendhimmel erscheint und mit hoher Luftfeuchte einhergeht, was nicht selten tatsächlich zu Regen führt. Reichen die Strahlen ins Meer hinein, wirkt die Rede vom „Wasserziehen" sogar besonders einleuchtend.

Wer den „Dämmerungsstrahlen" indessen den Rücken kehrt, kann manchmal erstaunt zur Kenntnis nehmen, dass am gegenüberliegenden Horizont dasselbe Spektakel stattfindet. Dabei übernimmt der immaterielle Sonnengegenpunkt die Rolle der Sonne. In sehr seltenen Fällen kann man die Strahlen sogar über das ganze Himmelszelt vom einen zum anderen Horizont laufen sehen. Dann erscheinen die Strahlen sogar gekrümmt: Sie laufen von den erzeugenden Wolken ausgehend auseinander, nehmen im Zenit über dem Beobachter den maximalen Abstand voneinander ein und laufen dann zum

Sonnengegenpunkt hin wieder zusammen. Das ist natürlich alles eine perspektivische Täuschung: In Wirklichkeit sind die Strahlen weder divergent noch gekrümmt, sondern fast parallel – wie das Sonnenlicht.

20.4 Schatten ermöglichen Durchblick

Dass Schatten nicht nur Dinge verdecken und Information tilgen, sondern im Gegenteil zu Informationen verhelfen, zeigt sich auch an ganz alltäglichen Phänomenen. Blickt man beispielsweise auf die vermeintlichen Schatten, die Blätter eines Baumes auf die Oberfläche eines Gewässers werfen (Abb. 20.7), so stellt man bei genauerer Betrachtung zunächst einmal fest, dass es sich gar nicht um Schatten handeln kann. Denn Wasser ist an sich durchsichtig und kann daher nicht als Projektionsfläche für Schatten dienen.

Aber Wasser kann Licht spiegelnd reflektieren. Handelt es sich also bei den Abbildungen der Blätter um Spiegelbilder? Dafür spricht auf den ersten Blick die andeutungsweise grüne Färbung. Doch wäre die Färbung der im Schatten liegenden Blätter überhaupt zu sehen? Man überzeugt sich leicht, dass der grüne Schimmer eher vom Boden stammt, der schemenhaft durch die Wasseroberfläche hindurchschimmert insbesondere an den Stellen der vermeintlichen Schatten der Blätter.

Abb. 20.7 Die vermeintlichen Schatten der Blätter auf dem Wasser sind spiegelnde Reflexionen im Wasser. Sie verhindern an diesen Stellen die Reflexion des Himmelslichts, das im übrigen Bereich das vom Grund des Gewässers ausgehende Licht weitgehend überstrahlt

Tatsächlich handelt es sich um Spiegelungen der Unterseite der Blätter, die allerdings kaum Licht ins Auge des Betrachters reflektieren. Licht kommt vielmehr vom Himmel, das auf der Wasseroberfläche gespiegelt wird und die Transparenz des Wassers durch einen charakteristischen Blauschimmer einschränkt. Genauer: Das spärliche Licht vom Boden des Gewässers wird vom reflektierten Himmelslicht überstrahlt und dadurch „verwässert". Da die Spiegelungen des Himmels an den Stellen der gespiegelten Blätter fehlen, stellen diese so etwas wie Gucklöcher auf den Boden des Gewässers dar.

Weiterhin fällt auf, dass den Spiegelungen nach zu urteilen einige der Blätter Löcher haben müssen, durch die Himmelslicht hindurch fällt. Rechts unten sieht man, dass sich nicht nur scheinbare Löcher in den Spiegelungen der Blätter befinden, sondern auch Fragmente der gespiegelten Blätter an Stellen auftauchen, wo sie an sich nichts zu suchen haben. Schuld sind Aufwölbungen des Wassers an den schwimmenden Tannennadeln. Die durch Grenzflächenkräfte zwischen Tannennadeln und Wasser deformierte Wasseroberfläche wirkt wie ein Zerrspiegel, wodurch Licht der Blätter an Stellen reflektiert wird, wo es bei glatter Wasseroberfläche nicht hätte sein können.

20.5 Transparenz durch Schatten

Schatten nisten sich an den unmöglichsten Stellen ein. Selbst Nebelschwaden können als Projektionswand für Schatten dienen, wie man in Abb. 20.8 sehen kann. Der Schatten eines großen Schornsteins fällt auf eine Nebelfahne, die durch kondensierenden Wasserdampf entstanden ist. Merkwürdigerweise scheint der Schatten den Nebel zumindest teilweise zum Verschwinden zu bringen bzw. lässt ihn transparent werden.

Der Nebel ist in der Regel deshalb so undurchdringlich, weil er das auftreffende Licht diffus in alle Richtungen streut. Da hilft dann auch eine noch so intensive Lampe nicht, eher erreicht man dadurch das Gegenteil. Der Nebel wird umso undurchsichtiger, je stärker man ihn in der Absicht beleuchtet, ihn durchschaubar zu machen. Das kennt jeder Autofahrer, der im Nebel erfahren muss, dass das Fernlicht die Sicht noch schlechter macht. Denn je stärker die Nebeltröpfchen angestrahlt werden, desto mehr Licht senden sie postwendend zurück. Und wenn das zurückgestreute Licht intensiver wird als das von den Gegenständen hinter der Nebelfahne ausgehende Licht, wird man nur noch geblendet.

Abb. 20.8 Indem der Schornstein das Sonnenlicht in seinem Schattenbereich daran hindert, die Nebelsäule zu beleuchten, kann von dort kein Streulicht der Nebeltröpfchen reflektiert werden. Der Bereich bleibt daher transparent

In einer ähnlichen Situation kommt der Schatten des Schornsteins gerade recht. Er unterbindet die blendende Rückstrahlung des Sonnenlichts durch die Nebeltröpfchen und macht den Weg frei für das von den hinter dem Nebel befindlichen Gegenständen ausgehende Licht.

Andererseits wird auch das von hinten durch den Nebel dringende Licht teilweise gestreut und dadurch in der Intensität vermindert. Das sieht man andeutungsweise dort, wo der vor dem Hintergrund des hellen Himmels befindliche Nebel diesen Bereich etwas abdunkelt (Abb. 20.8).

20.6 Schatten ermöglichen Spiegelungen

Die vorangegangenen Beispiele der Wechselwirkungen zwischen diffuser Reflexion und Schatten haben gezeigt, dass Schatten oft zu einer Verbesserung des Durchblicks führen können. Aber auch spiegelnde Reflexionen können durch Schatten oft nicht nur verbessert, sondern manchmal überhaupt erst ermöglicht werden. Das zeigt das Beispiel eines Wasserkanals, der teilweise von Bäumen beschattet wird (Abb. 20.9).

Abb. 20.9 Nur im Bereich des Baumschattens sieht man die spiegelnde Reflexion der Umgebung. Dort, wo das Wasser im Sonnenlicht liegt, wird die Spiegelung durch die diffuse Reflexion des Sonnenlichts stark eingeschränkt

Das von schräg links einfallende Sonnenlicht wird auf der Wasseroberfläche sowohl spiegelnd als auch an den braunen Schwebstoffen im Wasser diffus reflektiert bzw. gestreut. Aus der im Foto festgehaltenen Position dominiert die diffuse Reflexion, durch die das Sonnenlicht in alle Richtungen gestreut wird – also auch in unsere Augen. Von dem auf der Wasseroberfläche spiegelnd reflektierten Licht bekommen wir nichts mit, weil nach dem Reflexionsgesetz: Einfallswinkel = Reflexionswinkel das Licht nach schräg rechts reflektiert wird. Wenn man dort stünde und auf das Wasser in Richtung Sonne blickte, würde einem das gespiegelte Licht blendend in die Augen fallen.

Der (bezüglich des Sonnenlichts) beschattete Bereich im Vordergrund wird lediglich vom Streulicht des Himmels und anderer Objekte wie etwa der Bäume und der Häuser im Hintergrund beleuchtet. Dabei wird es im Wasser ebenfalls spiegelnd und diffus reflektiert. Diesmal kommt das Licht jedoch aus Richtungen, aus denen es in unsere Augen gespiegelt wird. Das auch in diesem Fall an den Streuteilchen im Wasser diffus reflektierte Licht ist jedoch von so geringer Intensität, dass es kaum störend in Erscheinung tritt.

Schaut man sich die Szenerie genauer an, so erkennt man, dass ein Teil des in der Sonne liegenden rechten Brückenbogens hell genug ist, um die diffuse Reflexion des Sonnenlichts wenigstens teilweise zu überstrahlen.

Literatur

Backhaus, U. (2022). Astronomische Phänomene. Springer Spektrum.
Chamisso, A. v. (1986). Peter Schlemihls wundersame Geschichte. Stuttgart: Reclam.
Eddington, A. (1931). Das Weltbild der Physik. Braunschweig: Vieweg, S. 6.
Fischer, J.C. (1804). Erklärung der vornehmsten zur Physik gehörigen Begriffe und Kunstwörter.
Stifter, A. (o. J.) Das Haidedorf. In: Erzählungen in der Urfassung. Augsburg: Adam Kraft Verlag. S. 161f.

21
Schattenspiele

21.1 Lange Schatten

Der vertrauteste Schatten ist der eigene. Leider schenkt man ihm meist nicht die verdiente Aufmerksamkeit. Bei Sonnenschein oder im Licht einer Lampe stellt er manchmal so etwas wie eine Selbstvergewisserung der eigenen Person dar. Als ich vor einiger Zeit in Hongkong die Sonne im Zenit stehend erlebte, übte die Minimierung der Schatten, einschließlich meines eigenen, einen seltsamen Effekt aus. Mir wurde klar, dass für mich Sonnenschein untrennbar mit meinem Schatten verbunden ist. Durch den Schatten fühle ich mich gewissermaßen geerdet. Anderen Menschen mag es ähnlich gehen.

Den entgegengesetzten Effekt kann man bei tief stehender Sonne kurz nach Sonnenaufgang oder kurz vor Sonnenuntergang erleben. Dann wird man zumindest bei großen leeren Flächen von den langen Schatten seiner selbst überrascht. Die perspektivische Verkürzung übt dann eine verfremdende Wirkung aus, die zu allerlei Spielereien herausfordert (Abb. 21.1).

Mir sind die langen Schatten insbesondere in der Wüste aufgefallen. Stellt man bei tief stehender Sonne die Beine nur ein wenig auseinander, so zeichnet der Schatten ein spitzes Dreieck auf den Sand (Abb. 21.1 links). Der Schatten besteht fast nur noch aus der gestreckten Abbildung der Beine. Hebt man eines der Beine, so schnellt dessen Schatten mit großer Geschwindigkeit zum Kopfende, wo alle wichtigen Körperteile marginalisiert erscheinen (Abb. 21.1 rechts).

Ohne die Frage auch wissenschaftlich beantworten zu wollen, möchte ich doch kurz auf ein „Experiment" eingehen, das ich in einer Dünenlandschaft

Abb. 21.1 Der eigene Schatten in einem flachen Feld einer Sandwüste. Die perspektivische Verkürzung marginalisiert den Schatten des Oberkörpers

mit meinem langen Schatten unternommen habe und womit ich zeigen konnte, dass er der Realität um Längen voraus ist. Dazu habe ich die Durchschnittsgeschwindigkeit meines Beinschattens bestimmt. Das war ganz einfach. Ich habe mein rechtes Bein in einer Sekunde etwa 50 cm hochgehoben, also mit einer mittleren Geschwindigkeit von 0,5 m/s. Der Schatten meines gehobenen Beins legte in derselben Zeit aber eine Strecke von ca. 36 m zurück. Damit raste er mit einer Geschwindigkeit von 36 m/s hoch. Das sind in der etwas vertrauteren Einheit immerhin knapp 130 km/h, womit mein Beinschatten in eine Größenordnung vorschnellte, die über normale menschliche Möglichkeiten hinausgeht.

21.2 Flüchtige Schatten

Ich stehe auf einer Sanddüne kurz vor der scharfen Spitze (Abb. 21.2 links). Der Schatten der Beine fällt im Vordergrund auf die aufsteigende Böschung, während der Schatten des Rumpfes von der Böschung der sich anschließenden Sandfläche aufgefangen wird. Dazwischen liegt der leeseitig abfallende Hang der Düne, die zunächst noch nicht von der Sonne getroffen wird. Erst in dem

Abb. 21.2 Links: Das Sonnenlicht fällt so ein, dass die Leeseite der Düne gerade gestreift wird und nur einige höhere Stellen beleuchtet werden, während andere niedrigere im Schatten liegen. Rechts: Eine scheinbar ähnliche Situation. Doch in diesem Fall wird das Sonnenlicht auf eine vom Wind getriebene Sandwolke projiziert. Der Schattenbereich wird dadurch teilweise aufgehellt

Maße, wie die Sonne höher steigt, ragen zunächst einige höhere Partien des Hangs ins Sonnenlicht, auf denen die entsprechenden Teile des Beinschattens sichtbar werden (Abb. 21.2 links).

In einer ähnlichen Situation wird mein Schatten abermals von der ebenfalls im Schatten liegenden Leeseite einer Düne unterbrochen. Der Schatten des Rumpfes erscheint drastisch geschrumpft auf der luvseitigen Wand einer Nachbardüne. Allerdings fegt zur Zeit der Beobachtung ein heftiger Wind Sandschwaden über den Grat der Düne. Da sie von der Sonne beschienen werden, ist auf diesem fliegenden Sandteppich die fehlende Ergänzung meines unterbrochenen Schattens zu sehen. Infolge der Schwankungen im Sandteppich sieht es so aus, als sähe man meine Hosenbeine im Winde flattern (Abb. 21.2 links).

21.3 Luftige Schatten

Es müssen nicht unbedingt fliegende Sandkörner sein, um als Projektionsfläche von Schatten zu taugen. Wassertröpfchen tun es auch. In Abb. 21.3 sieht man eine Art dunklen Balken, der quer über die Brücke zu gehen scheint. Er entpuppt sich als Schatten im Nebel.

Abb. 21.3 Räumliche Schatten im Nebel. Sie werden dadurch indirekt sichtbar, dass die Wassertröpfchen in diesem nicht beleuchteten Bereich kein Sonnenlicht streuen

Nebel wird dadurch als solcher sichtbar, dass das Licht an den winzigen Wassertröpfchen gestreut wird und ihm eine Art helle Körperlichkeit verleiht. Durch das rechte Brückengeländer wird das Licht der von rechts strahlenden Sonne partiell ausgeblendet. Das sieht man zum einen am Schatten des Brückengeländers auf der Straße (Abb. 21.3). Deutlich zu erkennen ist der schräg angeschnittene und daher breite Schatten des mittleren horizontalen Verbindungsrohrs in der Mitte der Straße. Der Schatten des unteren Rohrs verschmilzt mit der Betonstufe und der Schatten des oberen Rohrs landet links jenseits der Straße und ist auf dem Foto nicht zu erkennen.

Wo er sich in etwa befindet, ist durch den scheinbar am äußeren Ende des Geländers quer über die Straße gehenden Schattenbalkens festzustellen. Denn dieser ist nichts anderes als ein Querschnitt durch den Schattenraum der oberen Strebe. Die in ihm enthaltenen Nebeltröpfchen werden nicht von der Sonne erreicht und erscheinen daher im Vergleich zur Umgebung dunkel.

Es stellt sich jedoch die Frage, warum die Schattenräume der übrigen schattenwerfenden Elemente des Geländers nicht auf dieselbe Weise sichtbar werden. Der Grund liegt darin, dass der Nebel nicht besonders intensiv ist und der Kontrast zwischen beleuchteten und nicht beleuchteten Bereichen unter die Sichtbarkeitsschwelle sinkt. Lediglich der frontale Blick auf die Kante des verhältnismäßig lang gestreckten Schattenraums der oberen Strebe bringt einen genügend großen Helligkeitskontrast hervor, sodass der Schatten erkennbar wird. Wenn man ganz genau hinschaut, sieht man auch noch einen kleinen Balken, der von der nächstniedrigeren, horizontalen Verstrebung hervorgerufen wird.

21.4 Ein Schatten dominiert seinen Werfer

Nebulös und zugleich dominierend erscheint der Schatten einer Leiter (Abb. 21.4), die selbst kaum zu erkennen ist. Die Situation ist folgende: Man blickt durch eine Glastür der tief stehenden Sonne entgegen und erkennt auf der linken Seite schemenhaft eine Leiter. Ihr Schatten fällt vor allem dadurch auf, dass er wesentlich größer erscheint als das Original.

Abb. 21.4 Eine vor einer verschmutzten Fensterscheibe stehende Leiter ruft einen scheinbar überdimensionalen Schatten auf der Fensterscheibe hervor

Die Vergrößerung ist deshalb ungewöhnlich, weil man hier anders als bei der üblichen Wahrnehmung von Schatten hinter dem Schatten steht und es daher mit einer Umkehr der Perspektive zu tun hat. In diesem Fall ist also das Original weiter entfernt und daher anders als erwartet perspektivisch verkleinert. Möglich wird diese Umkehr der gewohnten Sicht dadurch, dass der Schatten auf einer Glasscheibe zu sehen und daher semitransparent ist.

Normalerweise kann ein transparentes und spiegelndes Medium keinen Schatten auffangen. Aber eine verschmutzte Scheibe – wie im vorliegenden Fall – reflektiert einen Teil des auftreffenden Sonnenlichts diffus in alle Richtungen, also auch in unsere Augen. Die Scheibe erscheint dadurch ähnlich wie beim Nebel aufgehellt und in ihrer Transparenz eingeschränkt. Lediglich an Stellen, an denen das Sonnenlicht durch die Leiter ausgeblendet wird, bleibt sie dort wegen des fehlenden Streulichts weitgehend transparent. Sie erscheint aber auch dunkler, eben wie ein Schatten.

Da das Sonnenlicht von schräg oben kommt, sehen wir nur den oberen geraden Teil der Leiter schattenhaft abgebildet, was die scheinbare Diskrepanz zu dem unteren schrägen Teil der Leiter erklärt. Wir sehen aber auch noch den echten Schatten eines Seitenteils der Leiter auf dem Fliesenboden außerhalb des Fensters.

21.5 Auch Kondensstreifen werfen Schatten

Wer von Zeit zu Zeit Flugzeuge beobachtet, die am Himmel Kondensstreifen hinter sich herziehen, dem wird es sicher nicht entgehen, dass die Streifen zuweilen von dunklen Schattenstreifen begleitet werden (Abb. 21.5). Sie kommen dadurch zustande, dass meist von schräg oben einfallendes und an den Teilchen der Abgase des Flugzeugs (vorwiegend Wassertröpfchen) gestreutes Licht ausgeblendet wird.

Davon würde man normalerweise nichts sehen. Wenn der Himmel aber von dünnen, semitransparenten Wolken bedeckt ist, wird in der von den Kondensstreifen ausgeblendeten Zone kein Sonnenlicht gestreut. Auf diese Weise sieht man dort einen dunklen Streifen, den Schatten des Kondensstreifens.

Abb. 21.5 Unterhalb des Kondensstreifens sieht man den Schatten desselben, der auf einer darunter gelegenen dünnen Wolkenschicht projiziert wird

21.6 Schattenpuzzle vor einer Fensterscheibe

Wenn Schatten und Spiegelungen zusammen auftreten, kann es kompliziert, aber auch interessant werden. Im vorliegenden Fall (Abb. 21.6) stehe ich mit der tief stehenden Sonne im Rücken vor einer Glastür. Die Sonne breitet meinen Schatten wie einen Teppich vor mir aus, wobei der Kopfbereich auf eine vor mir liegende Glastür fällt und von ihr postwendend auf diesen Schatten spiegelnd reflektiert wird. Genau genommen wird nicht dieser Schatten gespiegelt, sondern das auf die Glasscheibe der Tür fallende Sonnenlicht, abzüglich des durch meinen Kopf ausgeblendeten Anteils. Die Aufhellung durch das gespiegelte Licht ist auch die Voraussetzung dafür, dass der „gespiegelte" Schatten überhaupt zu sehen ist, weil er ansonsten im bereits bestehenden Schatten untergehen würde.

Abb. 21.6 Spiegelnde Reflexion einer Person einschließlich ihres Schattens. Der Schatten der Person wird nicht nur direkt gesehen, sondern gleichzeitig in der Scheibe der Glastür gespiegelt

Aber nicht nur der Schatten meines Kopfes wird in der Scheibe der Glastür reflektiert, sondern die ganze Szenerie vor der Tür, also Schatten und Person, die die Schatten wirft.

Die im oberen Teil des Fotos gespiegelten Beine scheinen sich von den Schatten nicht zu unterscheiden. Sie sind dunkel wie die Schatten. Die Ursache dafür ist, dass sie im Schatten der Sonne liegen. Sie werden nicht direkt vom Sonnenlicht beleuchtet und weisen daher kaum Farbe und Struktur auf, wie man es von einem Spiegelbild erwarten würde. Die Spiegelung der an sich transparenten Scheibe ist deshalb so gut, weil die Gegenstände im Raum vergleichsweise wenig Licht diffus reflektieren. Dieses Phänomen kennt man von Fenstern im Tageslicht, die von außen gesehen dunkel erscheinen, auch wenn man es im Raum als normal hell empfinden würde.

Schatten, Transparenz von Fensterglas und spiegelnde Reflexion wirken hier in komplexer, aber durchschaubarer Weise zusammen und machen einmal mehr deutlich, wie stark dadurch unsere Alltagswelt geprägt wird.

21.7 Schatten durch Wasser auslöschen

Vergleicht man die beiden Fotos (Abb. 21.7) miteinander, so stellt man zunächst fest, dass in beiden Fällen der Schatten einer Person auf eine wasserbedeckte Stelle auf dem Pflaster fällt. Doch im Unterschied zum linken Bild, auf dem der Schatten im Bereich der benetzten Stelle ausgelöscht erscheint, bleibt er im rechten Bild unbeeinflusst.

Der Unterschied kommt dadurch zustande, dass zwei verschiedene Lichtquellen im Spiel sind. Rechts dominiert die Sonne. Ihre Strahlen werden vom Asphaltboden in unsere Augen reflektiert, teils spiegelnd, teils diffus. Viele glatte Steinchen erscheinen infolge der spiegelnden Reflexion besonders hell. Das glatte Wasser der feuchten Stelle liegt offenbar genau im Bereich des Reflexionswinkels des einfallenden Sonnenlichts. Die Stelle ist extrem hell. Der untere Teil der Beine der im Licht stehenden Person unterbricht in diesem Bereich das Licht, was sich als Schatten sowohl auf dem trockenen als auch auf dem nassen Asphalt zeigt.

Im linken Foto wird der Asphalt ebenfalls von der Sonne beleuchtet und er reflektiert das Licht weitgehend diffus, wenn man einmal davon absieht, dass die zufällig passend geneigte Oberfläche einiger Steinchen zu spiegelnden Reflexionen führt. Außerdem fiel mir auf, dass ich in der Bewegung über den Asphalt die Steinchen aufleuchten und wieder verglimmen sah.

Abb. 21.7 Links: Der Schatten wird durch die das Himmelslicht spiegelnd reflektierende Wasserschicht nahezu „ausgelöscht". Rechts: das Sonnenlicht spiegelnd reflektierende Wasser ist im Bereich des Schattens wirkungslos

Bei genauerer Betrachtung zeigt sich im linken Bild, dass der benetzte Asphalt etwa gleich hell, wenn nicht sogar etwas heller erscheint als der trockene. Das ist insofern erstaunlich, als das Licht von beiden Stellen auf unterschiedliche Weise ins Auge reflektiert wird. Während der raue trockene Boden das flach einfallende Sonnenlicht diffus in alle Richtungen reflektiert, also auch in unsere Augen, wird das Sonnenlicht auf der glatten Wasseroberfläche spiegelnd reflektiert. Wie der Schatten der Person zu erkennen gibt, wird das Licht jedoch in eine andere Richtung als in unsere Augen gespiegelt. Die Wasserfläche müsste daher dunkler erscheinen, als sie tatsächlich ist.

Der Blauschimmer der Wasseroberfläche verrät, dass eine ganz andere Lichtquelle im Spiel ist als die Sonne – der blaue Himmel. Das Himmelblau ist es auch, das im solaren Schatten der Person für eine Aufhellung sorgt. Weil Himmelslicht aus nahezu jeder Richtung kommt, reflektiert fast jede glatte Oberfläche das Licht spiegelnd in unsere Augen.

22

Spiegelungen

22.1 Spiegelung und Symmetrie

Auch wenn es in dieser unserer (un)vollkommenen Welt keine perfekte Symmetrie gibt, erkennen wir dies nur dadurch, dass wir uns auf die Idealgestalt der Symmetrie beziehen. Die gestörte, gebrochene oder sonst wie verfehlte Symmetrie ist das Reale. Ohne Symmetriebrüche gäbe es weder die Welt noch uns, die wir so großspurig darüber sinnieren. Der Physiker Frank Close drückt das folgendermaßen aus: „*Es mag seltsam klingen, doch heute, fünf Milliarden Jahre, nachdem die erste Fusion in der Sonne stattfand, gibt es uns und andere Lebensformen auf der Erde nur, weil das W* (ein Elementarteilchen, HJS) *so massiv und das Photon masselos ist. Wieder einmal müssen wir erkennen, dass unsere Existenz ganz wesentlich von einer gebrochenen Symmetrie abhängt. Bei Abkühlen des Universums wurde die Symmetrie durch die unterschiedlichen Massen der Kraftübermittler zerstört*" (Close 2002).

Die vorliegende Fotografie eines Straßenzugs hat mich an die Bedeutung der Symmetrie erinnert und stellt so etwas wie eine grobe Visualisierung des Versuchs dar, sich der Symmetrie, soweit es realerweise möglich ist, anzunähern (Abb. 22.1). Dabei achtete ich darauf, dass das an der Glasscheibe reflektierte Licht maximal und die Störung durch Licht von innerhalb des Gebäudes minimal wurden. Weil die Beschaffenheit der materiellen Welt es unter anderem unmöglich macht, von der Symmetrieachse aus zu fotografieren und die Glasscheibe nur einen Teil des von den gegenüberliegenden Gegenständen ausgehenden Lichts reflektiert, bleibt die Realisierung eines

Abb. 22.1 Nur einige Widrigkeiten der realen Wirklichkeit verhindern, dass das Foto einer Straße zusammen mit deren Spiegelung in einer Schaufensterscheibe ein perfekt symmetrisches Bild abgibt

perfekt symmetrischen Bildes aus. Die Symmetrie lässt sich nur näherungsweise realisieren. Aber sie ist entscheidend, um die für die Entwicklung des Kosmos so wichtigen Symmetriebrüche feststellen zu können (Abb. 22.1).

22.2 Zugleich diffus und spiegelnd

> In dem, was sich mir so als Raum des Lichts darstellt, bedeutet Blick immer ein Spiel von Licht und Undurchdringlichkeit. Es geht stets um ein Spiegeln.
>
> Jacques Lacan (1901–1981)

Als ich einmal auf jemanden wartete, ging ich vor einer leicht konvex gebauten Glasfront eines Gebäudes auf und ab. Dabei blendete mich die hell erleuchtete Pflasterung des Gehwegs. Hier reflektierte gerade eines der Fensterelemente die Sonnenstrahlen spiegelnd auf die Pflastersteine (Abb. 22.2 links). Normalerweise nehmen wir deren Eigenfarbe wahr, weil sie das Licht diffus in alle Richtungen reflektieren. An der betreffenden Stelle jedoch geriet das Sonnenlicht auf zwei verschiedene Weisen in meine Augen: Die diffuse Reflexion wurde von einer spiegelnden Reflexion überlagert.

22 Spiegelungen   245

Abb. 22.2 Im Reflexionswinkel vor der Glasscheibe ist die Pflasterung hell erleuchtet (links). Geht man weiter nach links, wird der Streifen immer lichtärmer (Mitte) und verschwindet schließlich. Nun wirft die nächste Scheibe eine helle Bahn auf das Pflaster (rechts) und das Spiel beginnt von neuem

Diese Aufhellung verschwand allmählich, als ich mich nach links gehend von ihr wegbewegte (Abb. 22.2, Mitte). Dafür tauchte – zunächst schemenhaft, dann immer intensiver – ein weiterer Streifen durch die Reflexion der nächsten Scheibe auf (Abb. 22.2 rechts). Sie erreichte ihre maximale Helligkeit im Reflexionswinkel des dort gespiegelten Lichts.

Ein solches Phänomen erklärt sich mit der Eigenschaft des Pflasters, das Licht sowohl diffus als auch spiegelnd zu reflektieren. Aufgrund der diffusen Reflexion des Sonnenlichts sieht man das Pflaster in der Farbe der Klinker, und zwar unabhängig davon, in welche Richtung man blickt. Andererseits sieht man es unter dem Reflexionswinkel bezüglich des in den Fensterscheiben reflektierten Sonnenlichts als blendend helle Fläche. Von den rötlich-braunes Licht aussendenden Klinkern ist dann so gut wie nichts mehr zu sehen. Diffus reflektiertes Licht wird vom spiegelnd reflektierten Licht völlig überstrahlt.

Das von den Klinkern spiegelnd reflektierte Licht ist auch noch aus geringfügig abweichenden Blickwinkeln zu sehen. Weil die Oberflächen der Klinker nicht völlig eben sind, wird das Licht in geringem Maße auch noch zu den Seiten abgelenkt.

Literatur

Close, F. (2002). Luzifers Vermächtnis. München: Beck, S. 161.

23

Schatten und Spiegelung

23.1 Doppelschatten

Wer sich an einem klaren Sonnentag seines treuen dunklen Begleiters bewusst ist und sei es auch nur, dass seine Mitbewegung gleichsam aus dem Augenwinkel heraus wahrgenommen wird, könnte früher oder später in einer bestimmten Situation einen zweiten Schatten sein eigen nennen. Dieser imitiert meist in höheren Regionen schwebend ganz schattenhaft alle Bewegungen des Originals.

Dass man manchmal mehrere Schatten seiner eigenen Person sieht, ist in einer Welt, in der es von Lichtquellen nur so wimmelt, nicht weiter erstaunlich. Man denke nur an einen nächtlichen Spaziergang unter Laternen oder an ein Fußballspiel unter einer Flutlichtanlage mit mehreren Scheinwerfern. Wenn ein solcher zweiter Schatten aber offenbar nur von einer Lichtquelle, meist der Sonne, herrührt, und selbst nur im Halbschatten zu sehen ist, erscheint dies zunächst rätselhaft.

Aber es ist möglich. Als ich nämlich eines Morgens auf einem Weg spazierte, der links von einer Böschung und rechts von einem Gewässer gesäumt war, lief mir mein Schatten zur Linken ein wenig voraus. Dabei hatte ich das Gefühl, dass sich auch oben auf der Böschung etwas bewegte. Und als ich genauer hinsah, entdeckte ich oberhalb meines Schattens simultan eine weitere dunkle Gestalt, die sich sehr schnell und unzweifelhaft als zweiter Schatten meiner selbst entpuppte (Abb. 23.1 links).

Wie kann es in freier Natur, wo außer der Sonne keine zweite Lichtquelle vorhanden ist, zu dieser Schattenverdopplung kommen? Sich umzudrehen

Abb. 23.1 Links: Auf der Böschung ist ein Stück weit über meinem Schatten ein weiterer Schatten zu sehen. Rechts: Verantwortlich für den zweiten Schatten ist die in einem Gewässer gespiegelte Sonne

müsste die Lösung bringen. In der Tat sah ich mich doppelt geblendet: Zum einen brach das Licht der Sonne durch das Blätterdach der Bäume, zum anderen spiegelte sich die Sonne im angrenzenden Gewässer (Abb. 23.1 rechts) und wurde damit zu einer sekundären Lichtquelle, wie in Abb. 23.2 schematisch dargestellt ist.

Da das im Wasser reflektierte Licht der Sonne nicht von oben, sondern scheinbar von der unter dem Wasser befindlichen „Spiegelsonne" kommt, kann es nicht vom niedrigen Erdboden aufgefangen werden, sondern ist vielmehr auf eine höher gelegene Projektionswand angewiesen, die in der vorliegenden Situation zufällig durch eine hohe Böschung gegeben ist. Sie ist hier gleichzeitig die Projektionswand für den ersten Schatten der Person, der durch die reale Sonne hervorgerufen wird.

Schaut man sich die Formen der Schatten genauer an, so stellt man fest, dass sie sich unterscheiden. Grund dafür sind die unterschiedlichen Perspektiven, aus der die Person angestrahlt wird. Während das direkte Sonnenlicht von schräg oben kommt, scheint die gespiegelte Sonne von schräg unten.

Wer einmal festgestellt hat, dass die Intensität des von einer Wasseroberfläche spiegelnd reflektierten Lichts wesentlich geringer ist als die des direkten Lichts, wird sich vielleicht darüber wundern, dass der sekundäre Schatten auf

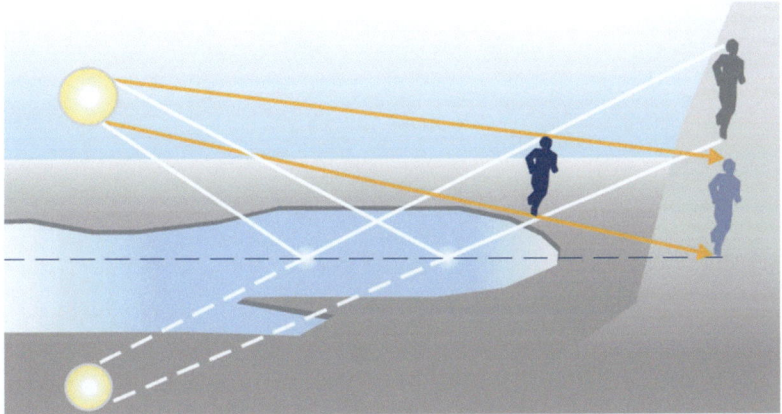

Abb. 23.2 Da sich ein Spiegelbild genauso weit hinter dem Spiegel befindet wie der Gegenstand davor, strahlt die gespiegelte Sonne gewissermaßen aus dem Gewässer heraus und ruft aus einer anderen Perspektive einen weiteren Schatten hervor

einer von der realen Sonne beleuchteten Projektionswand nicht überstrahlt wird, und daher gar nicht zu sehen sein dürfte. Zwar wird im vorliegenden Fall die in der Sonne liegende Böschung zusätzlich von der – allerdings wesentlich schwächeren –Spiegelsonne beleuchtet, sodass dieses Licht durch den Schattengeber ausgeblendet wird. Aber der dadurch bedingte Intensitätsunterschied wäre im Vergleich zur intensiven Streustrahlung des primären Sonnenlichts kaum zu bemerken. In der Tat zeigen Experimente, dass die Modulation der Helligkeit durch den zweiten Schatten unbedeutend ist.

Deshalb muss eine zusätzliche Bedingung erfüllt sein, damit man den Doppelschatten deutlich sieht: Das Licht der primären Sonne muss an der Stelle, an der der sekundäre Schatten erscheint, weitgehend ausgeblendet sein. Und dafür sorgen in der vorliegenden Situation die Bäume. Immer dann, wenn ihr Schatten (bezüglich der realen Sonne) just an die Stelle fällt, die von der von unten scheinenden Spiegelsonne beleuchtet wird, sieht man dort den zweiten Schatten, der durch die im Spiegelsonnenschein stehende Person geworfen wird.

Man mag an dieser Stelle den Eindruck gewinnen, dass die Bedingungen für Doppelschatten ganz schön subtil sind und könnte darin einen Grund für die Seltenheit des Phänomens sehen. Die Häufigkeit, mit der ich inzwischen nach dem ersten Mal Doppelschatten beobachte, spricht dagegen: Es gibt mehr günstige Situationen, als man denkt. Vor allem in den Städten, in denen es von spiegelnden Fensterscheiben nur so wimmelt, gibt es zahlreiche günstige Situation. Wenn die gespiegelte Sonne ihr Licht in ein Schattengebiet bezüglich der realen Sonne schickt, kann dort im derart aufgehellten Bereich

Abb. 23.3 Der doppelte Schatten wird von der in einem Fenster gespiegelten Sonne hervorgerufen. Er ist allerdings nur dadurch zu sehen, dass er in einen von anderen Schatten verdunkelten Bereich fällt

der zweite Schatten einer Person oder eines Gegenstands, die oder der in dieses sekundäre Lichtbündel gerät, zu sehen sein (Abb. 23.3).

23.2 Der zweite Schatten steht kopf

Die folgende Situation zeigt ein weiteres Beispiel eines Doppelschattens. Die Sonne dringt durch ein Fenster und bildet es auf dem glatten Fliesenboden ab. Indem ich in das helle Lichtbündel trete, erscheint mein Schatten erwartungsgemäß auf dem Boden. Aber nicht nur dort, auch auf der Wand, die gar nicht im direkten Sonnenlicht liegt, erscheint ein Schatten (Abb. 23.4). Es ist ebenfalls mein Schatten, der sich synchron zu meinem primären Schatten bewegt.

Zur Merkwürdigkeit bei einer Lichtquelle gleich zwei Schatten seiner selbst zu sehen, gesellt sich die Kuriosität, dass der zweite Schatten auf dem Kopf steht. Das erinnert an einen Spiegel: Offenbar ist der Boden glatt genug, um das auffallende Sonnenlicht nicht nur diffus in alle Richtungen zu reflektieren, sondern auch noch spiegelnd an die Wand. Dabei wird das gespiegelte Licht vom Boden an die Wand geworfen und von dort wieder diffus in meine Augen bzw. auf den Chip der Kamera reflektiert.

Abb. 23.4 Der Fliesenboden reflektiert das auftreffende Licht sowohl diffus als auch spiegelnd. Durch die spiegelnde Reflexion fällt das Licht auf die Wand und lässt die Struktur des spiegelnden Fliesenbodens erkennen

Ein perfekter Spiegel, so wie wir ihn aus dem Badezimmer kennen, kann auftreffendes Licht nur spiegeln, also gemäß Einfallswinkel gleich Reflexionswinkel wieder ausstrahlen. Daher sieht man im Spiegel stets einen anderen Ausschnitt aus der Welt, wenn man sich vor ihm bewegt und dadurch einen anderen Standpunkt einnimmt. Ein an die Wand geworfenes und dort diffus reflektiertes Bild kann hingegen aus vielen Richtungen betrachtet werden, sodass man den Eindruck gewinnt, stets denselben Anblick vor Augen zu haben.

Der Fußboden ist offenbar gleichzeitig beides, er ist glatt (Spiegel) und matt (Projektionsfläche). Die (oberflächliche) Glätte ist dafür verantwortlich, dass das auftreffende Licht spiegelnd reflektiert wird, und zwar auf die senkrecht zum Boden orientierte Wand. Von dort wird es dann diffus reflektiert und als Projektion des Spiegelbilds gesehen.

Die beiden Abbilder auf dem Boden und auf der Wand unterscheiden sich in der Farbe. Auch daran ist zu erkennen, dass das an der Oberfläche des Fußbodens reflektierte weiße Sonnenlicht direkt an die Wand umgelenkt wird, ohne mit der Substanz der gelben Fliesen merklich in Wechselwirkung zu kommen. Von dem Anteil des weißen Lichts, der von den Fliesen absorbiert wird, wird nur dessen gelbe Komplementärfarbe wieder diffus ausgestrahlt. Jede Richtungsorientierung des einfallenden Lichts geht dabei verloren.

23.3 Schatten in mehreren Ebenen

Einen Doppelschatten der besonderen Art erlebte ich bei einem Spaziergang längs eines mit vertrockneten Schilfhalmen gesäumten Grabens. Dabei fiel mir auf, dass der Schatten zwischen dem Schilf und der dahinterliegenden Weide hin- und herpendelte, je nachdem, welche Projektionsfläche dominierte. In Abb. 23.5 ist eine Situation festgehalten, in der beim genauen Hinschauen beide Schatten gleichzeitig zu sehen sind. Ein dunkler „Kernschatten" wird von einem halb durchsichtigen wesentlich größeren helleren Schatten überlagert.

Abb. 23.5 Die Person wirft sowohl einen Schatten auf die Weide hinter dem Schilf als auch auf das Schilf. Ersterer ist intensiv schwarz und wegen der größeren Entfernung kleiner, während letzterer etwas aufgehellt erscheint und größer ist

Im Unterschied zu den normalen Doppelschatten, die alle auf eine wie auch immer hervorgerufene Verdopplung der Lichtquelle zurückzuführen sind, gibt es hier nur eine Lichtquelle. Aber in diesem Fall haben wir zwei hintereinander liegende Projektionswände, die Wiese im Hintergrund und den „Schilfvorhang" im Vordergrund. Da dieser bis auf die beschatteten Teile durchsichtig ist, hält sich die Abschattung der dahinterliegenden Wiese in Grenzen und macht es möglich, dass der Kopfschatten dort nahezu ungestört zu sehen ist.

Der durchlässige Schatten auf dem Schilf ist größer als der dunkle Schatten auf der Wiese, weil er näher beim Beobachter ist und sich der Unterschied in der perspektivischen Verkleinerung bemerkbar macht. Dies ist entscheidend für die Wahrnehmung des Phänomens. Würden die Schatten zusammenfallen, wäre von der auf den ersten Blick merkwürdig erscheinenden Dopplung nichts zu sehen.

23.4 Spiegelsonne und Spiegelschatten

Die interessantesten Schatten kann man bei tief stehender Sonne in Städten beobachten, wenn die spiegelnden Fensterfronten zu sekundären Lichtquellen werden und die kräftigen primären Schatten durch eine etwas herabgemilderte Variante von sekundären Schatten ergänzen. Auf dem Foto (Abb. 23.6) ist eine entsprechende Situation eingefangen. Neben den primären Schatten des von rechts einfallenden Sonnenlichts treten Schatten auf, die durch die Reflexion des Sonnenlichts in den Schaufensterscheiben hervorgerufen werden, und die Originalschatten fast senkrecht überkreuzen.

Gut zu sehen ist, dass die „Intensität" der Schatten in solchen Überlagerungsgebieten besonders hoch ist. Denn an diese Stellen gelangt weder direktes noch reflektiertes Sonnenlicht. Bemerkenswert ist weiterhin, dass die in der Mitte des Bildes stehende Person mit dem roten Hemd nicht nur zwei Schatten aufweist, sondern dass außerdem das Spiegelbild der Person, das links im Fenster zu sehen ist, einen Schatten wirft, der links vorne auf das Pflaster projiziert wird.

Um sich einen Überblick über das Gewirr von Schatten und gespiegelten Schatten zu verschaffen, wurden in Abb. 23.7 die Lichtwege skizziert, die zeigen, wie die unterschiedlichen spiegelnden Reflexionen zustande kommen.

Abb. 23.6 Der oben in der Mitte des Bildes stehende Mann mit dem roten Hemd wirft vier Schatten, von denen drei zu erkennen sind

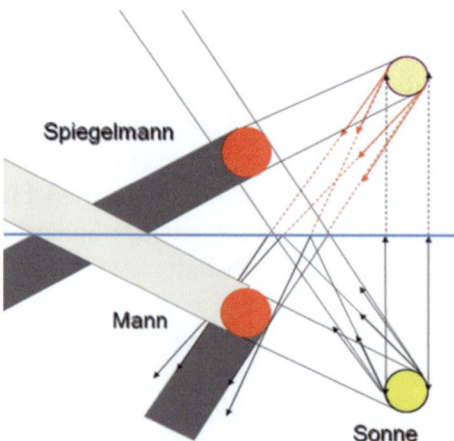

Abb. 23.7 Lichtwege, der von der Sonne ausgehenden und an der Schaufensterscheibe (blaue Gerade) reflektierten Lichtstrahlen. Die beiden roten Punkte kennzeichnen den vor dem Schaufester stehenden und in der Scheibe gespiegelten Mann

24
Schatten, Bild und Spiegelung

24.1 Zwei Abbilder

Wir haben bereits einige Beispiele gezeigt, in denen Schatten und Spiegelbild in einer Weise zusammenwirken, die nicht sofort zu durchschauen ist. Dabei ist die Eigenschaft mancher Medien entscheidend, Licht sowohl spiegelnd als auch diffus zu reflektieren. Dazu gehört auch die (möglichst) ruhige Oberfläche eines trüben Gewässers.

Wer macht sich schon Gedanken darüber, ob das weitgehend monochrome Abbild eines Baums, das sich hier umrisshaft auf einem Kanal abzeichnet, ein Spiegelbild oder einen Schatten darstellt (Abb. 24.1)? Spätestens wenn einem auffällt, dass der Baum zweifach abgebildet erscheint, wird die Situation fragwürdig. Wie man sich jedoch leicht klarmacht, hat man es mit einem Schatten und einem Spiegelbild zu tun. Den Unterschied zwischen beiden erkennt man in diesem Fall jedoch kaum am größeren Detailreichtum des Spiegelbildes. Denn wenn nicht gerade die von der Sonne beschienene Seite reflektiert wird, fällt das Spiegelbild ziemlich dunkel aus und erinnert eher an einen Schatten.

Wer jedoch mit den Besonderheiten der Reflexion vertraut ist, erkennt, dass das Spiegelbild in dem Maße in die „Spiegelwelt" des Wassers eingetaucht erscheint, wie sich das Original über dem Wasserspiegel erhebt. Demgegenüber glaubt man den Schatten *auf* der trüben Wasseroberfläche liegen zu sehen. Außerdem scheint sich das Spiegelbild mit dem Beobachter mitzubewegen, weil dem Reflexionsgesetz entsprechend ständig neue Ansichten des Baums ins Auge reflektiert werden. Im Unterschied dazu bleibt der Schatten (von der langsamen Bewegung der Sonne einmal abgesehen) an ein und derselben Stelle.

Abb. 24.1 Der vermeintliche „Schatten" im Vordergrund ist eine Spiegelung. Er sieht so dunkel aus, weil die Seite des Baums, die hier spiegelnd reflektiert wird, im Schatten liegt

24.2 Eine Spiegelwelt unter dem Fußboden

> Der Glanz hat viel mehr teil an der Farbe des Lichtes,
> das den glänzenden Körper beleuchtet,
> als an der Farbe des Körpers selbst,
> und der entsteht auf dichten Oberflächen
>
> Leonardo da Vinci

Unter einem (ebenen) Spiegel versteht man normalerweise einen Gegenstand, der selbst gar nicht zu sehen ist. Vielmehr sieht man in ihm eine Spiegelwelt, die „spiegelverkehrt" die vor dem Spiegel gelegenen Gegenstände täuschend echt reproduziert. Die Spiegelwelt entsteht dadurch, dass das von den Gegenständen ausgehende Licht gemäß „Einfallswinkel gleich Reflexionswinkel" zurückgeworfen wird. Da unser visuelles System von dieser Umlenkung des Lichts nichts „weiß", scheint es in geradliniger Verlängerung aus dem virtuellen Raum hinter dem Spiegel zu kommen.

24 Schatten, Bild und Spiegelung **257**

Eine diffuse Reflexion, wonach ein Teil des auffallenden Lichts mehr oder weniger stark absorbiert und das restliche (farbige) Licht diffus in alle Richtungen reflektiert wird, kommt bei einem normalen Spiegel nicht vor. Im Alltag gibt es demgegenüber zahlreiche Objekte, die das auffallende Licht zugleich diffus als auch spiegelnd reflektieren. Ohne diffuse Reflexion würden wir sie als solche gar nicht sehen. Sie bringen zahlreiche interessante und merkwürdige Phänomene hervor, die unsere an idealen Spiegeln geschulte physikalische Intuition häufig herausfordern.

Auf dem Düsseldorfer Flughafen sprach mich eine ältere Dame an, die sich an einem der Pfeiler abstützte (Abb. 24.2). Sie bat mich, sie zum Schalter zu geleiten, weil sie mit den Stufen des Bodens nicht zurechtkomme. Als sie sich dann bei mir einhakte und ich sie über die Spiegelwelt unterhalb des Fußbodens führte, kam ich fast selbst ins Stolpern. Denn dadurch, dass mir plötzlich die virtuelle Welt unter meinen Füßen wie eine tiefe Schlucht erschien, wurde ich trotz besseren Wissens für einen Moment unsicher.

Abb. 24.2 Der Fußboden ist völlig eben und mit gleichfarbigen Fliesen belegt, auch wenn es ganz anders aussieht

Beim vorliegenden Fußboden kann man genau erkennen, wie sich das Zusammenspiel von spiegelnder und diffuser Reflexion auswirkt. Helle Gegenstände – wie die Deckenbeleuchtung oder die rot schimmernde Fläche im Hintergrund links – machen sich als Spiegelungen bemerkbar; sie überstrahlen die diffuse Reflexion an den durch das Reflexionsgesetz gegebenen Stellen, sodass dort vom Fußboden selbst kaum etwas zu sehen ist.

Infolge der spiegelnden Reflexion des Lichts der weißen Deckenteile wird der Fußboden aufgehellt. Wie man sehr gut am Verlauf der Fliesenfugen erkennen kann, ist diese Aufhellung keineswegs durch hellere Fliesen bedingt. Nimmt man eine andere Beobachterposition ein, verschiebt sich diese Aufhellung entsprechend.

Da sich rein optisch gesehen gespiegelte Gegenstände genauso weit hinter dem Spiegel befinden wie die Originale davor, vermitteln die höheren Deckenteile den Eindruck einer größeren Tiefe in der Spiegelwelt unter dem Fußboden. Das war genau das Problem der älteren Dame, die – den Blick auf den Fußboden fixiert – Schwierigkeiten hatte, die vermeintlichen Stufungen und Tiefen als bloß virtuell zu erkennen.

Noch irritierender wirken die Fotos zweier Fußböden, bei denen es wohl nur durch die Wahl eindeutiger Punkte gelingt, sich durch das Labyrinth von echten und gespiegelten Elementen durchzulavieren (Abb. 24.3). Beim oberen Foto hilft es zum Beispiel sich klarzumachen, dass sich die goldenen Ringe der Säulen auf der Höhe des Fußbodens befinden und bei der im unteren Bild dargestellten Halle eines Flughafens findet man die Höhe des Fußbodens, indem man von der Mitte der halb realen und halb gespiegelten Fensterfront auf der linken Seite ausgeht.

24 Schatten, Bild und Spiegelung

Abb. 24.3 Die Täuschung durch die von diesen Fußböden ausgehenden Reflexionen sind nicht einfach zu durchschauen. Im obigen Bild geben die goldenen Ringe der Säulen die „Höhe" des wahren Fußbodens an, im unteren Bild liegt der wahre Fußboden auf halber Höhe der linken Fensterfront

24.3 Die Spiegelwelt und ihr Schatten

Dass ein glänzender Fußboden das Licht sowohl spiegelnd als auch diffus reflektiert, hat einige weitere interessante Konsequenzen. Schaut man sich Abb. 24.4 an, so erkennt man *zwei* Abbilder der Person auf dem Boden. Auf den ersten Blick ist man vielleicht geneigt zu glauben, zwei Schatten zu sehen. Jedenfalls haben beide Abbilder das typische strukturlose monochrome Aussehen von Schatten. Auf den zweiten Blick entdeckt man jedoch, dass eines der Abbilder das Spiegelbild der Person darstellt. Die Ähnlichkeit mit dem Schatten verdankt sich einzig der Tatsache, dass die gespiegelte Seite der Person bezüglich der Sonne als Lichtquelle im Schatten liegt und daher von dort nur das vergleichsweise spärliche Raumlicht reflektiert werden kann.

Was sind die Unterschiede zwischen Schatten und Spiegelbild? Anders als ein Schlagschatten, der flach auf dem Boden liegt, scheint ein Spiegelbild in den fiktiven Spiegelraum unterhalb des Bodens hineinzuragen. Der Schatten ist ein „Loch" in der Projektion des Lichts auf eine Fläche. Seine Position ist festgelegt durch die relative Lage von Schattengeber und Lichtquelle. Ein gegebenes Spiegelbild kann demgegenüber nur von einem bestimmten Punkt

Abb. 24.4 Links: Zwei Abbilder einer Person – Schatten und Spiegelung. Rechts: Schatten und Spiegelung fallen zusammen

Abb. 24.5 Während die Schatten der Pfeiler auf dem Boden liegen, ragen deren Spiegelbilder virtuell in die Spiegelwelt unter dem Boden hinein

aus gesehen werden. Verändert man seinen Blickwinkel gegenüber dem Spiegel, so verschiebt sich auch das Spiegelbild und zeigt eine andere Ansicht des gespiegelten Gegenstands.

Um den Unterschied zwischen Schatten und Spiegelbild präziser einschätzen zu können, betrachten wir statt der Person die Abbilder der senkrechten Elemente des Fensterrahmens (Abb. 24.5), die wegen ihrer konstanten Breite so etwas wie Invarianten darstellen. An der perspektivischen Verkürzung der Abbilder ist ihr Ursprung zu erkennen: Der Schatten scheint mit zunehmender Entfernung vom Beobachter schmaler zu werden. Da das Spiegelbild aber nicht auf dem Boden „liegt", sondern in die unter dem Boden gelegene Spiegelwelt hineinragt, entfernt es sich vom Beobachter und erscheint nach unten hin perspektivisch verkürzt.

Dass das Spiegelbild insgesamt einen kleineren Querschnitt als der Schatten der Rahmenelemente aufweist, ist darauf zurückzuführen, dass der Rahmen seitlich angestrahlt wird und daher für die Schattenprojektion ein größerer Querschnitt zum Tragen kommt, als es bei der frontalen Spiegelung des Rahmens der Fall ist.

Weil der Fußboden ein hybrides Objekt zwischen Projektions- und Spiegelfläche darstellt, wird das diffus reflektierte Licht vom spiegelnd reflektierten Licht überlagert. Dadurch erscheint er je nach den Intensitätsverhältnissen mehr oder weniger glänzend. Wenn die spiegelnde Reflexion z. B. aufgrund der Helligkeit des gespiegelten Objekts überwiegt und die Spiegelbilder als solche erkannt werden, scheint der Fußboden transparent für eine unter ihm liegende Spiegelwelt zu werden. Das ist insbesondere an den beschatteten Stellen der Fall. Denn weil dort kein Licht der dominierenden Lichtquelle hinkommt, wird die spiegelnde Reflexion der umgebenden Objekte kaum von störendem Streulicht überlagert. Auch dunkle Fliesen, die bereits aufgrund ihrer Beschaffenheit weniger Licht diffus reflektieren, stellen daher gute Bedingungen für eine Spiegelung dar.

Wer einmal wieder über einen spiegelnd reflektierenden Fußboden geht, sollte vielleicht kurz innehalten und die erstaunlichen Phänomene auf sich wirken lassen.

24.4 Fallende Tropfen und ihre Schatten

Sobald der Wasserstrom, der in einer Regenwasserrinne über den Rand fließt, eine gewisse Schwelle unterschreitet, wird das Wasser nur noch in Form von Tropfen abgegeben.

Eine solche Folge von Wassertropfen (Abb. 24.6) wird von der Sonne beleuchtet, wodurch auf der kurz dahinter befindlichen Wand Schatten dieser Tropfen projiziert werden. Man fragt sich angesichts dieses Phänomens vielleicht, wieso durchsichtige Tropfen Schatten hervorrufen. Zwar ist Wasser weitgehend transparent, aber durch die Kugelform der Tropfen werden diese

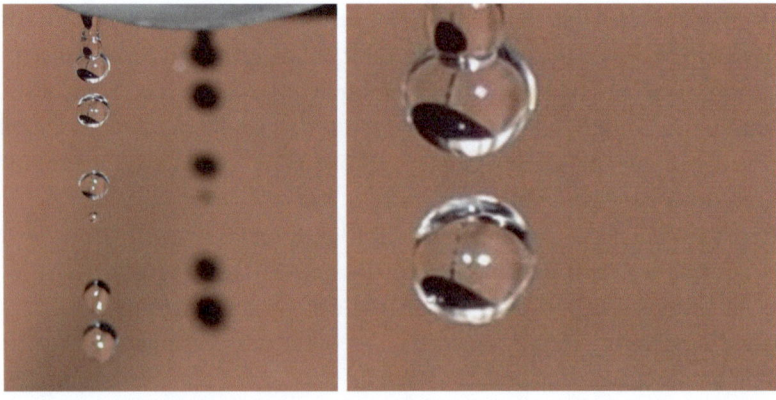

Abb. 24.6 Links: Transparente Wassertropfen werfen einen Schatten. Rechts: In der Ausschnittvergrößerung erkennt man, dass die Tropfen ihre eigenen Schatten abbilden. (Foto: Gerhard Mehler)

optisch gesehen zu Linsen, die das einfallende Licht brechen. Dabei werden die Lichtstrahlen der Brennweite dieser Kugellinsen entsprechend kurz hinter den Tropfen fokussiert. Befände sich dort eine Projektionsfläche, so würde man auf ihr helle Brennflecken sehen. In weiterer Entfernung von den Tropfen laufen die Strahlen wieder auseinander, sodass dahinter ein Schattenraum entsteht, der sich als dunkler Kreis an der Wand bemerkbar macht. Der Tropfen blendet also an dieser Stelle das Sonnenlicht aus und verteilt es über eine größere Fläche. Das Licht wird dabei so stark verdünnt, dass man von ihm nichts mehr sieht.

Schaut man sich die Tropfen genauer an, so fallen weiterhin zwei spiegelnde Reflexionen der Sonne auf – eine an der zum Beobachter gerichteten Vorderseite und eine an der inneren Grenzfläche der Rückseite.

Außerdem bildet jeder Tropfen wie eine Sammellinse die Umgebung ab. Zu sehen ist jeweils ein runder dunkler Fleck mit einer Kette winziger dunkler Perlen (Abb. 24.6 rechts). Darin erkennt man die Schatten der Unterseite der Rinne sowie teilweise der Kette der fallenden Tropfen selbst – alles kopfstehend, da sich die abgebildeten Objekte außerhalb der Brennweite der Tropfenlinse befinden.

24.5 Eine Hand als Reflektor

Manchmal gerät man bei profaner handwerklicher Tätigkeit in künstlerische Gefilde, die auf den ersten Blick (Abb. 24.7) abwegig erscheinen. Als ich eine Außenleuchte am Haus reparierte und zufällig mit der Hand in die Sonnenstahlen geriet, wurden die Leuchte und sogar ein Teil der Wand erstaunlich stark aufgehellt. Die Innenhand wirkte also wie ein Reflektor, der das diffus reflektierte Sonnenlicht auf den im Schatten liegenden Bereich lenkte.

Abb. 24.7 Die flache Hand (links) reflektiert das Sonnenlicht auf die Lampe, die vorher (rechts) im Schatten lag

Das erinnerte mich an eindrucksvolle Bilder von Georges de La Tour. Beispielsweise ist auf dem Bild „Das Neugeborene" eine ähnliche Szenerie malerisch dargestellt und zu einer einzigartigen „Lichtinstallation" gestaltet worden. Obwohl die Intensität des Kerzenlichts um Größenordnungen kleiner ist als die des Sonnenlichts, sind die Situationen vergleichbar. Als primäre Lichtquelle hätte de La Tour die Kerzenflamme viel heller malen müssen als das beleuchtete Neugeborene, das ebenso wie die anderen Personen unter fotografischem Aspekt nur noch sehr düster und schattenhaft gewirkt hätte, und daher nicht zur Geltung gekommen wäre. Indem er die Kerzenflamme durch eine Hand verdeckt und dadurch einen Teil des Lichts zusätzlich auf das Kind lenkt, wird nicht nur das Kind zusätzlich erhellt, sondern das unlösbare Problem, die Kerzenflamme noch heller zu malen, auf elegante Weise aus dem Weg geräumt.

Bei so viel Licht wird es dem Künstler außerdem möglich, deutliche Abstufungen in der Helligkeit und damit einen räumlichen Eindruck von den Körperformen zu vermitteln sowie die Farben der Kleidung zu differenzieren. Das Gemälde erzählt auf diese Weise eine zweite Geschichte, in der die Personen dem Maler Gelegenheit bieten, das faszinierende Wechselspiel von Licht und Schatten zu inszenieren.

Den Fotos sind weitere optische Effekte zu entnehmen (Abb. 24.7). Die Glühlampe reflektiert u. a. den Himmel spiegelnd, und zwar gleich zweimal, nämlich auf der vorderen äußeren und hinteren inneren Oberfläche. Und da die Lampe nahezu Kugelform hat, ist – im Idealfall – auch gleich der ganze Himmel gespiegelt zu sehen. Dabei ist zumindest schemenhaft zu erkennen, dass der Himmel zum Horizont hin heller ist als im Zenit. Im linken Foto dominieren die beiden Spiegelbilder der Hand.

25

Spiegelnde Reflexionen

25.1 Mobile Schönheiten bei Licht besehen

Glänzend lackierte und blitzblank polierte Autos gehören zum Straßenbild unserer Zeit. Doch wer macht sich schon klar, dass der Glanz nichts anderes ist als ein aus zahlreichen Spiegelungen zusammengesetztes Muster. Die gewohnten Ansichten der jeweiligen Umgebung werden den Krümmungen der Oberflächen entsprechend in kreativer Weise umgestaltet und zum flüchtigen Bestandteil der Fahrzeuge. Ganze Partien einer Autokarosserie nehmen die Farbe und die mehr oder weniger stark verformte Struktur der auf diese Weise abgebildeten Umgebung an.

Die Farbe des von außen einfallenden Lichts kann so intensiv sein, dass die Farbe des Lacks kaum noch zu erkennen ist. So handelt es sich bei dem vorderen Fahrzeug in Abb. 25.1 nicht etwa um eine blaue, sondern um eine schwarze Karosserie. Das Blau ist nichts als der gespiegelte Himmel, wie er auch in den reflektierten Fenstern zu sehen ist.

Schwarze glatte Oberflächen spiegeln das Licht besonders gut. Denn Körperfarben von Gegenständen entstehen dadurch, dass sie einen Teil des auftreffenden weißen Lichts absorbieren und die Komplementärfarbe, die dann den Farbeindruck hervorruft, diffus reflektieren. Daher wird das spiegelnd reflektierte Licht vom diffus reflektierten Licht überlagert. Weil schwarze Flächen nur sehr wenig Licht diffus reflektieren, wird das spiegelnd reflektierte Licht kaum „verwässert".

Konvexe, also nach außen gewölbte spiegelnde Oberflächen, bilden die Gegenstände abgesehen von einer je nach Art und Stärke der Krümmung be-

Abb. 25.1 Im Unterschied zur schwarzen Karosserie im Vordergrund zeigt die Karosserie mit der hellen Farbe im Hintergrund wegen des von der hellen Eigenfarbe diffus reflektierten Lichts eine deutliche Verwässerung der Farben

Abb. 25.2 Der Wechsel der Krümmungsarten in den Karosserien führt zu unterschiedlichen Zerrbildern, je nachdem, ob die Krümmung konkav oder konvex ist. Man erkennt mehrere Spiegelungen

dingten Verzerrung und Verkleinerung wie ein gewohnter ebener Spiegel „spiegelverkehrt" ab (Abb. 25.2 links). Das heißt, vorne und hinten werden vertauscht. Die durch einen Wölbspiegel hervorgebrachten Bilder verhalten sich entsprechend. Manche Karosserieteile zeigen aber auch auf dem Kopf stehende Bilder (Abb. 25.2 rechts). Diese sind auf konkave, also nach innen gewölbte Bereiche, zurückzuführen und entsprechen denen eines Hohlspiegels außerhalb der einfachen Brennweite.

Die Übergänge zwischen den Krümmungsarten führen zu ungewohnten Phänomenen. Wenn man vor einer entsprechend geformten Karosserie steht, und das eigene Spiegelbild in den Blick nimmt, kann man ähnlich wie in den Zerrspiegeln im Science Center durch behutsame Bewegungen beispielsweise aus seinem aufrecht gespiegelten Kopf einen zweiten umgedrehten Spiegelkopf herauswachsen lassen.

Die Spiegelungen von Karosserien sind dann besonders lichtstark und deutlich, wenn die Fahrzeuge im Schatten stehen, die abgebildete Umgebung aber hell beleuchtet ist. Mit der „Übernahme" von Farben und Mustern aus der Umgebung passt sich ein Auto mit jedem Ortswechsel wie ein Chamäleon den veränderten Farben der Umgebung an. Mit naturgesetzlicher Notwendigkeit erfindet sich das Auto zumindest optisch immer wieder neu, und unter dieser Perspektive erscheint es einigermaßen erstaunlich, dass der Autofahrer sein Gefährt auch unter extremen Farbveränderungen stets wiedererkennt.

25.2 Die Karosserie als Projektionswand und Spiegel

Bereits in der Schule lernt man, dass ein Spiegel keinen Schatten „auffängt". Das hieße nämlich, dass das auffallende Licht diffus in alle Richtungen reflektiert würde. Aber ein Spiegel reflektiert das Licht spiegelnd. Für die meisten glatten Flächen im Alltag gilt dies allerdings nicht. Eine Autokarosserie vermag beides, sie reflektiert das Licht sowohl spiegelnd wie auch diffus.

Das sieht man beispielsweise in Abb. 25.3 an dem großen Abbild des Kopfes des Fotografen. Es ist kein Spiegelbild, sondern ein Schatten, der dadurch entsteht, dass der Kopf das einfallende Sonnenlicht blockiert. Von dieser Stelle aus kann kein Sonnenlicht reflektiert werden. Das Bild ist daher dunkel. Lediglich die Tatsache, dass die Karosserie außerdem vom allseitigen Himmelslicht beleuchtet wird, verleiht dem Schatten einen leichten Blauschimmer.

Innerhalb dieses Kopfschattenbereichs ist das Spiegelbild des Fotografen zu sehen, das zwangsläufig ziemlich dunkel und monochrom erscheint, weil er im Schatten von keinem Sonnenlicht beleuchtet wird und daher kaum strukturiert erscheint.

Während der Schatten etwa genauso groß ist wie der Kopf, ist das Spiegelbild wesentlich kleiner. In einem ebenen Spiegel ist das Spiegelbild halb so groß wie der Schatten des Originals. Das ergibt sich aus der Tatsache, dass das Spiegelbild genauso weit hinter dem Spiegel virtuell zu verorten ist wie das

Abb. 25.3 Die Abbildungen des Fotografen auf der Autokarosserie zeigen, dass diese sowohl spiegelnd als auch diffus reflektiert

Original real davor und der Spiegel genau auf halber Strecke zwischen beiden liegt. Hinzu kommt eine zusätzliche Verkleinerung, weil die Karosserie gerade im abgebildeten Bereich nicht eben, sondern konvex gewölbt ist und daher wie ein (verkleinernder) Wölbspiegel wirkt.

Bei genauerem Hinsehen erkennt man direkt oberhalb des Kopfschattens schemenhaft eine zweite, zusammengestauchte und auf dem Kopf stehende Spiegelung des Fotografen. Auch wenn man die „Topografie" der spiegelnden Karosserie nicht direkt wahrnehmen kann, lässt sich aus der Umkehrung der Abbildung schließen, dass das Blech hier konkav geformt sein muss. Die Wirkung ähnelt der eines Hohlspiegels, bei dem der abgebildete Gegenstand außerhalb der einfachen Brennweite liegt. Oberhalb dieser Hohlspiegelabbildung ist die Karosserie wiederum leicht konvex, aber in anderer Neigung als im unteren Bereich. Deshalb wird die Person hier teilweise noch einmal aufrechtstehend spiegelnd reflektiert, wobei der Kopf nicht mehr aufs Bild kam.

25.3 Wozu sind diese Spiegel zu gebrauchen?

Vor einiger Zeit stand ich vor dem Schaufenster eines Einrichtungsgeschäfts, in dem Objekte zur Badezimmerausstattung ausgestellt waren. Mich beeindruckten besonders einige Spiegel. Sie spiegelten mich und die Umgebung zwar perfekt, aber auf dem Kopf stehend (Abb. 25.4). Der Sinn dieser merkwürdigen Spiegel erschloss sich mir nicht sofort und ich war kurz davor im Geschäft zu fragen, wofür diese Spiegel gedacht seien.

Zum Glück fiel mir noch rechtzeitig ein, dass es sich bei vergrößernden Schminkspiegeln um Hohlspiegel handelt. Hohlspiegel bilden die Umgebung unterschiedlich ab, je nachdem, ob der abzubildende Gegenstand sich in der Nähe befindet (innerhalb der einfachen Brennweite des Spiegels) oder weiter entfernt ist (außerhalb der Brennweite des Spiegels). In der Nähe sieht man im Spiegel normalerweise ein vergrößertes Bild des eigenen Gesichts. Die Vergrößerung wird umso stärker, je weiter man den Spiegel von sich hält und wenn man ihn über die Armlänge hinaus entfernt, dreht sich das Bild um 180° und erscheint auf dem Kopf stehend. Diese Situation erlebt man bei normaler Benutzung des Spiegels gar nicht, weil man kaum auf die Idee kommt, derartige Verrenkungen zu unternehmen.

Beim Betrachten der Spiegel im Schaufenster war der Abstand zu den Spiegeln von vornherein so groß, dass man gar keine Chance hatte, sein Gesicht genügend weit anzunähern, damit es sich innerhalb der einfachen Brennweite befand, um von der Vergrößerungswirkung profitieren zu können.

Abb. 25.4 Von außen durch das Schaufenster gesehen, bilden Schminkspiegel die Gegenstände kopfstehend ab

25.4 Kugelleuchte mit schwebender Lichtkugel

Ich wartete bei bereits eintretender Dämmerung auf eine Person. Sie ließ mich warten. Zum Glück, muss ich im Nachhinein sagen, denn nach Einschalten einer vor mir befindlichen Leuchte erlebte ich ein eindrucksvolles Alltagsphänomen. Während ich nämlich um die kugelförmige Leuchte herumging, schien es in ihrem Inneren lebendig zu werden: Denn oberhalb der matten Lampe (Abb. 25.5) bewegte sich im Rhythmus meines Schritts eine Art leuchtendes Plasma auf und ab (Abb. 25.5 links). Da mir zu diesem Vorgang vorerst keine plausible Erklärung einfiel, musste ich mit meiner Verblüffung vorliebnehmen.

Nachdem ich mir klargemacht hatte, dass hier eine gläserne Kugel von innen beleuchtet wurde, und zwar von einer Lampe, die sich kurz unterhalb des Kugelmittelpunkts befand, konnte die vermeintliche Plasmakugel kurz oberhalb des Kugelmittelpunks nur das reelle, dreidimensionale und daher von einem realen Gegenstand kaum zu unterscheidende Abbild der hellen Lampe sein. Die Glaskugel fungierte als kugelförmiger Hohlspiegel mit der besonderen Eigenschaft, transparent und damit für das Geschehen im Inneren durchsichtig zu sein.

Abb. 25.5 Links: Über der realen Lampe scheint eine Lichtkugel zu schweben. Es ist aber nur die reelle Abbildung der leuchtenden Lampe darunter. Rechts: Dieselbe Lampe bei Tage: Die reelle Abbildung ist wegen mangelnder Intensitätsunterschiede so gut wie nicht zu sehen

Auch wenn das meiste Licht durch die transparente Leuchte hindurch verloren geht, reicht die Intensität aus, das reelle Bild der Lampe sichtbar werden zu lassen. Dem kommt zugute, dass in der geschilderten Situation wegen der weitgehenden Dunkelheit kein Streulicht der Umgebung stört. Die periodischen Größenschwankungen des leuchtenden Spiegelbilds während des Gehens sind vor allem auf die damit verbundenen leichten Höhenänderung der Augen bzw. der Kamera zurückzuführen.

Eine schematische Darstellung der Lichtwege in Abb. 25.6 gilt für eine durch den Pfeil gekennzeichnete Blickrichtung. Dies entspricht in etwa der in den Fotos dargestellten Situation.

Die trotz des alltäglichen Kontextes zunächst als sehr merkwürdig und ungewöhnlich erlebte abendliche Begegnung mit der Kugelleuchte legte die Vermutung nahe, dass ähnliche Phänomene auch bei transparenten Glühlampen zu beobachten sein müssten, da der Glaskolben selbst eine spiegelnde Kugel darstellt. Dies lässt sich leicht bestätigen (Abb. 25.7 links). Inzwischen gibt es in Restaurants und anderen Einrichtungen transparente Kugelleuchten, in denen das reelle Spiegelbild der Filamente als ästhetisches Beleuchtungselement bewusst mit eingeplant ist (Abb. 25.7 rechts).

Mit kugelförmigen Trinkgläsern oder anderen transparenten Gefäßen lässt sich dieses Phänomen leicht nachstellen. Positioniert man die Flamme eines Teelichts etwas unterhalb des Zentrums in ein kugelförmiges Glas, z. B. ein größeres Rotweinglas, so kann man auch hier dreidimensionale Abbildungen der Kerzenflamme und eines Teils der hell erleuchteten Kerze hervorrufen.

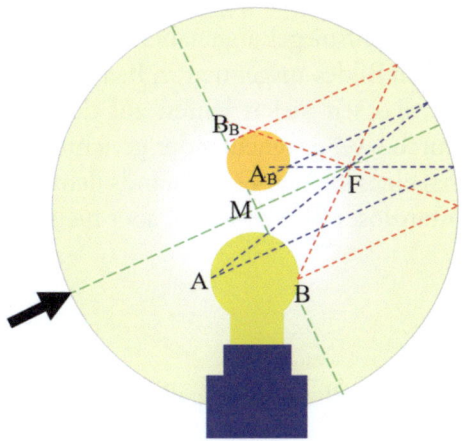

Abb. 25.6 Schematische Darstellung des Zustandekommens eines reellen Bildes. Für einen Beobachter, der etwa aus Pfeilrichtung auf die Leuchte blickt, landen die Lichtpunkte A und B an den Stellen A_B und B_B. M Mittelpunkt der Kugel, F Brennpunkt

Abb. 25.7 Links: In manchen Restaurants und anderen Einrichtungen befinden sich in Kugelleuchten untergebrachte Lampen mit einem komplexen Filament, das auch als reelles Bild zu sehen ist. Rechts: Auch unsere alten transparenten Glühlampen zeigen ein reelles Bild des Filaments. Dabei fungiert der Kolben der Lampe als Hohlspiegel

Das Bild ist spiegelverkehrt und steht auf dem Kopf. Neigt sich die Kerzenflamme etwas nach rechts, weicht die Bildflamme entsprechend etwas nach links aus. Solche Details konnte man aus Symmetriegründen bei der Kugelleuchte nicht sehen. Zum Glück, denn erst ohne diese verräterischen Hinweise wurde das Phänomen zum spannenden Rätsel.

Von räumlichen Bildern geht eine große Faszination aus, die man auch in Science Centern in Form von entsprechenden Phänobjekten antrifft. Zum Beispiel werden Hohlspiegel in einer Wandnische so arrangiert, dass einem das reelle also dreidimensionale Bild der eigenen Hand in dem Maße entgegenkommt, wie diese dem Hohlspiegel angenähert wird. Aber auch als Spielzeug wird der Effekt des reellen Bildes ausgenutzt, z. B. als „Zauberspiegel" oder „Mirage", ein Phänobjekt, das seit vielen Jahren auf dem Markt ist (Ucke et al. (2011)). Hier wird durch zwei gegeneinander gerichtete Hohlspiegel dafür gesorgt, dass das Original eines kleinen Gegenstands dem direkten Blick entzogen wird und nur als substanzloses Bild zu sehen, aber nicht zu ertasten ist.

Literatur

Ucke, Chr. et al. (2011). Spiel, Physik und Spaß. Weinheim: Wiley-VCH, S. 114.

26

Farbige Schatten

26.1 Blauer Schatten bei Sonnenuntergang

Eine weiße Wand zeichnet sich dadurch aus, dass sie unabhängig von der Wellenlänge das auftreffende sichtbare Licht nahezu unverändert wieder ausstrahlt. An einem strahlenden Sonnentag ist der Schatten auf einer solchen Wand blau. Denn da das Sonnenlicht durch den Schattengeber ausgeblendet wird, gelangt nur das Himmelslicht bzw. Tageslicht in den Schattenbereich und wird von dort in unsere Augen reflektiert. Ein ähnliches Phänomen kennt man vom Schnee, der bei Sonnenschein in beschatteten Bereichen ebenfalls eine Blautönung annimmt (Abb. 26.2).

Die weiß getünchten Steinsäulen werden einerseits vom direkten Sonnenlicht angestrahlt, das schräg von rechts einfällt und die Säulen in strahlendem Weiß erscheinen lässt (Abb. 26.1 links). Im Schatten, also dort, wo kein Sonnenlicht hinkommt, ist es nicht völlig dunkel. Dort sorgt unsere indirekte Beleuchtung des Tageslichts für eine der geringeren Intensität entsprechende bläuliche Aufhellung.

Interessanterweise verhält sich die hier abgebildete Natursteinwand ähnlich (Abb. 26.1 rechts). Im vorliegenden Fall erscheint der blaue Schatten besonders intensiv, weil die Wand durch das rötliche Licht der untergehenden Sonne bestrahlt wird. Wegen der chromatischen Adaptation (siehe Abschn. 39.2 und 39.3) erscheint sie weniger rot, als sie es aufgrund des roten Sonnenlichts „tatsächlich" ist. Das macht sich umgekehrt in einer Verstärkung des Himmelblaus im Schattenbereich bemerkbar (Abb. 26.1 und 26.2).

Abb. 26.1 Dort, wo das Sonnenlicht ausblendet wird, dominiert das bläuliche Himmelslicht und lässt den jeweils beschatteten Bereich bläulich erscheinen

Abb. 26.2 Der im Schatten liegende Schnee ist blau, weil er vom blauen Himmelslicht beleuchtet wird

Die Kamera sorgt mit dem sogenannten Weißabgleichs dafür, dass die Fotos auch farblich der natürlichen Wahrnehmung entsprechen.

26.2 Farbige Doppelschatten am Abend

Am frühen Abend am Schreibtisch sitzend betrachte ich eine glänzende Perle vor mir. Dass sie dort liegt, wird mir erst bewusst, als ich die Schreibtischleuchte anschalte. Ab diesem Moment schmückt sich die unscheinbare Perle nämlich mit zwei voneinander getrennten Schatten (Abb. 26.3). Dort, wo die Kugel das durch das Fenster einfallende Tageslicht ausblendet, kommt nur

Abb. 26.3 Wie man auch an den direkten Reflexionen auf der glatten Perle sehen kann, liegt sie vor einem Fenster und unter einer Lampe. Diesen beiden Lichtquellen entsprechend entstehen zwei Schatten, die von der jeweils anderen Lichtquelle erhellt werden. In den Schatten bezüglich der Lampe leuchtet das blaue Himmelslicht, während der Schatten bezüglich des Fensters vom orangefarbenen Licht der Lampe ausgeleuchtet wird

das gelbliche Licht der Glühlampe der Schreibtischleuchte hin. Deshalb nimmt dieser Schatten eine entsprechende Farbe an. Der Schattenbereich bezüglich des gelben Lichts der Leuchte wird hingegen vom bläulichen Himmelslicht erhellt. Beide Lichtquellen werden zudem von der Kugel spiegelnd reflektiert, was an einem weißen und gelben Fleck auf der Kugel zu erkennen ist. (Da das Himmelslicht im Vergleich zum Licht der Lampe wesentlich intensiver ist, wird das Blau in der Reflexion auf der Kugel weitgehend überstrahlt und erscheint nahezu weiß.) Da die Farben der beiden Schatten komplementär zueinander sind, absorbieren sie sich gegenseitig in dem kleinen Bereich, in dem sie sich überlappen, und der Schatten erscheint dort schwarz (subtraktive Farbmischung).

Solche farbigen Schatten kann man auch im Alltag finden. Wenn bei Dämmerung die Straßenbeleuchtung eingeschaltet wird, kann es vorkommen, dass neben einem bläulichen Schatten (ausgeblendetes Kunstlicht) auch noch ein je nach Lampentyp meist gelblicher Schatten (ausgeblendetes Tageslicht) zu sehen ist.

So seltsam diese Farben auch anmuten, es kann nicht anders sein. Denn dort, wo das Tageslicht nicht hinkommt, wird die Unterlage nur vom Kunstlicht beleuchtet, und wo das Kunstlicht ausgeblendet wird, dominiert das Tageslicht. Irritierend ist jedoch erstens, dass man normalerweise – d. h. wenn nur jeweils eine Lichtquelle leuchtet – weder dem reinen Tageslicht ansieht, dass die blaue Farbe dominiert, noch dem Lampenlicht, dass die Gelborangetöne überwiegen.

Ursache dafür ist abermals die chromatische Adaptation, wodurch die überwiegende Farbe jeweils als „weiß" wahrgenommen wird. Das hat zum Beispiel die praktische Konsequenz, dass wir eine im Schatten liegende weiß gestrichene Wand eines Gebäudes auch als weiß wahrnehmen, obwohl sie das blaue Licht des Himmels reflektiert. Dies sorgt dann für den enttäuschenden „Blaustich" auf Urlaubsfotos von weiß getünchten Häusern im Süden.

Heutige Digitalkameras tragen derartigen Adaptationen des Auges zumindest in Standardsituationen durch einen entsprechenden Weißabgleich Rechnung. Unter dem Blätterdach von Bäumen aufgenommenen Fotos ist dann das grüne Umgebungslicht ebenso wenig anzusehen wie das blaue Himmelslicht an weißen Wänden.

Gelegentlich versagt aber ein derartiger physiologischer oder technischer Weißabgleich. Sind mehrere Beleuchtungsfarben gleichzeitig und mit vergleichbarer Intensität im Spiel, können sie das Täuschungsmanöver der chromatischen Adaption aushebeln (siehe Abschn. 39.3).

26.3 Die hellen Schatten der Dunkelheit

Die Überschrift klingt etwas poetisch, ist aber durchaus physikalisch gemeint, und zwar in der folgenden Hinsicht: Die deutlichsten Schatten werden von den kleinsten Lichtquellen, idealerweise von einer Punktlichtquelle hervorgerufen. Eine kleine Glühlampe entwirft einen wesentlich schärferen Schatten als beispielsweise eine größere Kugelleuchte. Und im Lichte einer Leuchtstoffröhre findet man nur noch schemenhafte Andeutungen eines Schattens.

Da sich Licht und Schatten in zahlreichen Zusammenhängen komplementär zueinander verhalten ebenso wie Wärme und Kälte, könnte man auf die Idee kommen, dass ein dunkler Punkt in einer hellen Umgebung einen hellen „Schatten" erzeugt. Um das zu überprüfen, bräuchte man eine sehr ausgedehnte Lichtquelle und einen sehr dunklen Punkt. Beides ist nicht so leicht verfügbar. Als Kompromiss wählen wir eine Leuchtstoffröhre, die zwar nur in einer Dimension eine ausgedehnte Lichtquelle darstellt. Sie liefert aber zumindest andeutungsweise das gewünschte Ergebnis.

Als schwarzen Punkt habe ich einen Streifen schwarzen Isolierbands auf die Leuchtstoffröhre geklebt und in einer von keiner anderen Lichtquelle erleuchteten Umgebung vor einer Leinwand meine Hand in den Dunkelheitskegel der „Dunkelheitsquelle" gehalten (in Abb. 26.4). Darunter erkennt man zumindest schemenhaft so etwas wie einen helleren „Schatten". Der etwas magere Versuchsausgang leidet nicht nur an der Beschränkung, dass die

Abb. 26.4 Deckt man eine Leuchtstofflampe mit einem schmalen dunklen Streifen an einer Stelle ab, so entsteht dadurch eine gewisse Verdunklung. Von einem Schattengeber, z. B. der Hand, wird in diesem verdunkelten Bereich so etwas wie ein weißer Schatten hervorgerufen

Ausgedehntheit der Lichtquelle nur in einer Dimension realisiert ist, sondern auch daran, dass Dunkelheit nicht wie Licht im Prinzip beliebig verstärkt werden kann. Hier zeigt sich, dass die Komplementarität nicht vollständig ist.

27

Licht im Schatten

27.1 Abgeschnürte Schatten

Ich sitze auf der Terrasse und genieße den Sonnenschein. Dabei fällt mein Blick auf den Trinkhalm, der in der Tasse mit stillem Wasser steht. Es ist sicherlich nicht das erste Mal, aber diesmal fällt mir auf, dass der Schatten des Halms in der Tasse in zwei Teile zerfällt. Beide Teile verjüngen sich an der Trennstelle zwischen Luft und Flüssigkeit und sind dort von hellen Brennlinien, einer Kaustik, umgeben (Abb. 27.1).

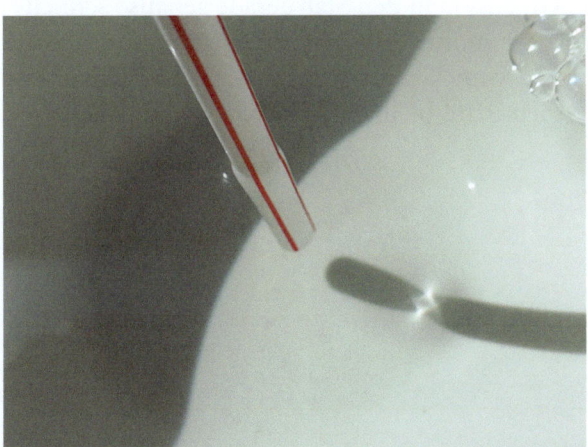

Abb. 27.1 Der Schatten eines in Wasser getauchten Strohhalms auf dem Boden eines Behälters zerfällt in zwei Teile, die durch eine charakteristische Kaustik getrennt sind

Es ist schnell herauszufinden, dass die Schattentrennung und die damit verbundene Aufhellung ihren Ursprung genau an der Stelle haben, an der der Trinkhalm die Wasseroberfläche durchstößt. Dort wird nämlich das Wasser ein wenig am leicht benetzbaren Halm hochgezogen, sodass dieser von einer Wasserkehle, einem sogenannten Meniskus mit einem konkaven Profil, umgeben ist.

An diesem rundum laufenden Wasserwall werden die einfallenden weitgehend parallelen Lichtstrahlen unter einem anderen Winkel in die Flüssigkeit hineingebrochen als an der ebenen Wasseroberfläche. Je stärker der Einfallswinkel am Meniskus von dem auf der ebenen Wasseroberfläche abweicht, desto weiter wird das Licht unter Wasser in den Bereich abgelenkt, der normalerweise im Schatten liegen würde. Demnach beobachtet man eine entsprechende Einschnürung des Schattens. Und da es so aussieht, als würden sich die beiden Schattenenden ähnlich wie Wurstenden verjüngen, wird dieses seit Langem bekannte Phänomen auch als Shadow-Sausage-Effekt bezeichnet (Adler 1967). Außerdem kommt es wegen der Überlagerung von Lichtstrahlen in diesem Bereich zu charakteristischen Brennlinien.

Die weiteren Experimente wurden der Deutlichkeit wegen mit einem Holzstab mit guten Benetzungseigenschaften fortgesetzt (Abb. 27.2 oben). Ob wirklich das Wasser, das sich um den Stab konkav aufwölbt, für das Phänomen verantwortlich gemacht werden kann, ist leicht herausfinden. Wenn man nämlich den Meniskus zum Verschwinden bringt, gibt es nur einen durchgehenden Schatten und keine Brennlinien. Das ist zum Beispiel dadurch zu erreichen, dass man den Stab gerade genauso schnell aus dem Wasser zieht, wie das Wasser an ihm aufsteigt. Alternativ könnte man sich einen Stab besorgen, der nicht vom Wasser benetzt wird. Manche Kunststoffstäbe sind dazu geeignet. Auch dann bleibt der Shadow-Sausage-Effekt aus.

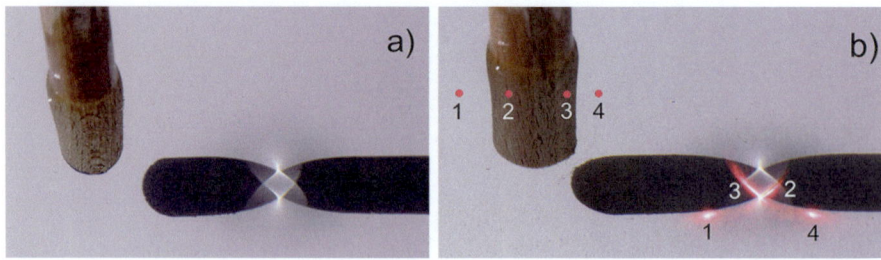

Abb. 27.2 Links: Die Form der Kaustik ist an der Einschnürungsstelle des Schattens deutlich zu erkennen. Rechts: Mit einem Laserstrahl, der aus derselben Richtung kommt wie das weiße Licht, wird der Meniskus an vier Stellen abgetastet. Die Auftreffpunkte am Boden werden mit denselben Ziffern 1 bis 4 gekennzeichnet

Um einen genaueren Eindruck davon zu gewinnen, wie die Lichtstrahlen vom Meniskus abgelenkt werden und wo das abgelenkte Licht landet, haben wir ein kleines Experiment durchgeführt. Der Meniskus am senkrecht ins Wasser getauchten Holzstab wurde mit einer nahezu punktförmigen Lichtquelle unter einem Winkel von ca. 50° beleuchtet. Dazu benutzten wir eine helle LED-Taschenlampe, von der die Linse abgeschraubt wurde (Abb. 27.2).

Mit dem Strahl eines Laserpointers, dessen Einfallsrichtung mit der des zugleich einfallenden weißen Lichts übereinstimmte, wurde anschließend der Meniskus abgetastet. Dafür wählten wir für die Ablenkung des Lichts charakteristische Punkte aus, die den dort gebrochenen Strahlen des weißen Lichts entsprechen. Vier solcher mit 1 bis 4 gekennzeichneter Punkte sind in Abb. 27.2 rechts dargestellt. Sie wurden so gewählt, dass sie am Rand einer Seite des Meniskus liegen.

Der Anstieg der Wasseroberfläche ist am Punkt 1 noch so klein, dass sich die durch die Brechung geänderte Richtung des Lichtstrahls nur wenig von der Richtung unterscheidet, in die ein Lichtstrahl auf der ebenen Wasseroberfläche abgelenkt wird. Dementsprechend landen die Strahlen an der Stelle auf dem Boden des Behälters, an der die Einschnürung des Stabschatten gerade beginnt. Für die Punkte 2 und 3 wurden Stellen gewählt, an denen die Steigung des Meniskus bereits so groß ist, dass der Lichtstrahl etwa in der Mitte der Einschnürung des Schattens landet (Suhr et al. 2023).

Man kann sich leicht vorstellen, dass alle weiteren Strahlen zwischen diesen beiden Extremen an einer Stelle dazwischen auf der gekrümmten Brennlinie auftreffen. Die große Leuchtdichte in den beiden hellen Kreuzungspunkten kann man sich dadurch entstanden denken, dass sich an dieser Stelle sehr viele solcher Linien fächerartig überlagern. Aus Symmetriegründen passiert auf der gegenüberliegenden Seite des Stabs Entsprechendes, sodass es insgesamt zu der beobachteten Struktur der feinen Kaustik kommt. Durch die Änderung des Einfallswinkels des Lichts oder der Neigung des Stabs ändern sich natürlich die Schattenlinien und die Form der Kaustik.

27.2 Ein Ball mit drei Unterwasserschatten

Der Effekt ist weniger künstlich und häufiger zu beobachten, als man denkt. Wenn bei Sonnenschein auf einem flachen Gewässer Blätter driften und ein wenig ins Wasser eintauchen oder ein Ast aus dem Wasser herausragt, so kann man mit etwas Glück die Schattenprojektion auf dem Boden von filigranen Kaustiken durchwirkt zu Gesicht bekommen.

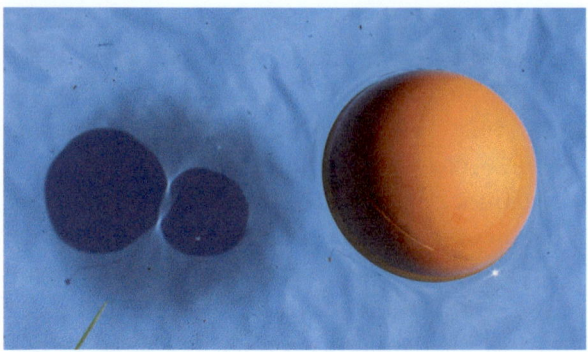

Abb. 27.3 Eine Lichtquelle, ein Ball und drei Schatten. (Aus: Ucke et al. 2013)

Man findet den Effekt aber auch an Stellen, an denen man es nicht vermuten würde. Im vorliegenden Beispiel verursacht ein auf einer flachen Wasserschicht schwimmender Ball im Licht der Sonne nicht weniger als drei Schatten auf dem Boden (Abb. 27.3). Ein nur schemenhaft zu erkennender diffuser großer Schatten umschließt zwei kleinere prägnantere Schatten. Es sieht so aus, als würden sie sich so in die Quere kommen, dass sie sich dabei ein wenig verformen.

Vergleicht man dieses Schattenpaar mit dem ins Wasser eingetauchten Strohhalm oder Stab, so erkennt man den Ursprung dieses Gebildes: Der Ball entspricht einem kugelförmigen Stab mit einem Teil über und einem unter der Wasseroberfläche mit der Folge, dass im Sonnenlicht das hier diskutierte Licht-Schatten-Phänomen zu beobachten ist. Da die Abschnürung des geometrischen Schattens des Balls wieder zu annähernd kreisrunden Schatten führt, entsteht dieses merkwürdige Dreischattengebilde.

27.3 Das Leonardo Kreuz im flachen Wasser

Vor einiger Zeit beobachtete ich bei Sonnenschein auf dem Boden einer mit Wasser gefüllten Wanne helle Lichtkreuze, die ich ziemlich schnell mit auf dem Wasser driftenden Blasen (genauer: Halbblasen) in Verbindung bringen konnte (Abb. 27.4). Es erhob sich die Frage, wie durch die Blasen das eintreffende Licht in dieser deutlichen Weise verstärkt und in eine Form gebracht wird, die auf den ersten Blick mit der Halbkugelgestalt der Blase nichts zu tun hat.

Eine ähnliche Beobachtung muss vor mehr als 500 Jahren bereits Leonardo da Vinci gemacht haben, wenn er notiert, dass „der durch die Blase an der

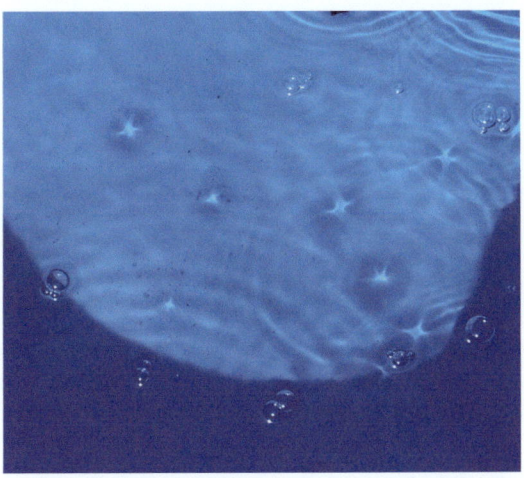

Abb. 27.4 In den Schatten auf dem Boden der vom Sonnenlicht durchleuchteten Blasen erkennt man kreuzförmige helle Lichtfiguren

Oberfläche des Wassers gehende Strahl … auf den Grund des Wassers ein kreuzförmiges Bild von dieser Blase" wirft. Leonardo illustriert das mit einer kleinen Skizze und fügt hinzu: „Ich habe die Ursache noch nicht erforscht, aber ich glaube, daß es von andern kleinen Blasen kommt, die um diese größere Blase gesammelt sind" (da Vinci 1940, 754). Ob das stimmt, ist die Frage, die wir im Folgenden zu beantworten versuchen (Abb. 27.5).

An anderer Stelle seiner Aufzeichnungen kommt Leonardo nochmal auf dieses Phänomen zu sprechen und fügt hinzu: „Du mußt einen Versuch mit solchen Wasserblasen machen, denn wenn sie auf etwas Wasser in einer Schüssel schwimmen, so werfen sie mit Hilfe der Sonnenstrahlen kreuzförmige Bilder auf den Boden der Schüssel" (ebd., S. 271). Wer diesen Vorschlag umsetzt, sollte das Wasser mit einigen Tropfen Spülmittel versehen, denn so lassen sich die Blasen leichter herstellen und sie halten länger.

Schaut man sich die Einschnürung des Schattens auf dem Boden genauer an, wird man vielleicht eine Ähnlichkeit mit dem Shadow-Sausage-Effekt feststellen (siehe Abschn. 27.1). Die Blase besteht im Wesentlichen aus Wasser und ist daher naturgemäß besonders wasserliebend. Daher erscheint es plausibel, dass auch sie sich mit einem konkaven Meniskus umgibt und das nicht nur außen, sondern auch innen.

Der wesentliche Unterschied zum Shadow-Sausage-Effekt besteht darin, dass die Blase weitgehend transparent ist. Infolgedessen kommen die durch den Strohhalm oder Holzstab ausgeblendeten Teile des Meniskus an der dem

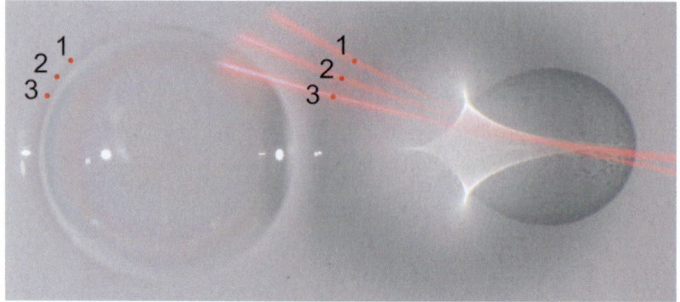

Abb. 27.5 Die Lichtstrahlen, die durch die Punkte 1, 2 und 3 auf dem Meniskus der Blase gehen, werden durch je einen Laserstrahl nachgestellt. Unter Wasser nähern sich die Strahlen an und tragen zur Brennlinie auf dem Boden des Gefäßes bei

Licht zugewandten und abgewandten Seite zusätzlich zur vollen Geltung. Sie tragen ihren spezifischen Beitrag zu den Brennlinien auf dem Boden bei und komplettieren die Lichtfigur zum *Leonardo Kreuz*. So haben wir das Phänomen in einer ersten phänomenologischen Arbeit genannt (Schlichting et al. 2012). Später wurde das Phänomen ausführlich theoretisch beschrieben (Selmke et al. 2021).

Die Lichtverhältnisse beim Leonardo Kreuz lassen sich leicht mit einem aus der Richtung des einfallenden Lichts strahlenden Laserpointer demonstrieren, mit dessen Strahl der Rand der Blase gewissermaßen Punkt für Punkt abgetastet wird. Für drei Strahlen auf der Außenseite des dem einfallenden Licht ausgesetzten Meniskus haben wir den Strahlengang verfolgt und erkennen, an welcher Stelle sie zur Ausbildung der Kaustik auf dem Boden des Gefäßes beitragen (Abb. 27.5).

Bei genauerer Betrachtung entdeckt man neben der auffälligen Astroide weitere Lichtmuster auf dem Boden. Sie rühren daher, dass das Licht beim Durchqueren der Blasenwand durch Interferenz an dünnen Schichten Farbanteile des weißen Lichts verlieren. Man kann die innere Blasenwand als sphärischen Hohlspiegel ansehen, der das von schräg oben einfallende parallele Licht bündelt. Weil jedoch die Brennweite viel kürzer ist als der Abstand zum Gefäßboden, strebt das Lichtbündel nach Durchlaufen des Fokus wieder auseinander und erscheint auf dem Gefäßboden als eine tropfenförmige Kaustik.

27.4 Im Schatten einer Kerzenflamme

Ich erinnere mich nicht mehr, warum ich vor Jahren eine brennende Kerze auf eine im vollen Sonnenlicht stehende Fensterbank stellte, weiß aber noch genau, dass ich über die Beobachtung sehr erstaunt war. Denn neben dem

Schatten des Wachskörpers der Kerze war auch ein Schatten der Kerzenflamme auf der Fensterleibung zu erkennen (Abb. 27.6). Wie kann ein Licht einen Schatten werfen?

Zur Beantwortung der Frage schaute ich mir den Schatten noch genauer an und entdeckte beim Blick durch die Flamme hindurch auf einen gut sichtbaren kleinen Gegenstand, dass die Flamme an verschiedenen Stellen unterschiedlich transparent ist (Abb. 27.6). Diese Stellen lassen sich den unterschiedlichen Teilvorgängen einer brennenden Kerze zuordnen, die in ihrer Gesamtheit als Kerzenflamme den vertrauten sichtbaren Ausdruck finden.

Im Bereich der Leuchtzone in der Mitte der Flamme ist der Gegenstand kaum zu erkennen (Abb. 27.7). Dieser Bereich ist am wenigsten lichtdurchlässig und maßgeblich für den Halbschatten auf der Wand verantwortlich. Der äußere Saum der Flamme und der den Docht umgebende Flammenkern sind hingegen nahezu transparent und hinterlassen auf der Wand so gut wie keine Verdunklung.

Erstaunlicherweise treten in der Projektion der Flamme nicht nur Verdunklungen auf, sondern auch Aufhellungen, die eine größere Lichtintensität

Abb. 27.6 Eine brennende Kerze im hellen Licht der Sonne. Auf der weißen Wand ist zu erkennen, dass der Schatten der Flamme von zwei senkrechten Lichtbändern eingerahmt wird. Direkt oberhalb des Dochts sieht man einen ähnlich hellen Fleck

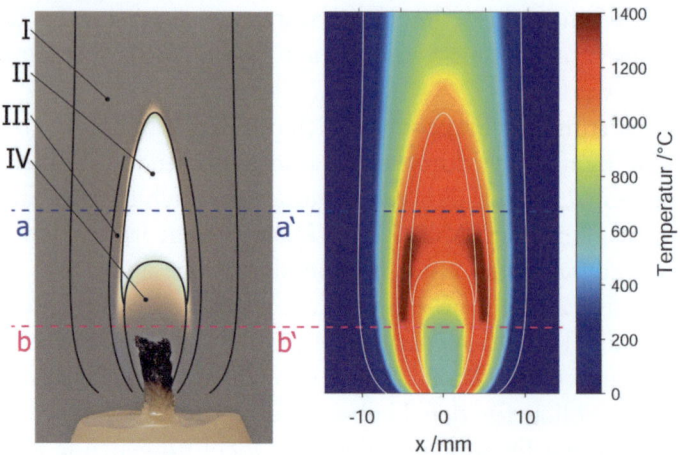

Abb. 27.7 Links: Reaktionsbereich der Flamme: I) Abgasfahne, II) Leuchtzone, III) Reaktionszone, IV) Flammenkern. Rechts: Temperaturverteilung im Inneren und im Umfeld der Kerzenflamme

aufweisen als das direkte Sonnenlicht (Abb. 27.6). So erheben sich symmetrisch zu beiden Seiten der Flamme zwei helle senkrechte Lichtstreifen und im Bereich des Dochtschatten fällt ein vergleichbar heller Fleck auf. Insbesondere diese Lichtverstärkungen deuten darauf hin, dass wir es nicht nur mit einer bloßen Schattenabbildung der Kerzenflamme zu tun haben, sondern auf ein System komplexer Wechselwirkungen des eingestrahlten Lichts mit der Flamme verwiesen werden (Suhr et al. 2022).

Zum Verständnis dieser Wechselwirkung betrachten wir nur einige Teilprozesse des komplexen physikalischen und chemischen Geschehens, die der brennenden Kerze zugrunde liegen (Schlichting 2011). Das im Docht einer Kerzenflamme aufsteigende flüssige Wachs verdampft zu langkettigen Kohlenwasserstoffmolekülen, die sich beim Durchwandern des dunklen Flammenkerns aufheizen und in kleinere Fragmente zerbrechen. Erst in der äußeren Schicht der Flamme im unmittelbaren Kontakt mit dem in der Luft befindlichen Sauerstoff kommt es zur Verbrennung. Dort treten die höchsten Temperaturen in der Flamme auf, sodass eine große Auftriebskraft entsteht, durch die die Verbrennungsgase in einer schlauchartigen Abgasfahne entsorgt werden.

Wie man fast erfühlen kann, ist der Übergang von der kühlen Luft zum Abgasschlauch mit einem großen Temperatursprung verbunden. Daher liegt es nahe, die hellen Linien als Folge des durch diese Grenzschicht gehenden und mit den heißen Gasen wechselwirkenden Lichts anzusehen. Licht wird nämlich in Gasen gebrochen, wenn sich deren Dichte ändert. Da die Dichte von der Temperatur abhängt, variiert die Stärke der Lichtbrechung in Gasen mit deren Temperatur. Das kennt man beispielsweise von Luftspiegelungen (siehe Abschn. 3.6) über einer heißen Asphaltstraße oder beim Blick durch die flimmernde Luft eines Feuers.

Wie stark das Licht beim Durchgang durch die Kerzenflamme und die Abgasfahne gebrochen wird, hängt von der Verteilung des Brechungsindex in diesen Bereichen ab. Wir betrachten die Variation des Brechungsindex auf zwei Ebenen (Suhr et al. 2022). Diese Ebenen sind in Abb. 27.7 dargestellt: Eine Ebene (a–a′) liegt im mittleren Bereich der Leuchtzone, die andere (b–b′) unmittelbar über dem Docht.

Nähert man sich der Flamme von außerhalb der Abgasfahne, so nimmt der Brechungsindex innerhalb des Abstands von etwa 10 bis 4 mm von der Symmetrieachse für beide Ebenen zunächst sehr stark und dann schwächer werdend bis zu einem Minimum ab. Anschließend bei weiterer Annäherung an die Symmetrieachse nimmt der Brechungsindex auf der Ebene (a–a′) durch die Leuchtzone minimal wieder zu, um bis zur Symmetrieachse konstant zu bleiben. Ganz anders sieht es auf der Dochtebene (b–b′) aus. Nach einem anfangs ähnlichen Verlauf wie in der Ebene (a–a′) nimmt der Brechungsindex nach Durchlaufen des Minimums wieder sehr stark zu und übertrifft sogar den Wert für die Umgebungsluft.

Während das Verhalten für die Ebene (a–a′) durch die in der Reaktionszone stark zunehmende und dann zur Symmetrieachse hin wieder etwas abnehmende Temperatur zu erwarten war, lässt sich die drastische Zunahme des Brechungsindex im Bereich des Flammenkerns nicht allein mit der Abnahme der Temperatur erklären. Hier macht sich die Abhängigkeit des Brechungsindex von der stofflichen Zusammensetzung des Gases bemerkbar. Der dort vorhandene reine Wachsdampf hat nämlich einen wesentlich größeren Brechungsindex als für Luft oder die in der Abgasfahne vorhandenen Verbrennungsgase.

Durch diese Änderungen des Brechungsindex' quer durch die Kerzenflamme wird das Licht in unterschiedlicher Weise gebrochen und dementsprechend aus der ursprünglichen Richtung abgelenkt. In Abb. 27.8 ist der sich daraus ergebende Verlauf der Lichtstrahlen auf der Ebene des Dochts dargestellt. Man erkennt, dass die Lichtstrahlen im Grenzbereich zwischen Abgasfahne und der Umgebungsluft verhältnismäßig stark abgelenkt werden und hinter der Kerze auf die nicht beeinflussten, sich weiterhin geradlinig ausbreitenden Randstrahlen zulaufen. Diese Konvergenz der Strahlen führt zu einer Erhöhung der Strahldichte, die sich in der Projektion auf der Wand in den beobachteten hellen Lichtbändern zeigt.

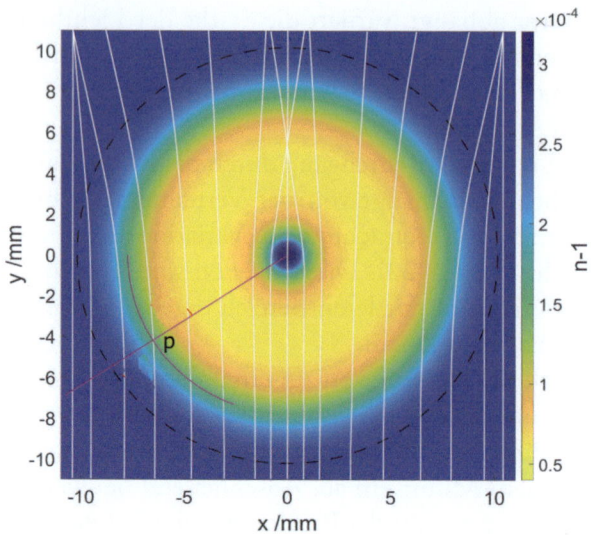

Abb. 27.8 Farbliche Darstellung der Brechungsindexverteilung im Querschnitt b–b'. Die weißen Linien geben Beispiele dafür, auf welchen Pfaden sich das projizierende Licht ausbreitet. (Um deren sehr geringe seitliche Ablenkung erkennbar zu machen, ist sie hier um den Faktor 400 vergrößert dargestellt. Aufgetragen wurde durch Anschaulichkeit halber nicht der Brechungsindex n, sondern n-1)

Wegen des stark zunehmenden Brechungsindex im Flammenkern kommt es hier zu einer verhältnismäßig starken Ablenkung der Lichtstrahlen nach innen. Aus Symmetriegründen überlagern sich die abgelenkten Lichtstrahlen rechts und links des Zentrums der Kerzenflamme. Dadurch nehmen die Strahldichte und damit die Bestrahlungsstärke mit wachsendem Abstand hinter der Kerze zu. Sie führen in der Projektion auf der weißen Wand zu dem beobachteten hellen Fleck in unmittelbarer Nähe des Dochts.

Insgesamt lässt sich das von zwei hellen Lichtstreifen und einem zentralen hellen Lichtfleck durchwirkte Schattenmuster einer vom Licht durchstrahlten Kerzenflamme auf die Änderungen des Brechungsindex' quer durch die Flamme zurückführen. Diese Änderungen werden einerseits durch die charakteristische Variation der Temperatur und damit des Brechungsindex', andererseits durch den hohen Brechungsindex des Wachsdampfes im Bereich des Dochts bestimmt.

Wegen der eingeschränkten Transparenz der Flamme vor allem im Bereich der von Rußpartikeln dominierten Leuchtzone beobachten wir in der Projektion einen im Vergleich zum Kernschatten des festen Kerzenkörpers aufgehellten Schatten. Interessanterweise zeigt dieser jedoch keine Grau-, sondern eher eine leichte Brauntönung. Verantwortlich dafür sind die Rußpartikel, die mit ihrer Größe von ca. 20 nm kleiner sind als 1/10 der Wellenlängen des sichtbaren Lichts. Sie streuen daher vor allem kurzwelliges, blaues Licht (Rayleigh-Streuung), sodass bevorzugt langwellige Rottöne durchgelassen werden und in der Projektion dominieren. Wir haben es also mit einer ähnlichen Situation zu tun wie bei einer Morgen- oder Abenddämmerung.

Literatur

Da Vinci, L. (1940). Tagebücher und Aufzeichnungen. Leipzig: Paul List Verlag.
Suhr W. et al. (2023). Physik der Thoreau-Reynolds-Welle. Physik in unserer Zeit 54/2. S. 82–85.
Adler, C. (1967). Shadow-Sausage-Effect. Am. J. Phys,, 35(8), 774.
Schlichting, H.J. (2011) Was das Feuer am Leben hält. Spektrum der Wissenschaft 12. S. 44–45.
Schlichting, H.J. et. al. (2012). Leonardos Kreuz in der Teetasse. Physik in unserer Zeit 43(5), 244.
Selmke, M. et al. (2021). Bubble Optics. Appl. Opt. **2021**, 60, 6213, 6235, 9188.
Suhr, W. et al. (2022). Eine Kerzenflamme im Sonnenlicht. Physik in unserer Zeit 53/1, S. 35–39.
Ucke, Chr. et al. (2013). Paradoxe Schatten. Physik in unserer Zeit 44. S. 272–273.

Teil V

Vom Regenbogen zum Heiligenschein

Vom Regenbogen zum Heiligenschein

Die Wechselwirkung von Licht und Wasser in Form von Tropfen führt zu einer Vielzahl von optischen Naturphänomenen, in denen die beobachtende Person gewissermaßen Teil des Phänomens ist (Abb. 1). So beobachtet jede nicht nur ihren eigenen Heiligenschein, sondern – was weniger bekannt ist – auch ihren eigenen Regenbogen. Denn sie blickt aus einer jeweils anderen Richtung auf die Tropfen.

Während man beim Regenbogen kaum einen Unterschied feststellen wird, kann dieser Unterschied beim Heiligenschein sehr deutlich in Erscheinung treten. Nämlich genau dann, wenn man feststellt, dass eine Begleitperson keinen Schein um ihren Kopfschatten trägt, während der eigene Schatten deutlich „gekrönt" erscheint. Die Begleitperson wird die gleichen Erfahrungen machen.

Diese und andere meist übersehenen oder vernachlässigten Phänomene werden im Folgenden beispielhaft dargestellt mit dem Ziel, die Wahrnehmung auch für das Umfeld zum Regenbogen zu sensibilisieren. Nur wenigen ist bewusst, dass Regenbögen in der einen oder anderen Form fast an jedem sonnigen Morgen beobachtet werden können. Dies ist vor allem dann der Fall, wenn die Pflanzen und die zwischen ihnen aufgespannten Spinnennetze mit Wassertröpfchen bedeckt sind. Je nach Blickwinkel zeigen sie dann zumindest Fragmente von Regenbögen, die nicht statisch an einer Stelle zu sehen sind, sondern sich mit der beobachtenden Person mitbewegen.

Auch der Heiligenschein ist häufiger präsent, als es der auf eine Ausnahmeerscheinung verweisende Name nahelegt. Zwar ist auch dieses Phänomen be-

Abb. 1 Als ob der morgendliche Schatten wie mit einer Taschenlampe die tropfnassen Blätter zum Leuchten brächte ...

sonders gut am frühen Morgen zu beobachten, wenn die Schatten noch lang und die Wiesen noch feucht sind. Aber wenn man erst einmal für diese den Kopfschatten umgebende Aufhellung sensibilisiert worden ist, kann man auch in ganz trockenen Umgebungen Aufhellungen um den eigenen Schattenkopf entdecken.

Interessanterweise zeigen sich auffällige eher strahlenförmige Strukturen um den Kopfschatten, wenn man diesen im leicht bewegten trüben Wasser erblickt. Man macht die Welligkeit des Wassers zusammen mit den im Wasser driftenden Schmutzpartikeln dafür verantwortlich. Umso erstaunlicher ist es, dass man zuweilen auch bei einem Blick in reines welliges Wasser so etwas wie einen Strahlenkranz um den eigenen Kopfschatten erkennt.

Ein Heiligenschein ist aber nicht nur in Kirchen oder in der Natur zu entdecken. Die Technik hat die Retroreflexion des Lichts in kugelförmigen Partikeln längst ausgenutzt, um beispielsweise Verkehrsschilder, Autokennzeichen u. Ä. von einem hellen Schein umgeben erscheinen zu lassen. Die Natur unterscheidet auch hier nicht nach natürlichen oder technischen Gegebenheiten.

28

Von Tropfen und Bögen

28.1 Die Jagd auf den Regenbogen

Physiker behaupten immer, dass es das Ende des Regenbogens gar nicht gäbe. Damit erledige sich auch der Traum vom Topf mit Gold, der dort zu finden sei. Auf dem hier abgebildeten Foto sieht man aber, dass der Regenbogen genau dort endet, wo das voranfahrende Auto die Gischt der Straße aufwirbelt (Abb. 28.1). Das hat den Autofahrer im nachfolgenden Fahrzeug animiert, den Regenbogen zu jagen.

Trotz der Unschärfe der Abbildung ist das Foto eindrucksvoll, dokumentiert es doch eine Situation, in die man eigentlich nur durch Zufall geraten kann. Es zeigt sich hier nämlich, dass der Regenbogen wenig wählerisch ist, wenn es um die Art von Wassertropfen geht, in denen er seine Farben entfaltet. Er lässt die Spektralfarben sowohl in den fallenden Regentropfen als auch in den durch die Autofahrt auf der nassen Straße aufgewirbelten Spritzwassertropfen erstrahlen. Und da das Foto just in dem Moment geschossen wurde, da der Regenbogen gewissermaßen auf das voranfahrende Auto auftrifft, bietet das Spritzwasser die ungeahnte Möglichkeit einer weiteren Verlängerung des Bogens. Die Insassen des Fahrzeugs haben von dieser spektakulären Situation natürlich nichts bemerkt. Schade eigentlich, sie müssten dem Schatz sehr nahe gewesen sein.

Abb. 28.1 Ein normaler Regenbogen findet seine natürliche Fortsetzung in der Gischt des Spritzwassers eines im Regen fahrenden Autos

28.2 Lichtbrechung und Reflexion im Wassertropfen

Bevor wir die Jagd nach dem Regenbogen fortsetzen, fassen wir kurz zusammen, was in den Tropfen vorgeht, wenn sie in der geeigneten Weise vom Licht getroffen werden (Abb. 28.2). Im Fall eines normalen Regenbogens regnet es und die Sonne bestrahlt diese Wand aus fallenden Tropfen. Um den Bogen wahrzunehmen, muss man also die Sonne im Rücken haben. Dann wird das die Tropfen durchstrahlende Licht an den Grenzflächen zwischen Luft und Wasser teilweise in die Tropfen hineingebrochen. Nur der Teil des Lichts, der an der Rückwand der Tropfen reflektiert wird, trägt zum Phänomen des Regenbogens bei.

Dabei treffen die Lichtstrahlen nunmehr von innen auf die vordere Grenzfläche der Tropfen und werden teils reflektiert und teils aus dem Tropfen herausgebrochen (Abb. 28.2). Weil der Brechungsindex und damit der Winkel, unter dem das Licht gebrochen wird, von der Wellenlänge bzw. Farbe abhängt, kommt es zu einer Aufspaltung des aus allen Spektralfarben bestehenden weißen Lichts. Dies wird dann als Bogen mit dem roten Licht außen und dem blauvioletten Licht innen wahrgenommen. Der Weg durch die Tropfen ist also ziemlich verlustreich. Abgesehen davon, dass nur ein klei-

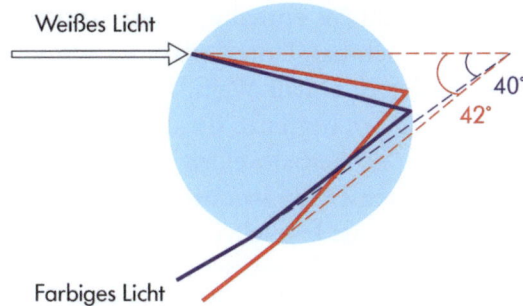

Abb. 28.2 Ein auf einen Wassertropfen auftreffender Lichtstrahl wird den unterschiedlichen Farben des weißen Lichts entsprechend geringfügig unterschiedlich stark gebrochen und dadurch in Farben zerlegt

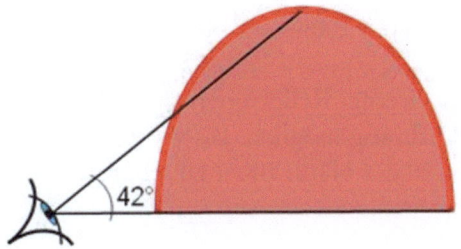

Abb. 28.3 Das nach einmaliger Reflexion aus den Regentropfen herausgebrochene Licht führt für jede Spektralfarbe zu einer Kreisscheibe, die von einer Kaustik gleicher Farbe berandet wird. Hier ist beispielhaft die Scheibe für das rote Licht gezeichnet. Infolge der Überlagerung durch die übrigen Farben bleiben wegen der geringfügig abweichenden Winkel nur die farbigen Ränder als Regenbogenfarben übrig. Der Rest überlagert sich zur Farbe Weiß

ner Teil des einfallenden Lichts in Richtung Sonne wieder aus den Tropfen austritt, wird bei jeder Wechselwirkung zwischen Wasser und Licht ein Teil absorbiert.

Dass man trotzdem den Bogen oft in intensiven Farben erleben kann, ist einer interessanten Lichtverstärkung in einem Winkelbereich zwischen 40 bis 42° bezüglich der Sonnenstrahlrichtung zu verdanken. Sie entsteht dadurch, dass infolge der Kugelform des Tropfens der Ablenkungswinkel der innerhalb der Wassertropfen reflektierten Lichtstrahlen mit dem Einfallswinkel nur bis zu einem Maximalwinkel wächst und danach wieder abnimmt. Im engen Winkelbereich dieses Richtungswechsels überlagern sich sehr viele Lichtstrahlen und führen zu einer Brennlinie mit einer vergleichsweise hohen Lichtintensität. Für eine einzelne Spektralfarbe, z. B. Rot, bedeutet das, dass eine Kreisscheibe dieser Farbe entsteht, die am äußeren Rand besonders intensiv ist (Abb. 28.3).

Da dies für alle im Sonnenlicht enthaltenen Spektralfarben gilt, bleibt jeweils nur der äußere Rand sichtbar. Unterhalb eines Winkels von 40° überlagern sich die Farben wieder zu einem Weiß. Diese weiße Kreisscheibe wird von den farbintensiven Rändern begrenzt, die dann in Form des Regenbogens in Erscheinung treten. Denn oberhalb eines Winkels von 42° kommt kein Licht mehr an. In den meisten Fällen ist unterhalb von 40° kein reines Weiß anzutreffen, aber eine auffallende Helligkeit (Abb. 28.4).

Dies ist aber noch nicht alles. Denn manchmal sieht man neben diesem Hauptregenbogen (1. Ordnung) auch noch bei einem Winkel von etwa 51° einen schwächeren Nebenregenbogen (2. Ordnung). Dieser entsteht auf analoge Weise wie der Hauptregenbogen mit dem einzigen Unterschied, dass die Lichtstrahlen innerhalb der Tropfen zweimal reflektiert werden, bevor sie den Tropfen verlassen. Infolge der zweiten Reflexion wird die Farbreihenfolge vertauscht, sodass am äußeren Rand des Nebenregenbogens nicht rot, sondern blau zu sehen ist.

Aufgrund weiterer interner Reflexionen sind im Prinzip weitere Bögen entsprechend höherer Ordnung möglich. Bis vor einigen Jahren ging man davon aus, dass diese Bögen in der Natur nicht zu sehen sein würden. Inzwischen ist

Abb. 28.4 Regenbogen 1. und 2. Ordnung aus einem Dachfenster beobachtet. Zu erkennen ist auch die umgekehrte Farbreihenfolge der Bögen sowie der helle Bereich unterhalb des Hauptregenbogens

es aber gelungen, auch Regenbögen 3. und 4. Ordnung nicht nur im Labor, sondern auch in der Natur zu beobachten. Allerdings sind die Situationen äußerst selten und der Aufwand zur Beobachtung erheblich, sodass von einer normalen Beobachtungssituation nicht die Rede sein kann.

28.3 Ein Regenbogen verfängt sich in der Spinnwebe

Es gibt wohl kaum jemanden, dem an einem sonnigen Morgen nicht die oft glitzernden Farben im taubedeckten Gras oder den Spinnweben aufgefallen wären. Es lohnt sich, ihnen nachzuspüren, auch wenn damit vielleicht nasse Füße verbunden sein könnten.

Manchmal gehen den Spinnen keine Insekten ins Netz, sondern zahlreiche Tautröpfchen, die sich nicht selten in Regenbogenfarben präsentieren oder sogar einen Regenbogen bilden (Abb. 28.5). Auf diese Weise wird aus dem unansehnlich grauen Gespinst ein ästhetisch ansprechendes Naturphänomen. Ein normaler Regenbogen in den Wolken leuchtet in einer „Wand" fallender Wassertröpfchen auf. Es sind in jedem Moment andere Tröpfchen, die die je-

Abb. 28.5 Mit Tautropfen besetzte Spinnennetze bringen einen Regenbogen hervor. Das im Tropfen zweimal gebrochene und einmal reflektierte Sonnenlicht wird dabei in die Spektralfarben zerlegt und zum Beobachter reflektiert

weiligen farbigen Lichtstrahlen in unsere Augen senden. In den unregelmäßigen Spinnweben sind die Wassertröpfchen ähnlich wie die in sie hineingeratene Beute fixiert.

Die Tröpfchen entstehen dadurch, dass infolge der Abkühlung der feuchten Luft in der Nacht der Taupunkt unterschritten wird: Die mit der Temperatur abnehmende maximale Luftfeuchte wird dann kleiner als die absolute Luftfeuchte. Der überschüssige Wasserdampf muss dann kondensieren und er tut das bevorzugt an Gegenständen, die sich besonders stark abkühlen. Das sind vor allem filigrane Gebilde mit einer geringen Wärmekapazität, wie beispielsweise Gräser und Spinnweben, die sich sehr schnell abkühlen.

Betrachtet man den Regenbogen im Spinnennetz genauer, so kann man manchmal zumindest schemenhaft einen sekundären Bogen erkennen. Er wird durch das Licht hervorgerufen, das nach zwei weiteren Reflexionen aus dem Tropfen herausgebrochen wird. Da innerhalb des Winkelbereichs zwischen primärem und sekundärem Bogen kein Licht den Tropfen in Richtung Betrachter verlässt, erscheint dieser Bereich besonders dunkel, was insbesondere im Vergleich zum hellen Bereich innerhalb des primären Bogens zu erkennen ist. In diesem dunklen Bereich fehlt das Licht, das im Regenbogen konzentriert wird.

Da sich im Unterschied zum normalen Regenbogen die Tröpfchen auf den Spinnweben in unmittelbarer Nähe des Betrachters befinden, kann man mit etwas Übung zwei ein wenig gegeneinander verschobene Bögen erkennen, mit jedem Auge einen.

Anders als beim normalen Regenbogen, der meist nur von kurzer Dauer ist, lässt sich das Schauspiel manchmal über eine längere Zeit beobachten. Dabei sieht man den Bogen über die Gespinste simultan mit der Sonne wandern. In Abhängigkeit von der Qualität des Tropfenbelags ändert sich auch die Qualität des Regenbogens. Wo Tropfen fehlen, sind auch keine Farben zu sehen. Aber auch diese Taubögen finden spätestens dann ihr Ende, wenn die Sonne, die sie erschuf, die Tröpfchen verdunsten lässt. Wie um diesen Mangel zu kompensieren, hat die Natur aber gleich ein weiteres Farbphänomen parat, das auch bei Trockenheit funktioniert (siehe Abschn. 37.1).

28.4 Regenbögen im Nebel

Im Nebel werden nicht nur die Konturen unschärfer, auch die Farben verblassen. Davon scheint auch der Regenbogen, der durch die Nebeltröpfchen hervorgerufen wird, keine Ausnahme zu machen – ihm fehlen die Farben (Abb. 28.6). Derartige Nebelbögen können entstehen, wenn sich der Nebel

Abb. 28.6 Ein Nebelregenbogen benötigt keinen Regen. Er kommt mit den winzigen Tropfen eines leichten von der Sonne durchdrungenen Nebels aus. Allerdings bringen die winzigen Tröpfchen keine Farben hervor

bereits auf dem Rückzug befindet und der Sonne die Chance gibt, ihn weitgehend zu durchdringen.

Im Prinzip entsteht ein Nebelbogen auf dieselbe Weise wie ein normaler Regenbogen. Im Strahlenmodell der geometrischen Optik lässt sich jedoch nicht erklären, warum er im Unterschied zum normalen Bogen nicht in den typischen Regenbogenfarben erscheint, sondern in Grautönen daherkommt. Nur manchmal zeigen sich Andeutungen von Pastellfarben.

Der Unterschied zum normalen Regenbogen besteht in der Tropfengröße. Nebeltropfen sind wesentlich kleiner als Regentropfen. Wenn die Tröpfchen kleiner als etwa 50 µm (0,05 mm) sind, kommen Beugungseffekte ins Spiel (Kap. 34). Diese führen dazu, dass sich die reflektierten Lichtwellen überlagern und mischen mit dem Ergebnis, dass der Bogen weitgehend weiß erscheint. Bei noch kleineren Tröpfchen (< 5 µm) wird das reflektierte Licht schließlich so schwach, dass es nicht mehr als Bogen wahrgenommen wird.

Nebelregenbögen sind nicht nur bei Nebel zu erkennen, sondern werden manchmal auch von Flugzeugen aus auf Wolkenbänken gesehen. Da Nebel auch nur einen bestimmten Wolkentyp nahe der Erdoberfläche darstellt, besteht zwischen Wolkenbögen und Nebelbögen physikalisch kein Unterschied (zur Vertiefung siehe Lee et al. 2001).

28.5 Verdopplung des Regenbogens durch die reflektierte Sonne

Wenn man ein solches Szenario erlebt, wie es auf den Fotos (Abb. 28.7) zu sehen ist, kann man leicht den Eindruck gewinnen, dass hier die physikalischen Gesetze nicht stimmen. Das normale Regenbogenpaar, bestehend aus

Abb. 28.7 Ein normaler Regenbogen wird von einem zweiten Regenbogen überwölbt, der durch das im Wasser reflektierte Sonnenlicht hervorgerufen wird. Das gilt auch für den Regenbogen 2. Ordnung. (Fotos: Stefan Thierfeldt)

einem Regenbogen 1. Ordnung und dem lichtschwächeren Bogen 2. Ordnung, wird überwölbt von einem weiteren lichtschwächeren Regenbogenpaar.

Ein Regenbogen rundet sich normalerweise kreisförmig um den Sonnengegenpunkt (Antisolarpunkt). Dabei handelt es sich um einen abstrakten Punkt auf der Himmelskugel, der der Sonne direkt gegenüberliegt. Man kann den Punkt leicht finden, wenn man seinen Schatten betrachtet. Er liegt etwa dort im Kopfschatten, wo sich unsere Augen befinden. Damit ist auch klar, dass der Antisolarpunkt vom Beobachtungsstandpunkt abhängt. Wenn dieser sich ändert, ändern sich auch der Antisolarpunkt als Mittelpunkt des Regenbogens und mit ihm der Regenbogen entsprechend. Jeder Mensch hat also seinen eigenen Regenbogen.

Wenn wir einen Regenbogen von der Erdoberfläche aus sehen, erreicht er bei Sonnenaufgang oder Sonnenuntergang günstigstenfalls einen Halbkreis. Erst wenn wir von einem Berg oder Flugzeug aus ein Stück weit „hinter" den Horizont blicken können, nehmen wir einen größeren Teil des Vollbogens wahr.

Im vorliegenden Fall sorgt ein weiteres Naturphänomen dafür, dass wir den Regenbogen zusätzlich aus einer Perspektive zu sehen bekommen, die wir vom aktuellen Blickpunkt aus nicht einnehmen könnten: Die Sonne wird in einer relativ glatten Wasserfläche spiegelnd reflektiert und diese „Spiegelsonne" wirkt wie eine zweite Lichtquelle (siehe Abb. 28.8). Da diese virtuell genauso weit unter dem Wasserspiegel liegt wie die reale Sonne darüber, strahlt sie gewissermaßen von unterhalb des Horizonts auf die fallenden Regentropfen. Dadurch rückt der dieser Perspektive entsprechende Antisolarpunkt über den Horizont und macht einen größeren Kreisausschnitt des Regenbogens sichtbar.

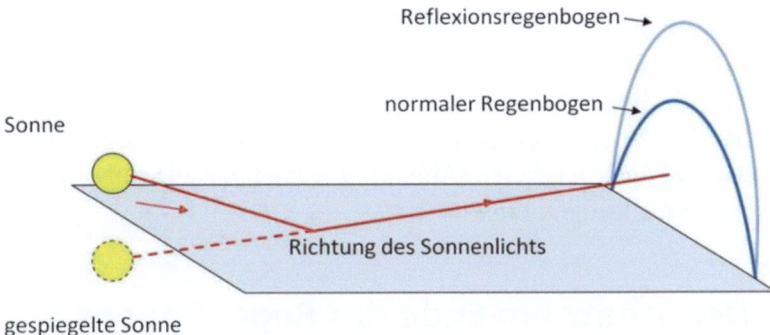

Abb. 28.8 Schematische Darstellung zum reflektierten Regenbogen. Die spiegelnd reflektierte Sonne liegt unterhalb der Wasserebene. In ihrem Licht entsteht ein eigener Regenbogen

Abb. 28.9 Alte Darstellung eines Regenbogens mit reflektiertem Bild (links) und einer weiteren komplexen Situation (rechts) (Pernter et al 1922)

Dieser Regenbogen der gespiegelten Sonne ist wie im vorliegenden Fall am besten am Morgen und am Abend bei tief stehender Sonne zu beobachten, weil bei flachem Auftreffen des Sonnenlichts auf die Wasseroberfläche die Intensität des reflektierten Lichts am größten ist.

Die Aufnahme wurde auf einer Nordseeinsel gemacht, wobei die Sonne im relativ ruhigen Wasser des vorgelagerten Wattgebiets zwischen Insel und Festland reflektiert wurde. Dies ist eine weitere Voraussetzung für das Gelingen dieses faszinierenden Naturschauspiels. Denn bei stark welligem Wasser würde das Licht in viele Richtungen reflektiert und unregelmäßig aufgefächert werden.

Das Phänomen der Verdopplung des Regenbogens durch die Reflexion der Sonne erinnert an das Auftreten von Doppelschatten (Kap. 23). In diesem Fall ruft die reflektierte Sonne zusätzlich zum Schatten der realen Sonne einen weiteren hervor.

Der Reflexionsregenbogen ist seit Langem bekannt und bereits dokumentiert und beschrieben worden, als die Fotografie noch nicht verbreitet war und Naturphänomene allenfalls durch Zeichnungen dargestellt werden konnten. In einem Buch von Pernter und Exner (1922) findet man eine sehr frühe Beschreibung und Illustration eines Regenbogendisplays aus dem 19. Jahrhundert (siehe Abb. 28.9). Dort wird auch auf weitere merkwürdige Konstellationen von Regenbögen verwiesen (Abb. 28.9 rechts), die allerdings meines Wissens bis heute nie fotografiert wurden.

28.6 Der Schatz am Ende des Regenbogens

Am Ende des Regenbogens soll bekanntlich ein Schatz zu finden sein. Ist er auch, aber anders, als man denkt. Als ich an einem sonnigen Morgen mit der noch tief stehenden Sonne im Rücken einen Springbrunnen betrachte, bekomme ich in der Gischt der Fontäne zumindest Fragmente eines Regenbogens zu sehen. Mit aufsteigender Sonne sinkt der Bogen und „ersäuft" im Wasser an der Wurzel der Fontäne.

Nachdem der Bogen verschwunden ist, sehe ich im Spritzwasser an der Wasseroberfläche zumindest temporär immer noch farbige Lichtflecken aufblitzen. Dies ist auf dem Foto (Abb. 28.10) zu sehen. Zahleiche bunte Lichtpfeile dokumentieren die Spuren leuchtender Tropfen, die infolge der endlichen Belichtungszeit der Kamera etwas in die Länge gezogen werden.

Im vorliegenden Fall sprechen jedoch die Uhrzeit und die dadurch bestimmte Sonnenhöhe dagegen, dass hier noch etwas von dem Regenbogen 1. Ordnung zu sehen ist. Aber auch ohne diese Information zeigt die andeutungsweise zu erkennende umgekehrte Farbreihenfolge, dass der Bogen 1. Ordnung hier keine Spuren hinterlässt. Denn dann müssten sich die Rottöne außen befinden, während die Blautöne am inneren Rand zu sehen wären. In den Lichtpfeilen deutet sich allerdings an, dass es gerade umgekehrt ist (Abb. 28.10).

Woher kommen also die Farben? Um diese Frage zu beantworten, erinnere man sich daran, dass es neben dem normalen Regenbogen, dem Regenbogen 1. Ordnung, unter einem größeren Winkel oft auch noch einen Regenbogen 2. Ordnung zu sehen gibt. Dieser entsteht durch eine zusätzliche Reflexion in den Wassertropfen und aufgrund der damit verbundenen Intensitätsverluste fällt er wesentlich lichtschwächer aus. Außer dem Intensitätsverlust wird

Abb. 28.10 Fallende Tropfen, die zufällig das einfallende Licht nach zwei Brechungen und zwei Reflexionen zur Kamera senden, zeigen die für den jeweiligen Winkelbereich auftretenden Farben des Regenbogens

durch die abermalige Reflexion des Lichts im Tropfen auch noch die Farbreihenfolge umgekehrt: Blau außen, Rot innen. Und genau damit haben wir es hier zu tun. Auch wenn es nur spärliche Fragmente sind, sie zeugen vom Regenbogen 2. Ordnung.

Zwar sind nicht die leuchtenden Tropfen direkt zu sehen, sondern nur ihre Lichtspuren, die sie während der endlichen Belichtungszeit auf dem Kamerachip hinterlassen. Das macht die Sache aber nicht unrealistischer. Denn auch unsere Augen sehen bewegte Vorgänge teilweise verschmiert. So nehmen wir bei Regen die fallenden Tropfen meist als Fäden wahr, was wohl zu der Redensart geführt hat: „Es regnet Bindfäden." Die in die Länge gezogenen leuchtenden Tropfen haben sogar einen Vorteil. Sie verschaffen dem punktuellen Farbphänomen eine größere Sichtbarkeit. Ohne dies wären die Farben wohl gar nicht zu sehen.

Teilweise wird sogar das ganze Farbspektrum entfaltet, das dem durchlaufenen Winkelbereich des Tropfens entspricht (Abb. 28.10 unten rechts). Die pfeilartige Zuspitzung der Lichtspuren ist im Übrigen auf den Kameraverschluss zurückzuführen, der beim Schließen den Lichtstreifen gewissermaßen abschnürt.

28.7 Ein Regenbogen ohne Regentropfen

Einen „perfekten" Regenbogen bekommt man nur selten zu sehen. Mit einer wassergefüllten Plexiglaswanne und einem Overheadprojektor kann man zu jeder Zeit auf einer Wand einen farbigen Bogen erstrahlen lassen. Auch wenn dieser streng genommen kein Regenbogen ist, fasziniert er durch seine spektrale Farbenpracht und die Einfachheit seiner Herstellung.

Stellt man ein quaderförmiges, mit Wasser gefülltes transparentes Gefäß auf einen Overheadprojektor (dessen Spiegel man herabgeklappt hat), so entsteht auf den Wänden des Raumes ein faszinierendes optisches Schauspiel. Aus dem Chaos der Lichtreflexe an der sich langsam beruhigenden Wasseroberfläche entwickelt sich ein riesiger farbenprächtiger Regenbogen (Abb. 28.11). Auch der charakteristische Farbverlauf von rot (außen) nach violett (innen) ist erkennbar.

Während ein Regenbogen durch Lichtbrechung in kleinen Wassertropfen entsteht, findet hier die spektrale Zerlegung des Lichtes in einem Wasserprisma statt. Eine Vorstellung vom Lichtverlauf kann man sich experimentell durch systematisches Abdecken von Teilen der Licht ausstrahlenden Schreibfläche des Overheadprojektors verschaffen. Man erkennt hierbei, dass das Licht von der Schreibfläche kommend in das Gefäß eindringt, das Wasser passiert und an der Oberseite wieder austritt (Abb. 28.12). Insbesondere stellt

28 Von Tropfen und Bögen

Abb. 28.11 Aquarium auf einem Overheadprojektor. An der von unten vom weißen Licht durchstrahlten Grenzschicht zwischen Wasser und Luft wird das Licht in Spektralfarben gebrochen, die aufgrund der Geometrie des Aufbaus als farbige Bögen auf der Leinwand projiziert werden

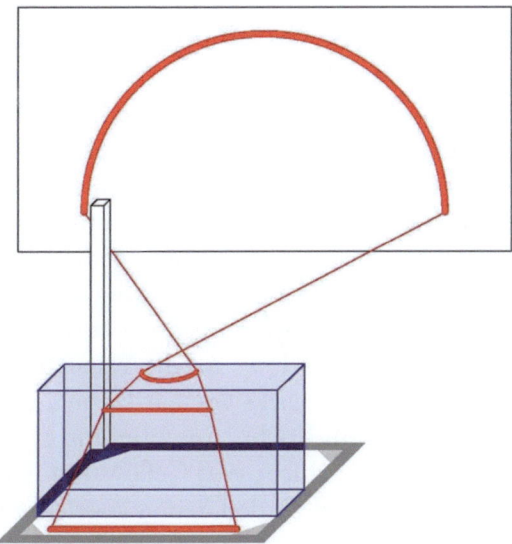

Abb. 28.12 Schematische Darstellung des Strahlengangs am Overheadprojektor

man fest, dass nur das aus einem schmalen Streifen auf der Schreibfläche austretende Licht für das Phänomen verantwortlich ist.

Ein Teil des Lichts wird in das Wasserprisma hineingebrochen und in die Farben des natürlichen Spektrums zerlegt. Dieses Lichtbündel durchläuft die Wasserschicht und trifft schräg auf die Unterseite der Wasseroberfläche, wo es beim Übergang zur Luft abermals gebrochen wird. Von dort aus gelangt es zur Projektionswand und bildet den farbigen Bogen.

Dabei fällt auf, dass das Licht eine starke Richtungsänderung beim Durchgang durch das Wasserprisma erfährt. Obwohl die Lichtquelle fast senkrecht nach oben in Richtung Zimmerdecke strahlt, die Lichtstrahlen also unter sehr großem Einfallswinkel (vorwiegend streifend) in das Wasserprisma eindringen, entsteht der Lichtbogen fast senkrecht dazu an der Projektionswand.

Ausschlaggebend dafür ist, dass die brechende Wasseroberfläche, an der das Licht aus dem Wasserprisma wieder austritt, in einem rechten Winkel zur brechenden Fläche orientiert ist, durch die das Licht in das Wasserprisma eintritt (die vordere Seitenwand des Wasserbehälters in Abb. 28.12). Durch diese rechtwinklige Verschiebung der brechenden Flächen erfolgt sowohl die Brechung zum Einfallslot hin (beim Eintritt des Lichts) als auch die Brechung vom Einfallslot weg (beim Wiederaustritt) in derselben Richtung, sodass sich beide Lichtablenkungen addieren (Berechnungen findet man bei Schlichting 2006).

28.8 Eine Trinkflasche mit Regenbogenfarben

Manchmal sieht man einen Regenbogen, wo man ihn nicht erwartet. Als ich zufällig eine transparente mit Wasser gefüllte Trinkflasche auf die Fensterbank vor meinem Schreibtisch stelle, ruft das einfallende Sonnenlicht einige interessante Farberscheinungen u. a. auf dem Schreibtisch hervor (Abb. 28.13). Der größeren Deutlichkeit halber lege ich ein weißes Blatt Papier auf den Tisch, wodurch die Farben noch besser zur Geltung kommen und dort einen aus Spektralfarben bestehenden Bogen erkennen lassen. Dieser entsteht dadurch, dass das Licht zum einen schräg auf die Wasseroberfläche in der Flasche auftrifft. Die Wasserschicht wirkt wie ein Prisma, das das auftreffende weiße Licht zum Einfallslot hin bricht. Anschließend trifft es auf die kreisrunde Grenze zwischen Wasserschicht und Gefäßwand. Dort wird das Licht an der Krümmung entsprechend zu den Seiten abgelenkt und auf das Blatt Papier projiziert.

Da der Brechungsindex von der Wellenlänge des Lichts abhängt, kommt es zur Zerlegung des weißen Lichts, wobei kurwelliges Licht (vor allem blau)

Abb. 28.13 Eine zufällig auf einer Fensterbank stehende Wasserflasche zerlegt das durch das Fenster einfallende Sonnenlicht auf mehrfache Weise

stärker (zum Einfallslot hin) gebrochen wird als langwelliges (vor allem rot). Daher liegt der rote Streifen außen und der blaue innen. Ganz sauber gelingt die Aufspaltung in Farben nicht, weil die Kunststoffwand der Flasche eine Störung darstellt.

Des Weiteren beobachtet man zwei spektralfarbene Streifen auf dem unteren Teil des Fensterrahmens. Sie verdanken sich der Wechselwirkung des unterhalb der Wasseroberfläche einfallenden Sonnenlichts mit dem zylindrischen Wasserkörper. Das Licht wird zunächst gebrochen und dadurch nicht nur zum Einfallslot hin abgelenkt, sondern auch spektral zerlegt. Anschließend trifft das sich auf diese Weise verjüngende Lichtbündel auf die Innenwand der Flasche (auf die man blickt), wird dort teilweise gebrochen und reflektiert. Das reflektierte Licht trifft auf die Rückwand und wird schließlich beim Wiederaustritt aus der rückwärtigen Wand der Flasche abermals gebrochen. Dabei wird, wie bei der Entstehung eines Regenbogens in einem Wassertropfen, eine deutliche Verstärkung des Lichts bewirkt, sodass zu jeder Seite unter einem bestimmten Winkel ein farbiger Streifen zu sehen ist. Jenseits dieses Winkels kommt kein Licht mehr an.

Die im übrigen Bereich gebrochenen farbigen Lichtstrahlen mischen sich wieder zu weißem Licht. Wir haben es also hier mit einem ähnlichen Phänomen zu tun wie bei der Entstehung des Regenbogens in einem Wassertropfen. Er bleibt wegen der dem Wasser durch die Form der Kunststoffflasche aufgeprägte Zylindergeometrie jedoch nur auf eine Ebene beschränkt.

Literatur

Lee et al.(2001). The Rainbow bridge. Washington. The Pennsylvania State University Press, p. 255ff.

Pernter, J. M. et al. (1922). Meteorologische Optik, 2. Auflage. Wien und Leipzig, S. 598ff.

Schlichting, H. J. (2006). Ein Regenbogen ohne Regentropfen. Physik in unserer Zeit 37/5. S. 242–244.

29

Glitzernde Tautropfen in der Morgensonne

Die blitzenden Tautropfen sprühen im buntesten Glanze um uns hernieder.

Wilhelm Raabe

Der Fachdidaktiker und Pädagoge Martin Wagenschein beschreibt in seinen „Erinnerungen für morgen", dass er für sein „Physikalisches Bilderbuch" vergeblich nach Fotos suchte, die er folgendermaßen beschrieb: „Wenn nach einem langanhaltenden feinsten Regenschauer die helle Sonne durchbricht, können zartgliedrige Büsche einige ihrer zahllosen Tröpfchen wie gleißende Diamanten aufleuchten lassen, fast jeden in anderer Farbe. Auch in betautem Gras sieht man solche bunten Blüten hervorlugen; und in Harztränen, die aus verletzten Baumstämmen ausgetreten sind" (Wagenschein 1983).

Vielleicht hat Wagenschein an ein Foto gedacht, wie es in Abb. 29.1 dargestellt ist. Hier wurde an einem sonnigen Morgen nach einer kühlen Nacht eine Wiese mit zahlreichen Tautropfen bedeckt. Schaut man von einem festen Punkt aus auf das Tropfenmeer, so kann man mit leichtem Hin- und Herbewegen des Kopfes oft das ganze Farbspektrum von Rot nach Blau durchlaufen.

Wie kommt es zu diesen Farben? Das Licht wird in den Tropfen ähnlich gebrochen und reflektiert wie bei einem Regenbogen. Allerdings kommt es meist nicht dazu, dass man die Farben auch entsprechend angeordnet vorfindet. Vielmehr gehen sie meist kunterbunt durcheinander, was ja auch einen gewissen Reiz hat.

Abb. 29.1 Um das farbige Glitzern der Wassertröpfchen auf ein Foto zu bannen, ist eine leichte Unschärfe hilfreich

Die Ursache für diese Unordnung liegt darin, dass sich die Tropfen nicht nur in der Größe, sondern auch in der Form unterscheiden. Die Lichtwege durch die Tropfen weichen daher mehr oder weniger stark vom idealen Weg in einem kugelförmigen Tropfen ab: Anders als beim Regenbogen variieren die Winkel der austretenden Lichtstrahlen im Allgemeinen in einem mehr oder weniger großen Bereich. In seltenen Fällen, wenn sich zum Beispiel auf großflächigen Blättern kleine, weitgehend kugelförmige und gleich große Tropfen bilden, kann man jedoch Fragmente eines Regenbogens erkennen (Abb. 29.2).

Wir haben gesehen, dass eine gewisse Unschärfe helfen kann, das Phänomen der glitzernden Tropfen fotografisch abzubilden. Das menschliche Auge hat nämlich gegenüber der Kamera den Vorteil, die Gegenstände gewissermaßen abtasten zu können und dabei die Scharfstellung und durch die Anpassung der Pupillenöffnung die Lichtintensität nahezu instantan den sich ändernden äußeren Bedingungen anzupassen. Dabei werden die Lichteffekte zu einem Gesamteindruck verdichtet, was durch die Kamera nicht ohne Weiteres zu erreichen ist. Denn ihr fehlt dieser selektive Blick, und das Ergebnis fällt dann vergleichsweise ernüchternd aus (Abb. 29.3).

Für den Fotoapparat liegen die aus den Tropfen austretenden durch Brechung spektral zerlegten Lichtstrahlen oft noch so dicht beieinander, dass sie auf dem Chip zu einem Weiß gemischt erscheinen. Fotografiert man jedoch mit einer gewissen Unschärfe (Abb. 29.4), dann treten an den zu kleinen Scheibchen verschmierten Lichtpunkten die Farben meist sehr deutlich hervor.

29 Glitzernde Tautropfen in der Morgensonne

Abb. 29.2 Kommen gleich große Tropfen in großer Zahl vor, so kann man Glück haben, zumindest andeutungsweise so etwas wie einen Regenbogen zu sehen

Abb. 29.3 Auf Fotos ist das farbige Glitzern in den scharf abgebildeten Wassertropfen meist nicht zu erkennen. Bei unscharfer Abbildung (linkes Foto im Hintergrund) treten die Farben sehr viel stärker hervor. Rechts: Diese übertrieben unscharfe Aufnahme offenbart die Farbzerlegung durch Brechung besonders deutlich

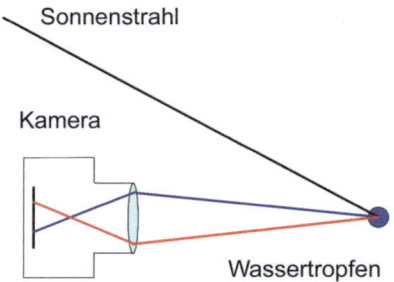

Abb. 29.4 Bei unscharfer Abbildung wird ein noch weiß erscheinender Fleck spektral zerlegten Lichts aufgeweitet, sodass die Farben erkennbar werden. In diesem Fall liegt der Kamerachip hinter dem Brennpunkt

Abb. 29.5 Wassertropfen auf einem weißen Flachbildschirm, die in den RGB-Farben aufblitzen. Der Weißton geht in dieser Vergrößerung allerdings weitgehend verloren

Wir haben es hier also mit dem merkwürdig erscheinenden Sachverhalt zu tun, dass eine bewusste fotografische Qualitätsverminderung eine Verbesserung der Aussagekraft des Fotos zur Folge hat und Ansichten hervorzubringen gestattet, die anders nicht zu haben sind.

Das erinnert an die Farbdarstellung eines Bildschirms (Abb. 29.5). Er erscheint weiß, weil die drei RGB-Farbpixel so dicht beieinanderliegen, dass sie selbst vom menschlichen Auge nicht getrennt wahrgenommen werden können. Hier ist allerdings genau dieser Mischeffekt gewollt. Er kann aber zum Beispiel dadurch aufgehoben werden, dass man den Bildschirm mit kleinen Wassertropfen bespritzt. Das Licht der beim Durchgang durch diese Tropfen gebrochenen und dadurch weiter voneinander getrennten Farbpixel wird nunmehr als einzelne Farben wahrgenommen.

Literatur

Wagenschein, M. (1983). Erinnerungen für morgen. Weinheim: Beltz. S. 41.

30

Irdische Heiligenscheine

30.1 Der Heiligenschein auf der grünen Wiese

Als ich zum ersten Mal bewusst meinen Heiligenschein um den Schatten meines Kopfes gewahrte, war ich mit einem Freund unterwegs. Der wunderte sich darüber, dass – wie ich ja deutlich sehen könne – nur er einen Heiligenschein besitzen würde. Das Foto, das ich von der Situation machte, beweist allerdings das Gegenteil (Abb. 30.1 links, rechter Schatten). Tut es das wirklich? Indem ich den Fotoapparat während der Fotografie von meinem Kopf entfernt halte, zeigt sich, dass der fotografierte Heiligenschein auch nicht meinen Kopf kränzt, sondern die Kamera (Abb. 30.1 rechts).

Abb. 30.1 Links: Eine deutliche Aufhellung um das Schattenhaupt des Fotografen, nicht aber um den des Begleiters. Rechts: Der eigentliche Beobachter ist die Kamera, die in der linken Abbildung mit dem Auge zusammenfällt

Die Situation erinnert an den berühmten Künstler und Goldschmied Benvenuto Cellini (1500–1571), der davon überzeugt war, von Gott auserwählt zu sein. Ganz im Sinne des neuzeitlichen Geistes der Renaissance konnte er dafür eine rationale Begründung geben:

> „Dann muß ich noch eine Sache nicht zurücklassen, die größer ist, als daß sie einem anderen Menschen begegnet wäre, ein Zeichen, daß Gott mich losgesprochen und mir seine Geheimnisse selbst offenbart hat. Denn seit der Zeit, daß ich jene himmlischen Gegenstände gesehen, ist mir ein Schein ums Haupt geblieben, den jedermann sehen konnte … Diesen Schein sieht man des Morgens über meinem Schatten, wenn die Sonne aufgeht, und etwa zwei Stunden danach. Am besten sieht man ihn, wenn ein leichter Tau auf dem Grase liegt … ich kann ihn auch anderen zeigen …" (Cellini 1928).

Da Cellini für seinen Jähzorn bekannt war, wird es der Begleiter, dem er seinen Heiligenschein zeigte, nicht gewagt haben, das Gegenteil zu behaupten. Diese scheinbare Personenbezogenheit des Heiligenscheins zeugt keineswegs von überirdischen Kräften, sondern lässt sich rein physikalisch beschreiben.

Beim Zustandekommen des Heiligenscheins spielen zwei Effekte eine wesentliche Rolle, der Oppositionseffekt und die Retroreflexion des Lichts durch die an den Grashalmen anhaftenden Wassertröpfchen.

Wenn man von der Sonne weg auf den Schatten des eigenen Kopfes blickt, sieht man in der Nähe des Kopfes die von der Sonne aufgehellten Objekte, die den hinter ihnen liegenden Schatten verdecken. Je weiter sich der Blick von diesem Antisolarpunkt entfernt, desto mehr blickt man auch seitlich auf die Objekte und die von ihnen beschatteten Bereiche (Abb. 30.2).

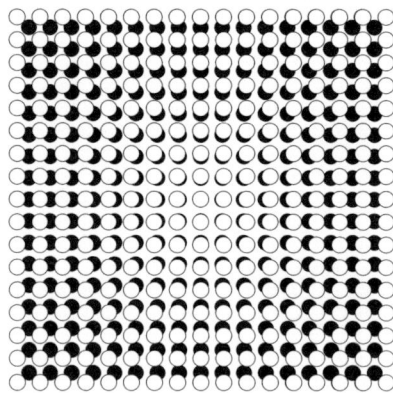

Abb. 30.2 Licht fällt von oben auf weiße Säulen. Je weiter der Blick von der senkrecht zur Papierebene orientierten Lichtstrahlrichtung abweicht, desto mehr treten die Schatten der bestrahlten Säulen in Erscheinung. Dadurch nimmt die Flächenhelligkeit ab

Dadurch nimmt die aus beleuchteter und beschatteter Fläche bestimmte durchschnittliche Flächenhelligkeit immer mehr ab. In der Nähe des Kopfes ist es daher am hellsten. Dieser Effekt ist umso ausgeprägter, je strukturierter die Gegenstände sind. Wälder vom Flugzeug aus gesehen, Kornfelder, aber auch granulare Oberflächen aus Sand und Kies zeigen daher häufig diese Aufhellung.

Wenn dies der einzige Effekt wäre, der zum Heiligenschein führte, müsste man ihn auch auf trockenen Wiesen sehen. Das ist aber nur sehr bedingt der Fall. Ein zweiter in seiner Wirkung wesentlich stärkerer Effekt kommt hinzu: die Retroreflexion. Das ist die Rückstreuung von Licht in Richtung Lichtquelle durch die in der kühlen Nacht durch Kondensation von Wasserdampf entstandenen an den Grashalmen anhaftenden Tautropfen.

Betrachten wir einen Modellwassertropfen in Form einer Glaskugel oder eines wassergefüllten Rundkolbens. Wird ein solcher Modelltropfen mit Licht bestrahlt, so fokussiert er die Lichtstrahlen in einem Brennpunkt, danach laufen sie wieder auseinander. Eine dicht hinter den Tropfen gehaltene Projektionsfläche, z. B. in Form eines Blatts Papier, reflektiert das Licht diffus in alle Richtungen. Dabei werden wegen der Nähe zum Tropfen zahlreiche Lichtstrahlen wieder in diesen hineingebrochen und laufen schließlich vor allem in Richtung Lichtquelle zurück (Abb. 30.3 rechts). Beim Heiligenschein in der Natur übernehmen die Blätter der Pflanzen die Rolle der Projektionsfläche (Abb. 30.3 rechts und Abb. 30.4).

Natürlich hat man es nicht nur mit dem Idealfall kugelrunder Tropfen zu tun, die mit einem gewissen Abstand auf den Härchen der Blätter sitzen. Viele Tropfen werden maßgeblich von der Kugelform abweichen und entsprechend geringere Beiträge zur Retroreflexion liefern. Weil ein großer Teil der aus der nahen Umgebung des Kopfschattens reflektierten Lichtstrahlen in

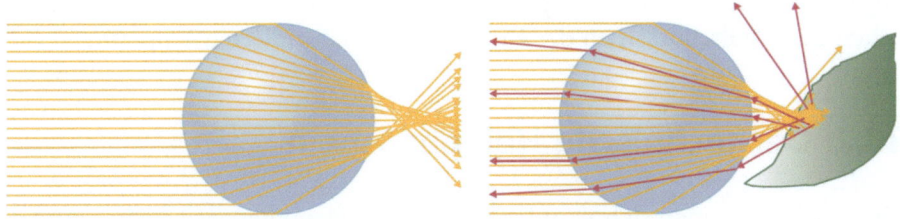

Abb. 30.3 Das nahezu parallele Sonnenlicht wird nach Durchgang durch den Tropfen fokussiert (links). Befindet sich in der Nähe des Brennpunkts ein Gegenstand, z. B. ein Blatt, so wird ein Teil des Lichts in den Tropfen zurückgestreut und von diesem so gebrochen, dass er hauptsächlich in Richtung der Lichtquelle zurückgestrahlt wird (rote Strahlen, rechts)

Abb. 30.4 Retroreflexion von Wassertröpfchen, die auf den Härchen eines Grashalms sitzen, und das auf das Blatt fokussierte Licht teilweise reflektieren. Nicht der ganze Tropfen ist erhellt, weil wegen der Verdeckung der Sonne durch die Kamera die Aufnahme etwas von der Seite her gemacht werden musste

Richtung Sonne zurückläuft, und dabei auf den vor der Sonne stehenden Menschen trifft, sieht er nur diese Lichtstrahlen und damit nur seinen eigenen Heiligenschein. Die Intensität des zurückgestrahlten Lichts klingt mit zunehmender Abweichung von der 180°-Richtung sehr schnell ab. Der Heiligenschein wird also nur von den nicht allzu stark abweichenden Lichtstrahlen hervorgebracht.

Aber warum erscheint uns das von den Tröpfchen auf dem grünen Gras zurückgestrahlte Licht nicht wie im Normalfall grasgrün, sondern weiß? Mit dieser Frage haben sich Wissenschaftler lange auseinandergesetzt (Minnaert 1992, S. 313). Demnach treten vor allem aufgrund der Abweichungen der Form der Wassertropfen von der Kugelgestalt zusätzlich zur Reflexion von den bestrahlten Oberflächen und der anschließenden Fokussierung durch die Tropfen weitere Effekte auf. Dazu zählen vor allem die verschiedenen Möglichkeiten der Totalreflexion an der Rückseite der deformierten Tropfen.

30.2 Der technische Heiligenschein

Eigentlich muss man sich wundern, dass viele Menschen sich nicht wundern über die erstaunliche Eigenschaft von vielen Verkehrsschildern, Begrenzungsstreifen auf der Straße, Autokennzeichen, Warnschutzkleidungsstücken u. a. blendend hell aufzuleuchten, wenn sie von einem Autoscheinwerfer oder

Abb. 30.5 Der im Licht eines Scheinwerfers auf ein Verkehrsschild projizierte Kopf wird von einem hellen Schein umgeben (links). Wie beim natürlichen Heiligenschein ist es eigentlich die Kamera, in deren Umgebung es hell wird (rechts)

einer anderen Leuchte aus welchem Winkel auch immer „getroffen" werden. Denn das widerspricht nicht nur massiv dem Reflexionsgesetz, sondern auch der Erwartung.

Hinter diesem merkwürdigen Phänomen verbirgt sich eine raffinierte technische Variante des Heiligenscheins. Um diese Aussage einzusehen, muss man sich nur vor eines dieser Verkehrsschilder stellen und seinen Schatten oder den der Kamera im Licht eines Scheinwerfers auf dem Schild betrachten: Die Person ist von einem hellen Schein umgeben (Abb. 30.5).

In der Praxis hat man jedoch die Lichtquelle nicht im Rücken, sondern befindet sich hinter der Lichtquelle, meist den Scheinwerfern eines Fahrzeugs, sodass das Licht stets zur Lichtquelle zurückgeworfen wird. Da wie beim natürlichen Heiligenschein diese Retroreflexion nicht ganz genau im Winkel von 180° erfolgt, sondern davon abweicht, profitiert man von den hell erleuchteten Verkehrsschildern.

Schaut man sich die retroreflektierenden Flächen genauer an, so erkennt man, dass auch hier kleine transparente Kügelchen, meist aus Kunststoff oder Glas, entscheidend sind. Anders als die Wassertropfen sind sie in einer reflektierenden Kunststoffmatrix eingebettet (Abb. 30.6). Das auf die Kügelchen auftreffende Licht wird in die Kugel hineingebrochen und von der reflektierenden rückwärtigen Grenzschicht reflektiert.

Wegen der einfachen Geometrie wird das Licht *fast* in dieselbe Richtung reflektiert, aus der es kam (Schlichting et al. 1999). Und da es so gut wie vollständig zurückgestrahlt wird, ist die Intensität wesentlich größer als beim natürlichen Heiligenschein. Wie beim natürlichen Heiligenschein kommt es hier entscheidend auf das „Fast" an. Denn würde es exakt zur Lichtquelle zurückgestrahlt, landete das Licht wieder in den Scheinwerfern und nicht im Auge der jeweiligen Person.

Abb. 30.6 Mikroskopaufnahme der Oberfläche eines D–Schildes (Nationalitätenkennzeichen). Deutlich zu erkennen sind die in der Folie eingelagerten Plastikkügelchen

30.3 Heiligenschein und Taubogen

Ein Vormittag im Herbst, die Sonne hat gerade die letzten Nebel aufgelöst, die Blätter der Pflanzen sind mit Tautropfen besetzt. In dieser Situation wird der Schatten des eigenen Kopfes auf den nassen Pflanzen von einem hellen Schein umgeben, dem Heiligenschein. Auf dem Foto umgibt er allerdings die Kamera (siehe Abb. 30.7 oben).

Während der Heiligenschein durch Retroreflexion entsteht und daher nur weißes Licht ausstrahlt, können durch die Brechung des Sonnenlichts in den Tautropfen Farben hervorgebracht werden und damit zu einem weiteren Phänomen führen, das auf dem unbewegten Foto allerdings nur schwer zu erkennen ist: einem Taubogen (Abb. 30.7). Viel deutlicher sieht man ihn beim Gehen, weil unsere Wahrnehmung besonders empfindlich ist für Veränderungen im visuellen Feld.

Wie die Ausschnittvergrößerung zeigt (Abb. 30.7 unten) grenzt der Taubogen einen etwas helleren von einem dunkleren Teil ab. Das deutet darauf hin, dass der Taubogen eine Variante des Regenbogens auf dem Boden darstellt. Denn er wird auf dieselbe Weise durch Reflexion und Brechung an den relativ großen Tautropfen auf den Pflanzenblättern hervorgerufen wie der Regenbogen in fallenden Regentropfen.

Auf dem Foto sieht man einen Teil des durch das horizontale Feld aus dem Regenbogenkegel herausprojizierten Kegelschnitts; in diesem Fall eine Hyperbel. Die Farben des Taubogens sind nicht sehr gut zu erkennen, was hauptsächlich an der uneinheitlichen Größe und Form der Tautropfen auf den Blättern liegt.

Abb. 30.7 Oben: Heiligenschein um den Schatten der Kamera und Taubogen auf einem Feld. Unten: Ausschnitt des Taubogens

Da sich Tau vor allem im Frühjahr und im Herbst bildet, wenn in klaren Nächten der Erdboden stark abkühlt und dadurch der Wasserdampf kondensiert, lassen sich Taubögen am besten in diesen Jahreszeiten beobachten. Aber auch dann sind sie noch relativ selten. Denn wenn die Sonne noch sehr tief steht, ist der Schattenwurf zu lang, um den Taubogen gut ausmachen zu können. Steigt die Sonne höher, verdunstet der Tau recht schnell. Und ist das Schattenende dann endlich in Augenweite, mangelt es meist bereits an Tautröpfchen, um einen gut sichtbaren Bogen hervorzubringen.

30.4 Künstlicher Heiligenschein oder Regenbogen?

Am eindrucksvollsten zeigt sich ein Heiligenschein auf einer feuchten Wiese bei tief stehender Sonne, also eher in freier Natur. Aber inzwischen hat dieses Naturphänomen auch unsere Straßen erreicht (Abb. 30.8). Der Unterschied zum normalen Heiligenschein besteht darin, dass er nicht durch Tautröpfchen hervorgebracht wird, sondern durch winzige Glas- oder Plexiglaskügelchen, die – so vermute ich – entweder durch Sandstrahlarbeiten oder durch die Herstellung von Straßenmarkierungen dorthin gelangt sind. Denn beim Reinigen verschmutzter Fassaden mit Sandstrahlen werden keine Sandkörner verwendet, sondern Glaskügelchen. Diese werden auf die Fassade geschossen und lösen den Schmutz. Außerdem gibt man bei Straßenmarkierungen oft Kunststoff- oder Glaskügelchen in die obere Schicht der Farbe, damit das Licht eines Fahrzeugs von diesen Kügelchen wie bei den oben erwähnten Verkehrsschildern zurückgestrahlt wird. Durch diese Retroreflexion wird die Sichtbarkeit solcher Markierungen verstärkt.

Bei den Arbeiten kann es vorkommen, dass die winzigen (bis zu Bruchteilen eines Millimeter kleinen) Perlen auch dorthin gelangen, wo sie eigentlich nicht benötigt werden. Und da diese kleinen Leuchtsphären ansonsten

Abb. 30.8 Ein Heiligenschein auf dem Straßenasphalt wird durch winzige Glaskügelchen hervorgerufen, die vermutlich bei Straßenbauarbeiten (Zebrastreifen mit Retroreflexionseigenschaften) angefallen sind

kaum wahrzunehmen, geschweige denn zu beseitigen sind, verbleiben sie dort und irritieren die Menschen oder verführen sie zu der Ansicht, einen Heiligenschein zu besitzen. Allerdings ist dazu auch noch der Sonnenschein oder eine andere Lichtquelle nötig, damit sich die heilige, genauer, die scheinheilige Person als solche erkennt.

Vergleicht man diesen vermeintlichen Heiligenschein auf dem Pflaster mit dem auf der feuchten Wiese, so erkennt man einen weiteren Unterschied. Die mit Glas- oder Kunststoffkügelchen hervorgebrachte Aufhellung um den Schattenkopf ist mit einem regenbogenfarbigen Rand umgeben. Dies weist auf einen Unterschied in der Entstehung hin. Während der Heiligenschein auf der Wiese in erster Linie durch die Retroreflexion der von den lichtdurchstrahlten, meist deformierten Tropfen erhellten Grashalme entsteht, geht die durch die Kügelchen produzierte Aufhellung vor allem aus Reflexion und Brechung des Lichts innerhalb der Kügelchen hervor. Wie beim Regenbogen wird der Anteil der in die Kügelchen hineingebrochenen Lichtstrahlen, der an der Innenseite der Rückwand reflektiert wird, anschließend teilweise wieder aus den Kügelchen herausgebrochen. Dabei wird das weiße Licht in seine Spektralfarben zerlegt (Dispersion). Zusammen mit einer Konzentration der Strahlen im „Regenbogenwinkel" kommt es zu der auffällig deutlichen regenbogenartigen Umrandung der Aufhellung. Damit ist dieser „Heiligenschein" vielmehr eine Art trockener Regenbogen (Wilhelm et al. 2014).

30.5 Der Strahlenkranz im sonnigen Wasser

Sah den Widerschein des Sommerhimmels im Wasser,
Fühlte meine Augen geblendet von der schimmernden Strahlenspur,
Schaute hinab auf die feinen, strahlenden Lichtspeichen
um die Form meines Kopfes im sonnigen Wasser

Walt Whitman 1985

Der amerikanische Lyriker Walt Whitman beschreibt in einem Gedicht ein optisches Phänomen, das sich an manchen Gewässern beobachten lässt (Whitman 1985): Steht man mit der Sonne im Rücken am Ufer oder an der Reling eines Schiffs, so sieht man zuweilen im Wasser um den Schatten des Kopfes so etwas wie einen Strahlenkranz. Wie beim kreisförmigen Heiligenschein auf der feuchten Wiese oder auf dem Verkehrsschild kann man auch den Strahlenkranz nur bei sich selbst bzw. der Kamera beobachten (Abb. 30.9). Voraussetzung für dieses Phänomen ist eine leichte Trübung durch Schwebeteilchen im leicht gewellten Wasser.

Abb. 30.9 Ähnlich wie beim Heiligenschein auf der nassen Wiese, gruppieren sich im trüben Wasser eine Art Schattenstrahlen um den Kopfschatten bzw. um die Kamera

Die Wellen und die Trübung des Wassers wirken hier in kreativer Weise zusammen. Für das Sonnenlicht stellen die Wellen so etwas wie eine quasiperiodische Anordnung von Sammel- und Zerstreuungslinsen dar, die im Falle eines klaren Gewässers auf dem Boden ein Netz bewegter Brennlinien hervorrufen würden (siehe Abschn. 14.2).

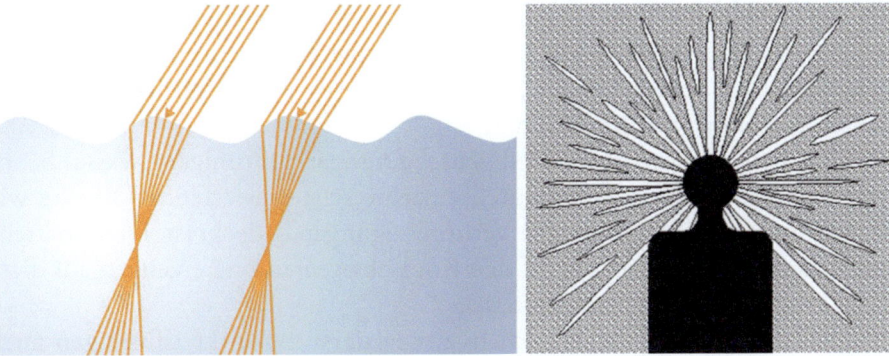

Abb. 30.10 Links: Die wellige Wasseroberfläche erzeugt aus wechselnden Licht- und Schattenstreifen bestehende parallele Säulen im trüben Wasser. Sie scheinen wegen der perspektivischen Verkürzung zu konvergieren. Rechts: Aus der Sicht eines Beobachters, der das Phänomen in einer Ebene sieht, scheinen die konvergierenden Strahlen auf den Schattenkopf zuzulaufen

Wenn allerdings wie im vorliegenden Fall das Wasser getrübt ist, wird das Licht längs des gesamten Weges durch das Wasser an winzigen Schwebeteilchen gestreut, ähnlich wie es bei den Sonnenstrahlen in dunstiger Luft der Fall ist. Es entstehen „Schattenstrahlen" in Form dunkler Säulen, die sich dem Wellengang der Oberfläche entsprechend in einem ständigen Wechsel zwischen Fokussierung und Defokussierung des Lichts, also zwischen hellen und dunklen Bereichen (Abb. 30.10) befinden. Da dieser Wechsel jedoch durch die gesamte durchschaute Wasserschicht hindurch synchron erfolgt, bleibt der Eindruck von Licht- und Schattensäulen erhalten.

Während die Sonnenstrahlen in der dunstigen Luft zur Sonne hin zusammenzulaufen scheinen, entsteht hier der Eindruck, die „Schattenstrahlen" würden im Gegenpunkt der Sonne zusammenlaufen. Es handelt sich jeweils um eine perspektivische Verjüngung, wie man sie beispielsweise von Bahnschienen kennt, die sich im Horizont zu treffen scheinen. Der Gegenpunkt der Sonne wird durch den Kopfschatten des beobachtenden Menschen verdeckt. Und weil dieser nur die Projektion der konvergierenden Schattensäulen auf die Wasseroberfläche sieht, auf der er auch seinen Kopfschatten verortet, scheint es so, als liefen die Schattensäulen auf seinen Kopfschatten zu. Dadurch entsteht insgesamt der Eindruck eines den Kopf umgebenden Strahlenkranzes (Abb. 30.10).

Anders als die Kamera, die eine Momentaufnahme der bewegten Wasseroberfläche erstellt und den Eindruck eines statischen Strahlenkranzes hervorruft, nimmt eine Person selbst eine der Wellenbewegung entsprechende Bewegung der den Strahlenkranz ausmachenden Schattensäulen wahr. Diese Bewegung der Strahlen erinnert zuweilen an die Speichen eines rotierenden Rades mit dem Schattenkopf als Achse, so wie es Walt Whitman im obigen Gedichtausschnitt beschrieben hat.

Manchmal kann man den Heiligenschein sogar auf ruhigem Wasser beobachten, wenn die Oberfläche durch einzelne schattenwerfende Objekte wie Wasserlinsen und schwimmende Verunreinigungen bedeckt ist. Die Schattensäulen dieser Objekte laufen auf den Kopfschatten zu und erzeugen auf diese Weise einen statischen Strahlenkranz.

Interessanterweise gibt es auch in der Malerei neben kreisförmigen auch strahlenförmige Heiligenscheine. Möglicherweise sind die natürlichen Phänomene sogar Vorbild für die Darstellung in der Kunst gewesen.

30.6 Der Heiligenschein im ungetrübten Wasser

Nachdem ich den Heiligenschein im trüben Wasser immer wieder sah, entdeckte ich ihn schließlich auch in glasklarem Wasser. Aber er war ganz anders und erinnerte eher an den Heiligenschein auf der feuchten Wiese. Denn auffälliger als die durch die Welligkeit hervorgebrachten Muster dunkler und heller Elemente war eine auffällige Aufhellung um meinen Kopfschatten auf dem jeweils glatten, meist betonierten Boden des Gewässers.

Man sieht das von der welligen Oberfläche zum Auge reflektierte Licht korreliert mit der von diesen Wellen hervorgerufenen Hell-Dunkel-Musterung auf dem Boden. Dadurch wird ähnlich wie beim Strahlenkranz im trüben Wasser durch perspektivische Verkürzung der Eindruck von Lichtsäulen erweckt. Diese scheinen auf den Gegenpunkt der Sonne (Antisolarpunkt) zuzulaufen, der im Bereich des Kopfschatten des Beobachters bzw. der Kamera gelegen ist (Abb. 30.11).

Hinzu kommt die Wirkung des Oppositionseffekts, durch den eine Dominanz der hellen Säulen in der Nähe des Schattens des Kopfes bzw. der Kamera zu beobachten ist. Offenbar wird das durch die Wellen fokussierte Licht von dem ebenen, aber groben Betonuntergrund aufgrund von Abschattungen zu den Seiten hin hauptsächlich in die Einstrahlrichtung des Lichts zurückgestrahlt. Seitlich gestreutes Licht wird durch Schatten der Erhöhungen auf dem Boden umso so mehr gedimmt, je größer der Winkel ist, unter dem man eine bestimmte Stelle sieht.

Abb. 30.11 Der Kopfschatten (links) und der Schatten der Kamera (rechts), von einer strahlenförmigen Aufhellung umgeben

Literatur

Minnaert, M. (1992). Licht und Farbe in der Natur, Birkhäuser.

Whitman, W. (1985). Grashalme. Diogenes.

Cellini, B. (1928). In: Goethes Werke. Hamburg, S. 236.

Schlichting, H. J. et al. (1999). Der Heiligenschein auf dem Verkehrsschild. Physik in unserer Zeit 30/6. S. 259–260.

Wilhelm, Th. et al. (2014). Ein Regenbogen mit Glaskügelchen. Praxis der Naturwissenschaften – Physik in der Schule 63/6. S. 5–10.

31

Hinter Gittern

Als ich bei einer Teepause im Garten rein spielerisch durch das noch tropfende Teesieb auf ein hell beleuchtetes Motiv blickte, sah ich nicht nur das Motiv selbst – gewissermaßen hinter Gittern –, sondern außerdem ein faszinierendes Mosaik: etliche winzige Bilder in den Gittermaschen, die jeweils einen Ausschnitt des Ganzen zeigten und zudem noch einige rätselhafte Eigenschaften aufwiesen (Abb. 31.1). Ein solcher Anblick ist zwar nur von kurzer Dauer, denn die Bildchen oder besser ihre wässrigen „Leinwände" zerplatzen ziemlich schnell und geben den nahezu unverstellten Blick auf das Originalmotiv wieder frei. Einen Moment lang sieht man aber beides gleichzeitig – das Motiv als Ganzes und einige Ausschnitte – sodass man einen direkten Vergleich anstellen kann.

Wie kommt es zu diesen Maschenbildern, und warum verschwinden sie anschließend wieder ziemlich schnell? Beim Eintauchen des Siebs in den Tee (Leitungswasser tut es natürlich auch) füllen sich seine Zwischenräume zunächst mit Wasser. Einiges davon bleibt, während man das Sieb wieder herausnimmt, in den Maschen hängen. Dass es nicht einfach abtropft, ist der Adhäsion zwischen Wasser und Metalldraht zu verdanken, also den an der Grenzschicht zwischen ihnen wirkenden Kräften. Dabei spielt eine Rolle, dass die Natur dazu neigt, möglichst viel Energie an die Umgebung abzugeben. In diesem Fall wird die sogenannte Grenzflächenenergie minimiert, und die ist zwischen Wasser und Draht ganz offenbar geringer als zwischen Wasser und Luft.

Jetzt könnte man allerdings fragen, warum sich das Wasser nicht gleich zu Tropfen zusammenzieht, die doch schließlich eine noch kleinere Grenzfläche besitzen und folglich einen noch energieärmeren Zustand nach sich ziehen

Abb. 31.1 Links: Man blickt durch ein Gitter auf ein Gesicht. In einigen Maschen erscheinen verkleinerte Abbildungen von Teilen des Motivs. Darin sieht man an einigen Stellen, dass auch Schatten des Gitters abgebildet werden

würden. Genau dies geschieht auch – allerdings nicht sofort, sondern nach und nach. Denn die Drähte zerren an den zwischen ihnen gespannten kleinen Wasserhäutchen etwa gleich stark in alle Richtungen. Zunächst besteht also schlicht kein hinreichender Anlass dafür, dass sich das Wasser an einer bestimmten Stelle zu Tropfen zusammenzieht.

Erst wenn aufgrund der Schwerkraft genug Wasser abgelaufen ist und die Häutchen sehr dünn geworden sind, zerstören selbst kleinste zufällige Störungen das fragile Gleichgewicht zwischen den Kräften, weshalb die Membranen platzen und dann tatsächlich als winzige Tröpfchen enden.

Die Wassermembranen verhalten sich wie optische Linsen, erzeugen also ein Abbild der hinter ihnen gelegenen Gegenstände. Wer bei Linsen gleich an eine Lupe denkt, geht jedoch fehl. Denn ein Blick durch eine Sammellinse, die in der Mitte dicker ist als am Rand, würde im Fall entfernterer Gegenstände seitenverkehrte und auf dem Kopf stehende Bilder zeigen. Erst wenn man den Objekten so nah auf den Leib rückt, dass der Abstand zu ihnen kleiner ist als die Lupenbrennweite, würde man sie richtig herum und wie durch eine Lupe vergrößert sehen. Aber im vorliegenden Fall ist das Motiv weit entfernt. Ein prüfender Blick auf die Gittermaschen des Teesiebs zeigt indessen, dass die eingespannten Membranen an den Drähten dicker sind als in der Mitte. Sie stellen daher keine Sammel-, sondern Zerstreuungslinsen dar. Diese bilden selbst entfernte Gegenstände richtig herum und verkleinert ab.

Der aufmerksame Beobachter wird vielleicht das dunkle Gitternetz bemerkt haben, das die kleinen Maschenbilder zu überziehen scheint (Abb. 31.1 links oben). Ein wenig mutet das an, als würde man diese ihrerseits durch ein Drahtnetz hindurch betrachten. Das ist aber nicht der Fall. Um diesem Phänomen auf die Spur zu kommen, werfen wir einen Blick auf das Motiv selbst. Das Licht fällt frontal ein, wie die weit gehend gleichmäßige Ausleuchtung zeigt; es muss also schon auf seinem Weg zum Motiv durch das Sieb gegangen sein. Es ist also der Schatten, den das Sieb auf das Gesicht wirft. Dass man ihn kaum sieht, liegt an der unscharfen Abbildung des Motivs; schließlich wurde beim Fotografieren auf das Drahtnetz fokussiert.

Viel Zeit bleibt einem für diese Beobachtungen nicht. Ganz besonders schnell ist zudem der Augenblick vergangen, in dem noch fast alle Drahtmaschen des frisch aus dem Tee gehobenen Siebs mit einem Flüssigkeitsfilm überzogen sind. Verzichtet man jedoch darauf mit einem teebenetzten Sieb zu experimentieren und taucht das Sieb in Seifenwasser ein, so lässt sich die Beobachtungszeit deutlich verlängern.

Teil VI

Strukturfarben

Farben ohne Farbstoff

Wenn von Farben die Rede ist, denkt man normalerweise an Pigmentfarben. Sie entstehen dadurch, dass die in einem Gegenstand eingelagerten Farbpigmente bestimmte Wellenlängen des einfallenden weißen Lichts absorbieren und den Rest, die Komplemtärfarbe, ausstrahlen.

Dies ist aber nicht die einzige Möglichkeit der Entstehung von Farben. Die Wechselwirkung von Licht mit winzigen Strukturen von Gegenständen, deren Abmessungen von der Größenordnung der Wellenlängen des Lichts sind (grob gesagt zwischen Mikro- und Nanometer: 1 Mikrometer (µm) = 0,001 Millimeter (mm), 1 Nanometer (nm) = 0,001 µm), kann Farberscheinungen durch Interferenz, Beugung und Streuung hervorbringen.

Derart feine Strukturen kann man mit bloßem Auge nicht erkennen, vielmehr sind umgekehrt die Strukturfarben ein indirekter Hinweis auf die Abmessungen dieser Strukturen. So kann man beispielsweise aus dem Irisieren von Seifenblasen erschließen, dass ihre Dicke von der Größenordnung der Wellenlänge des sichtbaren Lichts sein muss (Abb. 1). Und die Farbwechsel zeigen auf ästhetisch ansprechende Weise, wie schnell sich die Dicke der Blasenhaut ändert.

Aber auch winzige Partikel zum Beispiel in Form von Wassertröpfchen in der Atmosphäre können das weiße Licht in einer Weise beeinflussen, dass lebhafte Farbmuster hervorgerufen werden. Koronen und Glorien im Licht der Sonne sind vertraute Beispiele dafür.

Strukturfarben

Abb. 1 Bewegte Farbspiele auf einer Seifenblase. Die Farben entsprechen den unterschiedlichen Dicken der Seifenhaut

Viele in der natürlichen und wissenschaftlich-technischen Welt zu beobachtende Strukturfarben sind als solche den meisten Menschen nicht bewusst. Dieser Teil soll dazu beitragen, derartige Phänomene an leicht zu beobachtenden Beispielen zu illustrieren und damit für eigene Entdeckungen zugänglich zu machen.

32

Dünne Schichten und satte Farben

*Den schönsten Farbenschmuck erzielt
die Natur durch Interferenzfarben;
man denke an die Flügel der Schmetterlinge,
das Gefieder der Kolibris, an Opal oder Perlmutter.
Welche Aussichten würden sich der Malerei eröffnen, wenn es gelänge,
eine handliche Interferenzfarben-Technik auszubilden!*

Arnold Sommerfeld

32.1 Lebendige Juwelen

Nicht nur dem berühmten Physiker Arnold Sommerfeld (1964) hatten es die Interferenzfarben angetan. Auch der Schriftsteller Thomas Mann thematisiert sie. Gleich zu Beginn seines *Doktor Faustus* lässt sich einer seiner Protagonisten überschwänglich über die „Herrlichkeiten und Exzentrizitäten" aus, die manche „in allen Farben der Palette, nächtigen und strahlenden, sich dahinschaukelnden" Insekten aufweisen. Die Tiere fristen „ihr ephemeres Leben" in „phantastisch übertriebener Schönheit". Besonders beeindruckte ihn, dass „die herrlichste Farbe, die sie zur Schau tragen … gar keine echte und wirkliche Farbe" ist. Stattdessen werde sie „durch feine Rillen und andere Oberflächengestaltungen der Schüppchen auf ihren Flügeln hervorgerufen" (Mann 1967).

Damit ist schon vieles gesagt über die Farbenpracht vieler Insekten, die in merkwürdigem Kontrast zum sonstigen Ansehen dieser Tierchen steht. Man nehme als Beispiel die Schmeißfliege *Lucilia sericata,* die in Würdigung ihrer

Abb. 32.1 Der Körper dieser Fliege schimmert bläulich, grün und golden, abhängig vom Blickwinkel

optischen Qualitäten auch Goldfliege heißt. Je nach Perspektive changiert ihr Funkeln in der Sonne: Unter kleinem Einfallswinkel betrachtet, schimmert das Insekt golden bis grünlich, während seitlich gesehen eher kürzere Wellenlängen und damit blaue Töne dominieren (Abb. 32.1).

Weder diese Wandelbarkeit noch der metallische Glanz ist uns von den gewöhnlichen Farben vertraut. Letztere entstehen meist durch Pigmente, also chemische Stoffe, die bestimmte Wellenlängen des weißen Lichts absorbieren und nur die entsprechenden Komplementärfarben zurückstreuen. Beispielsweise entsteht die grüne Farbe von Pflanzen im Chlorophyll, indem es vor allem Blau- und Rotanteile aus dem weißen Sonnenlicht absorbiert. Und die unterschiedlichen Brauntöne der menschlichen Haut und des Haares hängen von der Konzentration des Pigments Melanin ab.

Demgegenüber haben wir es bei vielen Insekten mit komplizierteren optischen Vorgängen zu tun. Hier spielen sogenannte Interferenzeffekte eine Rolle, wenn Licht innerhalb einer mikroskopisch feinen Struktur mehrfach gebrochen und reflektiert wird. Daher spricht man auch von Strukturfarben. Manchmal treten sie gemeinsam mit Pigmenten auf; dann sieht man als Ergebnis die entsprechende Mischung. Erzeugt also beispielsweise das spezielle Oberflächengefüge eines Objekts eine blaue Interferenzfarbe und es enthält selbst gelbe Pigmente, ergibt sich eine grüne Tönung.

Das Sonnenlicht wechselwirkt in der Insektenhaut mit einzelnen Chitinlagen, deren Dicke eine ähnliche Größenordnung haben wie die Wellenlängen des sichtbaren Lichts. Das verändert letztlich die Intensität der einzelnen Farbanteile. Im einfachsten Fall kann bereits eine dünne transparente Schicht bunt schimmern (Abb. 32.2).

32 Dünne Schichten und satte Farben

Abb. 32.2 Dünne transparente Flügel erscheinen in irisierenden Farben. Die Farben variieren mit der Dicke der Flügel und dem Winkel, unter dem sie gesehen werden

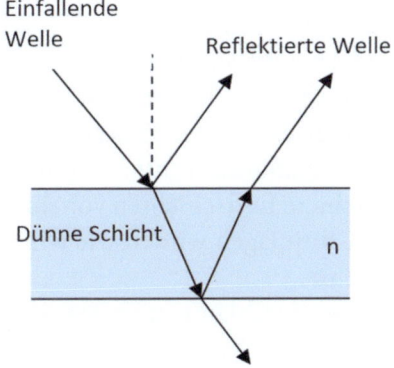

Abb. 32.3 Die einfallende Lichtwelle wird jeweils teilweise an den beiden Grenzflächen reflektiert und durchgelassen. Wegen des Wegunterschieds der sich überlagernden reflektierten Teilwellen auf dem Chip der Kamera kommt es zur Phasenverschiebung und damit zu Farben

Wenn eine Lichtwelle beispielsweise auf die filigranen durchsichtigen Flügel einer Fliege trifft, wird sie im Inneren wegen der unterschiedlichen optischen Eigenschaften (Brechungsindex) von Luft und Flügelmaterial gebrochen und teilweise reflektiert. Dabei kommt es bei der reflektierten Teilwelle zu einer Verschiebung von einer halben Wellenlänge, das heißt, die Wellenberge und -täler erleiden einen Phasensprung. Das restliche Licht trifft auf die untere Grenzschicht und wird dort abermals teils reflektiert, allerdings ohne Phasensprung, da dieser nur beim Übergang des Lichts in ein optisch dichteres Medium auftritt. Wenn diese zurückgeworfene Teilwelle ebenso wie die bei der oberen Reflexion ausgelöste im Auge oder auf dem Chip der Kamera landen, überlagern sie sich (Abb. 32.3).

Wegen ihres Gangunterschieds stellt sich zwischen beiden Teilwellen eine Phasenverschiebung ein. Das bedeutet anschaulich, dass die Wellenberge gegeneinander versetzt werden, sich also teilweise auslöschen oder verstärken. Dadurch entsteht ein neuer Farbeindruck. Dieser hängt von der Flügeldicke, dem Brechungsindex des Flügelmaterials, dem Einfallswinkel und der Wellenlänge des Lichts ab.

Beträgt die Dicke der Schicht gerade ein Viertel der Wellenlänge einer bestimmten Lichtfarbe, summieren sich der doppelte Weg im Material und der Phasensprung bei der oberen Reflexion gerade zu einer ganzen Wellenlänge: Es kommt zur konstruktiven Interferenz. Dabei werden die Wellenberge höher und die Wellentäler tiefer – die entsprechende Farbe erscheint deutlich gesättigter und intensiver. Andere Wellenlängen hingegen werden teilweise oder ganz ausgelöscht. Bei weißem Sonnenlicht, das alle Farben enthält, ist daher an einer Stelle des Flügels unter einem bestimmten Betrachtungswinkel stets nur eine Tönung zu sehen. Etwaige Farbunterschiede erlauben Rückschlüsse auf eine variierende Flügeldicke.

Der metallisch-bunte Glanz des Fliegenkörpers ist ebenfalls eine Strukturfarbe. Das verwundert erst einmal, schließlich ist der Panzer viel dicker als ein Flügel. Aber die Körperoberfläche der Goldfliege besteht aus einer geordneten Abfolge paralleler, etwa 150 Nanometer dünner durchsichtiger Chitinebenen, die durch rund zehnmal feinere Luftschichten voneinander getrennt sind. Die Unregelmäßigkeiten der Chitinlagen wirken wie winzige Abstandshalter und erzeugen die Zwischenräume.

Wenn Licht diesen Stapel durchläuft, trägt jede der Ebenen zur konstruktiven Interferenz bei (Abb. 32.4). Infolgedessen strahlt der Rumpf der Goldfliege noch intensivere Farben aus, als es bei einer einzelnen dünnen Schicht und erst recht bei Pigmentfarben möglich wäre.

Zahlreiche Insekten haben an verschiedenen Körperstellen unterschiedliche Panzerstrukturen, bei denen beispielsweise die Schichtdicken voneinander abweichen. Das verstärkt jewels andere Anteile aus dem Spektrum des weißen Lichts, und das Tier erscheint bunt. Ein Prachtexemplar mit intensiven Strukturfarben ist die Goldwespe, deren faszinierende Erscheinung so gar nicht zu ihrer parasitären Lebensweise zu passen scheint (Abb. 32.5). Es ist eben nicht alles Gold, was glänzt.

Biologen rätseln bei vielen Insekten noch über den Zweck der auffälligen Färbung. Sie könnte der Kommunikation dienen – etwa zwischen Individuen der Art – oder um Fressfeinden Ungenießbarkeit zu signalisieren. Vielleicht ist es aber auch nur ein Epiphänomen, das sich zufällig aus dem Aufbau er-

32 Dünne Schichten und satte Farben

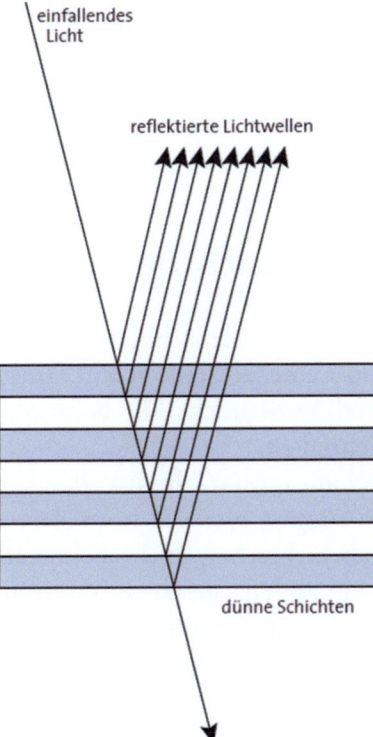

Abb. 32.4 Die mehrschichtige Oberfläche des Insektenrumpfs verstärkt beim reflektierten Licht den Effekt einer einzelnen Lage (die Verschiebung der hindurchlaufenden Lichtwellen durch Brechung in den einzelnen Ebenen wurde nicht eingezeichnet)

Abb. 32.5 Die Goldwespe macht ihrem Namen alle Ehre. Die Schönheit der metallisch glänzenden Farben hängt mit den komplexen Interferenzeffekten zusammen

gibt, der ganz anderen Zwecken wie etwa der Wärmeregulation dienen könnte. Jedenfalls interessieren sich inzwischen ebenfalls Wissenschaftler anderer Fachrichtungen für die Strukturfarben von Tieren und versuchen, sie besser zu verstehen. Denn sie sind nicht nur schön anzusehen, sondern auch eine ergiebige Inspirationsquelle für zahlreiche nanotechnische Anwendungen.

32.2 Wie man sich unsichtbar macht

Unsichtbar zu sein, ist ein alter Menschheitstraum. In der Tierwelt ist der Natur das Kunststück an mancher Stelle schon fast gelungen. So wird etwa beim Glasflügelschmetterling deutlich: Die beste Strategie ist letztlich eine besonders gute Durchsichtigkeit.

Transparente Gegenstände, etwa solche aus Glas, kann man recht ungestört durchblicken. Trotzdem nimmt man sie normalerweise nur deshalb wahr, weil sie das Umgebungslicht brechen und reflektieren. Bei jedem Übergang von einem Medium in ein anderes geschieht das umso stärker, je mehr sich deren Brechungsindizes voneinander unterscheiden. Trifft sichtbare Strahlung von Luft auf Glas, wirft dieses bereits bei senkrechtem Einfall vier Prozent davon zurück. Bei größeren Winkeln wächst der Anteil; bei 45° sind es ungefähr zwölf Prozent.

Verringern kann man diese verräterischen Spiegelungen nur, indem man die Brechungsindizes von umgebendem Medium und Gegenstand einander annähert. Stellt man beispielsweise ein Glasobjekt ins Wasser, ist es bereits schwieriger wahrzunehmen, weil der Unterschied zwischen den Werten von Wasser (1,33) und Glas (etwa 1,5) wesentlich kleiner ist als der vom Glas zur Luft (1). In Olivenöl, dessen optische Dichte fast der eines darin versenkten Glasobjekts gleicht, ist dieses nur noch mit großer Mühe zu erkennen (Abb. 32.6).

Daher trifft man die meisten fast unsichtbaren Lebewesen auch im Wasser an, von Quallen über Salpen bis hin zu bestimmten Garnelenarten. Landtiere haben es wesentlich schwerer, den großen Unterschied zum Brechungsindex der Luft zu überbrücken.

Obwohl Reflexionen unabdingbar sind, um transparente Objekte zu erkennen, sind sie oft auch störend: Man kann durch Schaufensterscheiben kaum hindurchsehen, wenn sich die helle Außenwelt darin spiegelt, und auch bei Objektivlinsen von Kameras oder bei Brillen ist ungewolltes Streulicht ärgerlich.

Es gibt seit Längerem technische Verfahren, um Gläser zu entspiegeln. Die entscheidende Idee ist, das reflektierte Licht durch destruktive Interferenz aus-

Abb. 32.6 Ein transparentes Weinglas ist nur durch die Reflexionen des Umgebungslichts zu sehen (links). Wenn die Brechungsindizes verschiedener Medien sehr ähnlich sind (hier: Olivenöl und Glas), sind sie optisch kaum noch voneinander zu unterscheiden (rechts)

zuschalten. Dazu bedampft man die Oberfläche mit einer dünnen Schicht, deren Dicke ein Viertel der Wellenlänge des Lichts beträgt. Beim Übergang zwischen den Medien wird die Welle jeweils teilweise zurückgeworfen und durchgelassen. Wegen des Gangunterschieds der an der oberen und unteren Grenzschicht reflektierten Teilwellen verschieben sich die Berge und Täler um eine halbe Wellenlänge, also genau so, dass sie sich bei der Überlagerung auslöschen.

Wenn die Amplituden der beiden Teilwellen allerdings nicht gleich groß sind, bleibt eine Restintensität übrig. Um das zu verhindern, sollte der Brechungsindex der Beschichtung gleich dem geometrischen Mittel der Werte von Luft und Glas sein. Ein weiteres Problem ist, dass sich das weiße Licht aus vielen Wellenlängen zusammensetzt. Man muss daher mehrere Lagen auftragen, um für möglichst viele Farben optimal zu entspiegeln. Immerhin schafft man es auf diese Weise, die Reflexion von vier auf weniger als ein halbes Prozent zu reduzieren.

Diese technische Lösung kommt in der Tierwelt allerdings nicht vor. Die Natur bekommt die Reflexe völlig anders und wesentlich effektiver in den Griff. Ein System winziger Buckel überzieht die zu entspiegelnden Oberflächen, sowohl beim Glasflügelschmetterling als auch beispielsweise bei den Augen einiger nachtaktiver Motten wie dem Mittleren Weinschwärmer (Abb. 32.7).

Entscheidend ist dabei, dass die aus einzelnen Erhebungen mit rund 100 Nanometer Dicke bestehende äußere Schicht wesentlich schmaler ist als

Abb. 32.7 Die Nanostruktur des Mottenauges erzeugt einen fast kontinuierlichen Übergang des Brechungsindex von der Luft zur massiven Oberfläche

die Wellenlänge des Lichts. Wären die Strukturen zehnmal so groß, würden sie das Licht stark diffus reflektieren, und die Oberfläche erschiene weiß und undurchsichtig wie Mattglas. Der Nanocharakter der Höcker indessen macht sich beim Übergang von Licht aus der Luft ins biologische Material so bemerkbar, dass der Brechungsindex sukzessive verändert wird.

Mikroskopisch gesehen ist die optische Dichte eines Objekts mit rauer Oberfläche der durchschnittliche volumengewichtete Brechungsindex seiner Bestandteile. Eine feste Substanz aus 20 % Luft und 80 % Chitin etwa hat effektiv einen Wert des Brechungsindex von 0,2-mal 1 + 0,8-mal 1,5 = 1,4.

Bei Noppen, die nach unten breiter werden (Abb. 32.7), kommt das einfallende Licht zunächst auf der Höhe der Spitzen an, die nur einen kleinen Bruchteil der Fläche einnehmen. Dann ist der Wert noch nahe dem der Luft. Nähert sich das Licht der durchgehenden Oberfläche, nehmen die Höcker zunehmend mehr Fläche ein, sodass sich der effektive Brechungsindex dem des Materials angleicht. Er geht quasi kontinuierlich von dem der Luft zu dem des Materials über – es tritt keine Brechung im klassischen Sinn und damit auch so gut wie keine Reflexion des Lichts auf.

Die Motte profitiert von der praktisch verlustfreien Transmission, da ihr Auge so mehr Licht einfängt. Außerdem kommt es zu einem Tarneffekt, indem verräterische Reflexionen der verhältnismäßig großen Augen unterdrückt werden. Analog blitzt der Glasflügelschmetterling nicht in der Sonne auf.

Nanoforscher lernen von diesen natürlichen Entspiegelungsstrategien und haben für Displays und andere Oberflächen bereits Verfahren entwickelt, die den Effekt nutzen. Der Wissenschaft gelingt also dank der Sichtbarmachung des Unsichtbaren inzwischen auch erfolgreich die Unsichtbarmachung des Sichtbaren.

Literatur

Mann, T. (1967). Doktor Faustus. Fischer: Frankfurt a. M. S. 17
Sommerfeld, A. (1964) Optik. Band,4. Leipzig: Akademische Verlagsgesellschaft. S. 33.

33

Farben auf einer Seifenhaut

33.1 Zur Entstehung von Seifenlamellen

Seifenblasen faszinieren und sind schon bei Kindern beliebt (Abb. 33.1). Denn es ist nicht schwer, diese luftigen Gebilde herzustellen – einfache Exemplare glücken jedem bereits mit alltäglichen Hilfsmitteln. Die irisierenden

Abb. 33.1 Wenn die Blasen eine bestimmte Größe überschreiten, sind sie äußerst „flexibel", sodass auch größere Abweichungen von der Kugelform auftreten

Kugeln gelingen derart mühelos, weil die Natur uns die Arbeit weitgehend abnimmt. Der Mensch muss nur noch den Anstoß geben.

Es lohnt sich, an dieser Stelle über die optischen Phänomene hinausgehend, die Entstehung der Seifenblasen etwas detaillierter zu betrachten. Sie beginnen mit einer dünnen Schicht, einem Laugenfilm bzw. einer Seifenlamelle. Sie entsteht, wenn man zum Beispiel einen benetzbaren Ring aus einer wässrigen Lösung herauszieht. Dabei wirken verschiedene Kräfte. Die Flüssigkeit bleibt zunächst durch Adhäsion am Ring hängen und zieht sich dann beim Anheben als eine dünne Lage quer durch das Ringinnere. Das Wasser muss zwei Grenzflächen mit der Luft ausbilden. Hierfür ist Energie nötig, die beim Hochziehen mechanisch zugeführt wird.

Die Seifenlamelle steht ständig unter einer Spannung mit der Tendenz, die Oberfläche zu verkleinern, um so viel Energie wie möglich an die Umgebung abzugeben. Reines Wasser hat im Vergleich zu anderen Flüssigkeiten eine sehr große Oberflächenspannung. Daher sind Lamellen daraus äußerst instabil und zerreißen ziemlich schnell wieder. Man kann sie aber langlebiger machen, indem man spezielle Stoffe zufügt, vor allem Seife. Diese enthält Tenside, deren einzelne Moleküle einen wasserliebenden hydrophilen Kopf und einen wasserabstoßenden hydrophoben Schwanz besitzen. Um beiden widersprüchlichen Vorlieben gerecht zu werden, halten sich die Tensidmoleküle bevorzugt an der Oberfläche auf, wobei sie wie gründelnde Enten den Hintern in die Luft und das Köpfchen unter Wasser halten (siehe Illustration in Abb. 33.2).

Dieses Verhalten setzt die Oberflächenspannung herab. Sie ist in reinem Wasser so hoch, weil die Anziehungskraft zwischen den einzelnen Molekülen besonders stark ist. Daher ist verhältnismäßig viel Energie nötig, um die Oberfläche zu vergrößern. Die Köpfe der Tensidmoleküle binden sich hinge-

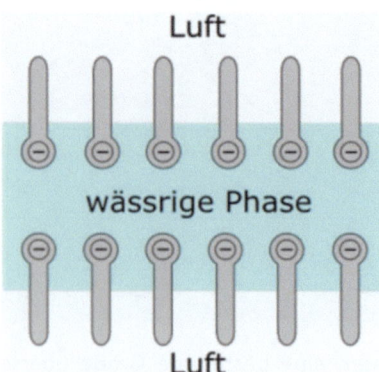

Abb. 33.2 Schematische Darstellung der Stabilisierung einer Seifenlamelle durch Tensidmoleküle, die sich mit dem Wasser liebenden Ende der Flüssigkeit zuwenden und mit dem Wasser abweisenden Ende in die Luft hineinragen (Creativecommons.Org/Licenses/By-SA/3.0/Legalcode)

gen schwächer an die Wassermoleküle in der Umgebung, was die Kräfte und damit die Oberflächenenergie insgesamt senkt.

Die Seifenlamelle, die aus so einer Lösung hervorgeht, widersetzt sich der Verformung durch äußere Einwirkungen, um ihre Oberflächenenergie klein zu halten. Diese Widerstandskraft kann man sogar spüren: Mit Lamelle fällt es schwerer, gegen den Ring zu pusten. Beim Blasen staut sich vor dem umströmten Ring die Luft und baut einen sogenannten dynamischen Druck auf: Die gespannte Oberfläche sorgt für einen Gegendruck, den „Krümmungsdruck" (auch als Laplace-Druck bezeichnet). Er ist umgekehrt proportional zum Radius der entstehenden Wölbung. Es ist also einfacher, eine große als eine kleine Delle in die Lamelle zu pusten. Einen ähnlichen Effekt gibt es beim Aufblasen eines Luftballons, wo man sich am Anfang besonders anstrengen muss. Sobald der Radius dann zunimmt, geht alles sehr viel leichter.

Beim Ballon wird die Gummihaut immer dünner, weil dieselbe Materialmenge eine wachsende Fläche begrenzen muss. Das wäre auch bei der Seifenlamelle der Fall und würde das Gebilde rasch platzen lassen, stünde sie nicht mit einem Vorrat an Seifenlauge in Kontakt. Die kommerziell erhältlichen Ringe beispielsweise haben eine Riffelung, die zusammen mit der guten Benetzbarkeit des Plastiks viel Lösung festhält. Dieses Reservoir wird angezapft, sobald die Lamelle gestreckt wird. Denn dann sinkt die Konzentration der Tenside an der Grenze zur Luft, wodurch sich die Oberflächenspannung und damit die Oberflächenenergie erhöhen. Um die Energie des Systems zu senken, strömt Flüssigkeit aus benachbarten dickeren Gebieten nach, die ihrerseits mit dem Reservoir in Kontakt stehen. Dieser Sog steigert die Tensidkonzentration und die Oberflächenspannung nimmt wieder ab. Auf diese Weise verschwinden auch durch Störungen entstandene dünne Stellen in der Seifenhaut wieder sehr schnell.

Eine vergleichsweise dicke Haut ist entscheidend für die Lebensdauer der Blase. Infolge der Schwerkraft fließt die Flüssigkeit zur Unterseite; außerdem verdunstet das Wasser, bis zumeist an der Oberseite eine kritische Wandstärke unterschritten wird – und das Kunstwerk platzt. Viele Enthusiasten experimentieren bei ihren Seifenmischungen daher mit zusätzlichen Stoffen wie Stärke oder Glyzerin und Glukose, um die Wasserschicht zwischen den Tensidmolekülen möglichst dick und haltbar zu machen.

Die Lamelle wird beim Pusten umso stärker eingedellt, je größer die Geschwindigkeit der Luft und damit der aufgebaute dynamische Druck sind. Solange die Geschwindigkeit unterhalb eines bestimmten kritischen Werts bleibt, bildet sich die Ausbeulung stets wieder zurück, wenn der Strom wieder abnimmt. Erst beim Überschreiten dieser Grenze gibt es für die Seifenblase kein Zurück mehr.

Abb. 33.3 Beim Pusten von Seifenblasen formt sich meist zuerst ein längerer Schlauch, der erst später in einzelne Kugeln zerfällt

Weitere Luftzufuhr mit mindestens der kritischen Geschwindigkeit treibt die Kugelkalotte als vordere Abrundung eines wachsenden Seifenblasenschlauchs voran. Er wird ab einer charakteristischen Länge instabil, das heißt, er schnürt sich ausgelöst durch zufällige Störungen ein und zerfällt in einzelne Seifenblasen (siehe Abb. 33.3). Bei äquidistanten Abtrennungen sind diese gleich groß, aber in der Regel entstehen Blasen unterschiedlicher Größe. Sie alle streben augenblicklich die Kugelgestalt an, um die Oberflächenenergie zu minimieren. Ein ähnlicher Mechanismus lässt einen aus einem Wasserhahn rinnenden, sehr dünnen Wasserstrahl zu einer Kette aus einzelnen Tropfen werden.

Der kleinste Radius des beim Pusten entstehenden Kugelsegments wird immer durch den Luftstrom vorgegeben, hier also vom Radius der Öffnung des zugespitzten Munds. Anschaulich muss die Wölbung in einer elastischen Haut so groß sein wie das Werkzeug, das dagegen drückt. Für besonders große Seifenblasen braucht man große Vorrichtungen, deren ganze Fläche von der strömenden Luft durchsetzt wird. Das kann man etwa bei Straßenkünstlern sehen, die durchtränkte Fadenschlingen durch die Luft ziehen.

Es gibt allerdings einen Trick, Exemplare mit einem größeren Radius zu erzeugen, ohne auf unhandliche Instrumente zurückzugreifen. Dazu muss man den dynamischen Druck auf die Lamelle feinfühlig auf die Deformation abstimmen. Entscheidend ist dabei – so paradox es klingt –, nach der anfänglichen Schlauchbildung die Strömungsgeschwindigkeit durch den Ring vorsichtig etwas zurückzunehmen. Auf diese Weise geht das durch die Kugelkalotte begrenzte Schlauchende in eine kugelförmige Blase mit wachsendem

Radius über, abermals um die Oberfläche zu minimieren. Es ist wieder eine Frage des Kräftegleichgewichts: Wenn man durch sanftes Pusten einen niedrigeren Druck vorgibt, können die entstehenden Kugeln größer werden, weil dann schon ein geringerer Krümmungsdruck ausreicht, um die Blase gegen diese Kraft zusammenzuhalten.

33.2 Farbenprächtige Wirbel auf einer Seifenblase

Die Farben auf einer Seifenblase entstehen, wie bereits bei anderen dünnen Schichten erörtert, durch Interferenz. Daraus kann man unmittelbar entnehmen, dass die Blasenhaut sehr dünn ist, nämlich von der Größenordnung der Wellenlänge des Lichts. Die unterschiedlichen Farben bringen also die unterschiedliche Dicke der Haut zum Ausdruck. Ein Changieren der Farben verweist auf eine entsprechende Variation der Dicke und die damit verbundene Dynamik. Diese lässt sich dann am besten beobachten, wenn die Blase an einem geeigneten Ort zur Ruhe gekommen ist. Leider endet das Leben einer Blase in den meisten Fällen schon bei der geringsten Berührung mit einem Gegenstand, weil dadurch ein Prozess in Gang gesetzt wird, der zum Platzen der Blase führt. Wenn sie jedoch zum Beispiel kurz nach einem Regenschauer im feuchten Gebüsch landet, so kann man ihr Verhalten noch wesentlich länger beobachten.

Da der Verlust an Wasser durch eine schwerkraftbedingte Drainage und durch die Verdunstung die Lebensdauer stark begrenzt, sorgt die zugeführte Feuchtigkeit dafür, dass zum einen Verluste ausgeglichen werden und zum anderen die von der Luftfeuchte abhängende Verdunstungsrate in Grenzen bleibt. Begleitet werden diese Prozesse durch Bewegungen auf der Blase, die oft durch interessante dynamische Farbenspiele sichtbar werden (Abb. 33.4). Unter Aufbietung aller Farben, werden Strukturen hervorgebracht, die teilweise an die Wirbel der Hoch- und Tiefdruckgebiete auf der ebenfalls kugelförmigen Erde erinnern. Sie zwingt durch ihre Drehung die von einem Hoch- zu einem Tiefdruckgebiet strömenden Luftmassen, sich zu Wirbeln einzukringeln.

Die Seifenblase sitzt hier hingegen ziemlich fest, sodass die Wirbel eine andere Ursache haben. Es ist vor allem der darüberstreichende Wind, der die dünne Wasserschicht in Bewegung bringt, sodass sich auf der Kugeloberfläche ein winziger Hurrikan entwickelt. (Wenn kein Wind herrscht, kann man die Wirbel unter Zuhilfenahme eines Strohhalms durch vorsichtiges Blasen anfachen). Hinzu kommt, dass diese an sich schon schönen Strukturen sich auch noch in ästhetisch ansprechenden Farben ergehen.

Abb. 33.4 Die unterschiedlichen Farben entsprechen unterschiedlichen Dicken der Seifenhaut. Durch bewegte Luft, Verdunstungsprozesse u. Ä. entwickelt sich eine interessante Dynamik auf der Seifenblase

33.3 Brillanter Schaum in der Kaffeetasse

Seifenblasen entstehen in vielen Situationen von selbst, meistens als Schaum, der nichts anderes als ein Gebilde aus zahlreichen Seifenblasen darstellt. Gelangt nur ein wenig Seife oder Spülmittel in das Wasser und wird dieses, wodurch auch immer, in Bewegung gesetzt, so ist die Oberfläche sehr schnell mit einem Netz von Seifenblasen bedeckt, die auch in mehreren „Stockwerken" existieren können.

Oft entdeckt man Schaum auch dort, wo gar keine Seife vorhanden ist, z. B. auf dem schwarzen Kaffee (Abb. 33.5). Man kann also davon ausgehen, dass Bestandteile des Kaffees nicht nur entspannend auf diejenigen wirken, die den Kaffee genießen, sondern auch auf die Oberfläche der Flüssigkeit selbst. Das sind Voraussetzungen dafür, dass bereits geringe Bewegungen (Eingießen, Rühren etc.) zur Blasen- bzw. Schaumbildung führen.

Da die Blasen nur einen kleinen Teil des einfallenden Lichts reflektieren und ein großer Teil durch die Blase hindurch auf dem Untergrund landet und von dort diffus reflektiert wird, werden die Interferenzfarben von dieser Rückstrahlung überlagert. Das führt dann je nach der optischen Beschaffenheit des Untergrunds zu einer Abnahme des Kontrasts und geht mit einer entsprechenden „Verwässerung" der Farben einher. Im vorliegenden Fall haben wir es mit schwarzem Kaffee als Untergrund zu tun. Dieser absorbiert das auftreffende Licht und reflektiert sehr wenig. Daher können die Interferenzfarben in voller Pracht zur Geltung kommen.

Abb. 33.5 Der Kaffee enthält Tenside, durch die die Oberflächenspannung vermindert und die Entstehung von Blasen begünstigt wird. Wegen des kaffeedunklen Untergrunds treten die Farben dünner Schichten besonders intensiv hervor

Wenn man die Szenerie einige Zeit beobachtet, kann man feststellen, dass die Farben sich verändern. Denn da die Häute der Blasen durch Verdunstung und schwerkraftbedingte Drainage der Flüssigkeit dünner werden, ändert sich auch der Wegunterschied zwischen den interferierenden Teilwellen, sodass eine andere Farbe des weißen Lichts dominiert.

33.4 Die irisierende Schönheit einer Schleimspur

Die auffällige Schönheit der irisierenden Farben eines dünnen transparenten Belags auf einem Blatt (Abb. 33.6) macht für einen Moment vergessen, dass es sich um die getrockneten Reste der Schleimspur einer Nacktschnecke handelt. Sie zieht sich über die ganze Pflanze hinweg und lässt noch Tage später erkennen, welchen Weg das Tier genommen hat.

Abb. 33.6 Der dünne Schleimfilm einer Schnecke leuchtet in irisierenden Strukturfarben. Die Interferenz an dünnen Schichten macht es möglich

Schnecken sondern bei der Fortbewegung einen klebrigen Schleim ab. Sie breiten gewissermaßen einen Schleimteppich aus, auf dem sie voran gleiten. Sie sind daher so gut wie unabhängig von der wechselnden Reibung unterschiedlicher Untergründe und können sogar sehr scharfkantige Gegenstände überwinden.

Da diese Art der Fortbewegung sehr energie- und materialaufwändig ist, versteht es sich von selbst, dass der Schleimfilm so dünn wie möglich sein muss. Wie die irisierenden Farben unmittelbar zum Ausdruck bringen, ist die Filmdicke von der Größenordnung der Wellenlänge des sichtbaren Lichts. Daher interferiert das an der oberen und unteren Grenzschicht der Schleimhaut reflektierte Licht im Auge bzw. auf dem Chip der Kamera. Auch wenn die Schnecken es wohl nicht darauf angelegt haben, wird durch die schönen Farben der mit dem Schleim verbundene unangenehme Aspekt für jene, die es farbig mögen, weitgehend aufgehoben.

33.5 Irisierende Farben durch große Hitze

Wie um den Verlust eines Löffels, der irrtümlicherweise im Feuer landete, zu vergolden, hat die Natur einem Teil des durchgeglühten Rests schöne irisierende Farben verliehen – Anlauffarben (Abb. 33.7). Dabei handelt es sich physikalisch um Interferenzfarben an dünnen Schichten.

Im vorliegenden Fall ist die Farbe durch Oxidation an der Oberfläche entstanden. An dieser dünnen Oxidschicht findet die Interferenz statt. Die unterschiedlichen Farben geben Aufschluss über die Dicke der Schicht und damit über die Tiefe, bis zu der die Sauerstoffatome in den Stahl hineindiffundiert sind. Weil diese Tiefe von der Temperatur abhängt, der der Löffel ausgesetzt war, kann man an den Farben nachträglich Aufschluss über die Temperaturen gewinnen, die dort geherrscht haben müssen.

Abb. 33.7 Eine dünne Oxidschicht eines im Feuer durchgeglühten Stahllöffels erstrahlt in eindrucksvoll irisierenden Spektralfarben

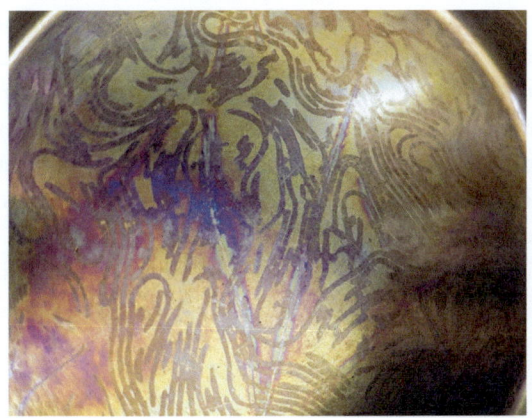

Abb. 33.8 Auf der Schicht des Bodens eines Stahltopfes, in dem Spaghetti angebrannt waren, blieben nach der Reinigung irisierende Farben zurück. Einzelne Spaghetti haben sich hier ebenfalls verewigt

So lassen beispielsweise die gelbe Färbung auf eine Temperatur von ca. 200 °C und die blaue auf 300 °C schließen. Die unbunte (graue) Färbung an anderen Stellen ist ein Hinweis auf so hohe Temperaturen, dass die Oxidschicht zu dick ist, um noch schöne Anlauffarben hervorzubringen.

Bei silbernen Löffeln beobachtet man oft sogar Anlauffarben, ohne dass eine große Hitze nötig ist. Bei ihnen entsteht durch Wechselwirkung, z. B. mit Lebensmitteln (insbesondere mit Schwefelwasserstoff), an der Luft ein dunkler Überzug, der ebenfalls oft in bunten Interferenzfarben irisiert.

Ähnliche Verfärbungen können aber auch in Kochtöpfen auftreten, in denen Lebensmittel partiell festbrennen. In Abb. 33.8 ist die Innenseite eines Topfbodens zu sehen, der mit metallisch glänzenden Farben und schlangenartigen Girlanden bedeckt ist.

33.6 Die Welt des Kleinen und Hässlichen – ganz groß und schön

Bakterien stehen in einem recht zwielichtigen Ruf. Einerseits verursachen sie zahlreiche Krankheiten und andererseits sind sie in vielfacher Hinsicht notwendig für das Leben. Diese Ambivalenz fällt dann besonders auf, wenn man sie am Rande eines stinkenden Tümpels in Form dünner Schichten antrifft, die das durch verfaulende Blätter und andere organische Stoffe „verunreinigte" Wasser großflächig überziehen. Gleichzeitig ziehen sie durch die Schönheit ihrer vielfältigen metallisch glänzenden Farben die Aufmerksamkeit auf sich (Abb. 33.9). In der Biologie wird ein solcher Biofilm auch als Kahmhaut bezeichnet. Im vorliegenden Fall handelt es sich meiner Vermutung nach vor allem um anaerobe Eisenbakterien, die hier tätig sind.

Joseph A. Amato hebt in diesem Zusammenhang ganz allgemein die besondere Bedeutung des Kleinen und Hässlichen im Rahmen der Kulturgeschichte der Menschheit hervor: „Objekte müssen hinter Staub und Dunkelheit hervorgeholt werden, um in ihrer Schönheit wahrgenommen zu werden. In diesem Punkt machten die Künstler der Renaissance einen großen Schritt in die Welt der kleinen Dinge. Tatsächlich waren sie die ersten und eifrigsten Naturalisten Europas, Chronisten, die jeder Expedition zugutekommen. Zeichnen war eine Kunst, die jeder Wissenschaftler zu beherrschen suchte.

Abb. 33.9 Eine Kahmhaut auf einer Schlammschicht eines Tümpels zieht durch seine metallisch glänzenden irisierenden Farben die Aufmerksamkeit auf sich und lässt das Abstoßende des schlammigen Kontexts leicht vergessen

Indem der Künstler seine nähere Umgebung mitsamt ihrem Staub und Schmutz genau schilderte, trug er eine interessante Welt kleiner Dinge zusammen" (Amato 2001).

Statt zu zeichnen, habe ich einen kleinen Ausschnitt aus dem Tümpel fotografiert und mir klargemacht, wie es zu den eindrucksvollen Farben kommt. An den Kräuselungen und der teilweisen Lichtdurchlässigkeit ist zu erkennen, dass es sich um eine dünne Haut handelt, die die Bakterien auf dem Wasser produzieren. Die Schicht ist sogar so dünn, dass sie in die Größenordnung der Wellenlängen des sichtbaren Lichtes reicht und daher ohne Pigmente auskommt, um die schönsten Interferenzfarben hervorzubringen. Auch wenn die Farbentstehung klar zu sein scheint, ist die wissenschaftliche Analyse dieses Phänomens noch in vollem Gange (Kientz et al. 2016).

33.7 Ein irisierender Biofilm im Eis

Der Winter malt nicht nur schwarz-weiß. Wer genauer hinschaut, findet reichlich Farben. Auf der Eisschicht einer zugefrorenen Regentonne zeigt sich eine Bruchstelle mit irisierenden Farben (Abb. 33.10), die auf Interferenz

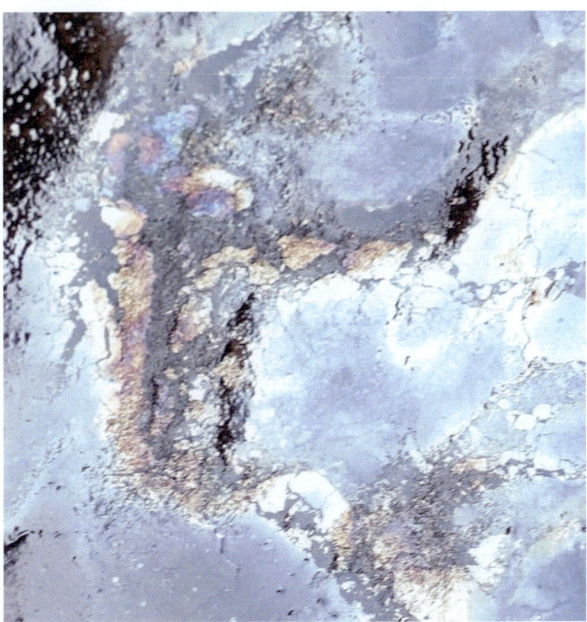

Abb. 33.10 Ein Biofilm auf einer Wasseroberfläche verliert kaum an Farbigkeit und Glanz, wenn das Wasser zu Eis gefriert

dünner Schichten hinweisen. Doch wie kommt es hier zu dünnen Schichten? Zum Glück habe ich bereits vor dem Zufrieren bemerkt, dass die Oberfläche von einem dünnen Film bedeckt war, der sich bei näherer Betrachtung als ein Biofilm erwies, der vermutlich einen ähnlichen Ursprung hatte wie die in Abb. 33.9 gezeigte Kahmhaut. Wenn das Wasser gefriert, wird dieser Film von der Front der wachsenden Eiskristalle zusammengeschoben und bleibt schließlich dort, wo die Oberfläche zuletzt zufriert. Denn das zu Eis kristallisierende Wasser kann die Biomoleküle nicht in die Kristallstruktur einbauen.

Der Biofilm ist offenbar so dünn, dass Interferenzphänomene ins Spiel kommen und je nach Dicke und Betrachtungswinkel zu bunten, irisierenden Farben führen. Die Eisschicht ist außerdem an der Stelle der Farben wie ein gebackenes Brot aufgebrochen. Dafür ist die Anomalie des Wassers verantwortlich. Anders als die meisten anderen Flüssigkeiten, die sich beim Erstarren zusammenziehen, dehnt sich Wasser aus.

Da die durch den Tonnenrand begrenzte Oberfläche keine Ausdehnung zulässt, wölbt sich die Eisschicht an der schwächsten Stelle etwas nach oben und bricht mehr oder weniger stark auf. Vermutlich ist der Biofilm dafür verantwortlich, weil an dieser Stelle der Gefriervorgang hinausgezögert wird und daher als Erster dem Aufwölbungsdruck der zunehmenden Eisschicht nachgibt.

33.8 Irisierende Spalten

Beim Versuch, mit einem Stein ein Loch in die Eisschicht eines zugefrorenen Sees zu schlagen, wurde ich von den dabei hervorgerufenen, meist sehr dünnen Sprüngen im Eis mit großer Farbenpracht (Abb. 33.11) überrascht. Die feinen Risse weisen darauf hin, dass dafür auch in diesem Fall Interferenzphänomene verantwortlich sind. Denn sobald die Risse entstehen, füllen sie sich mit Luft, sodass sich zwei Grenzschichten Eis-Luft und Luft-Eis ausbilden. Dieser Vorgang läuft unterschiedlich schnell unmittelbar nach den Schlägen ab. An einigen Stellen treten ganze Bänder gleicher Farben auf, die auf eine jeweils einheitliche Spaltdicke schließen lassen. Dort, wo variierende Spaltdicken auftreten, wird die Szenerie durch komplexere Farbmuster aufgelockert.

Im Unterschied zu den anderen dünnen Schichten besitzt die Luftschicht einen kleineren Brechungsindex als das umgebende Material. Dadurch wird die Reihenfolge der Ablenkung des Lichts zum Einfallslot hin oder vom Einfachslot weg vertauscht, was aber im Prinzip nichts an der Farbentstehung ändert. Wie schon die unterschiedlichen Farben der Insektenflügel lassen auch hier die Farben im Spaltbereich Rückschlüsse auf die variierende Spaltdicke zu.

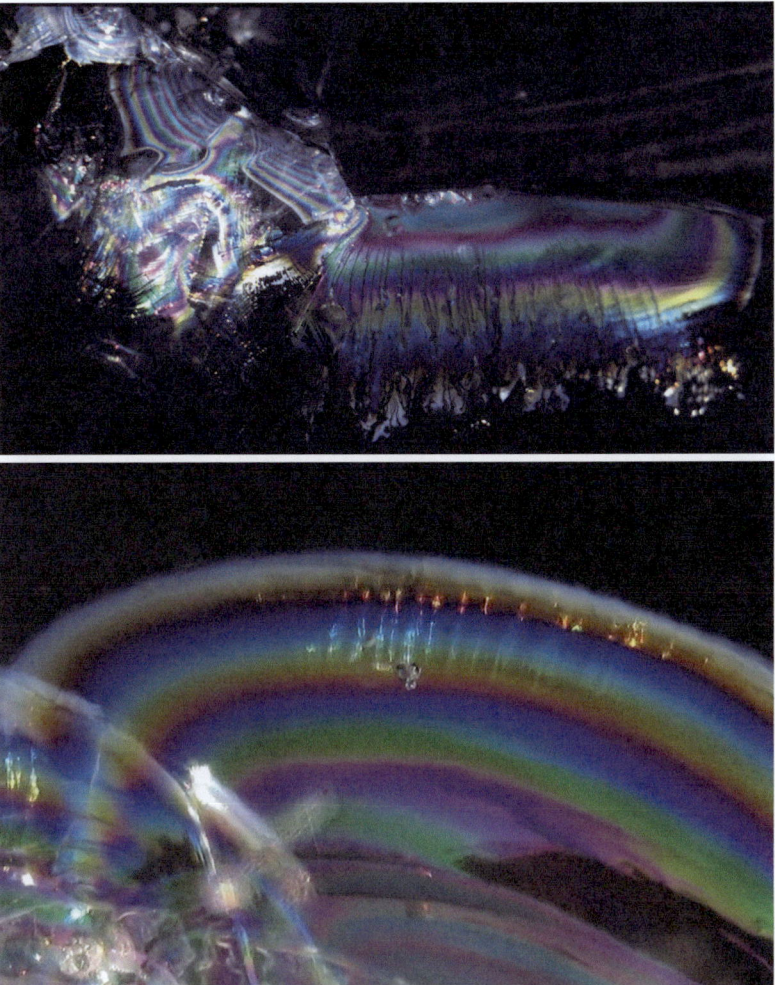

Abb. 33.11 Risse im Eis erstrahlen in prächtigen Interferenzfarben. Die Farben und die Struktur der Bruchspalten geben Aufschluss über die mechanischen Vorgänge infolge der Krafteinwirkungen auf die jeweilige Eisschicht

Die Farben im Eis sind meist von geringer Dauer, weil die getrennten Eisschichten anschließend erneut zusammenwachsen. Dadurch entfallen die Voraussetzungen für die Lichtbrechung. Da sind Sprünge z. B. in einer Fensterscheibe wesentlich haltbarer. Manchmal entfaltet sich ein farbenprächtiges Lichtband beim Blick auf den Sprung in einer Fensterscheibe (Abb. 33.12 links). Dies ist meist nur indirekt möglich, weil die Farben am besten zu sehen sind, wenn man von der Kante her zum Bruch, also horizontal durch die Scheibe blickt.

Abb. 33.12 Links: Blick durch die Kante einer gebrochenen Glasscheibe mit einem in Interferenzfarben leuchtenden Sprung. Rechts: Bergkristall mit luftgefüllten Sprüngen im Inneren

Schließlich sei noch ein natürliches Beispiel angeführt, das ähnliche Interferenzfarben zeigt. Ein transparenter Bergkristall, der mit feinen luftgefüllten Sprüngen durchzogen ist, zeigt manchmal ein ähnliches Farbenspiel (Abb. 33.12 rechts).

Die irisierenden und mit wechselndem Betrachtungswinkel changierenden Farben fügen einem an sich schon ästhetisch ansprechenden Kristall eine weitere farbliche Dimension hinzu.

Literatur

Amato, J. (2001). Von Goldstaub und Wollmäusen – Die Entdeckung des Kleinen und Unsichtbaren. Hamburg: Europa Verlag.

Kientz B. et al. (2016). A unique self-organization ofacterial sub-communities creates iridescense in Cellulophaga lytica colony biofilms. Scientific Reports | 6:19906 | https://doi.org/10.1038/srep19906.

34

Strukturfarben durch gebeugtes Licht

34.1 Vom farbenschillernden Nebel zur Korona

Man stelle sich vor, Nebel liegt über dem Land. Myriaden winziger Wassertröpfchen, zehn, zwanzig oder 50 Mikrometer groß, schweben in der Luft und streuen Sonnenlicht verschiedenster Wellenlängen in alle Richtungen. Das Ergebnis ist eine triste, grauweiße Lichtmischung; jegliche Farbe der Landschaft scheint verschluckt.

Anders ist es, wenn sich Nebel meist in größeren Höhen unter weitgehend einheitlichen Bedingungen bildet und aus etwa gleich großen Tröpfchen besteht. Wenn derartige dünne Wolken von Sonnen- oder Mondlicht durchstrahlt werden, kann es zu eindrucksvollen Koronen kommen, das sind farbige Ringsysteme, die die leuchtenden Himmelskörper zu umgeben scheinen (Abb. 34.1).

In den meisten Fällen kommt es aber gar nicht zu perfekten Ringsystemen, sondern zu sogenannten irisierenden Wolken (Abb. 34.2 links). Darin sind nur Farbfetzen zu sehen, weil die entstehenden Nebelschwaden oft Bereiche unterschiedlich großer Tröpfchen enthalten.

Man muss aber nicht darauf warten, bis sich am Himmel etwas tut. Wer bei tief stehender Sonne, etwa am frühen Morgen, auf seiner Terrasse heißen Tee oder Kaffee trinkt und in die von der Tasse aufsteigende, lichtdurchflutete Nebelfahne blickt, kann darin ebenfalls farbiges Licht entdecken, und zwar solches, das unter ähnlichen Bedingungen entsteht wie die Koronen am Himmel (Abb. 34.2 rechts). Am besten, man beginnt mit einem Blick auf die

Abb. 34.1 Eine Korona um die Sonne (hier durch ein Denkmal weitgehend ausgeblendet), die durch die Beugung des Lichts an winzigen Teilchen, meist Wassertropfen, hervorgerufen wird. (Foto: Eva Seidenfaden)

Abb. 34.2 Links: Irisierende Wolken in der Fensterfront eines Hochhauses spiegelnd reflektiert. Rechts: Ganz ähnlich erscheinen hier die Nebelschwaden über einer heißen Tasse Tee von feinen Farbsträhnen durchwirkt

Oberfläche des Getränks, denn dort findet man Inseln winziger Tröpfchen gleicher Größe vor, die vom reflektierten Sonnenlicht durchdrungen veritable Koronen hervorrufen können.

34 Strukturfarben durch gebeugtes Licht

Wir haben es hier wieder mit Interferenzfarben zu tun. Sie entstehen durch Beugung des Lichts. Das heißt, ähnlich wie bei der Interferenz dünner Schichten kommt es zur Wechselwirkung zwischen den Wellen des weißen Lichts und Strukturen von der Größenordnung der Wellenlänge des Lichts.

Wenn das weiße Licht auf derart kleine Tröpfchen trifft, weicht es ein wenig von der geradlinigen Ausbreitung ab – das Licht wird gebeugt. Diese Beugung würde sich auf einem dahinter aufgestellten Schirm als ein System konzentrischer Ringe bemerkbar machen. Der Beugungswinkel hängt von der Wellenlänge des Lichts ab. Bei weißem Licht entstehen daher farbige Ringe, die das weiße Zentrum des nicht abgelenkten Lichts umgeben. Da das Licht mit der größeren Wellenlänge unter einem größeren Winkel gebeugt wird, befindet sich in diesem Ringsystem der rote Ring außen und der blaue Ring innen.

Zahlreiche gleich große Tröpfchen einer dünnen Wolke führen zu einem gleichen Beugungsbild im Auge des Betrachters oder auf dem Chip der Kamera wie ein einzelner. Ausschlaggebend für die Wahrnehmung bzw. Registrierung eines Farbrings ist der Winkel der Ablenkung bezüglich der geradlinigen Ausbreitung. Durch die Vielzahl der Tropfen erhöht sich jedoch die Intensität der Farben. Insgesamt entsteht für alle Beugungswinkel zusammen das farbige Ringsystem – die Korona (Abb. 34.3). Der blaue Ring müsste sich normalerweise an das nicht abgelenkte weiße Licht im Zentrum der Korona anschließen. Doch im Bereich kleiner Winkel überlagern sich meist alle Farben, sodass man eine weißliche Aureole wahrnimmt, die im äußeren Bereich in Orangerot übergeht. Daran anschließend erscheinen dann im günstigen Fall blaue, grüne, gelbe und rote Ringe. Doch derart farbenprächtige Koronen sind selten. Meistens sieht man nur eine Aureole mit orangem Rand.

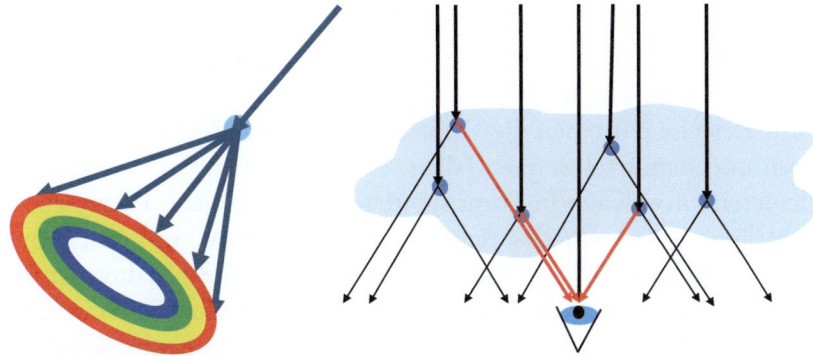

Abb. 34.3 Links: Die an einem Tröpfchen gebeugten Lichtwellen erzeugen auf einem Schirm ein farbiges Ringsystem mit der roten Farbe außen und der blauen Farbe innen. Rechts: Das von zahlreichen Tröpfchen unter demselben Winkel gebeugte Licht einer bestimmten Farbe ruft im Auge einen entsprechenden Farbring hervor. Alle Ringe zusammen machen die Korona aus

Abb. 34.4 Die Farbstreifen in den Tröpfcheninseln sind in ständiger Bewegung, weil die Tröpfchen durch Luftbewegungen immer mal wieder verwirbelt werden

Zurück zum Tee. Wenn man die turbulenten Nebelschwaden beobachtet, wird verständlich, dass einheitliche Bedingungen zur Bildung gleich großer Tröpfchen und damit zu Koronen nur kurzfristig vorliegen und nur wechselnde Farbsträhnen zu beobachten sind (Abb. 34.2 rechts). Anders ist es bei den Tröpfchen, die in unterschiedlich großen Inseln vereinigt über der Oberfläche des Tees oder Kaffees driften. Sie entstehen in einem subtilen Selektionsprozess bei der Verdampfung des heißen Wassers (Abb. 34.4):

An der Grenze zwischen heißer Wasseroberfläche und vergleichsweise kalter Luft bildet sich Wasserdampf und steigt so schnell auf, dass die Strömung schon in geringer Höhe turbulent wird. Grund für die starke Beschleunigung der Moleküle ist vor allem die frei werdende Wärme, wenn ein Teil des heißen Dampfs in der kälteren Luft gleich wieder zu winzigen Wassertröpfchen kondensiert. Diese Tröpfchen werden wiederum als Nebel sichtbar und helfen uns, die schnelle Bewegung des unsichtbaren Dampfs zumindest indirekt zu verfolgen (Abb. 34.2 rechts).

Normalerweise entstehen die Tröpfchen in unterschiedlichen Größen. Die größeren und damit schwereren fallen sofort wieder in das Getränk zurück, die kleineren entweichen in Form sichtbarer Nebelfahnen. Dazwischen gibt es Tröpfchen, die genau das richtige Gewicht haben, um von dem aufsteigenden Dampfstrom getragen und in der Schwebe gehalten zu werden (Abb. 34.4). Diese Inseln bestehen also aus gleich großen Tröpfchen. In den dunklen Grenzbereichen zwischen den Inseln existieren offenbar kaum schwebende Tröpfchen.

Diese Entstehung der farbigen Tröpfcheninseln verrät etwas über die Dynamik der an der Oberfläche des Getränks ablaufenden Vorgänge. Ausschlaggebend sind vor allem die Konvektionsströmungen in der Flüssigkeit. Denn die Tröpfcheninseln schweben über solchen Oberflächenbereichen, in denen heiße Flüssigkeit aufsteigt, sich abkühlend zu den Rändern hinbewegt und schließlich – kühler und damit wieder schwerer geworden – erneut absinkt. In diesen kühleren Grenzbereichen entsteht daher kein Nebel.

Die Konvektion wird noch verstärkt durch die mit der Temperatur variierende Oberflächenspannung. Heißes Wasser besitzt eine geringere Oberflächenspannung als kaltes; es kann also energetisch günstiger sein, die kühlere Oberfläche durch eine heißere zu ersetzen. Die aufsteigende heiße Flüssigkeit breitet sich daher auch aus diesem Grund in Richtung auf die kühlen Ränder aus (Bénard-Marangoni-Konvektion).

Von der Verwandtschaft der Farben mit Koronen um Himmelskörper können wir uns folgendermaßen überzeugen. Wir lassen das weiße Sonnenlicht flach auf die Oberfläche des Tees einfallen, sodass eine Insel von gleich großen Tröpfchen durchstrahlt wird. Zumindest aus größerem Abstand ist zu erkennen, wie aus den einzelnen Farbfetzen eine ordentliche Korona entsteht (Abb. 34.5 oben). Fokussiert man auf die Lichtquelle, in diesem Fall die

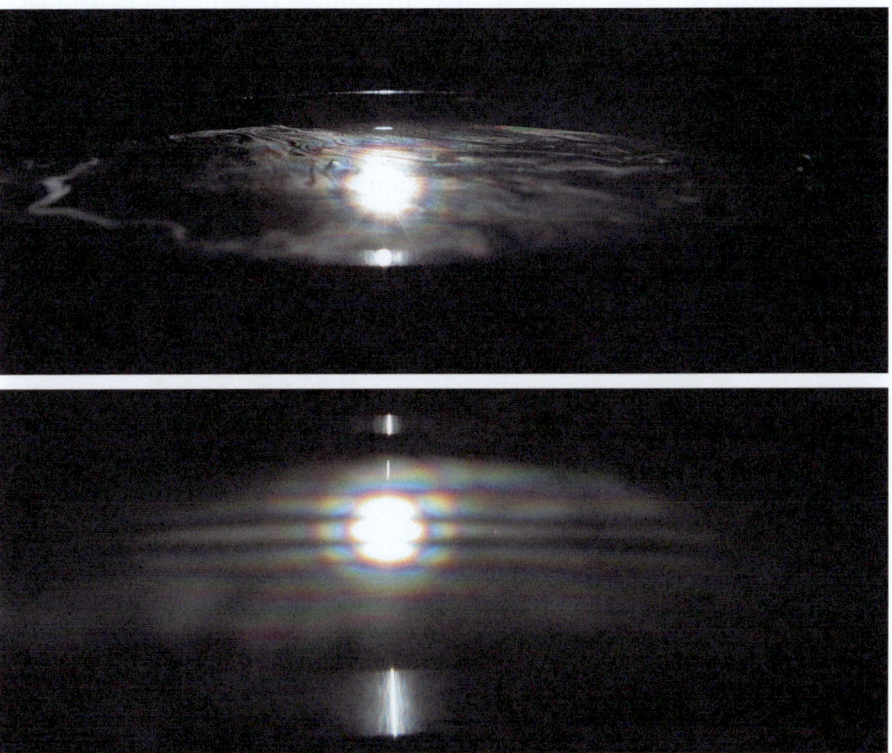

Abb. 34.5 Oben: Auf die Tröpfchen fokussiert erkennt man schemenhaft eine Korona. Unten: Fokussiert man auf die Lichtquelle, so tritt die Korona mit großer Deutlichkeit hervor. Rätselhaft bleiben zunächst die leicht gebogenen Streifen, die die Korona durchziehen

Sonne, so tritt die Korona mit großer Deutlichkeit hervor (Abb. 34.5 unten) und ist überdies von Streifen durchzogen, auf deren Ursprung wir in Abschn. 35.1 noch zu sprechen kommen werden.

Übrigens können Koronen nicht nur durch Wassertröpfchen erzeugt werden. Bei Pollenflug kann man Koronen beobachten, die durch Beugung an den Pollen hervorgehen. Der Abweichung der Körner von der Kugelform entsprechend sind auch die Koronen entsprechend deformiert und verraten auf diese Weise, welcher Pollenart sie zuzuordnen sind.

34.2 Korona einer Straßenlaterne

Als ich an einem Abend durch das Fenster auf eine Straßenlaterne blickte, sah ich sie von einem eindrucksvollen farbigen Ringsystem umgeben. Die sich zunächst aufdrängende Vermutung, dass es sich um eine Benetzung der Scheibe mit Regentropfen handelte, konnte als Ursache ausgeschlossen werden, und zwar aus zwei Gründen: Regentropfen am Fenster sind in der Regel viel zu groß und unförmig, um als passende Streukörper für die Entstehung von Koronen zu taugen. Aber der entscheidende zweite Grund, der mir allerdings erst danach einfiel: Es regnete gar nicht (Abb. 34.6).

Das Fenster befindet sich im Wintergarten, und da ich kurz vorher aus dem warmen Wohnzimmer eingetreten war, kam es zu einem Luftaustausch. Die Luft aus dem Zimmer kühlte sich am kalten Fenster ab (Schlichting 2013).

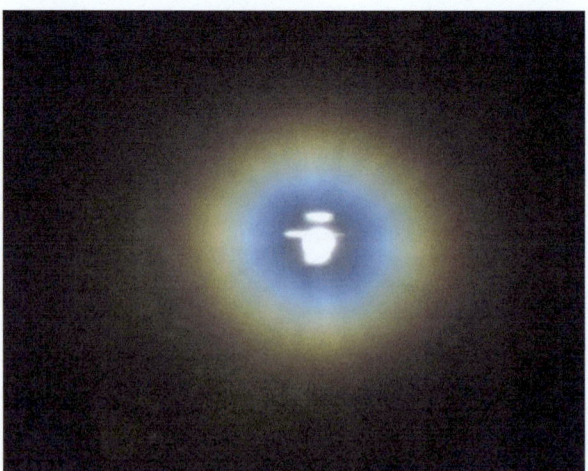

Abb. 34.6 Korona um eine Straßenlaterne durch eine Fensterscheibe gesehen, die mit winzigen Tröpfchen bedeckt ist. Die weiße Figur im Zentrum zeigt die Form der Lichtquelle

Dadurch sank der Taupunkt und überschüssiger Wasserdampf kondensierte in Form winziger Tropfen an der Scheibe.

Mit der Benetzung der Scheibe mit winzigen Tröpfchen sind günstige Bedingungen für die Entstehung einer Korona gegeben: Die von der Laterne ausgehenden Lichtwellen werden an diesen aufgrund gleicher Entstehungsbedingungen weitgehend gleich großen Tröpfchen gebeugt. Das heißt, die von den Tröpfchen erzeugten Teilwellen überlagern sich im Auge bzw. auf dem Chip der Kamera zu der beobachteten Korona.

34.3 Schwarze Punkte machen farbige Ringe

In früheren Zeiten, als die Wohnungen noch einfach verglast und nicht zentral beheizt wurden, waren beschlagene Fensterscheiben nicht selten. Dadurch kam man nicht nur in den Genuss koronaumsäumter Straßenlaternen, sondern in der Weihnachtszeit erschienen die Flammen der in die Fenster gestellten Kerzen oft mit einem Kranz oder gar einer Korona umgeben. Aber auch wenn es in den heutigen Zeiten mehrfach verglaster Fenster kaum noch zu beschlagenen Fensterscheiben kommt, muss man auf diese Veredelung des Lichts nicht verzichten. Ganz zeitgemäß kann als Ersatz für die (beschlagene) Scheibe eine (trockene) Overheadfolie dienen. Blickt man durch sie hindurch auf eine Kerzenflamme, so erscheint diese wie ehedem mit einer Korona versehen, deren Farbintensität und -diversität kaum zu wünschen übrig lässt (Abb. 34.7).

Abb. 34.7 Links: Eine Kerzenkorona, wie sie beim Blick durch eine Tintenstrahlfolie entsteht, hängt mit deren nahezu perfekten Streuzentren zusammen: winzige schwarze Kreise (Abb. 34.8). Rechts: Die Kerzen eines Weihnachtsbaums beim Blick durch dieselbe Folie

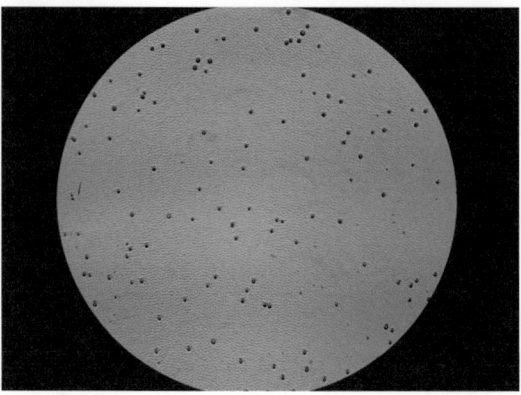

Abb. 34.8 Mikroskopaufnahme eines 4 mm großen Ausschnitts auf einer Tintenstrahlfolie, die gleich große Streuzentren in Form von schwarzen Punkten erkennen lässt

Die Ursache für dieses erstaunliche Phänomen liegt in den transparenten Folien für unsere Augen verborgen. Mit Hilfe eines Lichtmikroskops kann man das „Innenleben" der Folie durchschaubar machen (Abb. 34.8). Demnach sind in der Folie unregelmäßig verstreute mikroskopisch kleine, kreisrunde Kreise gleicher Größe vorhanden, die als Streuzentren für das Licht wirken. An diesen wird das durch die Folie hindurchgehende Licht in ähnlicher Weise gebeugt wie an den Wassertröpfchen in den Wolken, die zu einer „echten" Korona führen. Man erkennt daran, dass es für die Beugung an den Wassertröpfchen in einer Wolke vor allem auf den kreisförmigen Querschnitt der Streukörper ankommt.

34.4 Ein bunter Schmutzeffekt

In jeder flüchtigen Erscheinung sehe ich Welten,
voll vom Wechselspiel der Regenbogenfarben.

Konstantin Balmont (1867–1942)

Der Versuch, bei geringer Helligkeit durch ein Fenster eines verlassenen Gebäudes hindurch zu fotografieren, förderte eine rätselhafte Erscheinung zu Tage. Die Kamera fokussierte automatisch auf die staubige Scheibe und löste das Blitzlicht aus. Das Bild zeigte daher nicht das Innere des Raums, sondern den Lichtreflex auf dem Glas (Abb. 34.9 links). Dieser war von einer Reihe farbiger Streifen umgeben – ein zufälliger Farbfehler der Kamera?

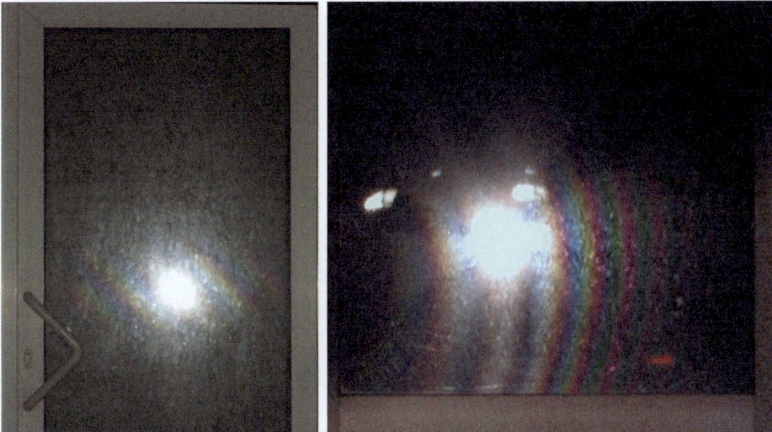

Abb. 34.9 Links: Blitzlichtfoto: Ein verstaubtes Fenster zeigt Abschnitte der queteleschen Ringe, die als leicht gekrümmte Streifen erscheinen. Der Reflex trennt als nulltes Beugungsmaximum den Farbverlauf: Von ihm aus gesehen geht es stets von Blau nach Rot. Rechts: Scheinwerferlicht: Ein Auto erzeugt queteletsche Streifen auf einem verschmutzten Schaufenster. (Foto: Eva Seidenfaden)

Kurz nach dieser Entdeckung erhielt ich zufällig das Foto einer Fensterfront, die im Scheinwerferlicht eines Autos ebenfalls ein merkwürdiges farbiges Ringsystem reflektierte, verbunden mit der Frage nach dem Ursprung dieser Lichtstruktur (Abb. 34.9 rechts). Zum Glück hatte ich mich inzwischen erfolgreich mit meinem Blitzlichtfoto auseinandergesetzt und war zu der Vermutung gelangt, dass es sich um ein vergleichbares Phänomen handelte. Ich fragte sicherheitshalber noch mal nach, ob die Farbringe verschwänden, wenn man die Scheibe an der entsprechenden Stelle reinigte. Doch die Scheibe in dieser Weise zu manipulieren, wurde mir mit dem leicht nachvollziehbaren Argument verweigert, dass es sich um die Scheibe einer Bankfiliale handele. Durch eigene Experimente war ich jedoch auch ohne diesen Test überzeugt, dass eine Schmutzschicht auf der Scheibe die ausschlaggebende Ursache des Phänomens war.

Ich hatte nämlich bereits festgestellt, dass auch das Farbsystem, das auf der Tür des verlassenen Gebäudes auftrat, durch die Reinigung der Scheibe verschwand. Aus diesem und anderen Gründen schied die farbige Interferenzerscheinung aus, die man auf Doppelglasscheiben beobachten kann (siehe Abschn. 10.4).

Dieses zunächst mysteriöse erscheinende Phänomen entpuppte sich als queteletsches Ringsystem, das bis zu der Zeit in der Physikausbildung an Universität und Schule kaum bekannt war und allenfalls in älteren Lehrbüchern (z. B. Pohl 1967) angesprochen wurde. Benannt wurde das Phänomen nach

Abb. 34.10 Im Allgemeinen findet man queteletsche Ringe in exzentrischer Form vor, wobei die nullte Beugungsordnung auf einem der Ringe liegt

dem vielseitigen belgischen Wissenschaftler Adolphe Quételet (1796–1874), obwohl es bereits Newton in wesentlichen Aspekten beschrieben hatte (Newton 2003).

Man wird zunächst an Koronen erinnert, die ähnliche Streifen und Ringe hervorrufen und zuweilen Sonne und Mond umsäumen (Abb. 34.10). Das kann hier schon deshalb ausgeschlossen werden, weil der Schmutzbelag auf den Scheiben, der offenbar wesentlich für das Phänomen ist, keineswegs aus gleich großen Partikeln besteht. Hier haben wir es nämlich mit einem Staubbelag völlig unterschiedlich geformter Teilchen zu tun. Außerdem blickt man nicht auf die Lichtquelle selbst, sondern auf deren Spiegelung. Darüber hinaus umgeben die Farbringe im Allgemeinen nicht das Zentrum des Ringsystems, sondern eine exzentrisch gelegene Stelle auf einem der Ringe oder Streifen.

Bei näherem Hinsehen zeigt sich, dass dieser Ring keine besondere Spektralfarbe besitzt und die nullte Beugungsordnung des Ringsystems darstellt. Diese befindet sich bei einer normalen Korona stets in dessen Zentrum. Zu beiden Seiten dieses Rings nullter Ordnung schließen sich die ersten, zweiten und ggf. weiteren Beugungsordnungen in Form farbiger Bögen an. Die Farbreihenfolge kehrt sich beiderseits der nullten Ordnung um, das heißt, von dort aus gesehen verlaufen die Farben auf den weiteren Streifen immer von Blau nach Rot. Im symmetrischen Fall steht die Lichtquelle im Zentrum und blendet damit mindestens die nullte Beugungsordnung aus (Abb. 34.11). Die

34 Strukturfarben durch gebeugtes Licht 367

Abb. 34.11 Wenn die nullte Beugungsordnung im Zentrum liegt, wie hier bei einem verschmutzten Fenster, das senkrecht von der Sonne beleuchtet wird, wird es allerdings zwangsläufig vom Kopf des Fotografen verdeckt. (Foto: Wilfried Suhr)

Exzentrizität kann daher als ein typisches Merkmal für voll entfaltete queteletsche Ringe angesehen werden- Daran lässt sich dieses Interferenzphänomen meist auf Anhieb erkennen. Ursache für die Ausblendung der nullten Beugungsordnung ist die dem Phänomen zugrundeliegende spiegelnde Reflexion, die sich auch anderweitig bemerkbar macht. Wenn man sich beispielsweise quer zu den Ringen bzw. Bögen bewegt, verschieben sie sich in die jeweils entgegengesetzte Richtung, und bei Annäherung an die Scheibe vergrößern sich die Krümmungsradien.

Wie bei der Entstehung von Koronen sind auch hier winzige Streuteilchen ausschlaggebend. Bei den queteletschen Ringen liegen sie typischerweise auf einer transparenten Ebene, zum Beispiel einer Glasscheibe (Abb. 34.12). Außerdem ist eine dazu parallele zweite Schicht nötig, die das Licht spiegelnd reflektiert. Das kann die Rückseite der Scheibe sein oder – besser noch – der Metallüberzug eines Spiegels.

Zu einer Interferenz kommt es immer dann, wenn zwei von einem Punkt einer Lichtquelle ausgehende Lichtwellen in ganz bestimmter Weise mit der verschmutzten Scheibe wechselwirken. Dabei wird die eine Welle an einem Staubkörnchen auf der Vorderseite der Scheibe gestreut und anschließend an

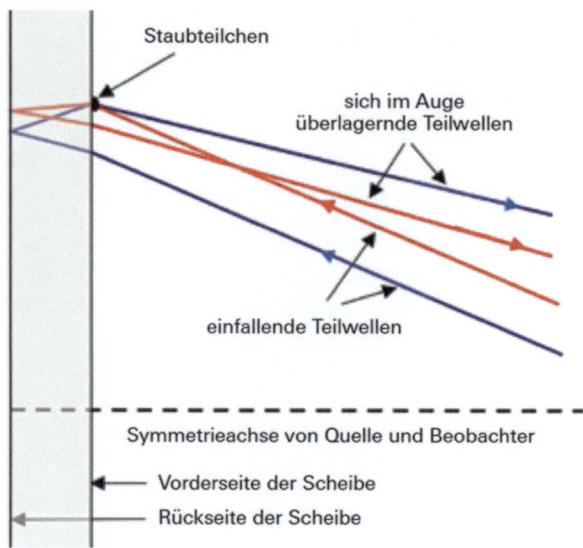

Abb. 34.12 Zwei Lichtwellen gehen von einem Punkt einer Lichtquelle aus und treffen auf einen verstaubten Spiegel. Eine von ihnen wird zuerst an einem Staubteilchen gestreut und anschließend an der hinteren Grenzschicht reflektiert. Bei der anderen ist es umgekehrt. Wenn beide sich anschließend im Auge überlagern, kommt es zu farbigen Interferenzerscheinungen

der hinteren Rückseite reflektiert. Die andere wird umgekehrt zunächst an der hinteren Rückseite reflektiert und dann an demselben Partikel gestreut. Wegen der unterschiedlichen Reihenfolge von Streuung und Spiegelung legen beide Wellen geringfügig unterschiedlich lange Wege zurück, wenn sie sich im Auge oder auf dem Chip der Kamera überlagern. Damit sind die Voraussetzungen für die Interferenz erfüllt.

34.5 Queteletsche Spielereien durch Spiegeleien

Queteletschen Ringen begegnet man im Alltag meist im Zusammenhang mit Fensterscheiben. Allerdings sind die Ringe oft nur unter guten Lichtverhältnissen zu sehen, weil der größte Teil des Lichts durch die Scheibe hindurchgeht. Bei senkrechtem Einfall wird nur etwa 4 % des Lichts an den Grenzschichten reflektiert und steht für queteletsche Ringe zur Verfügung. Wesentlich besser lassen sich die Phänomene darstellen und beobachten, wenn auf der Rückseite verspiegelte Scheiben, z. B. normale Spiegel, fast alles auftreffende Licht reflektieren.

Der Spiegel funktioniert natürlich nur, wenn er mit Streupartikeln versehen ist. Normalerweise genügt es, wenn er etwa zwei Wochen mit der Spiegelseite nach oben in einem normal benutzten Zimmer gelegen hat. Man kann ihn aber auch entsprechend präparieren, indem man ihn mit einer äußerst dünnen Staubschicht versieht oder eine sehr dünne Salatölschicht darüber streicht.

Stellt man in etwa 1 m Entfernung vor den so präparierten Spiegel eine brennende Kerze auf und blickt in einem Abstand von 1,5 m von der Kerze entfernt durch die Flamme hindurch auf den Spiegel, so kann man die farbigen Ringe sehen. Insbesondere sollte dabei zu erkennen sein, dass sich die Ringe nur dann konzentrisch um den Reflex der Flamme legen, wenn die Kerzenflamme die gespiegelte Flamme verdeckt.

Ein besonders reizvolles Experiment kann man mit einem Kosmetikspiegel durchführen. Dazu wird dessen vergrößernde konkave Spiegelseite ausgenutzt. Außerdem sollten sich diesmal möglichst keine Streuteilchen auf dem Spiegel befinden. Vor dem Spiegel wird ein Schirm (z. B. eine Pappe mit einer Kantenlänge von etwa 30 cm) positioniert, der zuvor in der Mitte mit einem Loch von 5 mm Durchmesser versehen wurde (Abb. 34.13). Mit einer hellen Leuchte (z. B. einer Taschenlampe mit Fokussierungsmöglichkeit) wird der Abstand zwischen Leuchte, Schirm und Spiegel so gewählt, dass der Spiegel durch das Loch hindurch möglichst intensiv beleuchtet wird. Der Abstand

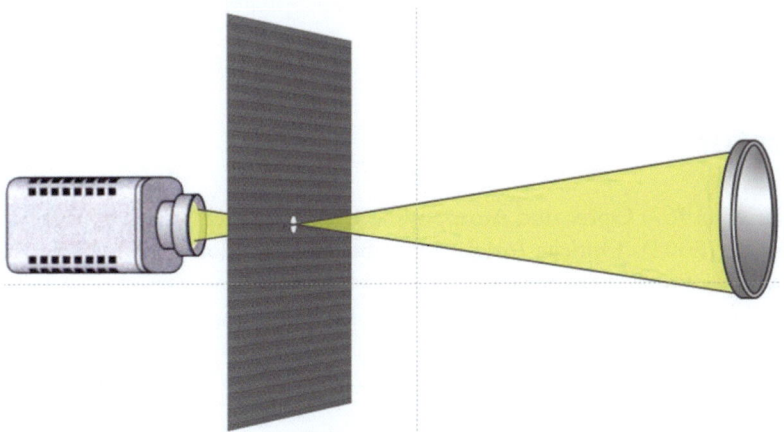

Abb. 34.13 Der durch das Loch hindurch beleuchtete Hohlspiegel (rechts) wird so positioniert, dass das reflektierte Licht auf das Loch fokussiert wird

zwischen Spiegeloberfläche und Schirm muss dabei der Brennweite des Hohlspiegels entsprechen. Man erkennt es daran, dass der auf den Schirm zurückgespiegelte Lichtfleck etwa die gleiche Größe aufweist wie das Loch. Wenn dieser Lichtfleck stark ausgefranst sein sollte, kann man mit einer passenden Pappblende wenige Zentimeter am Rand des Spiegels abdecken. Nun richtet man den Spiegel so aus, dass das durch das Loch geschickte Licht wieder genau zum Loch zurückgespiegelt wird. Der Schirm ist in dieser Situation abgesehen vielleicht von einer geringen Aufhellung im Umkreis des Lochs unbeleuchtet.

Behaucht man nun den Spiegel mit seinem Atem, so tauchen auf dem Schirm farbenprächtige Ringe auf. Sie sind so lange zu sehen, bis die winzigen auf dem Spiegel kondensierten Wassertröpfchen des ausgeatmeten Wasserdampfs verdunstet sind.

Man erkennt in diesem unerwarteten Phänomen die typische Wechselwirkung des Lichts mit dem Spiegel und den Wassertröpfchen auf dessen Oberfläche, die zu queteletschen Ringen führt.

Mit einem Laserpointer kann man abtasten, welches Element des Spiegels zu welchen Farbringen beiträgt. Dazu lässt man den feinen Laserstrahl durch das Loch im Schirm auf den Hohlspiegel fallen. Es zeigt sich dann, dass unabhängig davon, welches Element des Spiegels getroffen wird, ein System konzentrischer Ringe von gleicher Form und Größe auf dem Schirm zu sehen ist. Jeder Teil des Spiegels ruft offenbar ein gleichartiges ,Ringsystem hervor, sodass sich bei der Ausleuchtung der ganzen Spiegelfläche alle Ringe überlagern und in der Intensität verstärken.

Literatur

Pohl, R. W. (1967) Optik und Atomphysik. Berlin, Heidelberg, New York.
Newton, I. (2003). Opticks (originally published: London 1730). Neue Ausgabe. New York, Prometheus Books.
Schlichting, H. J. (2013) Verräterische Tropfenmuster. Spektrum der Wissenschaft 11, S. 52–53.

35

Umkränzte Kopfschatten

35.1 Farbringe auf dem Wasser

An einem sonnigen Tag im August setzte ich mich an einen Teich und traute meinen Augen gleich zweimal nicht. Einerseits sah ich meinen Kopfschatten auf der Teichoberfläche mit farbigen Ringen umgeben – eine Glorie (Abb. 35.1 oben). Andererseits war der Sonnenreflex auf dem Wasser Teil eines exzentrischen Ringsystems von Spektralfarben, was auf queteletsche Ringe verwies (Abb. 35.1 unten). Beide Phänomene sollte man allerdings nicht auf einer Wasseroberfläche vermuten. Denn die Glorie ist auf gleichartige winzige Teilchen angewiesen, und die queteletschen Ringe erfordern typischerweise zwei parallele Schichten, wie sie beispielsweise durch eine Fensterscheibe gegeben sind (Abb. 34.9). Wie kommt es dazu, dass der Teich gleichzeitig beide Erscheinungen ermöglicht?

Die Glorie kennt man vielleicht von Flugreisen oder vom Bergwandern. Dort erscheint der Schatten, der auf eine Wolke oder Nebelbank fällt, von farbigen Ringen gekrönt (Abb. 35.2). Die schwebenden Wassertröpfchen strahlen einen Teil des auftreffenden Sonnenlichts zurück zu den beobachtenden Personen.

Die Ringmuster der Glorie werden durch Beugung des Lichts an winzigen Wassertröpfchen hervorgerufen, ähnlich wie bei einer Korona. Während diese jedoch durch in Vorwärtsrichtung gestreutes Licht hervorgebracht werden; kommt es bei einer Glorie zu einer Rückstrahlung. Theoretische Untersuchungen der Glorie legen die Vermutung nahe, dass die Abstände zwischen den Ringen und deren relative Intensitäten durch Beugung des Lichts an Kreisringen am Rand eines Tropfens entstehen. Der wesentliche Beitrag zur

Abb. 35.1 Beide Fotos sind zur gleichen Zeit auf demselben Gartenteich aufgenommen worden. Oben: Eine Glorie umgibt den Kopfschatten des Fotografen. Unten: Der Sonnenreflex liegt auf einem der Farbbögen, die sich um ein fiktives Zentrum außerhalb des Teiches krümmen

Abb. 35.2 Eine Glorie vor einer Nebelwand im Gebirge rundet sich um den Kopfschatten der beobachtenden Person (Foto: Udo Backhaus). Als Streuzentren fungieren winzige Wassertröpfchen

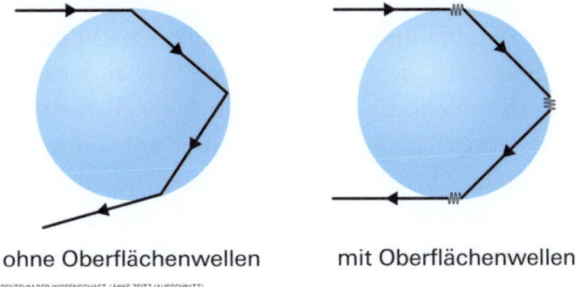

ohne Oberflächenwellen   mit Oberflächenwellen

SPEKTRUM DER WISSENSCHAFT / MIKE ZEITZ (AUSSCHNITT)

Abb. 35.3 Links: Der Lichtweg durch einen Wassertropfen, wie man ihn nach den Gesetzen der geometrischen Optik erwarten würde. Rechts: Die Glorie lässt sich jedoch nur durch einen Lichtweg beschreiben, bei dem auf didesem Weg „Verzögerungen" auftreten, die durch Oberflächenwellen bewirkt werden (Strichelung an drei Stellen)

Intensität stammt von Licht, das genau einmal im Tropfen reflektiert wird. Aber ein solcher Weg ist nach herkömmlicher Auffassung unmöglich. Denn dafür wäre der Brechungsindex des Wassers zu klein.

Man geht inzwischen davon aus, dass die einfallende Welle die Oberfläche des Tropfens streift. Dadurch kann sie sich als Oberflächenwelle ein Stück weit am Rand entlang bewegen, bevor sie gebrochen wird. Infolge der dadurch bedingten Verzögerungen werden die für die Lichtintensität wesentlichen Lichtwellen entgegen der Einfallsrichtung ausgestrahlt (siehe Abb. 35.3).

Eine Glorie ist auf möglichst kugelförmige Tropfen angewiesen. Darum bleibt für die Glorie auf dem Teich zu klären, wie diese Bedingung erfüllt werden kann.

Dabei hilft ein Blick auf das zweite Phänomen. Es weist einige Merkmale der queteletschen Ringe auf: So liegt der Sonnenreflex auf einem der Ringe, die hier nur als leicht gekrümmte Bögen auftreten. Beim Bogen mit dem Reflex erkennt man im Unterschied zu den Nachbarbögen keine Spektralfarben, er ist einfarbig grau. Die sich zu beiden Seiten anschließenden Bögen zeigen eine umgekehrte Reihenfolge der Spektralfarben. Der einfarbige Bogen entspricht der nullten Beugungsordnung, und nebenan befinden sich zu beiden Seiten die ersten, zweiten und weiteren Beugungsordnungen in Form bunter Bögen. Hinzu kommt ein weiteres für queteletsche Ringe typisches Verhalten: Bewegt man sich quer zu den Bögen, verschieben sie sich in entgegengesetzte Richtung, und bei Annäherung vergrößern sich die Krümmungsradien.

Queteletsche Ringe sind im Gegensatz zu Glorien nicht auf gleich große kugelförmige Teilchen als Streukörper angewiesen. Diese Bedingung scheint die Wasseroberfläche zu erfüllen – sie ist mit einem weitgehend transparenten Belag bedeckt. Allerdings wäre eine zusätzliche Schicht nötig, an der das Licht reflektiert werden kann. Bei Glasscheiben und Folien findet man so etwas an der Rückseite, aber wo befindet sich eine zweite Schicht beim Teich?

Sowohl diese Frage als auch die nach dem Vorhandensein kugelförmigen Teilchen für das Zustandekommen einer Glorie machen eine genauere Untersuchung der Wasseroberfläche nötig. Bei einer entnommenen Wasserprobe ließen sich die queteletschen Bögen ebenso bei Kunstlicht in einer gewöhnlichen Plastikwanne beobachten (siehe Abb. 35.4). Unter dem Mikroskop zeigte sich, dass die Verunreinigung auf der Wasseroberfläche, die zu den Bögen führte, aus winzigen Kügelchen bestand. Diese erwiesen sich nach einiger Recherche als eine besondere Algenart: die fotosynthetisierende Goldglanzalge (Chromulina rosanoffii). Sie hat die für unsere Phänomene entscheidende Fähigkeit, sich selbst auf die Wasseroberfläche zu hieven, um optimal Licht aufzunehmen.

Damit sind die Voraussetzungen für das Zustandekommen einer Glorie geklärt. Das Licht wird an den zahlreichen, winzigen, kugelförmigen und weitgehend gleich großen Algen gestreut – auf eine vergleichbare Weise wie an den Wassertropfen in Wolken oder im Nebel. In beiden Fällen entsteht im Auge oder auf dem Kamerachip das Bild einer Glorie. Es kommt offenbar vor allem auf die Kugelform der lichtstreuenden Objekte an.

Bleibt zu klären, auf welche Weise die auf dem Wasserspiegel driftende Schicht aus Goldglanzalgen auch für das Auftreten queteletscher Ringe verantwortlich ist. Dazu hilft ein Blick auf die elementaren Prozesse, die das Phäno-

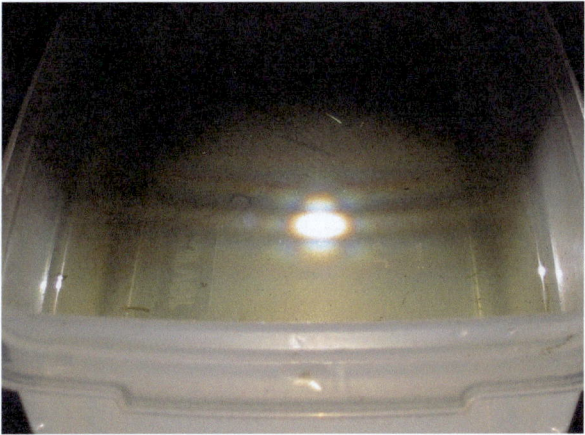

Abb. 35.4 Eine Wasserprobe mit den Goldglanzalgen in einem Behälter zeigt eine Glorie durchwirkt von queteletschen Bögen

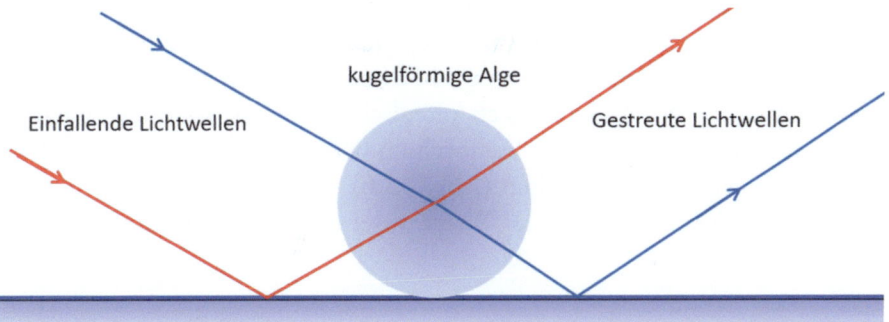

Abb. 35.5 Zwei kohärente Lichtwellen, von denen die eine zunächst auf der Wasseroberfläche reflektiert und dann an der Alge gestreut wird, und die andere zuerst an der Alge gestreut und dann an der Wasseroberfläche reflektiert wird, interferieren im Auge des Betrachters. Wegen des Wegunterschieds der beiden Wellen kommt es zur farblichen Zerlegung des Lichts

men auf einer verschmutzten Scheibe hervorbringen. Diese wird durch zwei Lichtwellen getroffen, die von einem Punkt ausgehen. Eine von ihnen wird zuerst an einem Teilchen gestreut und anschließend an der hinteren Grenzschicht der Scheibe reflektiert. Bei der anderen ist es umgekehrt. Wenn beide sich anschließend überlagern, kommt es zu farbigen Interferenzerscheinungen.

Beim Teich nimmt die Wasseroberfläche die Rolle der spiegelnden hinteren Schicht ein. Die auf dem Wasser driftenden kugelförmigen Algen verhalten sich wie die Streuteilchen auf der vorderen Seite (Abb. 35.5). Da sie nahezu gleich groß sind, bilden sie insgesamt so etwas wie eine virtuelle zweite Schicht. Hier ist also die Gleichartigkeit der kugelförmigen Streukörper, die normalerweise für das Auftreten queteletscher Ringe völlig unerheblich ist, eine notwendige Voraussetzung für dieses Phänomen. Das Wasser bringt zwei ansonsten weit voneinander entfernte Erscheinungen erstaunlich nahe zusammen (eine tiefer gehende Analyse des Phänomens findet man in Suhr et al. 2009).

Die große Ähnlichkeit von Abb. 35.4 mit Abb. 34.5 (unten) ist nicht rein zufällig. Man hat es mit einem ganz ähnlichen Sachverhalt zu tun. Die über der Teeoberfläche driftenden Tröpfchen entsprechen den über die Wasseroberfläche gehievten kugelförmigen Algen im Teich. Auch die Korona auf dem Tee schmückt sich also mit queteletschen Streifen.

35.2 Wenn der Heiligenschein zur Glorie wird

Ich bin es gewohnt, bei morgendlichen Spaziergängen immer mal wieder meinen Kopfschatten auf der feuchten Wiese von einem Heiligenschein umgeben zu erleben. So war es auch an diesem etwas nebeligen Morgen. Der hell umkränzte Schatten meines Kopfes begleitete mich in Einklang mit den Naturgesetzen von Lichtbrechung und Reflexion. Doch als der Nebel dann etwas stärker wurde, mischten sich plötzlich Farben in das Geschehen um meinen Kopfschatten. Die helle Stelle schien sich zu einem überdimensionalen farbigen Ringsystem auszuweiten (Abb. 35.6). Und dann war es auch schon klar. Der Heiligenschein auf der Wiese vereinigte sich mit einer Glorie im leichten Nebel.

Abb. 35.6 Der Heiligenschein auf dem nassen Gras ist in eine überdimensionale Glorie im leichten Nebel übergegangen

Hier zeigt sich einmal mehr, dass Phänomene, die sich im Rahmen der Strahlenoptik beschreiben lassen, und solche, bei denen ein wellenoptischer Zugang nötig ist, natürlicherweise als Einheit auftreten können. Letztlich liegen allen optischen Erscheinungen wellenoptische Prinzipien zugrunde, die in manchen Fällen vereinfacht im Rahmen der Strahlenoptik erfasst werden können. Während der Heiligenschein im Rahmen der Strahlenoptik durch Brechung und Reflexion beschrieben werden kann, erfordert die Erklärung einer Glorie einen weitgehend wellentheoretisch fundierten Ansatz (siehe Abschn. 35.1).

Die Nebeltropfen müssen in diesem Fall ausnahmsweise weitgehend einheitlicher Größe gewesen sein, was nach der Seltenheit dieses Phänomens zu urteilen, meist nicht der Fall ist. Häufiger trifft man Glorien auf Wolkenbänken im Sonnenlicht an, wie man sie bei Flugzeugreisen oder Wanderungen in den Bergen erleben kann.

Die Glorie war wegen des dünnen Nebels nicht sehr ausgeprägt. Auch fehlten vor allem die Blautöne im Ringsystem, aber es zeichneten sich mindestens zwei Beugungsordnungen ab. Leider hatte ich nur eine Handykamera dabei, sodass das Foto die Farben nur unvollkommen wiedergibt (Abb. 35.6).

Je mehr sich mir infolge der zunehmenden Sonnenhöhe der Kopfschatten näherte, desto stärker büßten die Farbringe an Brillanz ein, um schließlich ganz zu verschwinden. Dafür war zum einen die Zunahme der Intensität des Sonnenlichts verantwortlich, die dem Nebel allmählich den Garaus machte. Zum anderen bedingte der zunehmend steilere Einfall des Sonnenlichts einen kürzeren Weg durch den verbleibenden flachen Nebel, sodass immer weniger Wassertröpfchen beteiligt waren. Es dauerte dann auch nicht mehr lange, bis der Nebel und damit auch die Glorie ganz verschwunden waren und einen schönen, sonnigen Tag folgen ließen.

Literatur

Suhr, W. et al. (2009) Quételet's fringes due to scattering by small spheres just above a reflecting surface. Applied Optics 48/26, p. 4978–4984.

36

Strukturfarben einer Compact Disc

36.1 Eine CD im Sonnenlicht

Bei der Herstellung von CDs und Co. ging es nicht darum, die Strukturfarben der Natur zu imitieren. Diese mussten gleichsam in Kauf genommen werden, weil sie mit physikalischer Notwendigkeit an die Feingliedrigkeit der Oberflächenstruktur gebunden sind (Abb. 36.1).

Diese besteht aus feinen Rillen und wird zusammen mit einer spiegelnden Folie zu einer Art Reflexionsgitter wider Willen. Denn die Rillen dienen einzig der Speicherung von Daten, auf die es hier jedoch gar nicht ankommt.

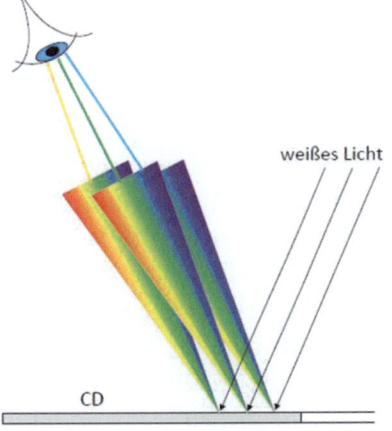

Abb. 36.1 Welche Farben man in einer CD (links) sieht, hängt vom Winkel ab, unter dem das Licht gebeugt wird, bevor es ins Auge fällt (rechts)

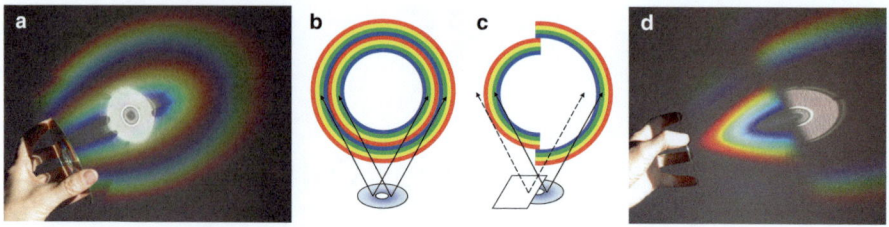

Abb. 36.2 Projiziert man Sonnenlicht mit Hilfe einer CD auf eine Wand (**a**), so zeigt sich Unerwartetes: Dem inneren System von Interferenzringen 1. Ordnung folgt ein äußeres Ringsystem fast gleicher Intensität, das ebenfalls zur Ordnung 1 gehört. Tatsächlich weist jede CD ein doppeltes System aus Interferenzringen auf (**b**). Deckt man die halbe CD ab (**c**, **d**), wird klar, wie es dazu kommt

Ginge es nur um die brillante Farbigkeit von CDs, so wäre mit dem Hinweis, dass die Dimensionen der Rillen zu Beugungsphänomenen des Lichts führen, fast schon alles gesagt. Aber ein genaueres Hinsehen führt zu einigen erklärungsbedürftigen Phänomenen. So erschien es mir ziemlich erstaunlich, dass scheinbar unterschiedliche Beugungsordnungen dieselbe Lichtintensität aufweisen (Abb. 36.2a). Außerdem hätte ich nicht erwartet, dass eine nur zur Hälfte beleuchtete CD ein 360° umschließendes, allerdings recht spezielles farbiges Ringsystem entstehen lässt (Abb. 36.2d).

Obwohl eine CD nur aus einer in der Kunststoffplatte eingravierten sehr schmalen Spiralspur besteht, bringt sie die gleichen Phänomene hervor wie ein entsprechend dimensioniertes Ringgitter. Zusammen mit der auf der Rückseite aufgedampften spiegelnden Metallschicht entsteht aus dem Rillensystem rein optisch gesehen eine Art Reflexionsgitter. Darauf fallendes weißes Licht wird an den typischerweise 1,6 µm (1 µm = 1 Millionstel Meter) voneinander entfernten Spurrillen reflektiert und ins Auge oder an die Wand zurückgeworfen, wo die Lichtwellen interferieren.

Die dabei auftretende Phasenverschiebung der sich überlagernden Teilwellen ist ausschlaggebend dafür, ob es zur Verstärkung, Abschwächung oder vollständigen Auslöschung der Intensität einzelner Wellenlängen kommt. Bei einer Verschiebung um beispielsweise genau eine Wellenlänge fallen Wellenberge auf Wellenberge zusammen und verstärken sich so. Eine Verschiebung um null Wellenlängen entspricht dabei der 0. Beugungsordnung, eine Verschiebung um eine Wellenlänge der 1. Beugungsordnung und so weiter. Infolge all dieser Überlagerungen erscheint das ursprüngliche weiße Licht an unterschiedlichen Orten in bunten Spektralfarben.

Legt man eine CD vor sich auf den Tisch, so sieht man je nach Lichtquelle radiale Streifen unterschiedlicher Lage und Farbe (Abb. 36.1 links). Die Breite der Streifen ist dabei unter anderem durch die Breite des mit Rillen versehenen Kreisrings der CD bestimmt. Weil das Licht aus verschiedenen Richtungen ins Auge fällt, sieht der Betrachter den unterschiedlichen Weglängen entsprechend verschiedene Spektralfarben.

Wir können den Farbwechsel aber auch provozieren: Ändern wir den Blickwinkel auf die CD, ändern sich ebenso die Farben, wie sich etwa durch Schließen wechselweise des einen und dann des anderen Auges überprüfen lässt.

Übrigens können wir eine CD genau genommen kaum anders als in den Farben wahrnehmen, die sie durch ihre mikroskopische Struktur erzeugt, denn diese Strukturfarben dominieren ihre Pigmentfarbe.

Beim direkten Blick auf die CD sehen wir nur einen Teil des Beugungsmusters, weil der Sehwinkel der Augen- oder der Kameralinse zu klein ist, um es in Gänze zu erfassen. Halten wir die Polykarbonatscheibe hingegen in das Licht einer intensiven Lichtquelle, am besten das der Sonne, und sorgen dafür, dass das reflektierte und gebeugte Licht auf einer weißen Wand landet, können wir in dieser Projektion das voll entwickelte Beugungsmuster betrachten (Abb. 36.2).

In der Mitte des farbigen Ringsystems sehen wir die Spiegelung der CD. Dieser weiße Reflex fällt in den Bereich der 0. Beugungsordnung der CD. Nach außen hin folgen die Farbringe der 1. Beugungsordnung. Offenbar wächst der Beugungswinkel mit der Wellenlänge, denn das kurzwellige blauviolette Licht wird am wenigsten abgelenkt und bildet deshalb den inneren Ring. An diesen schließen sich die Farben des zunehmend langwelligeren Lichts bis hin zum Rot an. Dann aber wiederholt sich die Farbabfolge und beginnt wieder bei Blauviolett.

Man könnte meinen, dass es sich hier um das Ringsystem der 2. Beugungsordnung handelt. Doch dann müsste mit steigender Ordnung die Intensität stark sinken, was hier aber nicht der Fall ist. Es muss sich also um ein weiteres Ringsystem 1. Ordnung handeln!

Was das Foto (Abb. 36.2a) wirklich zeigt, erkennen wir, wenn wir eine Hälfte der CD abdecken (Abb. 36.2c) oder nur die halbe CD ins Sonnenlicht halten (Abb. 36.2d). Dabei entstehen nämlich zwei halbe Ringsysteme von unterschiedlichem Radius, aber gleicher Beugungsordnung. Lassen wir ein aus den beiden Lichtbündeln 1. Ordnung gebildetes „V" gedanklich auf einem Kreis auf der CD umlaufen, wird klar, was geschieht: Das (zunächst) nach innen gebeugte Bündel zeichnet auf der Projektionswand einen Kreis, der um den Umlaufdurchmesser verkleinert ist im Vergleich zu dem Kreis, der von dem nach außen gebeugten Bündel beschrieben wird.

Da die Sonne nicht punktförmig ist und die Beugung über die ganze Gitterbreite erfolgt, verschmieren die in dieselbe Richtung gebeugten Lichtbündel über einen bestimmten Bereich. Darum sind es nicht Linien einer bestimmten Farbe, sondern etwas breitere Farbbänder, die wir sehen. Zudem reichen sie ein wenig über die Symmetrieachse der „halbierten" CD hinaus (Abb. 36.2c).

36.2 Das durchdringende Licht einer transparenten CD

Zur Abdeckung der CD-Rohlinge in einer Spindel befindet sich manchmal eine Scheibe ohne Reflexionsfolie. Als ich diese ins Sonnenlicht hielt, das durch das Fenster ins dunkle Zimmer strahlte und den Reflex auf die weiße Wand lenkte, machte ich eine merkwürdige Entdeckung. Der Schatten meiner Hand, mit der ich die CD festhielt, wurde scheinbar vom gebeugten Licht durchstrahlt (Abb. 36.3 links). Danach ging es dann nur noch um die Beantwortung der sich aus dieser Beobachtung ergebenden Frage, wie das Licht dorthin kommt.

Bei dem Versuch, das Licht auf die Wand zu projizieren, drehte ich die Scheibe etwas zu weit, sodass das Licht durch sie hindurch fiel. Die CD war damit unversehens zu einem Transmissionsgitter geworden: Das durch sie hindurchgehende Licht wurde gebeugt und auf der Wand zu farbiger Interferenz gebracht. Allerdings landete das Licht eben auch dort, wo man es nicht erwartete – nämlich mitten im Schatten der Hand.

Die blauen Lichtspeichen des Strahlenkranzes weisen ungefähr in Richtung der Fingerzwischenräume und ihre Breite erscheint in etwa proportional zur Breite der Zwischenräume. Das Licht könnte also von jenen Teilen der CD stammen, die nicht von Fingern abgedeckt sind und von dort zur Mitte hin-

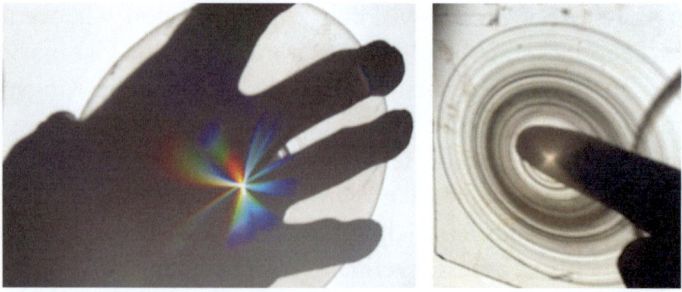

Abb. 36.3 Links: Der Reflex eines ins Licht gehaltenen CD-Rohlings scheint die Hand zu durchdringen und den Schatten der Hand aufzuhellen. Rechts: Um das Licht ins Zentrum einer mit konzentrischen Ritzringen versehenen Glasplatte zu lenken, muss nur ein Teil der Ringe beteiligt sein

gelenkt werden. Geht man davon aus, dass ein solches an eine Fresnel-Linse erinnerndes System eine Brennweite besitzt, also einen Abstand zwischen CD und Wand, dann müsste der Brennpunkt genau auf der Wand liegen, wenn das Zentrum des Strahlenkranzes besonders scharf erscheint.

Variiert man dieser Idee entsprechend den Abstand zwischen CD und Projektionswand, so stößt man interessanterweise auf keinen Brennpunkt, sondern vielmehr auf etwas, das eher einer vertikal zur CD orientierten Brennlinie ähnelt. Denn man kann den Abstand zur Wand um bis zu 15 cm verändern, ohne dass sich die Schärfe des Bildes verändert. Eine solche Tiefenschärfe wäre bei Abbildungen mit Linsen nicht zu erreichen. Auch strukturiertere Objekte lassen sich auf diese Weise mit großer Tiefenschärfe abbilden, wie etwa eine Lichterkette.

Offenbar hängt die Länge der vertikalen Brennlinie von der Zahl der zur Abbildung beitragenden Rillen ab. Deckt man nämlich, von innen beginnend mehr und mehr Spurrillen der CD ab, so verkürzt sich die Brennlinie entsprechend. Dies kann man so lange weitertreiben, bis nur noch wenige Rillen zur Abbildung beitragen. Dann ist die Brennlinie zum Brennpunkt geschrumpft.

Doch wie kommt nun der Strahlenkranz zustande? Ursache ist die Beugung des Lichts an den spiralförmig verlaufenden aus mikroskopisch feinen *pits* (Vertiefungen) und *lands* (Flächen) bestehenden Rillen der CD. Sie bilden näherungsweise ein System aus Ringen mit nahezu identischen Abständen. Aus Symmetriegründen wird das Licht zum einen zur optischen Achse hin (Abb. 36.4, durchgezogene Linien) und zum anderen von der optischen Achse weggebeugt (gestrichelte Linien). Mit einigem Recht lässt sich daher sagen, dass die CD das Licht sowohl fokussiert als auch defokussiert. Zu dem Phänomen trägt allerdings nur das Licht bei, dessen Weg mit durchgezogenen Linien markiert ist. Überdies haben wir nur Licht der 1. Beugungsordnung dargestellt, welches die Beiträge zur Brennlinie liefert. Die Brennlinien höherer Ordnung sind zu lichtschwach, um in einem solchen Freihandexperiment erkannt zu werden.

Im weißen Licht sind alle Spektralfarben gemischt. Zur Brennlinie trägt jedoch jede Farbe einzeln bei. In der Grafik (Abb. 36.4) ist der besseren Anschauung halber darum rotes Licht – also elektromagnetische Wellen am langwelligen Ende des sichtbaren Spektrums – als rote Linie dargestellt. Rotes Licht wird unter dem größten Winkel gebeugt und kennzeichnet den Beginn der Brennlinie. Blauviolettes Licht wird dagegen unter dem kleinsten Winkel gebeugt und kennzeichnet das Ende der Brennlinie.

Dies erklärt auch folgende Beobachtung: Hält man die Scheibe zunächst dicht vor die Wand, sieht man dort, wo sich Brennlinie und Wand schneiden,

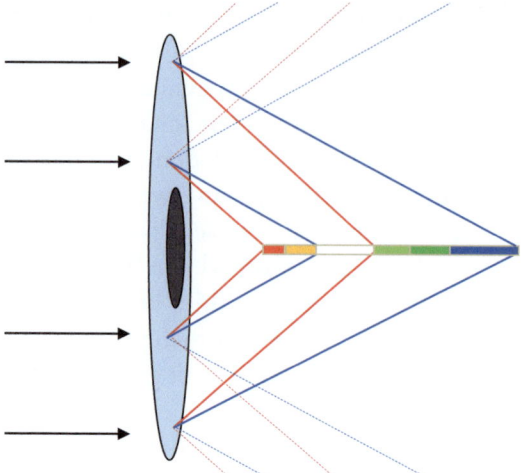

Abb. 36.4 Um ein Axicon zu erzeugen, kann man Sonnenlicht auf eine CD fallen lassen, deren metallische Beschichtung entfernt wurde. Die CD beugt das Licht so, dass es sich zu einer Brennlinie überlagert. Lichtstrahlen sind als blaue und rote Linien symbolisiert. Gestrichelte Linien tragen nicht zu dem Phänomen bei. (Lunazzi et al. 2007)

einen roten Punkt. Vergrößert man den Abstand, so wechselt dessen Farbe über Orange nach Weiß, Grün und schließlich Blau (Abb. 36.4). Dabei tritt Weiß erst dann auf, wenn auch noch das blauviolette Licht aus den innersten Rillen hinzutritt.

Die Brennlinie erstreckt sich nicht isoliert im Raum, sondern ist umgeben von farbigem Licht viel geringerer Intensität. Denn nachdem das gebeugte Licht 1. Ordnung sich auf der optischen Achse gekreuzt hat, läuft es wieder auseinander und erreicht ebenfalls die Wand.

Wir haben es hier mit einem sogenannten Axicon zu tun (McLeod 1954). Dabei handelt es sich um ein optisches Element, das einen Punkt in ein Liniensegment längs der optischen Achse verwandelt. Genau das ist hier zu beobachten: Der weiße Fleck (Querschnitt durch die Brennlinie auf der Wand) beziehungsweise das komplexe Lichtmuster sind Abbilder der jeweiligen Lichtquelle, werden aber über einen auffallend großen Bereich hinweg scharf abgebildet. Dem Vorteil der enormen Tiefenschärfe steht allerdings entgegen, dass die Qualität der Abbildung geringer ist als bei konventionellen, linsenbasierten Methoden.

Lässt sich ein Axicon vielleicht auch mit Hilfe von Lichtbrechung anstelle von Lichtbeugung erzeugen? Das geht tatsächlich. Auf die Farbaufspaltung des Lichts muss man dabei allerdings verzichten. Man bringe Schmirgelpapier mit Hilfe einer Bohrmaschine zum Rotieren und ritze Rillen in eine Glasscheibe. Das Resultat ist zwar nicht besonders gleichmäßig (Abb. 36.3 rechts), erfüllt seinen Zweck aber gut: Lässt man nämlich Sonnenlicht durch das Glas fallen und hält dahinter einen Finger in den Strahlengang, wird auch hier der Schatten des Fingers durch das Licht des Axicons aufgehellt.

Heute haben „Axicon-Linsen" längst Anwendung in Forschung und Technik gefunden. Vor allem konisch geformte Exemplare kommen dabei zum Einsatz. Sie bilden eine Punktlichtquelle in eine Linienlichtquelle längs der optischen Achse ab oder transformieren Laserstrahlen in Lichtringe.

Literatur

McLeod, J. (1954). The Axicon: A New Type of Optical Element. In: Journal of the Optical Society of America, 44/8, p. 592597.
Lunazzi et al. (2007) https://arxiv.org/ftp/physics/papers/0701/0701234.pdf.

37

Weitere Strukturfarben in der Natur

37.1 Schillernde Spinnennetze

Das Verhältnis der Menschen zu Spinnennetzen ist zwiespältig. Einerseits ekeln sie sich davor, wenn sie mit den klebrigen und dadurch anhänglichen Fäden in Berührung geraten. Andererseits sind sie von den intensiven Farben fasziniert, die ein Spinnennetz unter bestimmten Bedingungen im Sonnenlicht hervorruft. Mit der Sonne im Rücken kann man am frühen Morgen regenbogenartige Erscheinungen erleben, die sich auf den mit Tautropfen besetzten Netzen entfalten (Abschn. 28.3). Aber auch gegen die Sonne gesehen können Spinnennetze in äußerst brillanten Farben erstrahlen (Abb. 37.1).

Die beiden Effekte beruhen auf völlig unterschiedlichen physikalischen Vorgängen. Während das erstere Phänomen auf der Farbzerlegung durch Lichtbrechung des Sonnenlichts in den Wassertropfen beruht, hat man es bei letzterem mit der Lichtbeugung an den mikroskopisch kleinen Strukturelementen der Spinnfäden zu tun. Dazu zählen nicht nur die äußerst dünnen Fäden selbst, sondern vor allem die in fast konstantem Abstand voneinander auf den Fäden sitzenden winzigen Klebetröpfchen.

Die Farben entfalten ihre volle Brillanz, wenn man unter einem flachen Winkel auf ein Spinnennetz gegen die Sonne blickt. Man kann also mit einer gewissen Paradoxie feststellen, dass die Spinnennetze mit ihren fast unsichtbar dünnen Fäden (wenige Mikrometer im Durchmesser) nur deshalb gesehen werden, weil sie so dünn sind. Denn das ist die Voraussetzung für die Entstehung der kräftigen Strukturfarben.

Abb. 37.1 Schillernde Farben von Spinnennetzen im Gegenlicht der Sonne. Mit einer gewissen Unschärfe bei der Aufnahme lassen sich die Farben stärker hervorheben

Damit hängt die Schwierigkeit zusammen, dass bei der Fotografie eines irisierenden Spinnennetzes eine Scharfeinstellung auf die Fäden die Sichtbarkeit der Farben stark einschränkt. Mit einer wohldosierten Unschärfe werden die Farben über eine größere Fläche verschmiert und sie entfalten erst dadurch ihre beeindruckende Wirkung.

Spinnengewebe treten in großer Vielfalt auf, die von völlig ungeordneten Gespinsten bis zu gleichmäßig gewobenen Radnetzen reicht. Die in letzteren enthaltene Ordnung der Struktur erleichtert einen systematischen Zugang zur Farbentstehung. Wir beschränken uns daher im Folgenden auf das Radnetz der heimischen Kreuzspinne.

Beim Bau von Radnetzen verwenden die Spinnen typischerweise zwei verschiedene Arten von Fäden. Sie spannen zunächst das Gerüst des Netzes wie die Speichen eines Rades mit radial in alle Richtungen weisenden Radialfäden auf. Anschließend heften sie auf dieses Grundgerüst an der „Radnabe" beginnend einen spiralförmig umlaufenden Fangfaden. Dieser wird bereits von Anfang an mit einer klebrigen Flüssigkeit überzogen, die anschließend selbsttätig in ein System aus einzelnen Klebetröpfchen übergeht (Abb. 37.2 oben). Ein solcher Selbstorganisationvorgang kann in einem Freihandexperiment im Bereich alltäglicher Dimensionen leicht nachvollzogen werden. Dazu taucht

Abb. 37.2 oben: Mikroskopische Aufnahme eines Fangfadens mit einem Durchmesser von ca. 2,8 µm. Er ist mit Klebetröpfchen besetzt, die in einem Abstand von etwa 153 µm angeordnet sind. Die Tröpfchen haben einen maximalen Durchmesser von etwa 28 µm. Unten: Eine Honigschicht auf einem dünnen Nylonfaden zerfällt von selbst in einzelne Tropfen, ähnlich wie der Flüssigkeitsfilm auf einem Fangfaden

man den Zeigefinger in flüssigen Honig und zieht dann eine dünne Anglerschnur so zwischen dem Daumen und der benetzten Fingerkuppe hindurch, dass der Nylonfaden möglichst gleichmäßig mit Honig überzogen wird. Anschließend kann am waagerecht gespannten Faden direkt beobachtet werden, wie der Honigfilm nach kurzer Zeit in bestimmten Abständen einreißt und schließlich in eine Perlenkette aus Tropfen übergeht (Abb. 37.2 unten).

Obwohl der Radial- und der Fangfaden etwa gleich dünn sind, trägt der Radialfaden nur unwesentlich zur Farbwirkung bei und wird im Folgenden nicht weiter betrachtet. Der mit nahezu periodisch angeordneten Klebetropfen besetzte Fangfaden besitzt einen wesentlich größeren Detailreichtum. Das an ihm gebeugte Sonnenlicht weist daher ein wesentlich intensiveres und farblich reichhaltigeres Muster auf, von dem die beeindruckende Wirkung ausgeht, die man beim Blick ins Spinnennetz erlebt.

Indem wir einen Fangfaden längs der vertikalen Achse eines zylindrisch gewölbten Projektionsschirms einspannen und mit einem grünen Laser (Wellenlänge: 0,532 µm) bestrahlen, verschaffen wir uns zunächst einen visuellen Eindruck von der Struktur des Beugungsmusters (Abb. 37.3). Dabei fallen drei einfachere Strukturmerkmale auf.

Erstens: Den größten Winkelabstand zwischen den Intensitätsmaxima von etwa 16° weist ein Element aus vertikal angeordneten Streifen auf. Diese sind in Abb. 37.3 (angedeutet mit der Ziffer 1) an einem in horizontaler Richtung

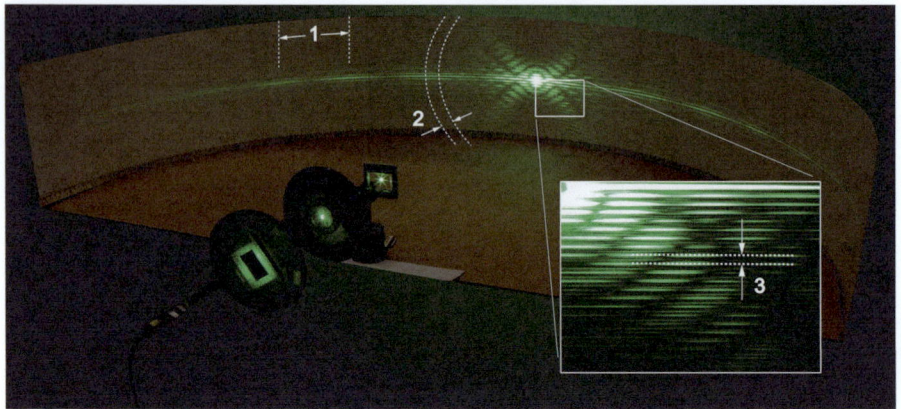

Abb. 37.3 Projiziertes Beugungsmuster eines Fangfadens. Längs der Achse des zylindrisch gewölbten Projektionsschirms verläuft der (hier nicht sichtbare) Faden. Dieser wird hier mit einem Laserstrahl beleuchtet

erfolgenden Wechsel der Intensitäten zu erkennen. Da eine Beugungsfigur umso größer ist, je kleiner das beugende Element ist, kommt nur der Querschnitt des Fadens als beugendes Element in Frage.

Zweitens: Die um das nullte Maximum herum gelegenen konzentrischen, in vertikaler Richtung gestauchten Beugungsringe lassen auf die Klebetröpfchen als beugendes Element schließen. Sie sind in Abb. 37.3 (angedeutet mit der Ziffer 2) dargestellt.

Drittens: Das sich über das gesamte Beugungsbild erstreckende System eng beieinanderliegender, horizontaler Streifen verweist auf das größte beugende Element des Fangfadens, nämlich das lineare Gitter aus den periodisch im Abstand von etwa 153 µm angeordneten Klebetröpfchen auf dem Fangfaden. Dies ist in Abb. 37.3 (in einem Ausschnitt mit der Ziffer 3) angedeutet.

Um die experimentellen Befunde zu überprüfen, haben wir im Rahmen eines einfachen anschaulichen Modells des Fangfadens das Beugungsmuster mit Hilfe eines Computerprogramms simuliert. Dabei wurde der Faden auf seine zweidimensionale Projektion reduziert, die in ein feines quadratisches Raster zerlegt wurde (Abb. 37.4). Jedem Rasterquadrat haben wir ein punktförmiges Streuzentrum zugeordnet und sind davon ausgegangen, dass sich eine ebene Welle senkrecht zur Ebene der Streuzentren ausbreitet. Schließlich diente uns jedes von der Welle getroffene Streuzentrum als Ausgangspunkt einer sekundären Kugelwelle. Für jeden Rasterpunkt des Schirms wurde dann die durch Überlagerung aufsummierte Lichtintensität berechnet, indem die bekannten Größen der Wellenlänge des Laserlichts und des Fadens mit den Tropfen benutzt wurden.

37 Weitere Strukturfarben in der Natur

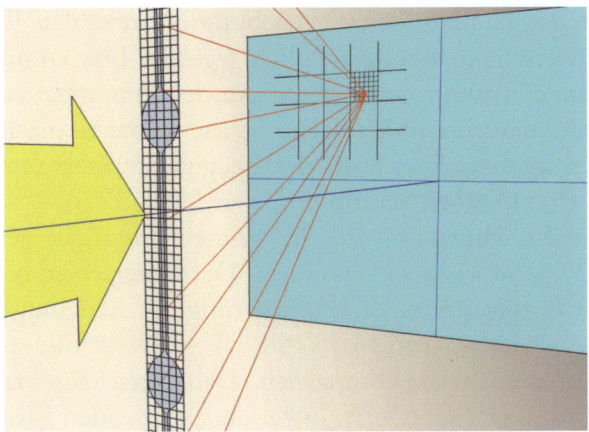

Abb. 37.4 Geometrie des Modells des vertikal eingespannten Fangfadens zur Berechnung des Beugungsmusters. Die an jedem Rasterpunkt des Schirms herrschende Intensität wird aus der Überlagerung der von allen Streuzentren des Fadens (links) ausgesandten Sekundärwellen berechnet

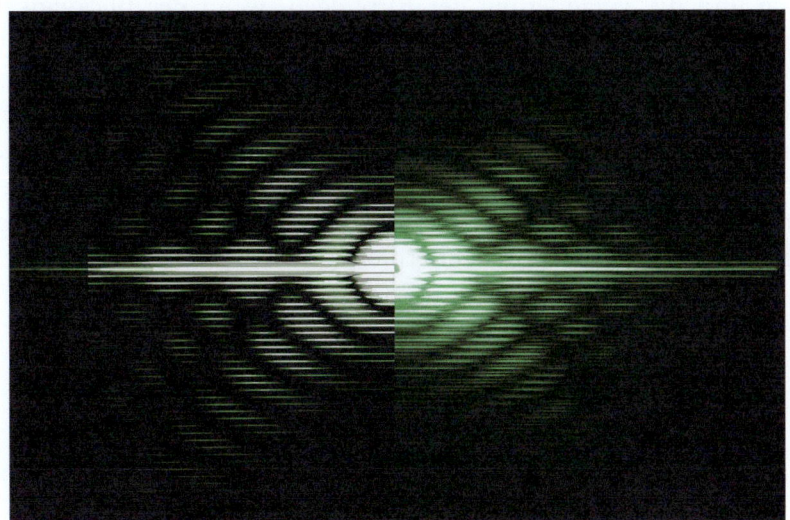

Abb. 37.5 Vergleich von berechnetem (links) mit einem im Labor projizierten Beugungsmuster (rechts)

Trotz der Einfachheit des Modells weist der Vergleich des berechneten mit dem experimentell ermittelten Beugungsbild (Abb. 37.5) eine erstaunlich gute Übereinstimmung auf.

Die Vielfalt der in natürlicher Umgebung auftretenden Farbmuster auf Spinnwebfäden erscheint häufig ziemlich regellos. Das kommt daher, dass eine übergreifende Struktur von größerer Ausdehnung nicht zu erkennen ist. Um diese in ihrer natürlichen Farbigkeit überschaubar zu machen, haben wir einen möglichst großen Ausschnitt des Beugungsmusters eines Fangfadens mit weißem Licht auf einen Schirm projiziert (Abb. 37.6).

Die Strukturähnlichkeit mit der im grünen Laserlicht gemachten Aufnahme (Abb. 37.3) ist nicht zu verkennen. Der Unterschied besteht lediglich darin, dass wir es hier mit einer Überlagerung der Beugungsbilder aller im weißen Licht enthaltenen Farben zu tun haben. Diese Bilder sind einander zwar ähnlich, aber nicht deckungsgleich. Daher erscheint das in einer bestimmten Richtung gesehene Licht in der entsprechenden Mischfarbe.

Die Aufnahme dieses Beugungspanoramas eines Fangfadens bestätigt einmal mehr die in freier Natur zu machende Erfahrung, dass die Farben eines irisierenden Spinnfadens vom Blickwinkel abhängen: Eine leichte Kopfbewegung genügt, um ganz andere Farben zu sehen. Es erklärt außerdem das Auftreten bestimmter Farbfolgen auf einem einzelnen Faden sowie die Aufweitung und die Veränderung der Farbfolgen, wenn der Blickwinkel von einem größeren zu einem kleineren Beugungswinkel wechselt.

Schaut man unter einem flachen Winkel gegen die Sonne auf ein solches Radnetz, so kann man auch in der Natur ähnliche Beugungspanoramen beobachten, die eine geordnete Farbstruktur erkennen lassen und so etwas wie einen Gesamtüberblick über die verschiedenen Beiträge zur Farbentstehung liefern (Abb. 37.7). Aus unmittelbarer Nähe vor einem dunklen Hintergrund betrachtet, sieht man die weiter entfernten Fäden unter einem kleineren Win-

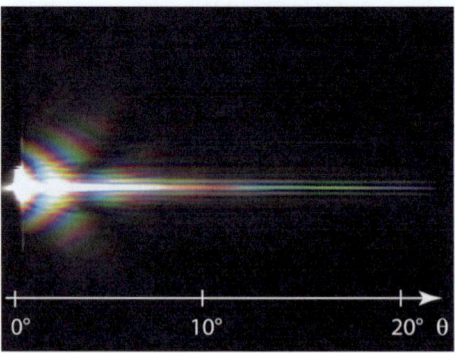

Abb. 37.6 Panoramasicht des Beugungsmusters eines Fangfadens für Projektionswinkel zwischen 0 und 22°

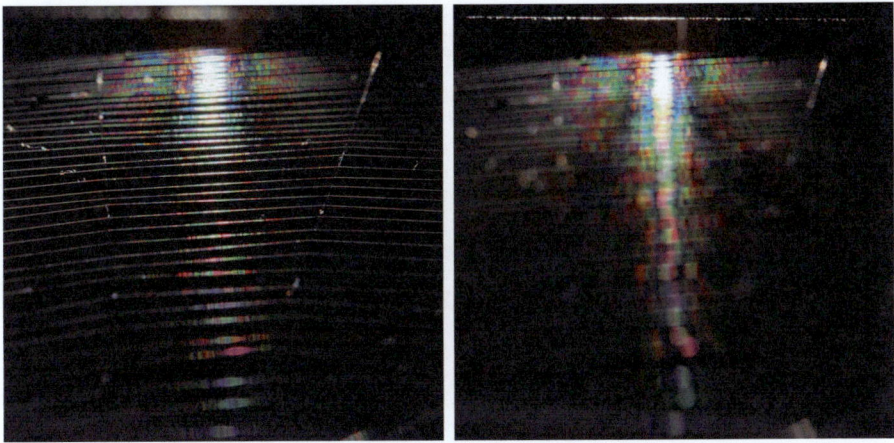

Abb. 37.7 Ein schräger Blick über die „Leiter" einen Radnetzes. Dabei wurden die mittleren Fäden im linken Foto scharf und im rechten unscharf fotografiert. (Aus: Schlichting et al. 2013)

kel als die näher gelegenen. Auf diese Weise steuert jeder der überblickten Fäden ein Segment zum Panoramabild bei. Denkt man sich die Leitern des Radnetzes um 90° im Uhrzeigersinn gedreht, so wird die Ähnlichkeit mit Abb. 37.6 erkennbar.

37.2 Reflexion und Lichtbeugung in den Haarbüscheln der Distelsamen

Im Sommer beginnen die Löwenzahnblüten und andere damit, ihre Samen für den Start ins Ungewisse vorzubereiten. Das ist dann die Zeit, wo sich das Gelb der Blütenblätter zurückzieht und der Weißhaarigkeit weicht. Dann bringen die Blüten ein Übermaß an Samen hervor, die jeweils an einer Art Gleitschirm hängen. Diesen nutzen sie bei der nächsten Gelegenheit, das heißt, bei günstigem Wind, auf Reisen zu neuen Ufern gehen.

Blickt man durch ein solches Gewusel von weißen Haaren hindurch gegen die Sonne (zur Schonung der Augen am besten mit einer Sonnenbrille), dann kann man die irisierenden Federkelche der verblühenden Löwenzahnblüten zu Gesicht bekommen, die mit sehr feinen Strukturen von der Größenordnung der Wellenlänge des Lichts versehen sind und daher das Licht sichtbar beugen. Besonders deutlich treten die Beugungsfarben hervor, wenn man die Federkelche vorsichtig im Gegenlicht der Sonne betrachtet (Abb. 37.8).

Abb. 37.8 Oben: Löwenzahnsamen bilden im Gegenlicht der tief stehenden Sonne eine Korona. Unten: Hier reicht es nur dazu, dass die Federkelche in unterschiedlichen Farben irisieren

37.3 Nebel mit Baumkorona

Morgendlicher Nebel und eine gerade aufgegangene strahlende Sonne verheißen einen schönen Tag. Die noch winterlich nackten Bäume vergittern die Sicht. Die Sonne bricht durch das Geäst und lässt den Nebel dort in lebhaften Farben erstrahlen. Ich stelle mich so hin, dass die Sonne durch einen Ast weitgehend ausgeblendet wird. Dadurch wird das an den Nebeltröpfchen gestreute und daher wesentlich schwächere Licht sichtbar. Abgesehen von einem auch jetzt noch durch die Helligkeit der Sonne überstrahlten zentralen Bereich werden um die Sonne orientierte Abschnitte farbiger Ringe erkennbar, die durch die Beugung des Lichts an den winzigen Nebeltropfen hervorgerufen werden (Abb. 37.9).

Abb. 37.9 Baumkoronen. Schaut man bei nicht zu starkem Nebel durch das noch nicht so üppig belaubte Geäst eines Baums, so hat man die Chance, zumindest Teile von Beugungsringen des Sonnenlichts zu sehen

Da der Beugungswinkel mit der Wellenlänge zunimmt, erwartet man als innere Ringe die kurzwelligen Farben Violettblau, Grün, und Rot. An dieses Ringsystem 1. Ordnung schließt sich ein Ringsystem 2. Ordnung an, das wieder mit den kleineren Wellenlängen beginnt. Während Violettblau und Grün der 1. Beugungsordnung noch vom direkten Sonnenlicht überstrahlt werden, erkennt man diese Farben in der sich anschließenden 2. Ordnung ganz gut.

Die Baumkorona wird in der Regel von einem weiteren interessanten Phänomen begleitet, den „Sonnenstrahlen". Das sind Lichtbündel, die durch Lücken zwischen den Ästen aus dem Sonnenlicht ausgeblendet werden. Sie scheinen sich radial in verschiedene Richtungen auszubreiten.

Das Phänomen so zu sehen, ist allerdings in zweifacher Hinsicht problematisch. Zum einen sind Lichtstrahlen eine theoretische Fiktion der geometrischen Optik und als solche nicht real. Zum anderen trifft das Licht von der Sonne auf der Erde aufgrund des großen Abstandes fast parallel ein. Die

Divergenz beträgt lediglich 0,5 °. Dass trotzdem so etwas wie Strahlen zu sehen sind, liegt daran, dass das Sonnenlicht durch die Öffnungen zwischen den Ästen und Zweigen in Lichtbündel zerfällt. Diese Lichtbündel werden dadurch sichtbar, dass das Licht an feinen Nebeltröpfchen gestreut wird. Mit Blick zur Sonne sind die Lichtbündel am deutlichsten zu sehen. Wenn man dann langsam um den Baum herumgeht, verblassen die Lichtstrahlen allmählich. Während sie von der Seite noch schwach zu sehen sind, verschwinden sie völlig, wenn man in Richtung der Sonnenstrahlen blickt. Man spricht daher auch von der Vorwärtsstreuung (Mie-Streuung) im Unterschied beispielsweise zur Rayleigh-Streuung, die vor allem zur Seite hin erfolgt.

Dass die Strahlen auseinanderzulaufen scheinen, ist ein Perspektiveneffekt. Ähnlich wie sich Eisenbahnschienen oder Straßen zum Horizont hin scheinbar verjüngen, sieht es so aus, als ob die Sonnenstrahlen in Richtung Sonne zusammenlaufen.

Da jeder Tropfen sein eigenes Ringsystem erzeugt, kommt es nur dann zu einer voll ausgebildeten Korona, wenn die Ringe sich konstruktiv überlagern. Und das ist nur dann der Fall, wenn die Tropfen von etwa gleicher Größe sind.

Literatur

Schlichting, H.J. et al. (2013). Schillernde Spinnennetze. Physik in unserer Zeit 44/3, S. 123–127.

Teil VII

Täuschung und Enttäuschung

Täuschungen und Enttäuschungen im Alltag

> *Doch sich täuschen zu lassen,*
> *gilt nach landläufiger Auffassung als elend.*
> *Ich behaupte dagegen, daß es das größte Unglück ist,*
> *über alle Täuschungen erhaben zu sein ...*
> *Der Geist des Menschen ist nun einmal so angelegt,*
> *daß der Schein ihn mehr fesselt als die Wahrheit.*
>
> Erasmus von Rotterdam

Der Menschen Sinne sind trügerisch und täuschbar. Das wussten schon die Philosophen der Antike, denen jedoch die physikalischen und physiologischen Ursachen im heutigen wissenschaftlichen Verständnis fremd waren. Aber auch in unseren Tagen trifft man nicht selten auf Phänomene, bei denen man den eigenen Augen nicht traut.

Physik hat normalerweise mit den Vorgängen in der unabhängig vom Subjekt gedachten Außenwelt zu tun. Dennoch erfahren wir von dieser Außenwelt nur über unsere subjektiven Sinne, und die lassen sich nun einmal täuschen. Die Täuschung als solche zu entlarven, setzt daher ein solides Wissen darüber voraus, was denn realiter zu erwarten wäre. Dazu sind unabhängig von der täuschenden Wahrnehmung weitere Wahrnehmungen und Schlussweisen nötig, deren Abgleich schließlich zu einem konsistenten Bild über die Welt führt (Abb. 1).

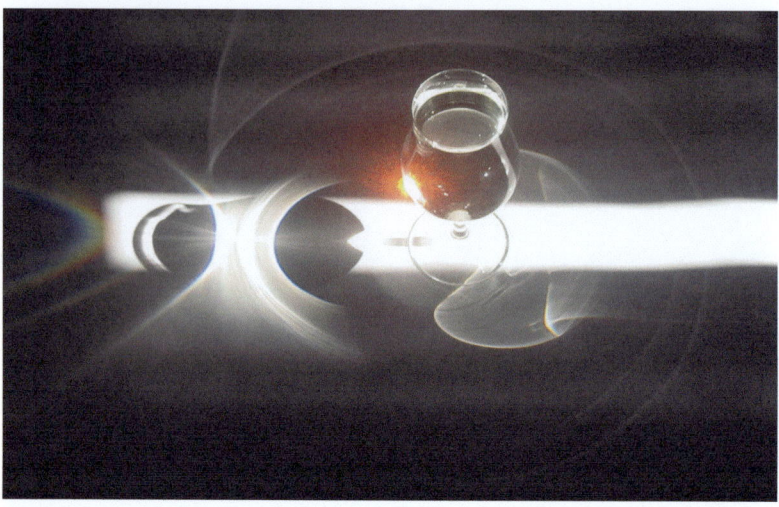

Abb. 1 Ein Sonnenstrahl trifft ein wassergefülltes Weinglas und täuscht uns auf zauberhafte Weise über diesen einfachen Sachverhalt mit einem Feuerwerk von Lichteffekten hinweg

Das ist jedoch leichter gesagt als getan. Man denke nur daran, dass die Drehung des Himmelsgewölbes und die Drehung der Sonne um die Erde zivilisationsgeschichtlich erst sehr spät als Täuschung entlarvt werden konnten. Heute weiß zwar jedes Schulkind, dass sich die Erde um sich selbst und um die Sonne dreht. Aber dieses Wissen ist in vielen Fällen angelernt und beruht meist nicht auf echter Überzeugung, die man sich aber durch eigene Beobachtungen selbst aneignen kann (Backhaus 2022).

Dabei können bereits einfache Erfahrungen helfen, eine kritische Distanz zur eigenen Wahrnehmung einzunehmen. Man denke etwa an das bekannte Beispiel, dass man auf dem Bahnhof im Zug sitzend vermeint, der Nachbarzug setze sich in Bewegung, ehe man bemerkt, dass es der eigene ist. Oder wenn man des Nachts den Mond durch die Wolken segeln sieht, muss man sich schon etwas anstrengen, um den Mond ruhend zu sehen.

Die Frage, wie wir über unsere Wahrnehmungen getäuscht werden und wie man feststellen kann, dass wir getäuscht werden, ist daher nicht nur eine interessante Frage. Sie trägt darüber hinaus dazu bei, eigene Beobachtungen – und seien sie noch so überzeugend – zu hinterfragen und zu lernen, sie gegebenenfalls mit widersprechenden Beobachtungen zu konfrontieren. Aber Täuschungen können auch lustig, überraschend und beeindruckend sein und auf diese Weise den Beobachtungen von Natur- und Alltagsphänomenen einen zusätzlichen Reiz vermitteln.

Literatur

Backhaus, U. (2022). Astronomische Phänomene. Springer Spektrum.

38

Die vielen Gesichter der Täuschung

38.1 Täuschung in der Malerei

Täuschungen sind nicht per se als negativ zu beurteilen. Etwas überspitzt formuliert, kann man sogar sagen: Ohne Täuschung wäre das Leben nur halb so schön, wenn nicht gar in der Form, wie wir es führen, unmöglich. Man denke nur an die „realistische" Malerei, die sich bemüht, die dreidimensionale Welt auf einer zweidimensionalen Fläche darzustellen. Die dadurch erzeugte dreidimensionale Illusion ist besonders dann wirkungsvoll, wenn sich die so gemalten Gegenstände außerhalb der Entfernung befinden, in der wir aufgrund unserer „Zweiäugigkeit" „echt" dreidimensional sehen können (Abb. 38.1 und Abb. 38.2).

Schon im berühmten Malerwettstreit der Antike zwischen *Parrhasios* (etwa 440–390 v. Chr.) und *Xeuxis* (435–390 v. Chr.) ging es darum herauszufinden, wer das naturgetreueste Abbild schaffen könnte. Da die Vögel nach den von *Xeuxis* gemalten Trauben pickten, nahm dieser für sich in Anspruch, den Wettstreit gewonnen zu haben. Denn den Tieren konnte in ihrer Täuschung keine Absicht unterstellt werden.

Der spätestens mit diesem Wettstreit begonnene Prozess einer immer perfekteren Nachahmung der Natur (Mimesis) hält bis heute an. Die Entdeckung der Perspektive in Renaissance, die Erfindung der Camera obscura und die darauf beruhende Fotografie bis hin zu Film und Fernsehen haben die zweidimensionale Täuschung zu einem unverzichtbaren Element täuschend echter Repräsentationen der realen Welt werden lassen. In unseren Tagen geht man noch einen Schritt weiter.

Abb. 38.1 Die Kirche St. Ignatio in Rom. Das Deckengewölbe und die Figuren sind auf der völlig ebenen Decke gemalt und wirken von unten betrachtet täuschend echt dreidimensional

Mit Hilfe von immer ausgefeilteren computergrafischen Methoden bis hin zur Anwendung von KI (künstlicher Intelligenz) geht es inzwischen nicht mehr nur um Mimesis, sondern um die Schaffung völlig neuer, aber täuschend echt wirkender Welten. Indem wir dabei beispielsweise in Kauf nehmen, dass nachweisbar parallele Linien im Raum auf der Fläche nachweisbar nicht mehr parallel sind, können wir uns der Illusion hingeben, wahre Wirklichkeitsräume vor uns zu haben. Kinder, die noch nicht in diese Scheinwelten hineinsozialisiert worden sind, haben bekanntlich zunächst Schwierigkeiten damit, auffällig fluchtende Linien auf Gemälden und Fotos als realistisch zu akzeptieren. Aber schließlich gewöhnen auch sie sich daran.

Viele derartiger positiver Täuschungen erscheinen uns so selbstverständlich, dass wir sie gar nicht mehr als solche wahrnehmen. Erst wenn diese Täuschungen mit konkurrierenden Ansichten der Wirklichkeit in Konflikt geraten, nehmen wir sie mehr oder weniger amüsiert oder irritiert zur Kenntnis.

Vor Täuschungen ist keiner unserer Sinne sicher. Daher gibt es einen kaum noch zu überblickenden Reichtum an dokumentierten und in der Wahr-

Abb. 38.2 Die Kirche St. Ignatio in Rom. Die Kuppel ist gemalt. Außer dass sie ziemlich dunkel wirkt, bemerkt man die Täuschung erst, wenn man sie von der Kanzel aus betrachtet

nehmungspsychologie untersuchten Täuschungen. In der populärwissenschaftlichen Literatur findet man zahlreiche oft eindrucksvoll bebilderte Monografien. Wir werden im Folgenden an Beispielen zeigen, dass optische Täuschungen auch in ganz alltäglichen Situationen erlebt und beobachtet werden können.

38.2 Täuschende Perspektiven

> *Die Malerei ist eine der verblüffendsten Zauberinnen, denn gerade durch das augenscheinlich „Falsche" vermittelt sie uns den Eindruck, daß sie die reine Wahrheit sei.*
>
> Jean Etienne Liotard

Zu Beginn der Neuzeit ist zunächst in der Kunst und Architektur die Linearperspektive wieder entdeckt worden. Es spricht einiges dafür, dass das durch die Linearperspektive angeleitete Denken auch für die Entwicklung der neuzeitlichen Physik von Bedeutung war. So war der Übergang vom geo- zum heliozentrischen Weltbild nicht zuletzt eine Frage der Perspektive: Man dachte sich in die Sonne versetzt, um das Planetensystem aus dieser ungewohnten Perspektive zu betrachten. Dieser Blick hat zu einer Entwirrung der ptolemäischen Verwirrung der Planetenbahnen und darauf aufbauend zur physikalischen Fundierung der Astronomie geführt.

Einer der Protagonisten der Linearperspektive war der Künstler und Architekt Filippo Brunelleschi (1377–1446), der ingeniöse Baumeister der Kuppel des Domes von Florenz mit einem Durchmesser von ca. 45 m. Um die begehbare Laterne auf der Kuppel zu erreichen, muss man über eine enge Wendeltreppe zunächst bis zum Fuß der eigentlichen Kuppel in etwa 50 m Höhe gelangen. Dort hat man die Möglichkeit, einen Rundgang um den Fuß der Kuppel herum zu machen, bevor man die Kletterei durch die Doppelschale der Kuppel zur Spitze fortsetzt. Man wird mit einem atemberaubenden Blick in die Tiefe des Kircheninneren für die Strapazen des Aufstiegs belohnt. Als ich zum ersten Mal den mit hellen Fliesen ausgelegten Fußboden von oben als Ganzes betrachtete, schien es so, als würde er nach unten wegzuklappen, und den braunroten Mittelteil noch weiter in die Tiefe versenken (Abb. 38.3). Ich hatte nunmehr den Eindruck, als sei der Mittelteil von hellen Wänden flankiert, die mit gefliesten Quadraten belegt sind.

Diese Sicht der Dinge ist eine Folge einer starken perspektivischen Täuschung. Es kann kein Zufall sein, dass der Fußboden aus Trapezen gestaltet

Abb. 38.3 Blick von oben aus dem Inneren der Kuppel des Doms von Florenz auf den sich scheinbar zu Wänden erhebenden Fußboden

wurde, die sich zum Zentrum des achteckigen Fußbodens hin verjüngen und auf diese Weise die Illusion erzeugen, wie senkrechte quadratische Wandelemente zu wirken.

Wer Schwierigkeiten hat, dies auf dem Foto zu sehen, dem hilft ein Blick in den linken Bereich des Bildes. Dort sind die täuschenden Trapeze teilweise mit Bänken verdeckt, wodurch ein gewisser visueller Konflikt zwischen horizontalem Boden und vertikal erscheinender Wand ausgelöst wird. Aber die Einschätzung scheint bei verschiedenen Menschen unterschiedlich zu sein.

Perspektivische Elemente spielen in der Renaissance eine große Rolle. Über rein spielerische Aspekte hinaus geht es dabei auch um gezielte Manipulationen der Wahrnehmung. So hat man beispielsweise die einzelnen Etagen des Campanile der Kathedrale nach oben hin größer werden lassen, um die perspektivische Verkürzung auszugleichen. Denn wenn man auf dem relativ engen Vorplatz des Turms steht, würde man ohnedies von den oberen Stockwerken kaum noch etwas sehen (Abb. 38.4 links). Von der Laterne auf der Spitze der Kathedrale aus gesehen lässt sich die unterschiedliche Höhe der einzelnen Stockwerke gut erkennen. Auf diese Weise kann man sich eine Vorstellung davon verschaffen, wie sehr man sich täuschen kann, wenn es um die Einschätzung der Größe perspektivisch verkürzter Gegenstände geht (Abb. 38.4 rechts).

Abb. 38.4 Links der Campanile, wenn man unmittelbar davorsteht. Rechts ein Blick von der Laterne der Kathedrale aus. Man erkennt den enormen Größenunterschied der einzelnen Etagen

Die perspektivische Täuschung ist indessen weit davon entfernt, eine bloße visuelle Kuriosität zu sein. Denn ohne sie wäre es nur unvollkommen möglich, eine räumliche Situation „täuschend" echt auf der Fläche darzustellen, sei es nun durch Gemälde oder Fotografien. Das perspektivische Sehen und dadurch angeleitet das perspektivische Denken spielen nicht nur für die Kunst seit der Renaissance und die spätere Entwicklung der fotografischen Techniken eine wichtige Rolle: „Die Ausbildung des räumlichen Vorstellungs- und Darstellungsvermögens gehört zu den elementaren Voraussetzungen für den kosmologischen Konstruktionssinn der Neuzeit. Mehr als Denkform, wird Perspektivität zur Lebensform, wenn die Leidenschaft der Reflexion auf den eigenen Standort so genannt werden darf" (Blumenberg 1981, S. 619).

38.3 Mehr Schein als Sein

Schaut man sich den Säulengang eines Teils des Palazzo Spada in Rom unvoreingenommen an, so wird man nichts Ungewöhnliches entdecken. Erst wenn man eine Person den Gang betretend nach hinten hindurch gehen sieht, wird es merkwürdig (Abb. 38.5). Zum einen sieht es so aus, als würde die Person

Abb. 38.5 Durch das Fenster eines angrenzenden Gebäudes fotografierte Ansicht des Säulengangs mit einer Person am hinteren Ende (**a**) und am Anfang des Gangs (**b**)

wachsen. Zum anderen hat man den Eindruck, sie würde schneller sein, als es den Beinbewegungen entspricht. Am Ende erscheint sie fast so groß wie der Gang hoch ist.

Wir haben es hier gleich mit mehreren miteinander zusammenhängenden Illusionen zu tun: Überzeugt von der Größenkonstanz der durch den Säulengang hindurchgehenden Person, muss man aus den Beobachtungen schließen, dass die Säulen nicht nur perspektivisch kürzer zu werden scheinen, sondern auch tatsächlich kürzer werden. Aber das auch zu sehen, war mir nicht möglich.

Der Erbauer dieser eigenwilligen Spielerei wollte durch die kürzer werdenden Säulen bei einer außenstehenden Person die Illusion hervorrufen, dass der Gang viel länger und damit das Gebäude entsprechend größer und imposanter erscheint, als es in Wirklichkeit ist.

Geht man selbst durch den Gang hindurch, bleibt man von einem merkwürdig irritierenden Gefühl des Schwankens zwischen Wirklichkeit und Illusion nicht ganz verschont. Wer ist auch schon vertraut mit normal aussehenden, aber kleiner werdenden Säulengängen?

Der Palazzo Spada wurde von einem der größten italienischen Renaissancearchitekten des 17. Jahrhunderts, *Francesco Borromini* (1599 bis 1667), im Jahre 1652 für den Kardinal Spada errichtet. Der in den Palast integrierte, säulengeschmückte Korridor ist tatsächlich nur zehn Meter lang. Borromini führte die beiden Seiten konvergierend unter Abnahme der Höhe der Säulen aus (Abb. 38.6), sodass die oben genannten Effekte zu beobachten und zu erleben sind.

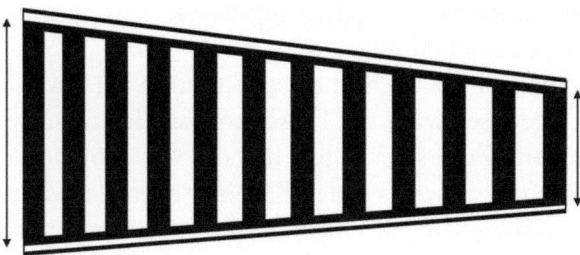

Abb. 38.6 Schematische Darstellung der kürzer werdenden Säulen im Säulengang des Palazzo Spada

38.4 Wenn spiegelnde Flächen Realität vortäuschen

Man ist damit vertraut, dass ein guter Spiegel die gespiegelten Gegenstände so realistisch wiedergibt, dass sie in bestimmten Situationen für real gehalten werden, auch wenn sie die Realität nur vorspiegeln. Bei einem perfekten Spiegel gibt es rein optisch-visuell kaum eine Möglichkeit, die Spiegelwelt von der realen Welt zu unterscheiden. Es sei denn, man hat die Möglichkeit, beide vergleichend in den Blick zu nehmen.

Erst wenn man versucht, in die Spiegelwelt einzutreten, kommt es im wahrsten Sinne zur Kollision mit anderen Aspekten der Beschaffenheit der Welt. Wer schon einmal gegen eine verspiegelte Wand, beispielsweise in Form einer Glastür, gelaufen ist, kann dies nur allzu gut bestätigen. Selbst Vögel, die gegen Fensterscheiben fliegen und sich dabei oft schwer verletzen, sind vor dieser Täuschung nicht sicher. Man versucht, sie vor dieser Täuschung mit einer anderen Täuschung zu bewahren, indem man auffällige Aufkleber in der Form von Raubvögeln auf die Scheiben klebt. Dadurch wird zwar die Spiegeltäuschung nicht aufgehoben, aber gewissermaßen neutralisiert.

In vielen Fällen muss nicht einmal ein perfekter Spiegel vorhanden sein, eine glatte Wasseroberfläche bei passender Beleuchtung tut es auch. Als ich vor einiger Zeit bei der Besichtigung einer Grotte mit großem Schrecken vor einem vermeintlichen Abgrund stand (Abb. 38.7) und dann kurz darauf zur Kenntnis nehmen musste, dass es sich bei diesem Abgrund nur um das in einer 3 cm hohen Wasserlache gespiegelte Gewölbe der Grotte handelte, war ich fasziniert und blamiert zugleich. Fasziniert, weil die Differenz zwischen körperlich empfundenem Schrecken und der Harmlosigkeit des Anlasses der Täuschung eine gewisse Finesse gab.

Blamiert war ich, weil es auch in dieser Situation bei etwas mehr Aufmerksamkeit möglich gewesen wäre, die Täuschung zu erkennen. Denn die Spiegelwelt in der dünnen Wasserschicht gab nur das Gewölbe, in dem wir uns befanden, auf dem Kopf stehend wieder. Bei einer normalen Zimmerdecke hätte man dies sofort durchschaut. Bei einem so unvertrauten komplexen Ambiente lagen die Wiedererkennungsmerkmale aber zumindest nicht auf der Hand.

Schaut man sich eine ganz ähnliche Situation an (Abb. 38.8), so würde wohl kaum einer auf die Idee kommen, hier einen Turm tief unter dem Pflaster auf dem Kopf stehend vor sich zu haben. Der im Unterschied zur Grotte vertraute Kontext ließe eine solche Einschätzung gar nicht erst aufkommen. Der Vergleich beider rein optisch gleichen Situationen zeigt, wie stark und unmittelbar die vorgängige Erfahrung hilft, vor Täuschungen gefeit zu sein.

Getäuscht werden kann man sogar durch einen glatten Fußboden, der bei geeignetem Lichteinfall wie ein Spiegel wirken kann. Auf einem dunklen glat-

Abb. 38.7 Blick auf eine dünne Wasserschicht, in der sich das Gewölbe einer Grotte spiegelt

Abb. 38.8 Die Verwechslungsgefahr mit der Realität dürfte bei dieser Spieglung ausgeschlossen sein

Abb. 38.9 Ein glatter Fliesenboden spiegelt eine Treppe und erzeugt die Illusion, dass eine weitere Treppe ins Unterschoss führt

ten Fußboden etwas gedankenversunken auf eine Treppe zugehend, blieb ich plötzlich etwas erschreckt stehen, weil ich für einen Moment glaubte, der Boden würde sich unter meinen Füßen öffnen (Abb. 38.9).

Dunkle und glänzende Fußböden sind für derartige Täuschungen prädestiniert, weil sie nur wenig Licht diffus reflektieren. Die diffuse Reflexion ist neben der Absorption der einzige optische Hinweis auf eine bloße Spiegelung. Und wenn in einem solchen Fall die Spiegelverkehrung auch noch Sinn zu machen scheint – in Abb. 38.9 wird aus einer realen Treppe nach oben eine Spiegeltreppe nach unten – dann ist eine Täuschung leicht möglich.

38.5 Bilder wie aus dem Nichts geschöpft

Zuweilen überrascht die Wirklichkeit mit Szenerien, die man sich selbst kaum hätte ausdenken können. Vor ein regelrechtes Rätselraten stellen uns beispielsweise die in dem in Abb. 38.10 zu sehenden Schnappschuss sichtbaren optischen Überlagerungen realer Ansichten sowie spiegelnder und diffuser

38 Die vielen Gesichter der Täuschung

Abb. 38.10 Optisches Rätsel. Wie lässt es sich lösen?

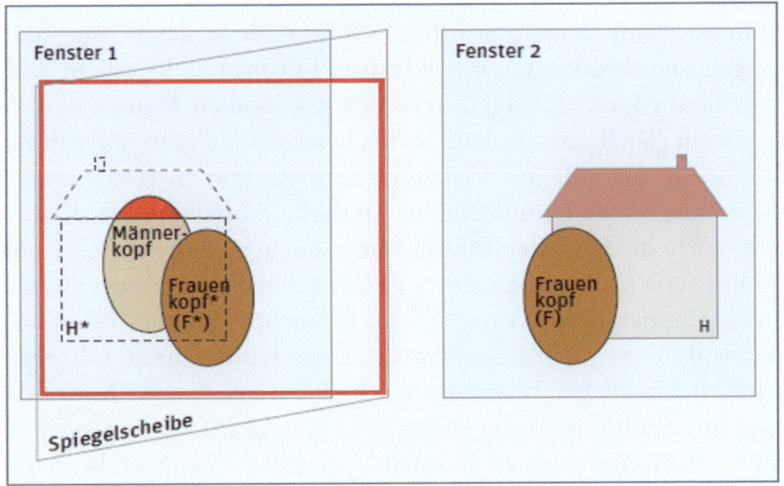

Abb. 38.11 Alles nur vorgespiegelt? Schema der Topologie des Fotos

Reflexionen. Wie lässt sich dieses Puzzle – das eigentlich eine ganz alltägliche Situation zeigt, fotografiert in einem Restaurant – wieder in seine Bestandteile zerlegen?

Eine schematische Darstellung (Abb. 38.11) hilft dabei. Sie zeigt die Gesamtsituation, von der das Foto nur in etwa den rot umrandeten Ausschnitt zeigt. Eine Frau (F) sitzt in einem Restaurant mit dem Rücken zu einem Fenster (Fenster 2), ihr gegenüber der Fotograf. Ein Raumteiler, nämlich eine spiegelnde Glasscheibe, ragt senkrecht zur Fensterfront in den Raum. Sie trennt den nebenan vor Fenster 1 stehenden Tisch, an dem ein Mann sitzt, von jenem des Fotografen.

Der Fotograf hat eigentlich nichts anderes getan, als diesen Mann durch die Spiegelscheibe hindurch fotografiert. Alles andere ergibt sich von selbst, man könnte auch sagen: ist Physik. Denn die Frau spiegelt sich in der Scheibe, sodass sich ihr Spiegelbild (F*) mit dem Bild des Manns teilweise überlagert (Abb. 38.11). Mit der Frau wird auch der durch Fenster 2 wahrnehmbare Hintergrund gespiegelt, ein von der Abendsonne hell erleuchtetes und von blauem Himmel überragtes Haus. Aber nur jene Teile der Spiegelung lassen sich überhaupt erkennen, für die insbesondere der Kopf des Manns als Leinwand dient. Denn er blendet das Tageslicht aus, das durch Fenster 1 in den Raum gelangt. Um seinen Kopf herum hingegen löscht die große Intensität des Tageslichts die Spiegelung am Raumteiler aus.

Über dem Kopf des Manns ist schließlich ein dreieckiger Ausschnitt des blauen Himmels zu sehen. Hier setzt sich die Spiegelung an der Raumteilerscheibe fort, wie der obere Teil des gespiegelten Dachs erkennen lässt. Dieser wiederum wird nur deshalb sichtbar, weil außerhalb der Fenster auch eine heruntergelassene Markise das durch Fenster 1 dringende Tageslicht abblendet.

Wie es dem Mann „gelingt", Teile des gespiegelten Hauses und des Gesichts der Frau gleichsam aus dem Nichts herauszuschöpfen und mit ihnen zu einem hybriden Gebilde aus Virtualität und Realität zu verschmelzen, lässt sich nicht ganz leicht reproduzieren. Optische Ansichten wie diese werden uns zwar auch in den interaktiven Stationen mancher Science Center geboten. Dort setzt man sich an einen Tisch und blickt durch eine Glasscheibe auf sein Gegenüber. Durch Variation der Beleuchtung lassen sich dann gezielt eindrucksvolle Verschmelzungen der Gesichter herbeiführen. Die Komplexität und Ästhetik solcher Installationen bleiben jedoch weit hinter dem zurück, was uns der Alltag häufig genug ganz absichtslos vor Augen führt. Man muss nur lernen, dies auch so zu sehen – und dafür genügen bereits geringe Kenntnisse in geometrischer Optik.

38.6 Täuschungen der Täuschungen

Die Welt nach links zu drehen,
das wäre eine Beschäftigung,
an der ich dauerhaft Freude haben könnte.

Anne Weber

Bilder und Fotografien erwecken auf der Fläche einen oft täuschend echten Eindruck räumlicher Verhältnisse. Beim Blick auf ein Bild einer hügeligen Landschaft können jedoch manchmal ganz unterschiedliche Eindrücke der Räumlichkeit entstehen.

Betrachtet man beispielsweise das in Abb. 38.12 dargestellte Foto, so fällt auf den ersten Blick kaum etwas auf. Allenfalls die Unwahrscheinlichkeit, derartig verzweigte Erhöhungen in einer realen Berglandschaft vorzufinden, könnte einem zu denken geben. Vielleicht erkennt aber der eine oder die andere, dass hier ein Bild auf dem Kopf steht. Denn nicht jeder erliegt der Illusion in gleicher Weise.

In der Tat wurde hier ein ausgetrocknetes Einzugsgebiet eines Flusses auf dem Kopf stehend, also um 180 ° gedreht, abgebildet. Statt eines kopfstehenden verzweigten Tales sehen die meisten Menschen aber ein erhabenes fraktales Gebilde. Man hat es mit einer zweideutigen Situation zu tun, wie sie von der weithin bekannten optischen Täuschung der Kippbilder her bekannt ist. Die optischen Eindrücke allein reichen nicht aus, um zu entscheiden, ob das Bild als konkav oder konvex anzusehen ist, d. h., ob es sich um einen Höhenzug oder ein Tal handelt.

Betrachtet man das Bild um 180 ° gedreht, so erleben die meisten Menschen eine Art Umklappvorgang, bei dem nur das Vorzeichen der Krümmung gewechselt wird, und alles andere erhalten bleibt. Daher muss das, was vorher konkav war, konvex werden und vice versa.

Abb. 38.12 Felsige Landschaft mit Tücken, die sich zeigen, wenn man die Bilder (das Buch) um 180 ° dreht und mit dem ursprünglichen Anblick vergleicht

Dreht man das Bild (bzw. das Buch) allmählich auf den Kopf, so wird man überrascht feststellen, dass die ursprüngliche Version des Anblicks nicht schon auf halbem Wege bei 90 ° in die andere umklappt, sondern sehr lange aufrechterhalten werden kann bis hin zur kompletten Drehung um 180 °. Dann genügt aber meist ein Augenzwinkern und das Bild kippt in die inverse Ansicht.

Wird das Bild auf dieselbe Weise in die ursprüngliche Lage zurückgedreht, so bleibt diesmal die gerade eingenommene neue Version ziemlich lange aufrechterhalten. Das Umkippen von der einen in die andere Version passiert nicht bei demselben Drehwinkel, sondern hängt davon ab, von welcher Version man ausgeht. Die Startversion ist jeweils bevorzugt und kann länger aufrechterhalten werden als die dazu inverse. Man hat es also mit einer Art Hysterese zu tun, wie sie bei Phasenübergängen 1. Ordnung auftritt.

Diese bereits seit Langem bekannte und bis in unsere Tage diskutierte optische Täuschung lässt sich in zahlreichen unterschiedlichen Kontexten beobachten (Abb. 38.13 links). Am einfachsten ist wohl der Neckersche Würfel (Abb. 38.13 rechts). Dabei sind neben dem zweidimensionalen Gebilde, um das es sich ja in Wirklichkeit handelt, je ein dreidimensionaler Würfel zu sehen, in den man entweder von schräg oben oder schräg unten hineinschaut.

Die ersten Berichte über derartige Inversionen stammen bereits aus dem 17. Jahrhundert. Im 19. Jahrhundert befassten sich Wissenschaftler dann bereits in zahlreichen Artikeln mit einer Deutung dieser und ähnlicher Phänomene, unter anderem in den „Annalen der Physik und Chemie", einem damals berühmten Fachmagazin (Necker 1833; Wheatstone 1842). Und selbst in unserer Zeit werden Studien dazu durchgeführt (Yellott 1984).

In einer klassischen Erklärung der Inversion bzw. Umstülpung von Oberflächen wird davon ausgegangen, dass Menschen dazu neigen, zweideutige

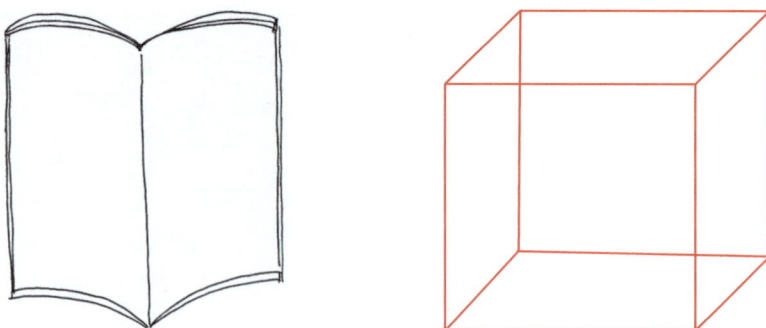

Abb. 38.13 Links: Betrachtet man das mit wenigen Strichen gezeichnete Buch von hinten oder schaut man hinein? Rechts: Der „Necker-Würfel" klappt bei längerer Betrachtung von einer Version in eine andere über

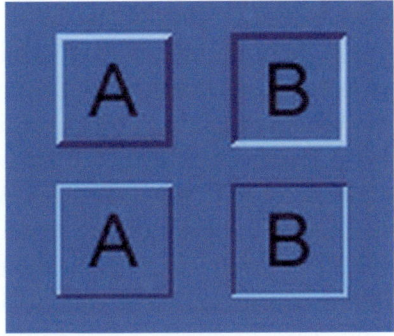

Abb. 38.14 Herausstehende und gedrückte Tasten

Muster gemäß dem gewohnten Lichteinfall zu interpretieren, der sich vor allem in der Schattierung bemerkbar macht. So ist es in der Lebenswelt wahrscheinlicher, dass Oberflächen von oben beleuchtet werden als von unten. Daher werde die Beurteilung, ob eine Oberfläche konkav oder konvex ist, mit großer Wahrscheinlichkeit von der Konsistenz mit einer von oben kommenden Beleuchtung getroffen (Liu et al. 2004). Diese Erklärung leuchtet für zahlreiche Beispiele ein; etwa für die in Abb. 38.14 dargestellte Zeichnung herausstehender und gedrückter Tasten. Für den Fall des umklappenden Gebirgszugs trifft sie aber nicht zu, weil das Licht in beiden Versionen von oben kommt.

Neben dem Beleuchtungsaspekt müssen daher auch noch andere Faktoren eine Rolle spielen. Aufgrund der durch die Gravitation gegebenen eindeutigen Unterscheidung von oben und unten ist es beispielsweise wahrscheinlicher, dass Oberflächen eher von oben als von unten betrachtet werden, wodurch die dreidimensionale Wahrnehmung wesentlich bestimmt wird.

Dieses Phänomen ist mehr als eine optische Täuschung, es ist eine den Glauben an die Objektivität des Sehens herausfordernde Erfahrung. Andererseits kann man sich auch fragen, ob man überhaupt von einer Täuschung sprechen kann, wo doch derartige Phänomene natürlicherweise gar nicht vorkommen, sondern nur durch menschliche Manipulation, durch Zeichnung oder Foto. Schon Georg Christoph Lichtenberg wusste: „… sie können auch das Konkave so heraus pinseln, daß ihr meint, es wäre das Konvexe" (Lichtenberg 1968).

38.7 Reale Kippfiguren im Alltag

Die bisherigen Inversionserfahrungen bezogen sich auf Bilder. Kippende Wahrnehmungen können einem auch in der Realität in Form eines Wechsels zwischen „Figur" und „Grund" widerfahren. Dabei geht es um die Unterscheidung von Vordergrund (Figur) und Hintergrund (Grund) bei der Gewichtung von Sinneseindrücken. In den meisten Fällen sorgt der Kontext dafür, Figur und Grund korrekt voneinander zu unterscheiden. Es gibt aber Situationen, in denen diese Unterscheidung nicht sofort gelingt.

Eine solche Situation habe ich vor einiger Zeit erlebt, als ich von der Terrasse eines Ferienhotels aus etwas verträumt auf die in Abb. 38.15 dargestellte Szenerie blickte. Ich vermeinte altmodisch gedrechselte dunkle Säulen mit leuchtend grünem Unterteil zu sehen. Die durch die ungewöhnliche Wahrnehmung geweckte kritische Aufmerksamkeit rückte die natürlichen Verhältnisse sofort wieder zurecht: Demnach sah ich wohl Säulen, aber diese waren weiß, und gaben in ihrem Zwischenraum den Blick auf einen kontrastreichen Hintergrund frei. Auf dem Foto kann ich den Kippvorgang nahezu beliebig oft wiederholen, obwohl es etwas länger dauert, die „falsche" Version hervortreten zu lassen.

Oft wird dieses bekannte Phänomen mit einer Vase demonstriert, deren Profil ein Gesicht zeigt. Interessanterweise gelingt es nicht, beide Versionen auf einmal in den Blick zu nehmen. Es gelingt nur Vase oder Gesicht, allgemeiner gesagt, Figur oder Grund zu sehen, sodass die Wahrnehmung ständig zwischen beiden Versionen hin- und herkippt.

Abb. 38.15 Bei unaufmerksamer Betrachtung kann es vorkommen, dass man den durch die Säulen hindurch schimmernden Hintergrund als Figur wahrnimmt und erst durch die Irritation dieser unbekannten Gestalt zu einer passenden Korrektur der Wahrnehmung gelangt

38.8 Hohlköpfe mit stechendem Blick

Der Mona Lisa im Pariser Louvre wird nachgesagt, dass sie ihre Betrachter mit dem Blick verfolgen würde – ein leichter Silberblick macht's möglich. Doch ist sie nicht die Einzige, der das gelingt. Jede gemalte oder fotografierte Person, die direkt aus dem Bild herausblickt, tut dies wegen der Zweidimensionalität auch dann noch, wenn man an ihr vorbeigeht und den Blickkontakt dabei aufrechterhält. Es entsteht der Eindruck, die Person auf dem Bild würde einen mit dem Blick folgen.

Eine Blickverfolgung durch eine Skulptur habe ich zum ersten Mal 1984 auf der „Phänomena" in Zürich kennengelernt. Als ich von einer Attraktion zur nächsten eilte, hatte ich plötzlich den Eindruck, dass die Gipsköpfe von bekannten Persönlichkeiten, die dort in einer Vitrine ausgestellt waren, mir sehr penetrant hinterherblickten. Und obwohl ich sie nur aus dem Augenwinkel heraus wahrnahm, schien es, als bewegten sie sich dabei aktiv.

Ich hielt also inne und gesellte mich zu anderen Besuchern, die das Phänomen bereits diskutierten. Dabei bemerkte ich, dass die vermeintlichen Gipsbüsten gar keine waren. Vielmehr handelte es sich um veritable Hohlköpfe, gewissermaßen nach innen gestülpte Gesichter (Abb. 38.16). Solche Objekte lassen sich zum Beispiel herstellen, indem man von einem echten Gesicht einen Gipsabdruck nimmt. Einige der Umstehenden sahen bei dem Verfolgungseffekt einen holografischen Trick am Werk, allerdings ohne genauer sagen zu können, was sie damit meinten. Doch bald wurde klar, dass uns eher ein „hohlografischer" Effekt narrte.

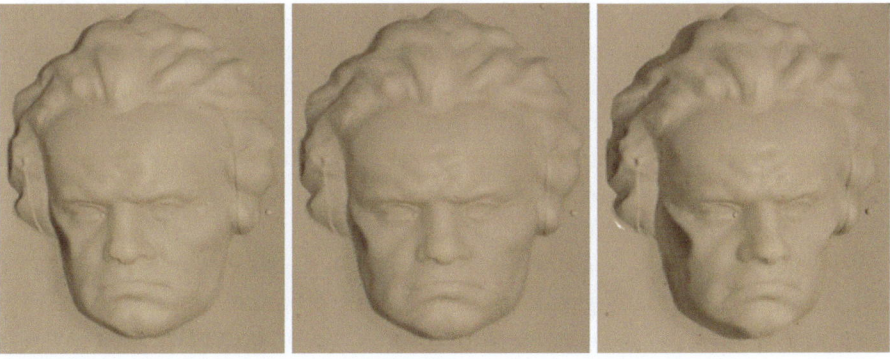

Abb. 38.16 Wer von links nach rechts an dieser Hohlmaske vorbeigeht – die als solche praktisch nicht zu erkennen ist –, fühlt sich von Ludwig van Beethovens stechendem Blick verfolgt

Wie kommt er zustande? Dafür ist zunächst einmal die Frage zu klären, warum wir eine konkave, also nach innen gestülpte Form überhaupt als konvex, also als nach außen gerichtete Struktur wahrnehmen. Für einen Test reicht schon eine einfache Papp- oder Plastikmaske. Am besten stellt man sie in Augenhöhe auf. Blickt man nun aus einiger Entfernung oder mit einem zugekniffenen Auge auf ihre hohle Seite, so kommt man nicht umhin, sie erhaben zu sehen. Bewegt man sich an ihr vorbei, lässt sich zudem das zwiespältige Gefühl auskosten, von der augenlosen Maske mit dem Blick verfolgt zu werden.

Offenbar kann sich unser visuelles System in optisch mehrdeutigen Situationen gewisse Freiheiten nehmen. Bei genauerer Überlegung wird klar, dass es das oft auch tun *muss*. Der Grund liegt in der Art und Weise, wie wir Objekte räumlich wahrnehmen. Dank des Abstands zwischen unseren beiden Augen sehen wir Gegenstände aus zwei geringfügig unterschiedlichen Winkeln. Diese Winkeldisparität wird mit zunehmendem Abstand kleiner, sodass sich dreidimensionale Gipsköpfe, ob konkav oder konvex, rein physikalisch nicht mehr von ihren zweidimensionalen Projektionen unterscheiden. Derselbe Effekt stellt sich ein, wenn wir ein Auge schließen.

Um auch dann noch einen räumlichen Eindruck zu gewinnen, muss sich unser visuelles System auf andere, nichtphysikalische Hinweise verlassen. Im Allgemeinen macht es sich die Entscheidung leicht und räumt dem erhabenen Gesicht als der vertrauteren Version den Vorrang ein. Lebten wir in einer Welt von Hohlköpfen, so träfe es vermutlich die entgegengesetzte Entscheidung.

Kann man konkave, konvexe und flache Gesichter, aus einiger Entfernung gesehen, also wirklich nicht voneinander unterscheiden? Jedenfalls nicht, solange man sich nicht bewegt. Bewegt man sich, so kommt Leben in die Figuren, und zwar auf je unterschiedliche Weise. Plötzlich spielt nämlich die sogenannte Parallaxe eine Rolle – also das Phänomen, dass sich unterschiedlich weit von uns entfernte Objekte gegeneinander zu verschieben scheinen, wenn wir uns bewegen, oder dass sie sich scheinbar verkürzen oder verlängern. Geht jemand an einem Baum vorbei, so scheint er sich relativ zu der hinter ihm stehenden Sonne zu bewegen. Lediglich weit entfernte Gegenstände wie die Sonne selbst behalten ihre relative Position zu uns bei; sie scheinen sich also mit dem Beobachter mitzubewegen.

Weil sich die Parallaxe nicht beseitigen lässt – sie bleibt auch bei wachsendem Abstand und einäugiger Betrachtungsweise erhalten –, muss unser Wahrnehmungsapparat sie als eigenes räumliches Phänomen verarbeiten. Wie tut er das? Betrachten wir eine hohle, eine flächige und eine erhabene Maske direkt von vorn und konzentrieren uns jeweils auf ein Teilstück (rot) derselben (scheinbaren) Breite (Abb. 38.17). Bewegen wir uns nun an den „Gesichtern" so vorbei, dass wir ihnen stets zugewandt bleiben, nehmen wir gänzlich Unterschiedliches wahr.

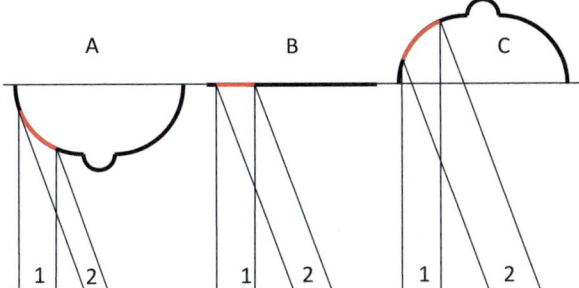

Abb. 38.17 Konvexe, flache und konkave Gesichter erwecken bei Menschen, die sich von 1 nach 2 bewegen, unterschiedliche Eindrücke. Im Fall A scheint sich der rote Abschnitt zu verkürzen, im Fall B bleibt er gleich und im Fall C vergrößert er sich. Unser Wahrnehmungsapparat zieht daraus unterschiedliche Schlüsse. Entweder scheint das Gesicht dem Betrachter gegenüber zurückzubleiben und unverändert geradeaus zu blicken (konvex) oder ihm mit dem Blick zu folgen (flach). Der letzte Fall ist besonders merkwürdig: Das konkave Gesicht, das der Betrachter als konvex wahrnimmt, scheint sich ihm schneller nachzubewegen, als er vorankommt

Beim konvexen, also normalen Gesicht verkürzt sich dabei das betrachtete Teilstück. Unser Gehirn ist diese alltägliche Situation gewohnt und zieht den Schluss, dass der Mensch, an dem wir gerade vorübergehen, unverändert geradeaus blickt und keine Notiz von uns nimmt. Im Fall des flächenhaften Gesichts erscheint die Länge des betrachteten Gesichtsausschnitts im Vorübergehen nahezu konstant, der parallaktische Effekt fehlt also. Die gefühlte Wirkung: Der Blick bleibt unverändert auf die betrachtende Person gerichtet; er scheint uns in genau dem Maß zu folgen, wie wir unsererseits das Gesicht im Blick behalten.

Ungewöhnlich ist der Fall des konkaven Gesichts: Wegen dessen umgekehrter Krümmung verlängert sich das betrachtete Teilstück sogar beim Vorbeigehen. Das Gesicht scheint sich dadurch noch schneller in Bewegungsrichtung des Betrachters zu wenden, als dieser voranschreitet – sein Blick verfolgt uns nicht nur, er überholt uns geradezu. Genau das ist es, womit die Hohlmasken die „Phänomena"-Besucher in ihren Bann schlugen: mit ungewohnten, geradezu „verkehrten" geometrischen Verhältnissen, an deren physikalisch korrekter Interpretation unser Gehirn scheitert, weil es von der falschen Annahme eines konvexen Gesichts ausgeht. Da wir an die Blickverfolgung von normalen Bildern gewöhnt sind, fallen sie uns als solche nicht mehr auf. Erst die Blicküberholung wird bemerkt und als Verfolgung angesehen.

Die Frage, was es uns erlaubt, Hohlköpfe in erhabene Köpfe invertiert zu sehen, hängt eng zusammen mit der bereits erörterten Frage, wie es zu solchen visuellen Inversionen kommt. Doch während manche Menschen zweideutige

Bilder sowohl in der normalen als auch in der invertierten Version zu sehen vermögen, scheint diese Fähigkeit bei einer Hohlmaske wesentlich seltener vorzukommen. Die meisten Menschen kämen daher wohl auch mit einer Welt voller Hohlköpfe zurecht.

38.9 Die lange Leitung

Wird abends in den Städten die Straßenbeleuchtung eingeschaltet, scheint eine Lampe nach der anderen aufzuflammen – wie ein Lauffeuer breitet sich das Licht entlang einer Straße aus. Doch warum? Schließlich braucht das Licht von Lampe zu Lampe über den Daumen gepeilt gerade einmal eine Millionstel Sekunde. Viel zu wenig, als dass unser visuelles System irgendwelche Unterschiede feststellen könnte.

Liegt es vielleicht an der langen Kupferleitung, die der Strom passieren muss? Elektronen bewegen sich in Leitern tatsächlich nur mit Geschwindigkeiten von typischerweise Zehntelmillimeter pro Sekunde. Doch entscheidend ist, wie schnell die Energie in die Lampe übertragen wird – und das geschieht eben doch mit Lichtgeschwindigkeit.

Das Phänomen hat wohl eher etwas mit unserer eigenen „langen Leitung" zu tun. Das visuelle System reagiert auf einen schwachen Lichtreiz bis zu eine zehntel Sekunde später als auf einen starken. Bei zwei unterschiedlich intensiven Lichtsignalen zur selben Zeit sehen wir das schwächere Signal deshalb verzögert, weil es – nach überwiegender Ansicht der Fachwelt – in unserem visuellen System langsamer übertragen wird als ein stärkeres Signal. Diese Verzögerung, der sogenannte „Visual Delay", ist dabei umso stärker, je schwächer das Licht ist.

Gehen wir davon aus, dass die Lampen in einer Straße identisch sind und praktisch zur selben Zeit aufleuchten. Da von einer Lampe umso weniger Licht in unsere Augen gelangt, je weiter sie von uns entfernt ist, nehmen wir ihr Aufleuchten also entsprechend später wahr – die reale Gleichzeitigkeit wird zu einem subjektiven Nacheinander. Noch interessanter wird diese optische Täuschung, wenn sie uns eine zweidimensionale Bewegung räumlich wahrnehmen lässt – ein Effekt, den der Physiker Carl Pulfrich (1858–1927) im Jahr 1922 entdeckt hat (Pulfrich 1922).

Obwohl er auf dem linken Auge blind war und seine Entdeckungen nie selbst überprüfen konnte, setzte sich Pulfrich in zahlreichen Publikationen mit dem räumlichen Sehen auseinander. Es wird dadurch möglich, dass jedes Auge einen Gegenstand aus einem anderen Winkel sieht. Diesen Unterschied nutzt unser visuelles System, um aus ihm die Entfernung der Gegenstände im

Sichtfeld zu „errechnen". Es weist also jedem der Objekte einen Abstand zu, und der Betrachter gewinnt einen räumlichen Eindruck der Situation.

Wir können unser Gehirn aber vorsätzlich täuschen, wenn wir vor das linke Auge ein verdunkelndes Glas halten, während das rechte weiterhin freie Sicht hat. Richten wir den Blick nun auf einen Gegenstand, der sich von links nach rechts bewegt (Abb. 38.18 links). Das verdunkelte linke Auge reicht wegen des „Visual Delay" (Wilson et al. 1969) ein Bild ans Gehirn weiter, das den Gegenstand zu einem früheren Zeitpunkt auf seiner Bahn zeigt als das Bild vom rechten Auge. Der dazwischenliegende Winkel enthält nun nicht nur eine räumliche, sondern zusätzlich auch eine zeitliche Information.

Von Letzterer „weiß" das visuelle System aber nichts und „errechnet" daher eine falsche Entfernung: Der Gegenstand erscheint weiter entfernt, als er es tatsächlich ist (Abb. 38.18 Mitte). Bewegt er sich in umgekehrter Richtung, erscheint er hingegen näher (Abb. 38.18 rechts).

An einem einfachen Fadenpendel lässt sich dies einfach demonstrieren. Lassen wir es senkrecht zur Blickrichtung in einer Ebene hin- und herschwingen und verdunkeln dann das linke Auge, z. B. mit dem Glas einer Sonnenbrille. Während die Kugel nach rechts schwingt, erscheint sie weiter vom Betrachter entfernt; wenn sie sich nach links bewegt, scheint sie hingegen näher zu sein. Dabei verändert sich ihr scheinbarer Abstand kontinuierlich, denn die virtuelle Verschiebung ist umso größer, je schneller sich die Kugel bewegt. Und da die Kugel auf ihrem Weg vom tiefsten Punkt (in dem sie ihre größte Geschwindigkeit besitzt) zum Umkehrpunkt hin (in dem sie einen Moment lang zur Ruhe zu kommen scheint) immer langsamer und in der Rückschwingung wieder immer schneller wird, gewinnt man den Eindruck, die Kugel würde eine geschlossene Kurvenbahn durchlaufen.

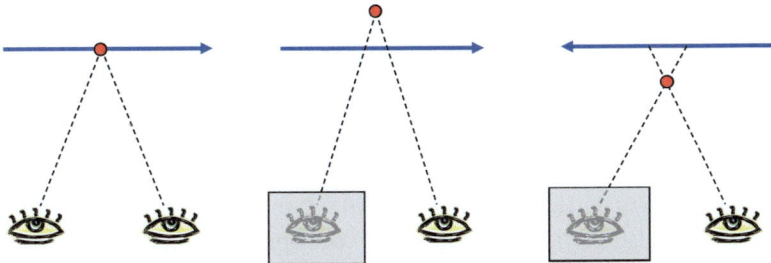

Abb. 38.18 Links: Ein von uns betrachtetes Objekt bewegt sich von links nach rechts. Mitte: Es erscheint in Folge des Pulfrich-Effekts bei verdunkeltem linkem Auge weiter entfernt, als es in der Realität ist. Rechts: Bei umgekehrter Richtung erscheint es hingegen näher

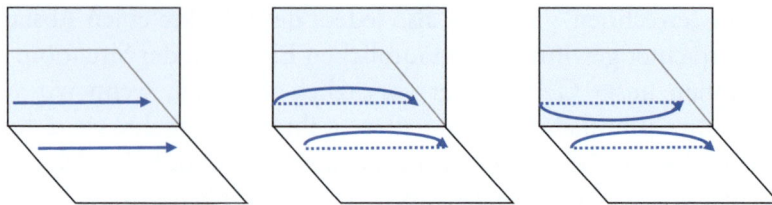

Abb. 38.19 Mit einem Spiegel lässt sich die 3D-Illusion entlarven. Die blaue Linie symbolisiert die Bahn, die eine pendelnde Kugel zurücklegt. Deren Auf-und-ab-Bewegung ist hier vernachlässigt. Haben beide Augen freie Sicht, ergibt sich die Situation im linken Bild. Bei verdunkeltem linkem Auge tritt der Pulfrich-Effekt auf. Dann erscheinen, wie im mittleren Bild gezeigt, das reale wie das gespiegelte Objekt weiter entfernt. Würde die Kugel tatsächlich eine elliptische Bahn durchlaufen, sähe man mit zwei freien Augen die Situation im rechten Bild

Die 3-D-Illusion lässt sich allerdings entlarven. Dazu positioniert man das Pendel vor einem senkrecht aufgestellten Spiegel. Sind beide Augen frei, sieht man die in der Grafik (Abb. 38.19 links) skizzierte Bewegung. Die Auf-und-ab-Bewegung des Pendels haben wir dabei vernachlässigt. Verdunkelt man hingegen das linke Auge, sieht man die in Abb. 38.19 (Mitte) dargestellte Bewegungsfigur. Normalerweise würde ein Spiegelbild „vorne" und „hinten" vertauschen (Abb. 38.19 rechts); hier aber geschieht dies nicht – ein klarer Hinweis auf den Pulfrich-Effekt. Denn die reale Bewegung verläuft ebenso wie die virtuelle im Spiegel genau in der Schwingungsebene des Pendels. Und auf beide wirkt der Verzögerungseffekt gleich, sorgt also für dieselbe vermeintliche Bahnkrümmung.

Die Anordnung trickst demnach eine optische Täuschung, nämlich die nur vorgegaukelte Spiegelwelt, mit der anderen, dem Pulfrich-Effekt, aus. Sie bringt zu Wege, was wir von einem ordentlichen Spiegel zumindest unbewusst stets erwarten, so unmöglich das auch immer sein mag: dass er uns eine Spiegelung ohne Spiegelverkehrung liefert.

Besonders eindrucksvoll wirkt der Pulfrich-Effekt, wenn man ihn mit einer gefilmten realen Situation in Verbindung bringt. Schaut man sich beispielsweise ein in 2D gefilmtes Kettenkarussell in voller Bewegung mit einem abgedunkelten Auge an, so erlebt man einen besonders realistisch wirkenden 3D-Effekt (Abb. 38.20).

Mittlerweile wurde der Pulfrich-Effekt sogar schon in Fernsehsendungen eingesetzt; schließlich benötigt er weder besondere Kameras noch spezielle Projektoren oder Bildschirme. Damit er jedoch gut funktioniert, müssen sich die Objekte möglichst schnell und außerdem nur in eine Richtung bewegen. „Echten" 3D-Filmen macht er darum keine Konkurrenz.

Abb. 38.20 Ein in 2D gefilmtes Kettenkarussell in voller Bewegung ist ideal, um mit Hilfe des Pulfrich-Effekts und eines abgedunkelten Auges einen 3D-Eindruck hervorzurufen (Weblink)

38.10 Schau nicht so genau hin

Schon manch einer, der im westfälischen Münster am Picasso Museum vorbeispazierte, betrachtete dort verblüfft den Boden. Das triste graue Pflaster wird von Steinen in zwei unterschiedlichen Farben abgelöst, die seltsam ungeordnet verlegt zu sein scheinen (Abb. 38.21 links). Selbst auf den zweiten Blick löst sich das Rätsel nicht ohne Weiteres. Erst wenn man den Platz von einem der oberen Stockwerke des Museumsgebäudes aus betrachtet, erkennt man – Picasso selbst (Abb. 38.21 rechts).

Steigt man wieder herab und stellt sich erneut vor die Pflasterung, hat man allerdings kaum etwas dazugelernt: Wieder ist das Bild vor lauter Steinen kaum zu erkennen. Was sich aus der Distanz mühelos zu einem klar gezeichneten Gesicht fügt, zerfällt bei geringem Abstand offenbar unvermeidlich in eine lose Ansammlung von Flächen.

Diese Erkenntnis steht in krassem Gegensatz zu einer schon vom österreichischen Physiker Ernst Mach 1896 aufgestellten These, dass der Mensch einen Gegenstand unabhängig davon, wie groß dieser ist, visuell identifizieren kann. Bei unterschiedlichem Abstand zu einem Objekt ändert sich zwar die Größe seines Abbilds auf der Netzhaut des Auges, trotzdem erkennen wir stets

Abb. 38.21 Links: Von der Treppe aus, die ins Kunstmuseum Pablo Picasso Münster führt, fällt der Blick der Besucher auf den Picassoplatz. Zu sehen ist dort eine scheinbar ungeordnete Ansammlung farbiger Pflastersteine. Rechts: Das Antlitz des Meisters erkennt erst, wer aus einem höheren Stockwerk herabblickt

denselben Gegenstand. Der gesunde Menschenverstand hält es ebenfalls mit Mach: Wieso soll ein Gesicht anders erscheinen, wenn man es aus einem Meter oder eben aus zehn Metern Entfernung betrachtet?

Das Porträt (Abb. 38.22 links) setzt sich aus 14 mal 19 quadratischen Pixeln mit unterschiedlichen Grauwerten zusammen. Erkennen Sie das Ge-

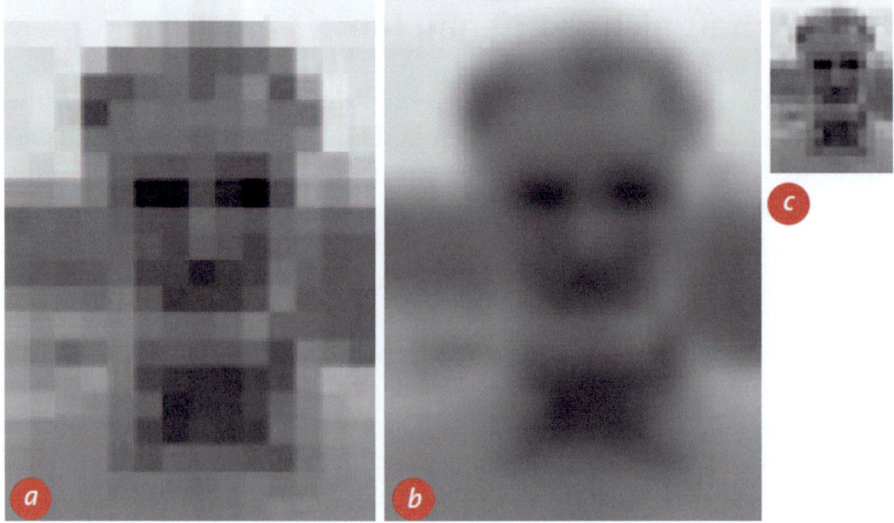

Abb. 38.22 Links: Per Blockmaskierung lassen sich Fotos von Gesichtern radikal „verpixeln" und dadurch unkenntlich machen. Dazu wird in je einer quadratischen Zelle des darübergelegten Gitters die mittlere Helligkeit ermittelt, dann wird die Zelle durch ein entsprechendes Grau ausgefüllt. Mitte: Um das Gesicht wieder erkennbar zu machen, werden die Kanten zwischen den Pixeln verwischt. Rechts: Oder man betrachtet das verpixelte Bild aus größerer Entfernung, was äquivalent zu einer verkleinerten Darstellung ist

sicht? Aus der Nähe ist das fast nicht möglich. Erst wenn Sie das „versteckte" Gesicht aus einigen Metern Entfernung betrachten, tritt es zu Tage. Wider Erwarten hängt der Effekt nicht einmal davon ab, wie gut Sie die abgebildete Person kennen. Denn auch das Porträt eines Ihnen vertrauten Menschen wird Ihnen völlig fremd werden, wenn Sie es in einer Bildsoftware auf wenige Pixel herunterskalieren.

Ein vergleichbares Verfahren namens „Block Masking" oder Blockmaskierung war erstmals 1973 von Leon D. Harmon und Béla Julesz ersonnen worden (Harmon 1973). Die Wissenschaftler der Bell Labs in New Jersey gingen davon aus, dass einem Betrachter schon wenige charakteristische Stellen eines Gesichts genügen, damit er es erkennen kann. Über ein Porträt legten sie ein quadratisches Gitternetz und ermittelten für jedes Quadrat dessen mittlere Helligkeit. Als Nächstes identifizierten sie die Graustufe, die dieser Helligkeit entsprach, und füllten das Quadrat gleichmäßig damit. So ersetzten sie das Bild nach und nach durch wenige Quadrate unterschiedlicher Grauwerte. Berühmt wurde das nach dieser Methode „verpixelte" Porträt von Abraham Lincoln, wie er auf den amerikanischen Fünf-Dollar-Scheinen abgebildet ist.

Während dieser Arbeit wurde den beiden klar, dass ein Betrachter ihrer Pixelbilder dem Erkennen nachhelfen konnte – nicht, indem er genauer hinsah, sondern im Gegenteil, indem er schielte, blinzelte, defokussierte oder den Kopf schnell hin- und herbewegte. Oder er wandte den Trick an, der schon Picasso zum Vorschein brachte, vergrößerte also den Abstand zum Bild. Wie kommt es, dass die Formen eines Gesichts in der Unschärfe plötzlich deutlich hervortreten, während sie sich einem noch so scharfen Blick entziehen?

Harmon und Julesz (Harmon 1973) zufolge nimmt – vereinfacht dargestellt – das visuelle System des Menschen unterschiedliche Strukturelemente über verschiedene Informationskanäle wahr. Grobe und feine Strukturen eines Bilds erreichen uns demzufolge durch je einen eigenen Kanal. Was bedeutet dies für Gesichter? Es entspricht dem physiologischen Befund ebenso wie der Erfahrung, dass wir bekannte Gesichter bereits aus großer Entfernung an ihrer Grobstruktur erkennen, selbst wenn wir noch keine Details unterscheiden können. Umgekehrt bedeutet dies: Wenn wir ein Porträtbild in grobe Pixel umwandeln und dadurch die Details auslöschen, dürfte sich an seiner bloßen Erkennbarkeit nichts ändern.

Bis zu einer gewissen Pixelgröße ist das tatsächlich der Fall. Jenseits dieser Grenze kippt das Bild aber, und das Gesicht zerfällt in eine Ansammlung grauer Blöcke. Der Wechsel kommt dadurch zu Stande, dass die Wahrnehmung zunehmend durch die scharfen Kanten zwischen den Blöcken dominiert wird. Denn der Kanal für Details registriert nun nicht mehr die Einzel-

Abb. 38.23 Mosaiken der Antike wie hier durch Ausgrabungen der antiken Stadt Kourion auf Zypern ans Tageslicht gebracht, verdanken ihre Wirkung zum Teil der Blockmaskierung

heiten des ursprünglichen Bilds, die ja herausgemittelt wurden, sondern vor allem die für das Gesicht völlig uncharakteristischen Kanten. Ab einer gewissen Pixelgröße springen sie so sehr ins Auge, dass sie all das unkenntlich machen, was uns über den Kanal für Grobstrukturen erreicht. Erst wenn man die scharfen Kanten mit einer Software wieder herausfiltert, tritt eine ähnliche Wirkung wie beim unscharfen Betrachten ein: Die Kanten verschwinden, und das vergröbert dargestellte Gesicht wird wieder erkennbar. Kaum zu glauben, dass Abb. 38.22 (Mitte) durch weitere Vernichtung von Information aus Abb. 38.22 (links) hervorgegangen ist.

Verglichen mit den Fotos des Pflasters (Abb. 38.21) weist der „versteckte Picasso" übrigens Besonderheiten auf. Die Zahl der Graustufen ist auf ein Minimum, nämlich auf zwei, reduziert. Das erschwert das Erkennen ebenso wie die perspektivische Verzerrung, die erst von einem höheren Stockwerk aus weitgehend aufgehoben wird. Andererseits sind die einzelnen Blöcke nicht so groß, die Verpixelung ist also weniger grob.

Eingesetzt wird das Phänomen vor allem in der Kunst. Schon die prächtigen Mosaiken der Antike kann man als Blockmaskierung auffassen (Abb. 38.23). Aus der Nähe betrachtet lösen sie sich ebenfalls in farbige Fragmente auf. Aus der Entfernung, aus der die meist großen Kunstwerke ohnehin erst überblickt werden können, verschmelzen die Fliesen zu einem „Gemälde".

In neuerer Zeit waren es die Pointillisten, insbesondere Georges Seurat, welche die Wirkung der Unschärfe in ihren Werken einkalkulierten. Sie brachten kleine geometrische Formen zu Papier oder auf die Leinwand, die erst in einer gewissen Unschärfe ihre volle Wirkung entfalteten. Statt Farbpigmente zu geeigneten Objektfarben zu mischen, mischten sie das Licht, das von den Farbtupfern ausging, und schufen so eine neue Bildsprache auf Basis von Linien, Farbintensitäten und Farbschemata.

Auch Künstler wie Piet Mondrian, Picasso, Roy Lichtenstein und Chuck Close waren sich der visuellen Wirkung unscharfer Betrachtung bewusst. Man denke nur an die bekannten Werke Lichtensteins, in denen er farbige Punkte setzte, die sich erst im Auge des Betrachters zu Flächen ergänzen.

„Schau doch genauer hin!", sagen wir gelegentlich zu Menschen, die eine entscheidende Information übersehen haben. Überraschenderweise können Details aber auch stören. Dann ist mit diesem Rat niemandem geholfen, und es muss vielmehr heißen: „Schau nicht so genau hin, dann wirst du es schon erkennen!"

Literatur

Blumenberg, H. (1981) Die Genesis der der kopernikanischen Welt. Bd. III. Suhrkamp. S. 619.
Dultz, Wolfgang (1984). The Bust of the Tyrant: an optical illusion. Applied Optics 23, S. 200.
Harmon, L. D. (1973). The Recognition of Faces. Scientific American. S. 70–82.
Lichtenberg, G. Chr. (1968). Schriften und Briefe. Band 1. Sudelbücher I. München: Hanser, S. 365.
Liu, B. et al (2004): Perceptual biases in the interpretation of 3D shape from shading. In: Vision Research 44, S. 2135–2145.
Necker, L.A. (1833). Ueber einige merkwürdige optische Phänomene. Poggendorffs Annalen der Physik 27, 502.
Pulfrich, C. (1922). Die Stereoskopie im Dienste der isochromen und heterochromen Photometrie. Die Naturwissenschaften 10 in den Ausgaben von Juni bis September.
Weblink: https://www.youtube.com/watch?v=CC8xRRPxdyY
Wheatstone, C. (1842): Contributions to the theory of vision. Poggendorffs Annalen der Physik, Erg. Bd. 1, S. 1.
Wilson, J. A. et al. (1969). Visual Delay as a Function of Luminance. The American Journal of Psychology 82, S. 350–358.
Yellott Jr. (1984). Binocular Depth Inversion. Scientific American 245, p. 148–159.

39

Eingebildete Farben

*Alles, was wir sehen,
könnte auch anders sein.*

Ludwig Wittgenstein

39.1 Schönheit im Auge des Betrachters

Als ich vor einiger Zeit mit noch künstlich geweiteten Pupillen von einer Untersuchung beim Augenarzt kam, blendeten mich helle Lichtquellen fast schmerzlich. Der einzige Trost in dieser Situation war die Schönheit eines hellen Lichthofs mit einem regenbogenartigen Band um diesen herum. So etwas war mir bislang nur im Dunkeln beim Blick auf ferne Lichtpunkte begegnet (Abb. 39.1).

Die seltsame Erscheinung unterscheidet sich von den bekannten farbigen Ringen, die man zuweilen sieht, wenn man durch eine beschlagene Fensterscheibe eine Laterne betrachtet (vgl. Abb. 34.6). Dieses Phänomen verursachen winzige Wassertröpfchen zwischen Lampe und Auge, die das Licht beugen. Auch beim Blick durch dünne Schleierwolken auf Sonne und Mond können solche Farbkreise auftauchen, nämlich Koronen.

Hier allerdings füllte der farbige Hof eine ganze Fläche um ein helles Zentrum. Es befand sich auch nichts zwischen Lichtquelle und Auge, was ich für den Effekt hätte verantwortlich machen können. Das zeigte ein einfacher Trick: Ich blickte mit einem Auge auf die ferne Laterne und blendete sie –

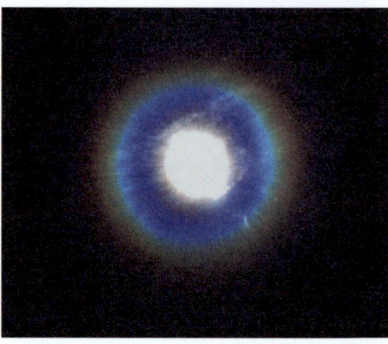

Abb. 39.1 So in etwa sieht die Korona um eine entfernte Lichtquelle durch weit gestellte Pupillen aus. Das Bild ist das Ergebnis von Experimenten, die dem erinnerten Phänomen so nahe wie möglich kommen. Denn objektiv darstellen lässt es sich nicht. Typisch sind die radialen Streifen

nicht aber den verbleibenden Teil des umgebenden Lichthofs – mit dem Finger meines ausgetreckten Arms aus. Sobald das eigentliche Leuchten abgedeckt war, verschwand schlagartig auch der spektralfarbene Kranz. Das Phänomen musste also etwas sein, was mit meinen Augen zu tun hatte, und was nur bei weit geöffneten Pupillen auftritt.

Augenheilkundler erkannten schon gegen Ende des 19. Jahrhunderts den Effekt von ringförmig angeordneten, radial orientierten Zellfasern, die bei der Bildung der Augenlinse entstehen und an ihrem äußeren Rand liegen. Die Gewebestrukturen wirken wie ein optisches Gitter, welches das Licht einer weit entfernten und daher fast punktförmigen Quelle beugt. Die gebeugten Wellen überlagern sich auf der Retina zu einem farbigen Bogen, dem sogenannten Linsen-Halo. Tagsüber wirkt dieses Gitter nicht, weil dann die klein gestellte Pupille die Augenlinse vom Rand her abdeckt. Daher sieht man den Halo nur bei Dunkelheit – oder wenn die medikamentös erweiterte Pupille das Beugungsgitter freigibt.

Dieser Linsen-Halo ist aber nur ein Teil dessen, mit dem sich sehr helle Lichtquellen zu schmücken scheinen. Wesentlich stärker noch machen sich farbig irisierende Strahlen bemerkbar, die vom Zentrum der Lichtquelle radial nach außen gehen (Abb. 39.2 links). Man kann sie auch am Tag sehen, etwa dann, wenn man in eine helle Halogenlampe oder eine LED blickt.

Dieses Phänomen erwähnte bereits René Descartes (1596–1650). Es wird heute als Ziliar-Korona bezeichnet und geht nach neueren Erkenntnissen vermutlich von kleinen Teilchen aus, die in der Augenlinse eingelagert sind. Sie wirken ähnlich wie die winzigen Wassertröpfchen bei einer Sonnen- oder

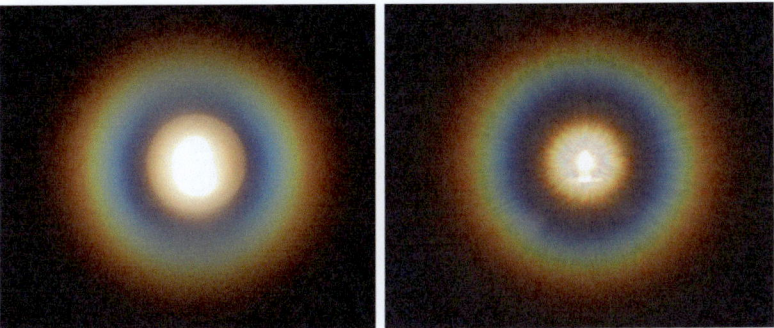

Abb. 39.2 Der Effekt einer Ziliar-Korona, nachgestellt mit einer Druckerfolie. Bei einem großen Sehwinkel ergeben sich verschwommene Farbringe (links), bei einem kleinen Sehwinkel zerfallen sie in einzelne radiale Strahlen (rechts)

Mondkorona. Anders als dort ergeben sich hier aber keine Ringe, sondern in der Farbe variierende radiale Strahlen. Wie kommt es dazu?

Im Normalfall ist die Ziliar-Korona nicht besonders lichtstark. Um sie dennoch eingehender zu untersuchen, lässt sich die Zahl der beugenden Teilchen künstlich vergrößern. Dazu muss man nur durch eine geeignete Folie für Tintenstrahldrucker blicken. Denn manche Fabrikate enthalten kleinste Teilchen, die einen ähnlichen Beugungseffekt bewirken wie die Wassertröpfchen einer dünnen Wolke oder die Partikel in unserem Auge (siehe Kap. 34.3).

Haben wir es mit einer ausgedehnten Lichtquelle zu tun, sehen wir die typischen Farbringe einer Korona. Beispielsweise funktioniert das bei einer matten Glühlampe bis zu einer Entfernung von etwa acht Metern (Abb. 39.2 links). Dieser Abstand entspricht bei einer Größe des Leuchtkörpers von rund vier Zentimetern einem Sehwinkel von zirka 0,3°. Erscheint er bei größerer Entfernung unter kleinerem Winkel, fransen diese Ringe immer mehr aus und gehen schließlich in eine Strahlenstruktur über (Abb. 39.2 rechts). Diese tritt offenbar nur unterhalb von 0,3° auf und ist umso ausgeprägter, je kleiner der Sehwinkel wird. Daher kann man bei Sonne und Mond, die am Himmel unter 0,5° erscheinen, keine Strahlen in der Korona sehen. Bleibt zu klären, was diesen Unterschied bewirkt.

Um farbige Ringe hervorzurufen, genügt im Prinzip ein einziger winziger Wassertropfen. Er beugt das Licht und zerlegt es in viele Teilwellen, die je nach ihrer Wellenlänge in leicht verschiedene Richtungen laufen. Auf der Netzhaut des Auges oder auf dem Chip einer Kamera überlagern sie sich. Es muss nicht unbedingt ein Tropfen sein – ein Loch vom selben Querschnitt ruft ein ganz ähnliches Farbmuster hervor. Piekst man über einer festen Unter-

Abb. 39.3 Dieses farbige Ringsystem entstand in einem Freihandexperiment beim Durchstrahlen eines winzigen Lochs mit weißem Licht einer Punktlichtquelle

lage mit einer spitzen Nähnadel in eine Haushaltsalufolie und blickt durch die winzige Öffnung auf eine Punktlichtquelle, umgibt diese ein solches Ringsystem (Abb. 39.3).

Jeder Tropfen beziehungsweise jedes Streuzentrum erzeugt ein eigenes ringförmiges sogenanntes Beugungsscheibchen, das sich mit den anderen überlagert. Bei den ausgedehnten Lichtquellen wie Sonne und Mond addieren sich dabei nur die Farben, sodass lediglich deren Intensität zunimmt. Im Fall eines kleineren Winkels hingegen ist das Licht immer noch weitgehend kohärent, was bedeutet, dass die einzelnen Wellen beim Betrachter abermals interferieren können. Dadurch wird das Beugungsscheibchen feiner strukturiert. Mit Hilfe von kohärentem Laserlicht kann man diese Details zumindest einfarbig sichtbar machen. Auf dem Schirm zerfällt dann das ringförmige Beugungsbild in ein granulares Muster (Abb. 39.4).

Bei weißem Licht werden die verschiedenen Wellenlängen mehr oder weniger stark vom Zentrum des Ringsystems weg oder hin abgelenkt. Die körnigen Lichtflecke spreizen sich also in radialer Richtung. Das führt schließlich zu den schillernden Farbstrahlen, die wir bei einer Ziliar-Korona sehen.

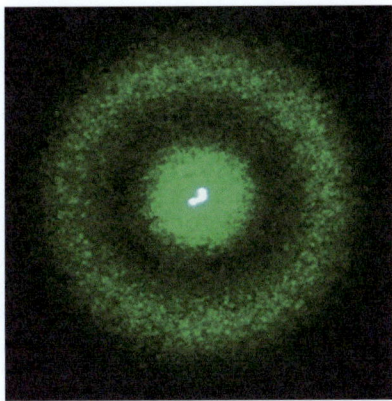

Abb. 39.4 Das Beugungsbild eines einfarbigen Lasers wird körnig, wenn die gebeugten, aber immer noch kohärenten Teilwellen sich im Auge oder auf dem Kamerachip erneut überlagern

39.2 Mangelnde Farbechtheit

„Sie sind doch Physiker, Sie können uns sicher helfen!", hieß es, als ich vor einiger Zeit zu Besuch in einem Verlag war. Die Redakteure waren gerade in ein neues Gebäude umgezogen und konfrontierten mich mit einem unerwarteten Problem. Die Bildschirme ihrer Computer wiesen einen schwachen rosafarbenen Schimmer auf, der sich einfach nicht beseitigen ließ. Man habe bereits die Techniker kommen lassen, doch die hätten versichert, dass alles in Ordnung sei. Ein Rätsel!

Kurz zuvor stand ich vor einem ähnlichen Problem. Ich hatte nach einer Methode gesucht, einen anschaulichen Zugang zu Kegelschnitten auszuprobieren und dazu ein Teelicht in ein Wasserglas gestellt, das ich dann vor einer weißen Wand platzierte. Das Glas war gefärbt, damit es das Licht ein wenig dämpfte (Abb. 39.5). Die kleine Kerzenflamme sandte ihr Licht radial in alle Richtungen aus. Aus diesem Lichtkontinuum schnitt der obere Rand des Glases einen auf der Spitze stehenden Kegel heraus, der von ungefiltertem weißem Licht erfüllt war. Dort, wo dieses auf die Wand traf, hinterließ es eine hyperbelförmige Aufhellung. Das restliche Licht, grün gefärbt und stark gedämpft, erreichte die übrige Wand und den Tisch.

Dass die hyperbelförmige Aufhellung von dunkleren und helleren Streifen berandet erscheint, ist leicht einsichtig. Wie eine Sammellinse fokussiert die Krümmung des Glasrands nämlich einen Teil des Lichts und lenkt ihn ein wenig nach unten ab. Dort entstehen helle Streifen. An anderer Stelle fehlt dieses Licht hingegen, sodass dort dunkle Streifen auftauchen. Die Kerzen-

Abb. 39.5 Wo das weiße Licht der Kerzenflamme direkt auf die weiße Wand fällt, erscheint uns diese überraschenderweise rötlich.

flamme erscheint weiß, obwohl sie durch das grüne Glas hindurchstrahlt. Das ist auf die vergleichsweise große Helligkeit der Flamme zurückzuführen, die zu einer Überstrahlung (Irradiation) führt und aus jeder zu hellen Farbe Weiß macht.

Einen zufällig hinzukommenden Kollegen fesselte hingegen ein ganz anderes Phänomen. Sollte er wirklich an der Unbestechlichkeit seiner eigenen Augen zweifeln? Denn die „weiße" Wand erschien just in dem Bereich rötlich, der durch reines, ungefiltertes weißes Kerzenlicht ausgeleuchtet wurde! Das war in der Tat überraschend. Er war indessen nicht der Erste, den das Phänomen verblüffte. Ein ähnliches Experiment mit ebenfalls „merkwürdigem" Ergebnis beschrieb schon der erste deutsche Professor für Experimentalphysik, Georg Christoph Lichtenberg: „Dass man alles grünlich sieht, wenn man lange durch ein rotes Glas gesehen, und umgekehrt, rötlich, wenn man lange durch ein grünes gesehen hat, ist ein merkwürdiger Umstand" (Lichtenberg 1971).

Auch Lichtenbergs Zeitgenosse Graf Rumford (1753–1814) beschäftigte der Effekt. Er beleuchtete ein zylinderförmiges Objekt mit dem Licht zweier Kerzen, sodass die entstehenden Schatten auf ein weißes Blatt Papier fielen. Als er vor eine der Kerzen einen Gelbfilter hielt, tönte sich der von der anderen Kerze geworfene Schatten wie erwartet gelblich. Doch der ungefärbte Schatten, den die nun gelb leuchtende Kerze warf, erschien auf einmal bläulich.

Die Verblüffung der Beteiligten ist verständlich, schließlich treten Farben auf, die objektiv gar nicht vorhanden sind. Rumford überzeugte sich davon mit einem einfachen Hilfsmittel: Er betrachtete den vermeintlich bläulichen Schatten durch ein Rohr – und schon verschwand die Färbung. Dieses auch als chromatische Adaptation bekannte Phänomen hat einen physiologischen Hintergrund. Betreten wir etwa ein grün erleuchtetes Zimmer, so reduziert sich die Empfindlichkeit der für die Grünwahrnehmung zuständigen Zapfen unserer Augen im Verhältnis zur Empfindlichkeit des Auges für die anderen Farbanteile. Anschaulicher gesagt: Unser visuelles System „möchte" eine vermeintlich weiße Wand auch als weiß wahrnehmen. Infolge der chromatischen Adaptation erscheinen uns die grünen Wände daher weniger grün, als sie „in Wirklichkeit" sind.

Noch auffälliger ist der Effekt, wenn man aus dem grün erleuchteten Raum heraus in ein weiteres Zimmer blickt, dessen Wände weiß sind. Auch deren Grünanteile nehmen wir dann für einen kurzen Zeitraum der visuellen „Akklimatisation" vermindert wahr und sehen das Weiß in einem Schimmer von Rot, der Komplementärfarbe von Grün. Komplementärfarben ergänzen sich in der Mischung zu Weiß. Umgekehrt bleibt die Komplementärfarbe übrig, wenn man eine gegebene Farbe von Weiß „abzieht".

Bei meinem Verlagsbesuch hatte ich diese Überlegungen zum Glück noch frisch im Gedächtnis. Was also, wenn die Bildschirme in der Redaktion aus demselben Grund orange leuchteten, wie die Wand im Kerzenversuch rot erschien? Dann müsste die weiße Wand einen Farbstich in der Komplementärfarbe dieses Orangetons haben, also einen Blauschimmer aufweisen. Versuchsweise schlug ich vor, die Fenster zu öffnen – und tatsächlich flog die optische Täuschung ziemlich schnell auf.

Zunächst erschien uns die natürliche Außenwelt in unnatürlichen Farben. Doch bald stellten sich unsere Augen um, und wir entdeckten, dass die Scheiben mit einer bläulich schimmernden Beschichtung versehen waren. Sie hatten auch das durch die Scheiben ins Zimmer eindringende Licht und damit die Zimmerwände bläulich getönt. Weil der Blauschimmer jedoch nur schwach war, war unserem visuellen System die Täuschung der chromatischen Adaptation perfekt gelungen: Die Wände erschienen trotzdem weiß. Nur die unbestechlichen Computermonitore hatten plötzlich einen leichten orangefarbigen Farbstich.

Vor einigen Jahren hatte der Lichtkünstler James Turrell im Kunstmuseum Wolfsburg einen riesigen begehbaren Raum mit changierender Beleuchtung geschaffen, der mich ebenso beeindruckte wie irritierte. Über eine abwärts führende Rampe betrat man das violett erleuchtete Zimmer und blickte an dessen Ende durch eine große, quadratische Öffnung in einen weiteren normalerweise weiß gestrichenen Raum. Dieser erschien in der Komplementärfarbe des Raumes beleuchtet, aus dem ich blickte, und an dessen Farbe sich meine Augen „chromatisch adaptiert" hatten.

Als ich den farbig erleuchteten Raum wieder verließ, musste ich mich erst einmal wieder an die „normalen" Lichtverhältnisse gewöhnen. Die Wände wurden allmählich wieder weiß und die Umgebung wirkte wieder natürlich.

Die chromatische Adaptation hängt eng mit dem Simultankontrast zusammen. Dieser führt „automatisch" dazu, dass in der Umgebung einer Farbe die Komplementärfarbe wahrgenommen wird und sich mit der dort vorhandenen Farbe mischt. Handelt es sich bei der benachbarten Farbe bereits um die Komplementärfarbe, so erscheint diese noch zusätzlich verstärkt und es kommt zu einer größeren Farbsättigung. Insbesondere die impressionistischen Maler wussten diesen Effekt wirkungsvoll einzusetzen.

Mit ein wenig Glück erlebt man die chromatische Adaptation auch ohne experimentelle Vorkehrungen. Wer bei Mondlicht an einer gelb leuchtenden Straßenlaterne vorübergeht, wird entdecken, dass der von der Laterne hervorgerufene eigene Schatten leicht ins Bläuliche changiert. Gelegentlich reicht es sogar, sich ans Fenster zu stellen. Denn man wird schnell bemerken, dass das Mondlicht mit dem Licht einer Glühbirne „konkurriert" und man seinen eigenen Augen hinsichtlich der Einschätzung der „wahren" Farbe nicht mehr vorbehaltlos trauen kann (vgl. 26.2).

39.3 Die ausgetricksten Augen

Gibt es denn überhaupt eine Möglichkeit, den Farben zu trauen, die man gerade zu sehen glaubt? Eine solche Situation, in der man halbwegs sicher sein kann, die echte Farbe vor sich zu haben, ergab sich im Rahmen einer Wanderung. Wir bestiegen einen Aussichtsturm, um den Ausblick über die farbenprächtige Welt zu genießen. Dominierend waren das Grün der Laubbäume und das Himmelblau. Die Farben entstehen dadurch, dass das weiße Sonnenlicht entweder durch Streuung an den Luftmolekülen (Rayleigh-Streuung) den Himmel blau erscheinen lässt oder dass die Pflanzen das weiße Licht absorbieren und nur grünes Licht wieder von sich geben.

Wenn in einem beschatteten Bereich nur das blaue Himmelslicht auf eine weiße Wand oder eine Schneefläche trifft, sollte diese daher blau erscheinen. Und wer unter dem Blätterdach der grünen Bäume wandert, sollte ein weißes Blatt Papier in einen Grünschimmer getaucht sehen. Sieht sie oder er aber meist nicht, weil das visuelle System des Menschen dazu tendiert, als überwiegende Farbe Weiß wahrzunehmen (chromatische Adaptation).

Es gibt aber Situationen, in denen dieser „Trick" nicht funktioniert (Abb. 39.6). Beim Abstieg von der Aussichtsplattform des Turms fiel Licht durch drei verschiedene Öffnungen auf die Wand und die Stufen der Wendeltreppe. Da die hoch gelegene Öffnung nur blaues Himmellicht durchließ, eine andere Öffnung auf Höhe der grünen Bäume nur grünes und von der unteren Öffnung das weitgehend weiße Mischlicht der freien Umgebung auf die Wand des Treppenhauses fiel, konnte man alle drei Farben auf einmal in den Blick nehmen. Die Augen hatten keine Wahl, denn es wäre nicht möglich gewesen, zum Beispiel Grün und Blau gleichzeitig weiß erscheinen zu lassen.

Abb. 39.6 Die drei verschiedenen Farben sind nur dann zu sehen, wenn man sie gleichzeitig in den Blick nimmt, wie in diesem Foto. Einzeln gesehen sieht man infolge der chromatischen Adaption nur weißes Licht

39.4 Mischung und Entmischung von Licht durch große Nähe

Die besten Vergrößerungsgläser für die Freuden dieser Welt sind jene, aus denen man trinkt.

Joachim Ringelnatz

Als bei einer längeren Sitzung am Computer das Weinglas zufällig dicht vor den Flachbildschirm geriet, zeigte sich ein Phänomen der besonderen Art. Zwei farbige Ringsysteme schmückten das Glas sowohl auf der linken als auch auf der rechten Seite. Ist schon das Zustandekommen der farbigen Ringe an sich bemerkenswert, so erstaunt es noch mehr, dass sich die Farben auf beiden Seiten unterscheiden. Links dominieren die Farben Gelb, Rot und Blau, rechts sind es Türkis, Rot und Orange (Abb. 39.7). Was ist der Ursprung der Farben und warum unterscheiden sie sich?

Abgesehen von den besonderen Aufgaben eines Bildschirms, Informationen zu visualisieren, ist er eine Lichtquelle geringer Intensität. Schaut man sich den Bildschirm mit einer Lupe von Nahem an – dazu kann man durchaus auch das gefüllte Weinglas benutzen –, so erkennt man, dass die Farben durch kleine Rechtecke (Pixel) in den Grundfarben Rot, Grün und Blau dargestellt werden. Der weiße Bildschirm besteht aus senkrechten Streifen dieser Farben in der Reihenfolge rot, grün, blau (von links), die durch schmale schwarze Streifen getrennt sind (Abb. 39.8).

 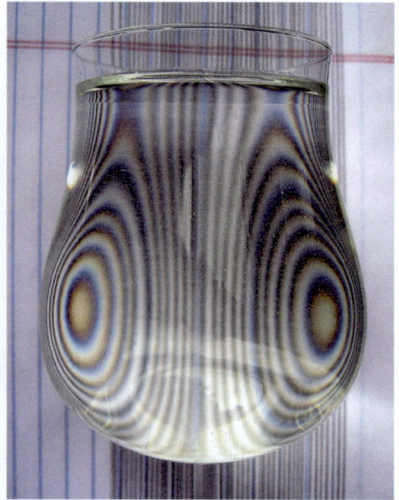

Abb. 39.7 Links: Farbige Ringsysteme auf der linken und rechten Seite des vor einem Flachbildschirm stehenden Weinglases. Rechts: Es muss kein Bildschirm sein, ein Blatt Papier mit aufgezeichneten parallelen Linien tut es auch

Das Licht dieser Streifen wird durch das Weinglas hindurch gesehen und dabei gebrochen, also aus der ursprünglichen Richtung abgelenkt. Wegen der leicht sphärischen Form des Glases kommt dies der Wirkung einer Lupe gleich und führt zu einer Vergrößerung der Struktur des Bildschirms. Denn das Glas befindet sich so dicht vor dem Bildschirm, dass dieser sich im Bereich der einfachen Brennweite befindet. Nur aufgrund dieser Vergrößerung werden die Linienstrukturen des Bildschirms überhaupt sichtbar. Normalerweise soll durch den „weißen" Bildschirm die Illusion einer kontinuierlich weißen Fläche aufrechterhalten werden.

Da das Licht zum Rande des Glases hin unter immer größerem Winkel auf den vom Weinglas geformten Wasserkörper auftrifft, wird es durch die Brechung immer stärker aus der ursprünglichen Richtung abgelenkt. Dadurch wird die Verzerrung der senkrechten Farbstreifen immer ausgeprägter, sodass diese der sphärischen Form des Glases folgend zu den Rändern hin immer mehr auseinander und schließlich ringförmig ineinander zurücklaufen.

Weil blaues Licht stärker gebrochen wird als grünes und dieses stärker als rotes, kommt es zur Überlagerung des von den einzelnen Lichtstreifen ausgehenden Lichts. Dadurch entstehen andere Farben als die das weiße Licht konstituierenden Farben Rot, Grün und Blau; zum Beispiel Gelb, Türkis und Orange.

An der linken Grenzfläche wird das Licht ebenfalls gebrochen, allerdings in die entgegengesetzte Richtung. Weil aber die Farbreihenfolge der Streifen des Bildschirms dieselbe bleibt, kommt es hier zur Überlagerung anderer Farben als auf der rechten Seite.

Übrigens wird auch weißes Licht (mit einem kontinuierlichen Spektrum, z. B. Sonnenlicht), das von weißen Streifen ausgeht, durch das Weinglas in ähnlicher Weise farblich zerlegt und geometrisch verformt. Das kann man leicht nachprüfen, indem man das Weinglas beispielsweise vor ein Muster aus schwarzen Linien stellt, die man zum Beispiel mit einem Bleistift auf einem Blatt Papier gezogen hat (Abb. 39.7 rechts).

Doch warum genügt es nicht, das Weinglas vor ein weißes Blatt Papier zu stellen, um ein kontinuierliches Farbspektrum zu sehen? Weil die farbigen Strahlen, kaum getrennt, sich auf dem Papier mit benachbarten Strahlen wieder zu weiß mischen. Um dies zu vermeiden, ist der Wechsel aus hellen und dunklen Streifen auf der Unterlage nötig. Letztere stellen Lücken dar, die selbst kein Licht ausstrahlen und gebrochenes, farbiges Licht, das gewissermaßen in sie hineinfällt, aus dem Spektrum entfernen. Ohne diese Farben kann aber kein Weiß wieder entstehen. Diese Frage hat schon Goethe bewegt, als er durch ein Prisma auf eine weiße Fläche blickte und sah – dass sie „nach wie vor weiß blieb, daß nur da, wo ein Dunkles dran stieß, sich eine mehr

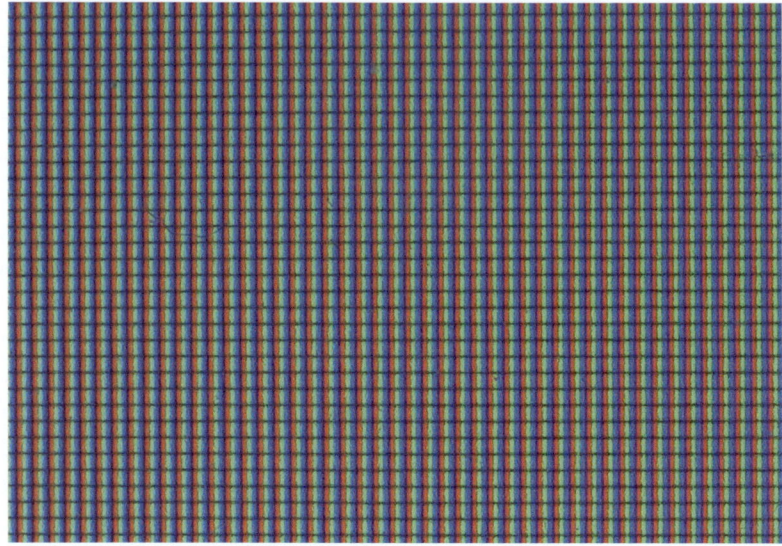

Abb. 39.8 Ausschnitt des abfotografierten weißen Bildschirms. Jeder weiße Pixel entsteht durch Mischung der drei Farben Rot, Grün und Blau

oder weniger entschiedene Farbe zeigt, daß zuletzt die Fensterstäbe am allerlebhaftesten farbig erschienen, indessen am lichtgrauen Himmel draußen keine Spur von Färbung zu sehen war" (Goethe 1987, S. 295 f.).

39.5 Mischung und Entmischung von farbigem Licht durch Bewegung

Als ich vor vielen Jahren das Science Center Technorama in Winterthur besuchte, betrat ich einen abgedunkelten Bereich, in dem bewegte Objekte mit weißem Licht beleuchtet wurden. Das Besondere und Faszinierende daran war, dass die Objekte in Abhängigkeit von ihrer Bewegung von bunten Farben begrenzt waren. Bei der Suche nach einer Erklärung für dieses Phänomen entdeckte ich eine weitere Besonderheit: Die auf einer weißen Wand aufgefangenen Schatten der farblich changierenden Objekte erstrahlten simultan in den Komplementärfarben der beleuchteten Vorderseite. Selbst beim Augenblinzeln blitzten bunte Farben auf.

Als ich bemerkte, dass das weiße Licht eines Strahlers, durch das die Szenerie beleuchtet wurde, periodisch in der Helligkeit leicht schwankte, kam mir die Idee, dass die Ursache in der Beschaffenheit des weißen Lichts zu suchen sei. Denn weißes Licht kann auf unterschiedliche Weise hergestellt werden.

Das kennt man bereits von herkömmlichen Lichtquellen. Während das Sonnenlicht und das Licht einer gewöhnlichen Glühlampe ein kontinuierliches Farbspektrum aufweisen, kommen Leuchtstoffröhren und LED-Lampen mit diskreten Spektrallinien mit weniger Farben aus, um einen weißen Farbeindruck hervorzurufen. Und wie weiter oben bereits beschrieben, werden auf dem Computerbildschirm Farben dadurch hergestellt, dass drei Grundfarben in enge Nachbarschaft gebracht und dadurch additiv gemischt werden.

Eine weitere Möglichkeit, weißes Licht aus den Grundfarben additiv zu mischen, besteht darin, dass sie einander nicht räumlich, sondern in schneller Abfolge zeitlich nahegebracht und dadurch gemischt werden. Um auf diese Weise mit einer additiven Farbmischung aus drei Grundfarben weißes Licht zu erzeugen, haben wir uns diese Farben zunächst mit einer roten, grünen und blauen Folie hergestellt, die mit einer intensiven weißen Lichtquelle durchstrahlt werden.

Um sie anschließend dem menschlichen Auge nacheinander so schnell anzubieten, dass sie nicht mehr getrennt voneinander wahrgenommen werden können, mussten sie in geeigneter Weise in Bewegung gesetzt werden. Dazu haben wir die Folien segmentweise in eine kreisrunde transparente Scheibe eingepasst und auf die Achse eines Motors mit regelbarer Drehzahl montiert. Die Scheibe wurde dann in schnelle Rotation (circa 2000 U/min) versetzt und mit weißem Licht durchstrahlt. Das so manipulierte Licht ließen wir auf eine weiße Wand fallen und variierten die Größe der Farbfoliensektoren so, dass ein möglichst überzeugendes Weiß entstand.

Bewegte man nun eine Hand in diesem manipulierten Lichtstrahl, so hinterließ die Hand farbige Spuren. Gleichzeitig entstanden auf der Leinwand Schatten in den zugehörigen Komplementärfarben (Abb. 39.9 links). Jeder Gegenstand, den man durch das weiße Mischlicht bewegte, hinterließ entsprechende Farbspuren. Schwingende Seile erwiesen sich ebenso geeignet, wie beispielsweise ein rotierender Stab.

Bei meinen ersten Beobachtungen im Science Center waren mir diese Verhältnisse nicht bewusst, sodass mir das Ganze mysteriös vorkam. Nach dieser Konstruktionsbeschreibung liegt die Erklärung für das Phänomen aber auf der Hand. Indem man die Hand in das weiße Licht hält, das aus der Farbfolge Rot, Grün, Blau besteht, verdeckt sie beispielsweise gerade grünes Licht und hinterlässt in diesem Moment auf der Leinwand einen schwarzen Schatten. Da sich die Hand aber im kurzen Moment des Farbwechsels weiterbewegt, fällt in einer für das Auge zeitlich nicht auflösbaren Zeitspanne noch rotes Licht und kurz darauf blaues Licht auf die vorher beschattete Stelle. Daher sieht man dort die additive Mischfarbe aus Rot und Blau.

Abb. 39.9 Links: Die im gemischten weißen Licht bewegte Hand ruft verschiedene Mischfarben hervor, deren Komplementärfarben als farbige Schatten auf einer dahinter angebrachten Leinwand zu sehen sind. Rechts: Dasselbe Phänomen lässt sich mit einem beliebigen bewegten Gegenstand hervorrufen – hier mit einem rotierenden Stab

Zum Weiß kommt es in dieser Situation nicht mehr, weil das von der Hand kurzfristig abgedeckte Grün fehlt. Inzwischen blockt die Hand eine weitere Farbe aus und der Vorgang wiederholt sich. Je nachdem, wie schnell man die Hand oder den Gegenstand bewegt, fehlen Farben zur Mischung von weißem Licht, sodass farbige Ränder hervorgerufen werden.

Beim Augenzwinkern passiert etwas Ähnliches. Trifft eine der zeitlich aufeinander folgenden Komponenten des Mischlichts wegen der kurzzeitig geschlossenen Augenlider nicht auf die Netzhaut, kommt es ebenfalls zu einem Farbeindruck der restlichen Komponenten.

Eine weitere Möglichkeit, mit modernen Mitteln kinetische Farben zu erzeugen, kam mir bei einer Präsentation mit einem Beamer in den Sinn. Der an der Decke angebrachte Beamer strahlte das Licht auf die hinter mir liegende Leinwand. Obwohl der Beamer mir kein Licht direkt in die Augen strahlte, nahm ich gewissermaßen aus dem Augenwinkel von Zeit zu Zeit wahr, dass das helle Objektiv immer mal wieder von bunten Farben umspielt wurde, insbesondere dann, wenn ich blinzelte.

Es zeigte sich, dass der verwendete Beamer vom Typ DLP (Digital Light Processing) im Prinzip über eine ähnliche Vorrichtung verfügt wie das beschriebene Farbfilterrad. Auch in diesem Fall wird das Licht einer hellen weißen Lampe durch ein winziges Farbrad mit den Grundfarben Rot, Grün und Blau auf einen Spiegelchip gerichtet. Dieser besteht aus zahlreichen winzigen Spiegeln, von denen jeder einen Bildpunkt repräsentiert. Der jeweiligen Bildinformation entsprechend werden die einzelnen Spiegel so angesteuert, dass die Farben in der gewünschten Intensität auf die Linse des Beamers gelenkt werden. Dadurch wird ein entsprechend farbiges Bild auf die Leinwand projiziert.

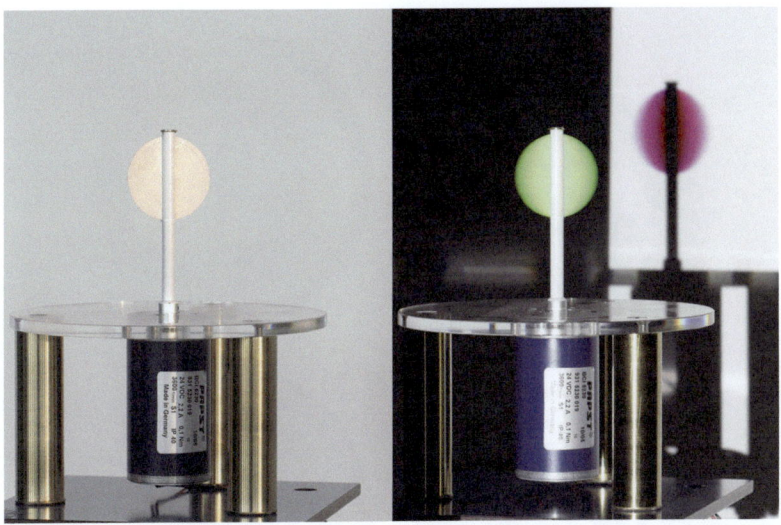

Abb. 39.10 Um ihre Längsachse rotierende Pappscheibe. Links: in Ruhe, bei Tageslicht. Rechts: in Rotation, bei Beleuchtung mit weißem Mischlicht eines DLP-Beamers

Es ist schon erstaunlich, dass eine in künstlerischer Absicht konstruierte Lichtshow eine moderne technische Innovation vorwegnimmt. Es konnte leider nicht in Erfahrung gebracht werden, ob bei dieser Art der Farbmischung auf ein entsprechendes Vorbild zurückgegriffen wurde.

Der Versuch, mit einem DLP-Beamer ein ähnliches Phänobjekt zu konstruieren wie mit unserem Filterrad gelingt zwar. Aber da der Beamer seine Farbenfolge mit sehr viel höherer Frequenz erzeugt als unser Folienrad, ist mit üblichen Bewegungen kaum etwas zu machen. Um vergleichbare Farbeffekte zu erzeugen, muss die Geschwindigkeit maschinell gesteigert werden.

Dazu haben wir eine kleine, weiße Pappscheibe mit einem Elektromotor (Abb. 39.10 links) in sehr schnelle Rotation um ihre Längsachse versetzt. Die rotierende Pappscheibe bringt dann in sehr schneller Folge die jeweilige Mischfarbe und die Komplementärfarbe als Schatten auf einer Projektionswand zum Leuchten (Abb. 39.10 rechts). Je nach der Drehgeschwindigkeit der Scheiben können unterschiedliche Farbeindrücke hervorgerufen werden. Blickt man von schräg oben auf die illuminierten Pappscheiben, so meint man in bunten Farben changierende Farbkugeln zu sehen.

Der künstlerischen Fantasie sind dabei keine Grenzen gesetzt. Lässt man etwas größere, mit kreativen Schwarz-weiß-Mustern versehene Pappscheiben (Abb. 39.11 links) um ihre horizontale Achse rotieren, so können auf diese Weise sehr eindrucksvolle Farbstrukturen erzeugt werden (Abb. 39.11 rechts).

Abb. 39.11 Drehbare Scheiben mit Schwarz-weiß-Muster. Links in Ruhe, bei Tageslicht, rechts in Rotation, bei Beleuchtung mit weißem Mischlicht unseres Stahlers oder eines Beamers

Stimmt die Drehzahl der Pappscheibe mit der Frequenz der periodischen Farbabfolge der Beleuchtung überein, so hängt es von der Phase zwischen beiden ab, welche Mischfarbe die weiße Pappscheibe reflektiert beziehungsweise welche Komplementärfarbe als ihr „Schatten" projiziert wird. Das lässt sich anhand von Abb. 39.10 (rechts) wenigstens im Prinzip nachvollziehen. Im Vordergrund sehen wir die rotierende Pappscheibe. Sie schimmert grünlich, weil sie immer nur dann dem weiß erscheinenden Licht des Folienrads frontal zugewandt ist, wenn in dessen RGB-Farbabfolge gerade viel grünes Licht ausgesandt wird. Diese von der Scheibe reflektierte Farbe fehlt kurzzeitig im Schattenbereich, sodass dort die Komplementärfarbe erscheint.

Weicht die Farbwiederholfrequenz des Folienrads oder Beamers auch nur leicht von der Drehzahl der Scheibe ab, so bleiben die Farben nicht so monochrom, wie es hier aufgrund der Momentaufnahme den Anschein hat. Vielmehr ist ein ästhetisch reizvoller, den steten Wechsel zwischen verschiedenen Farben zu beobachten. Davon geben die hier abgebildeten Momentaufnahmen nur einen sehr unvollkommenen Eindruck wieder. Ihre volle ästhetische Wirkung entfalten die kinetischen Farben erst, wenn man sie in Bewegung erlebt oder Scheiben mit künstlerisch gestalteten Schwarz-Weiß-Mustern rotieren lässt (Abb. 39.11).

39.6 Warum die Sonne (k)ein Loch in die Welt brennt

Leonardo da Vinci ist vor allem als Künstler bekannt. Seine naturwissenschaftlichen Aufzeichnungen zeigen, dass er auch als Naturwissenschaftler zahlreiche Phänomene beobachtet und beschrieben hat. Ein auf den ersten Blick unspektakuläres, gleichwohl überraschendes Naturphänomen beschreibt er folgendermaßen: „So bemerken wir, wenn wir die Sonne durch die kahlen Zweige des Baumes betrachten, daß alle Zweige, die vor der Sonnenscheibe liegen, so dünn sind, daß man sie nicht mehr sieht" (da Vinci 1804). Und er führt weitere Beispiele für denselben Effekt an:

„Einst sah ich eine schwarz gekleidete Frau mit weißem Kopftuch; dieses Tuch schien doppelt so breit wie ihre Schultern zu sein, welche schwarzbekleidet waren." Sogar „zwischen den Zinnen von Befestigungen" entdeckte Leonardo das Phänomen: Da „gibt es Zwischenräume, die genauso breit sind wie die aufragenden Teile, und doch erscheinen erstere etwas breiter als letztere" (da Vinci 1804).

Seine Liste von durch Sonneneinstrahlung seltsam veränderten Gegenständen lässt sich mühelos verlängern. So erleiden auch andere dunkle Objekte, etwa ein Schornstein, vor sehr hellem Hintergrund vermeintliche Substanzeinbußen. Umgekehrt scheinen sehr helle Gegenstände wie die glatten Bahnschienen, die durch Sonnenreflexe aufleuchten, breiter, als sie tatsächlich sind, und die nach Neumond auftauchende Sichel scheint zu einer größeren Kugel zu gehören, als der im aschgrauen Licht schimmernde Restmond nahelegt.

Auch dieses Rätsel war Leonardo bekannt: Ein „in einem Teil seiner Länge zum Glühen gebrachte[r] Eisenstab, falls er sich an einem dunklen Ort befindet", so ist in den Aufzeichnungen zu lesen, erscheint „an der glühenden Stelle viel dicker, und zwar umso dicker, je stärker er glüht" (da Vinci 1940) (Abb. 39.12). Natürlich meinte er damit nicht, dass sich der Stab durch die Hitze tatsächlich ausdehnt. Dieser reale Effekt ist so winzig, dass er mit bloßem Auge kaum wahrnehmbar ist.

Die Ursache dieser und ähnlicher Phänomene ist nun weniger in der Physik als vielmehr in der menschlichen Physiologie zu suchen. Normalerweise werden Gegenstände den Gesetzen der geometrischen Optik entsprechend farb- und helligkeitstreu auf die Netzhaut des Auges abgebildet. Besonders helle Objekte erregen unsere Rezeptoren aber sehr stark, gegebenenfalls über deren Sättigungsgrenze hinaus. Dann kann die Erregung auch auf benachbarte Sinneszellen übergreifen und uns erscheint auch das hell, was „in Wirklichkeit" viel dunkler ist. Man spricht in diesem Zusammenhang auch von Überstrahlung oder Irradiation.

Abb. 39.12 Die tief stehende Sonne, betrachtet durch das Geäst eines Baums, scheint einige Äste regelrecht „wegzubrennen" (oben links). Und ein dunkel vor heller Sonne aufragender Schornstein wird teilweise stark überstrahlt (oben rechts). Umgekehrt werden Eisenbahnschienen durch Sonnenreflexe förmlich aufgeblasen – zumindest in unserer Wahrnehmung (unten links). Und auch die nach Neumond auftauchende Sichel scheint zu einer größeren Kugel zu gehören, als der im aschgrauen Licht schimmernde Restmond nahelegt (unten rechts)

Warum aber zeigt sich dieser Effekt auch auf Fotografien? Geht die Analogie zwischen Wahrnehmung und fotografischer Abbildung tatsächlich so weit? Sie tut es. Über einen technischen Mechanismus aktiviert übergroße Helligkeit teilweise auch benachbarte Pixel, sodass die Belichtung über den geometrisch betroffenen Bereich hinauswirkt. Bei Fotografien bezeichnet man die Überstrahlung mit Blooming. Damit ist klar: Die Sonne brennt zwar kein Loch in die Welt – wohl aber in die Bilder, die wir uns von ihr machen.

39.7 Sonne und Vollmond in trauter Eintracht

Auf einer Busfahrt mit dem Ziel, ein Science Center zu besuchen, konnten wir die langsam aufgehende Sonne erleben. Plötzlich rief einer der Teilnehmer vollen Ernstes: „Guckt mal raus, Sonne und Mond!" Die Illusion, Sonne und Vollmond direkt nebeneinander zu erleben, sollte nur kurze Zeit dauern, dann wurde klar, dass uns hier in den Fensterscheiben des Busses etwas vorgespiegelt wurde. In dem Moment war so schnell kein Fotoapparat bereit. Dazu ergab sich aber später eine Gelegenheit (Abb. 39.13).

Wer nur ein wenig darüber nachdenkt, dem wird klar, dass der Vollmond nur dann gesehen werden kann, wenn er der Sonne direkt gegenüber liegt. Beim Aufgang des Vollmonds geht die Sonne unter. Sonne und voller Mond sind nur dann gemeinsam zu sehen, wenn der Mond bereits aufgegangen und die Sonne noch nicht untergegangen ist. Dann kann der Mond aber genau genommen gar nicht mehr für ganz voll genommen werden. Aber das ist mit bloßem Auge nicht zu sehen.

Diese Mondillusion wird in Abb. 39.13 besonders dadurch bestärkt, dass man zumindest schemenhaft so etwas wie das pockennarbige Gesicht des Mondes zu sehen glaubt. Dieser vermeintlichen Struktur des Mondes entspricht auf verdächtige Weise das Fehlen der Zweige und Äste der Bäume vor

Abb. 39.13 Vollmond neben der Sonne? Das Foto wurde durch ein doppeltverglastes Fenster hindurch aufgenommen

der Sonne. Es sieht so aus, als würden sie vom linken zum rechten Himmelskörper verpflanzt. Spätestens diese Feststellung könnte die Idee nahelegen, man habe es hier mit einer Spiegelung der Sonne zu tun, die direkt neben der realen Sonne zu sehen ist. Diese Deutung war während der Busfahrt ziemlich schnell zur Hand. Denn wegen der Veränderung des Blickwinkels durch den fahrenden Bus wurden wir direkt darauf gestoßen. In der Beschreibung der in Abb. 39.13 dargestellten Situation muss man sich diese Deutung erst einmal erarbeiten.

In der Tat haben wir es mit einer Spiegelung zu tun. Sie ist dadurch entstanden, dass das Foto durch ein Fenster mit einer Doppelglasscheibe gemacht wurde. Das helle Sonnenlicht wird von der inneren der beiden Scheiben zur äußeren Scheibe reflektiert und von dieser erneut in Richtung auf die innere Scheibe zurückgeworfen. Der Rest, der dann durch die innere Scheibe hindurchgeht, erreicht unser Auge. Natürlich wird bei jedem Durchgang durch eine Scheibe an jeder Grenzfläche nur ein kleiner Bruchteil reflektiert. Das meiste Licht geht nach wie vor durch die Scheibe hindurch. Die Verschiebung des reflektierten Bildes der Sonne kommt durch den leicht schrägen Einfall der Sonne zustande. Bei senkrechtem Einfall würden Original und Spiegelbild natürlich zusammenfallen.

Die enorme Intensitätsverminderung durch die zweifache Reflexion des Lichts führt dazu, dass man die „Spiegelsonne", ohne geblendet zu werden, betrachten kann. Demgegenüber ist die Helligkeit der direkt gesehenen Sonne so groß, dass unsere Augen beziehungsweise der Chip der Kamera teilweise ihren Dienst versagen.

Ein weiterer Grund für die Täuschung mag darin gelegen haben, dass beide Himmelskörper dieselbe scheinbare Größe haben. Und wenn die Intensität der Sonne wie auch immer stark reduziert wird, drängt sich leicht der Eindruck auf, man habe es mit dem Mond zu tun: „Wenn sie ihren Kopf in den Nacken legte, verschwand die Sonne hinter dem orangen Vorhang und sah aus wie eine Kopie des Mondes, gelb und zerfasert, fast ausgewaschen" (Helminger 2007, S. 197).

39.8 Schneeflocken mal hell, mal dunkel

Die Schneeflocken sind alle demselben Sonnen- und Himmelslicht ausgesetzt, sie streuen das Licht in gleicher Weise (Abb. 39.14). Daher müssen alle Flocken gleich hell oder gleich dunkel sein. Der vermeintliche Helligkeitsunterschied ist deshalb nichts als das Ergebnis einer optischen Täuschung.

Abb. 39.14 Je nachdem, ob die Schneeflocken vor dem hellen Himmel oder dem dunklen Boden gesehen werden, erscheinen sie dunkel oder hell

Davon kann man sich leicht überzeugen, wenn man den Kontext, also den jeweiligen Hintergrund ausblendet oder abdeckt. Man kann auch in einem Bildbearbeitungsgramm eine helle Flocke vor dunklem Hintergrund herauskopieren und vor den hellen Hintergrund verschieben. Mit großem Erstaunen wird man feststellen, dass der scheinbare Helligkeitsunterschied nicht mehr vorhanden ist. Erst der Kontext macht den Text; das sieht man hier einmal mehr eindrucksvoll bestätigt.

Die weißen Schneeflocken absorbieren im Unterschied zur übrigen Landschaft wenig und reflektieren einen Großteil des einfallenden Lichts. Deshalb sind sie auf jeden Fall heller als dieser Hintergrund, aber dunkler als der Himmel, von dem sie den wesentlichen Teil des Lichts bekommen, jedenfalls von der Seite, von der man sie in der Abbildung sieht. Dieses Beispiel zeigt einmal mehr, dass optische Täuschungen nicht unbedingt künstlich hergestellt werden müssen (Abb. 39.15). Auch die Natur kann uns narren.

Ein weiteres Phänomen ist auf dem Bild zu sehen: Die Sonne erscheint größer, als sie normalerweise ist. Außerdem wird sie von einem hellen Hof umgeben. Ursache ist die Streuung des Lichts an den Eiskristallen der Schneeflocken. Die Streuzentren sind zwar vergleichsweise groß, was vor allem für eine Streuung in Vorwärtsrichtung spricht. Aber eine leichte seitliche Streuung ist auch noch vorhanden, welche die Aufhellung in „Sonnennähe" hervor-

Abb. 39.15 Besonders eindrucksvoll ist die Helligkeitstäuschung, wenn ein einheitlich grauer Streifen vor einem Hintergrund gesehen wird, dessen Helligkeit von Dunkel nach Hell variiert. Genau diese Täuschung lässt die Schneeflocken in unterschiedlichen Grautönen erscheinen

ruft. Bis zu einer gewissen Intensität „rechnet" unser visuelles System dieses Streulicht noch der Sonne zu. Unterhalb dieser Intensität wird das Streulicht bis zu einer bestimmten Ausdehnung als Lichthof um die Sonne angesehen. Das hängt damit zusammen, dass sowohl bei der Wahrnehmung als auch bei der Fotografie ab einer bestimmten Intensitätsschwelle die Sensoren gesättigt sind (Irradiation bzw. Blooming).

Literatur

Da Vinci, L. (1940). Tagebücher und Aufzeichnungen. Leipzig: Paul List Verlag.
Goethe, J. W. (1987). Goethes Werke (Weimarer Ausgabe), Abt. II, Bd. 4. München. S. 295f.
Da Vinci, L. (1804). Trattato della pittura. Società Tipografica dei Classici Italiani, Mailand.
Helminger, G. (2007). Etwas fehlt immer, Erzählungen. Frankfurt: Suhrkamp, S. 197.
Lichtenberg, G. Chr. (1971). Schriften und Briefe. Band 2. Sudelbücher II. München: Hanser. S. 471.

40

Ein tiefer Blick ins Glas

40.1 Der an Trinkgläsern gebrochene Blick

Mich verleiten transparente Trinkgläser immer wieder dazu, durch sie hindurch auf andere Gegenstände zu schauen. Denn anders als beim Blick durch eine Fensterscheibe sieht man oft erstaunlich modifizierte Abbildungen der betrachteten Gegenstände. Das betrifft sowohl leere (also mit Luft gefüllte) Gläser als auch solche, die transparente Flüssigkeiten enthalten.

Weil Glas, Luft, Wasser und viele andere Flüssigkeiten durchsichtig sind, würde man sie als solche gar nicht wahrnehmen. Bereits ein leeres, farbloses und transparentes Glas beeinflusst den durch es hindurch betrachtete Gegenstand (Abb. 40.1 links).

Das leere Weinglas wirkt wie eine schwache Zerstreuungslinse. Anders als in der als Lupe vertrauten konvexen Sammellinse erscheinen die durch sie hindurch betrachteten Gegenstände (hier ein kleiner Pavillon) aufrecht und verkleinert. Wie es zu dieser zerstreuenden Wirkung kommt, entnimmt man der Skizze in Abb. 40.1 rechts. Ein vom Pavillon ausgehender Lichtstrahl (rot) wird beim Durchgang durch das leere Glas mehrfach gebrochen. Das Auge sieht das Licht in geradliniger Verlängerung der Richtung, aus der der Lichtstrahl eintrifft (gestrichelte Linie). Ein leicht kurzsichtiger Mensch könnte mit einem guten Weinglas entfernte Gegenstände deutlicher erkennen als ohne dieses Hilfsmittel.

Abb. 40.1 Links: Blickt man durch ein leeres Weinglas auf einen Gegenstand, so sieht man ein aufrechtstehendes verkleinertes Bild. Das lässt auf die Wirkung einer Zerstreuungslinse schließen. Rechts: Der vom Pavillon ausgehende mehrfach gebrochene Lichtstrahl wird in geradliniger Verlängerung der Richtung gesehen, aus der es im Auge (unten in der Skizze) eintritt (gestrichelte Linie)

Abb. 40.2 Durch das zylindrische Glas gesehen, scheint das Spielzeugauto aus der entgegengesetzten Richtung zu kommen

Noch deutlicher als beim leeren Glas verändert ein mit Wasser gefülltes Glas das durch dieses hindurch Betrachtete. Blickt man durch ein einfach geformtes, zylindrisches Wasserglas (Abb. 40.2 rechts) auf einen Gegenstand, so stellt man eine Seitenvertauschung fest. Wird zum Beispiel ein Spielzeugauto von links nach rechts hinter dem Glas verschoben, so ist es zunächst trotz der

Durchsichtigkeit von Glas und Wasser nur partiell sichtbar, taucht dann an der gegenüberliegenden Seite auf und bewegt sich in Gegenrichtung zum Original. Wer das zum ersten Mal sieht, ist meist erstaunt über das Geschehen.

An einem (nahezu) zylindrischen Trinkglas mit vertikalen Riffeln lässt sich die Vertauschung der Seiten mit Hilfe des Verlaufs einzelner Lichtbündel veranschaulichen. Die Riffel sorgen nämlich dafür, dass das von links einfallende parallele Licht in einzelne Lichtbündel zerlegt wird, deren Verlauf sich auf dem Boden des Glases abzeichnet. Man kann auf diese Weise erkennen, dass diese Lichtbündel beim Übergang von der Luft zum Wasser (den geringen Einfluss des vergleichsweise dünnen Glases vernachlässigen wir) gebrochen werden. Die Brechung ist umso stärker, je größer der Einfallwinkel bezüglich der auf dem Glasrand stehenden Normalen ist.

Das hat zur Folge, dass sich die Lichtbündel überkreuzen und damit eine Seitenvertauschung bewirken. Die von der linken Seite eines Gegenstands ausgehenden Strahlen finden sich rechts und die von rechts kommenden links hinter dem Glas ein (Abb. 40.3). Dieser einfachen Krümmung entsprechend ist nur eine Seitenvertauschung zu beobachten. Eine vertikale Modifikation der Abbildung ist hingegen nicht festzustellen, weil das Glas in vertikaler Richtung keine Krümmung aufweist.

Anders ist es bei bauchigen Gefäßen (Abb. 40.4), die sowohl horizontal als auch vertikal gekrümmt sind. Dort ist nicht nur eine Vertauschung von links und rechts zu beobachten, sondern auch eine von oben und unten.

Abb. 40.3 Lichtstrahlenmodell: Das von links einfallende Licht wird durch die Riffelung des Glases in Strahlen zerlegt, die sich wegen der Krümmung des Glases überkreuzen und an der Kreuzungsstelle einen hellen Fleck hervorrufen

Abb. 40.4 Beim Blick durch einen sowohl horizontal als auch vertikal gekrümmten transparenten Gegenstand werden sowohl oben und unten als auch links und rechts miteinander vertauscht

Auf diese Weise wird noch einmal anschaulich klar, dass ein bauchiges Weinglas eine besondere Form einer Sammellinse darstellt. Daher ist ein Weinglas im Prinzip auch als Lupe geeignet. Indem man einen Gegenstand, z. B. ein Schriftstück, dicht ans Glas (innerhalb der einfachen Brennweite) bringt, lässt sich die Vergrößerung der Schrift auf einfache Weise demonstrieren (Abb. 40.4 rechts). Sie ist zugegebenermaßen nicht besonders gut, weil einige Verzerrungen in Kauf genommen werden müssen, aber rein physikalisch funktioniert es.

Manche Rotweingläser sind vertikal nicht nur konvex geformt, sondern weisen darüber hinaus im oberen Teil eine konkave Krümmung auf. Dies macht sich natürlich beim Blick durch das möglichst voll mit Wasser gefüllte Glas bemerkbar. Es zeigt sich, dass den beiden Krümmungen im Einklang mit den Gesetzen der Physik Rechnung getragen wird. Das als Gegenstand ausgewählte Haus erscheint durch das Glas gesehen wegen der konvexen Krümmung auf dem Kopf stehend und wegen der oberen konkaven Krümmung richtig herum. Die beiden Bilder verschmelzen im Übergangsbereich (Abb. 40.5).

Abb. 40.5 Wenn gefüllte Trinkgläser vertikal konvex und konkav gekrümmt sind, blickt man auf Doppelobjekte, die im Bereich des Übergangs von einer Krümmung zur anderen miteinander verschmelzen

40.2 Aus eins mach drei

Beim Blick durch ein mit Flüssigkeit gefülltes bauchiges Glas erfährt ein direkt hinter dem Glas befindlicher Gegenstand eine wunderbare optische Verdreifachung. Ein gewöhnlicher Gegenstand, in diesem Fall ein Bleistift, wird zu einem ästhetisch ansprechenden dreifaltigen Gebilde (Abb. 40.6 links), das sich durch leichte Blickpunktverschiebungen in kreativer Weise künstlerisch gestalten lässt.

Normalerweise sieht man durch das gefüllte Glas hindurch entfernte Gegenstände kopfstehend und seitenverkehrt abgebildet (Abb. 40.4). Wenn sich aber ein Gegenstand direkt hinter dem Glas befindet (innerhalb der einfachen Brennweite des als Sammellinse fungierenden bauchigen Glases), erwartet man ein aufrechtstehendes, seitenrichtiges vergrößertes Abbild des Originals. Diese Erwartung wird teilweise erfüllt und teilweise enttäuscht. Bei einem schlanken Gegenstand wie einem hinter das Glas gehaltenen Bleistift, sieht man den Gegenstand zwar einmal richtig, aber dafür zusätzlich zweimal deformiert (Abb. 40.6).

Abb. 40.6 Links: Ein dicht hinter ein Weinglas gestellter Stift wird mehrfach abgebildet. Rechts: Schon bei leicht unterschiedlichem Blickwinkel kommt es zu interessanten Deformationen der drei Bilder

Angesicht eines solchen überraschenden Phänomens ist man schon erleichtert, dass wenigstens der mittlere Teil der geometrisch optischen Erwartung entspricht. Für die beiden Seitentriebe des Stifts wird spontan oft eine spiegelnde Reflexion als mögliche optische Ursache angesehen. Doch diese Vermutung erweist sich als falsch.

Zeichnet man die Wege des vom Gegenstand ausgehenden Lichts nach, indem man ein Lichtbündel in der Mitte und zwei Bündel am Rande auf ihrem mehrfach gebrochenen Weg durch das Glas hindurch verfolgt, so zeigt sich, dass dem Betrachter in der Tat Licht ins Auge fällt, das von drei unterschiedlichen Orten zu kommen scheint (Abb. 40.7). Das Auge bekommt also gleich drei Bilder der Lichtquelle zu sehen: neben dem normalen Bild zwei weitere am Rand. (Der Einfluss der Brechungen am Glas kann wegen Geringfügigkeit vernachlässigt werden.)

Während man die Mehrfachabbildung in der Optik als äußerst störend empfindet und als sphärische Aberration (wörtlich: Abirrung) diskreditiert, empfinden wir es bei der Betrachtung durch das Weinglas als überraschendes, reizvolles Phänomen. Die sphärische Aberration beruht darauf, dass dicke Linsen keinen eindeutigen Brennpunkt haben und Randstrahlen stärker abgelenkt werden als solche, die senkrecht auf das Glas auftreffen.

Die Zunahme des Brechungswinkels mit zunehmendem Einfallswinkel hat eine Grenze: Nach Erreichen eines Maximalwinkels nehmen die Brechungswinkel wieder ab (Abb. 40.7). Dieser Wechsel macht sich durch überkreuzende Lichtstrahlen bemerkbar, was bei unserem Bleistift einer Fokussierung und einer Seitenvertauschung der gelben und schwarzen Hälfte des Bleistiftabbilds entspricht.

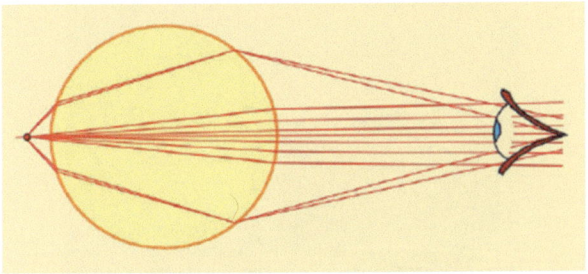

Abb. 40.7 Lichtweg: Die Strahlen, die von der Punktlichtquelle ausgehen, werden am Wasser gebrochen. Der Übersicht halber wurden nur wenige Strahlen berücksichtigt und Reflexionen wurden nicht eingezeichnet

Bliebe nur noch die Krümmung der Randbilder zu erklären. Durch die Betrachtung von oben bleibt die Aussage auf eine Ebene der (nahezu) Zylinderlinse beschränkt. Sieht man das kugelige Weinglas als aus vielen solchen flachen Zylinderlinsen mit sphärisch variierendem Durchmesser an, so ergibt sich die Krümmung aus der Zusammensetzung der jeweiligen Randpunkte. Je kleiner der Durchmesser der gedachten flachen Linsen wird, desto enger rücken die drei Abbilder zusammen, um schließlich ganz zu verschmelzen, wie es im unteren Bereich von Abb. 40.6 zu beobachten ist.

Woher kommt die ästhetische Wirkung des dreifaltig verzerrten Bildes eines Bleistifts? Handelt es sich um ein Kunstwerk? Jedenfalls illustriert es besonders deutlich „was wohl jedes gelungene Kunstwerk auszeichnet: die Fähigkeit, uns einen verzerrten oder vernachlässigten Aspekt der Wirklichkeit neu vor Augen zu führen" (de Botton 2003).

40.3 Schatten eines transparenten Weinglases

Obwohl Weingläser transparent sind, entsteht hinter ihnen ein Schatten (Abb. 40.8). Die Erklärung dieses auf den ersten Blick merkwürdigen Sachverhalts liegt auf der Hand: Das gesamte am kreisförmigen Querschnitt gebrochene Licht geht durch ein sehr kleines Raumgebiet (im Idealfall den Brennpunkt) und fehlt daher im Übrigen durch das Glas ausgeblendeten Bereich hinter dem Glas, den wir als Schatten wahrnehmen.

In Abb. 40.8 wird ein gefülltes Weinglas mit einer Taschenlampe beleuchtet. Der in einiger Entfernung an einer Wand projizierte Schatten erfüllt fast das gesamte abgebildete Glas. Er ist größer als der Querschnitt des Weinglases, weil das Lichtbündel der Taschenlampe leicht divergent ist. In dieser speziellen Konstellation nimmt das schattenwerfende Glas den eigenen Schatten wahr, indem es ihn wie eine Sammellinse kopfstehend abbildet.

Abb. 40.8 Ein Weinglas im Licht einer Taschenlampe ruft auf einer entfernten Wand einen weitgehend einheitlichen Schatten hervor

Das auf das Glas eingestrahlte Licht wird vor allem auf zwei längliche Streifen konzentriert, die auf die Wand projiziert werden. Der obere Streifen geht aus der Brechung und Fokussierung des Lichts an der unteren Glasrundung hervor, die wie eine verzerrende Sammellinse wirkt. (Eine Begründung mit Hilfe einer Computersimulation findet man in Backhaus et al. 2007.) Der untere Streifen entsteht mit der Totalreflexion an der unteren Seite der Flüssigkeitsoberfläche und der anschließenden Fokussierung des Lichts durch die Sammellinsenwirkung des Weinglases.

40.4 Spiegelnde Trinkgläser

In den bisherigen Ausführungen haben wir außer Acht gelassen, dass Trinkgläser nicht nur Licht bündeln und ablenken, sondern dass ein Teil des Lichts die Glaswände gar nicht erst durchquert, weil es spiegelnd reflektiert wird. Die Vorderseite des Weinglases in Abb. 40.9 wirkt aufgrund der konvexen Krümmung wie ein Wölbspiegel. Das Spiegelbild ist abgesehen von einer der Krümmung entsprechenden leichten Verzerrung verkleinert. Dieser Verkleinerungseffekt verbunden mit einer Vergrößerung des Sichtbereichs wird zum Beispiel durch entsprechende Spiegel bei unübersichtlichen Straßeneinmündungen ausgenutzt.

Abb. 40.9 Ein Weinglas vereinigt in sich zwei verschiedene Spiegel, einen Hohl- und einen Wölbspiegel

Nachdem das durch die Vorderseite hindurch gegangene Licht auf die hohlspiegelartig geformte Rückseite des Glases auftrifft, wird es abermals teilweise reflektiert. Der Hohlspiegel erzeugt in diesem Fall ein umgedrehtes Bild, sodass die abgebildete Person nunmehr auch noch auf dem Kopf stehend gespiegelt erscheint.

Auch wenn die Spiegelungen in transparenten Gläsern nur unter besonderen Bedingungen (helle Gegenstände, dunkler Hintergrund zur Vermeidung von Streulicht) deutlich sichtbar werden, gehören sie zu den wichtigsten Alltagsphänomenen, bei denen das Prinzip des Hohl- und Wölbspiegels unmittelbar in Erscheinung tritt.

Literatur

Backhaus, U. et al (2007). Der Blick ins Wasserglas. Vorträge der Frühjahrstagung der DPG, Regensburg.

de Botton, Alain (2003) Wie Proust ihr Leben verändern kann. Frankfurt: Fischer, S. 123.

41

Der Blick in die Kugel

*Wenn man ein Seher ist,
braucht man kein Beobachter zu sein.*

Georg Christoph Lichtenberg

Wer im Sinne von Lichtenberg zum *Seher* nicht taugt, sollte es dennoch wagen zu sehen, was es in einer transparenten Kugel zu *beobachten* gibt. Auch wenn man durch eine Glaskugel wie bei einer Fensterscheibe durch transparentes Glas blickt, scheint das, was man sieht, in der Kugel eingeschlossen zu sein (Abb. 41.1). Möglicherweise hat dieser Effekt ursprüngliche *Beobachter* zu *Sehern* werden lassen.

Im Unterschied zu dem, was ein Hell*seher* in seiner Kugel sieht, können wir durch den unmittelbaren Vergleich mit dem realen Gegenstand jedoch feststellen, dass wir es mit dem Bild eines hinter der Kugel befindlichen Originals zu tun haben. Physikalisch gesehen, ist die Glaskugel eine Sammellinse, die – außerhalb der doppelten Brennweite – den betrachteten Gegenstand – hier eine dörfliche Landschaft – kopfstehend und verkleinert auf die Netzhaut unserer Augen bzw. dem Chip der Kamera abbildet. Aufgrund der perfekten Kugelform dieser Linse kommt es zur kugelförmigen „Abirrung" (sphärische Aberration) des Bildes von den wahren Proportionen des Gegenstands.

Manchmal sind die Glaskugeln nicht perfekt. Sie enthalten meist aus dekorativen Gründen beabsichtigt kugelförmige Einschlüsse von Luft. Diese Luft-

Abb. 41.1 Eine Glaskugel wirkt wie eine Sammellinse und bildet die durch sie hindurch gesehene Umgebung kopfstehend ab

Abb. 41.2 Während die große Glaskugel wie erwartet die Person auf dem Kopf stehend abbildet, sind die Abbilder durch die kugelförmigen Luftlinsen betrachtet aufrechtstehend. Sie wirken wie Zerstreuungslinsen

kugeln brechen das Licht ebenso wie die Glaskugel. Allerdings in umgekehrter Weise. Denn das Licht wird beim Übergang von Glas zu Luft, also vom optisch dichteren zum optisch dünneren Medium, vom Einfallslot weggebrochen. Das hat zur Konsequenz, dass das Bild aufrechtstehend abgebildet wird. In Abb. 41.2 sehen wir die ins Visier genommene Person gleichzeitig durch die große Glaskugel kopfstehend und durch die kleinen Luftkugeln richtig herum.

Faszination Wissen

Von A wie Astronomie bis Z wie Zellbiologie – unsere Magazine bieten Einblicke in alle Themenbereiche der Forschung: Spannend und aktuell – gedruckt und digital!

Spektrum.de/shop

Publisher Erratum Zu: Licht und Farbe in Natur und Alltag

Publisher Erratum zu:
H. J. Schlichting, *Licht und Farbe in Natur und Alltag***, https://doi.org/10.1007/978-3-662-70446-2**

Dieses Buch wurde versehentlich vor Ausführung aller Korrekturen veröffentlicht und deshalb nachträglich aktualisiert. Neben geringfügigen Korrekturen, die hier nicht aufgeführt werden, wurden folgende wichtige Korrekturen gemacht:

- In der Titelei wurde eine Vorbemerkung zum Buch eingefügt.
- In mehreren Kapiteln wurden Abbildungsverweise angepasst.
- In Kapitel 6 wurde eine Literaturangabe ergänzt.
- Die Abbildung 27.5 wurde ausgetauscht.
- Die Abbildung 38.18 wurde entfernt und die Nummerierung der darauffolgenden Abbildungen und Abbildungsverweise wurde angepasst.
- Die Literaturangaben zu den einzelnen Kapiteln wurden am Ende des Buches in einer Literaturliste zusammengefasst.

Der Verlag entschuldigt sich beim Autor und bei den Leserinnen und Lesern.

Die aktualisierte Version dieses Buchs finden Sie unter:
https://doi.org/10.1007/978-3-662-70446-2

© Der/die Autor(en), exklusiv lizenziert an Springer-Verlag GmbH, DE, ein Teil von Springer Nature 2025
H. J. Schlichting, *Licht und Farbe in Natur und Alltag*,
https://doi.org/10.1007/978-3-662-70446-2_42

MIX
Papier aus verantwortungsvollen Quellen
Paper from responsible sources
FSC® C105338

If you have any concerns about our products,
you can contact us on
ProductSafety@springernature.com

In case Publisher is established outside the EU,
the EU authorized representative is:
**Springer Nature Customer Service Center GmbH
Europaplatz 3, 69115 Heidelberg, Germany**

Printed by Libri Plureos GmbH
in Hamburg, Germany